Die Festigkeitserscheinungen der Kristalle

Von

H. Tertsch

Wien

Mit 219 Textabbildungen

Wien

Springer-Verlag

1949

ISBN-13:978-3-211-80120-8   e-ISBN-13:978-3-7091-7733-4

DOI: 10.1007/978-3-7091-7733-4

Vorwort.

In steigendem Maße brachten die letzten Jahrzehnte technische Untersuchungen über Veredlungsmöglichkeiten der Festigkeitserscheinungen an den verschiedensten Werkstoffen, vor allem an Metallen. Es war sehr bald zu erkennen, daß es sich hiebei um hochinteressante Fragen der Festigkeit von Einzelkristallen handelt und daß die dabei auftretenden Erscheinungen durchaus nicht auf Metalle beschränkt sind, sondern eine ganz allgemeine, kristallographisch-physikalische Bedeutung besitzen. Auch die Erfahrungen an heteropolaren Verbindungen gaben viel Aufklärung hinsichtlich des Verhaltens der homöopolaren Metalle, wodurch sich der Bereich der Untersuchungs- und Überprüfungsmöglichkeiten erfreulicherweise sehr bedeutend erweiterte. Während aber die physikalisch-technische Seite des Problems im weitestgehenden Maße erforscht und in ihrer praktischen Anwendungsmöglichkeit ausgebaut wurde, blieb die rein kristallographisch-theoretische Behandlung des gleichen Fragenbereiches schon die längste Zeit ohne Fortschritte, bzw. wurde nur physikalisch-theoretisch, nicht aber vom mineralogischen Standpunkt aus weitergeführt.

Bei dem unlösbaren Zusammenhang zwischen physikalisch-mechanischen und kristallographisch-strukturellen Erscheinungen im Festigkeitsverhalten der Kristalle schien es angezeigt, nach langer Zeit wieder einmal den *mineralogischen* Anteil an der Beobachtung und Deutung dieser Festigkeitserscheinungen übersichtlich zusammenzustellen, so weit eben solche Untersuchungen vorliegen. Es handelt sich um eine erste, zusammenfassende Übersicht des erwähnten Fragenbereiches, um einerseits eine auf breiterer Grundlage aufgebaute, erhöhte Behandlung der einschlägigen Probleme zu veranlassen, anderseits zu verhindern, daß in manchen Fragen Doppelbehandlungen durchgeführt und damit bedeutende Kräfte vergeudet werden.

Haben hiebei die Kristallographen viele wertvolle Anregungen von Seiten der technischen Physiker erfahren, so wird es auch wieder der rein praktisch-technischen Seite zum Vorteil gereichen, wenn die Mineralogen ihre Beobachtungen in handlicher Form zusammenfassen. Es ist ja eine alte Erfahrung, daß gerade das einträchtige Zusammenarbeiten von Theorie und Praxis die sicherste, ja die einzige Gewähr dafür bietet, daß ein naturwissenschaftliches Problem nicht nur richtig erfaßt, sondern auch möglichst einwandfrei gelöst, oder mindestens der Lösung näher gebracht wird.

Aus allen diesen Gründen entschloß sich der Verfasser zur vorliegenden Herausgabe der *mineralogischen* Behandlung der Festigkeitsfragen an Kristallen. Eine eingehende Wiedergabe und Würdigung der vielen technischen Angaben zu unserer Frage war keinesfalls beabsichtigt. Diese wurden nur so weit behandelt, als sie zum Verständnis der kristallographisch-mineralogischen Darstellung des gleichen Fragenbereiches unerläßlich waren. Die Techniker finden die für sie wichtigen, praktischen Einzelheiten in vielen neueren Schriften über Werkstoff und Werkstoffbehandlung. Das bedeutet, daß die Angaben über das einschlägige Schrifttum durchaus keinen Anspruch auf Vollständigkeit erheben können. Hiebei hat sich auch die durch den abgelaufenen Weltkrieg veranlaßte starke Behinderung in der Beschaffung der einschlägigen Literatur als äußerst schwerwiegend und störend erwiesen.

Besonders hervorgehoben mag es noch werden, daß auf die Behandlung des *Vielkristall*problems mit allen seinen Weiterungen bewußt *verzichtet* wurde. Das konnte um so unbedenklicher geschehen, als diese Fragen hauptsächlich den Techniker interessieren und darum in der technischen Literatur vielfach und ausführlich behandelt werden, zur Klärung des *Problems* der Kristallfestigkeit an sich aber nichts Wesentliches beitragen, sondern höchstens noch verwirrend wirken. Hier galt es nur, den ganzen Fragenbereich nicht vom Standpunkt des technischen Werkstoffes aus, sondern aus dem *Wesen des Kristalles als Individuum* zusammenzufassen und übersichtlich zu ordnen und dabei konnte die Beschränkung auf das Einzelindividuum nur förderlich sein.

Wie schon daraus ersichtlich ist, wollte und konnte der Verfasser bei der Behandlung der Fragen nicht auf die Darlegung seines persönlichen Standpunktes zu den Problemen der Kristallfestigkeiten verzichten, glaubt aber gleichwohl nichts Wesentliches von dem übersehen zu haben, was der Klärung der Probleme dienlich sein könnte.

Bei derartigen, zusammenfassenden Darstellungen in einem Gebiete, das noch völlig im Flusse der Entwicklung steht, ist es unvermeidlich, daß schon im Zeitpunkt des Erscheinens manches in dem Buche durch neuere Untersuchungen überholt ist. Dazu kommen noch die erheblichen Schwierigkeiten der Literaturbeschaffung und der Drucklegung. Gleichwohl glaubte der Verfasser die Herausgabe wagen zu sollen, und bittet die aufscheinenden Lücken zu entschuldigen.

Es ist dem Verfasser eine angenehme Pflicht, dem Verlag herzlichst zu danken, daß er nicht nur in diesen schwersten Zeiten die Herausgabe des Buches ermöglichte, sondern es auch in so schöner, beispielgebender Form erscheinen läßt. Ganz besonders herzlichen Dank schulde ich aber auch Herrn *Dr. J. Zemann*, der infolge Verhinderung des Verfassers die Schlußkorrekturen des Buches durchführte und so wesentlich zum Erscheinen der „Festigkeitserscheinungen" beitrug.

Möge diese Schrift dem Zusammenhang zwischen Theorie und Praxis auch in den vorliegenden Belangen dienlich sein, dann sind die Absichten, die den Verfasser bei der Abfassung des Buches beseelten, restlos erfüllt.

Wien, im Dezember 1948.

H. Tertsch.

Inhaltsverzeichnis.

Inhaltsverzeichnis.   VII

Einleitung.

Schlägt man ein beliebiges Lehrbuch der allgemeinen Mineralogie oder der Kristallphysik auf, dann ist es besonders auffällig, wie verschiedenartig und ungleichwertig die wissenschaftliche Durchdringung der einzelnen Abschnitte ist. Neben Kapiteln, die in weitestgehender Weise ihre theoretische und praktische Ausgestaltung erfahren haben, wie etwa die Kristalloptik oder die formale Kristallographie im Zusammenhang mit der Strukturforschung der letzten Jahrzehnte, findet man wieder Abschnitte, die kaum über das Stadium einer zwar möglichst eingehenden Beschreibung, aber ohne die Aufstellung und Durcharbeitung innerer Gesetzmäßigkeiten hinausgewachsen sind, wie das etwa bei den Härteerscheinungen der Kristalle der Fall ist. Diese Ungleichheit in der Behandlung der einschlägigen Fragen geht so weit, daß in dem vorzüglichen Buch über Kristallphysik von *Th. Liebisch*[1] [*127*] die Erscheinungen der Spaltbarkeit und Härte bei Kristallen überhaupt nicht erwähnt werden und in dem bekannten Werk von *P. Groth* [*76*], wie auch in dem ausgezeichneten Standardwerk von *W. Voigt* [*306*] oder in jenem von *P. Niggli* [*179*] die gleichen Erscheinungen nur ziemlich kurz behandelt, bzw. in einen „Anhang" verwiesen werden.

Dabei handelt es sich um kristallphysikalische Erscheinungen, die zu den wohl am längsten bekannten Eigentümlichkeiten von Kristallen gehören und die in der Praxis, bei der Bestimmung der Minerale nach äußeren Kennzeichen die größte Rolle spielen, wobei es also sicher nicht an umfangreichstem Beobachtungsmaterial fehlt. *Chr. Huyghens* [*93*] hatte in seiner bekannten Schrift über die optischen Erscheinungen am Kalkspat den ersten Versuch gemacht, den Erscheinungen der Spaltbarkeit und Härte auch wissenschaftlich näher zu kommen. Es ist eine traurige Tatsache, daß wir bisher in diesen Belangen kaum viel weiter gekommen sind als am Ende des 17. Jahrhunderts.

An die beiden genannten Erscheinungen lassen sich noch jene der Kristallplastizität (Translation, Gleitung, Zerreißfestigkeit) und Schlag-, bzw. Druckfiguren anreihen, die in gleicher Weise der wissenschaftlichen Durchdringung im weiten Ausmaße Schwierig-

---

[1] Die beigesetzten, in eckiger Klammer eingeschlossenen Zahlen beziehen sich auf das Verzeichnis des Schrifttums am Ende des Buches.

keiten bereiteten, so viele eingehende und sorgfältige Untersuchungen darüber auch schon angestellt worden waren. Es wird dabei immer deutlicher, daß es sich bei allen diesen Erscheinungen um Eigenschaften und Vorgänge dreht, die, physikalisch gesprochen, ungemein komplizierter Natur sind, und daß es bisher noch nicht gelang, die einfachen physikalischen Teilvorgänge, deren Zusammenwirken dann in den genannten Erscheinungen zu beobachten ist, herauszulösen und einzeln der weiteren Behandlung zuzuführen.

Infolge dieser verwirrenden Vielheit der physikalischen Beanspruchung bei der gleichen Erscheinung ist es nicht einmal möglich, für die einzelnen Erscheinungsgebiete wissenschaftlich einwandfreie Definitionen zu geben, die über eine kurz gefaßte Beschreibung des untersuchten Vorganges hinausgehen. Und die Aufstellung allgemein gültiger Gesetze blieb in den allerersten Anfängen stecken. Bei der bestehenden Komplexität der Vorgänge ist auch nicht zu erwarten, daß in absehbarer Zeit diesem schweren Mangel abgeholfen werden wird.

Es ist das Verdienst *W. Voigts* [306], darauf hingewiesen zu haben, daß es sich bei allen diesen physikalisch-komplexen Erscheinungen durchaus um rein mechanische Vorgänge handelt, die nach Überwindung der Kohäsionskräfte, also nach Überschreitung der Elastizitätsgrenze zu beobachten sind, und er faßte sie darum unter dem Begriff der „*Festigkeitserscheinungen*" zusammen. Geht man von der vollständigen Teilung des Kristalles (Spaltung) zu immer geringerer Störung der Kohäsionseigenschaften vor, so lassen sich die hier ins Auge gefaßten kristallphysikalischen Vorgänge etwa in folgende Reihe ordnen:

1. Vollständige Zerteilung nach bestimmten Richtungen (*Spaltbarkeit*).

2. Teilweise Lockerung des Kristallgefüges (*Plastizität:* Translation, Gleitung und Zerreißfestigkeit).

3. Widerstand gegen mechanische Oberflächenverletzung (*Härte*).

4. Komplexe Erscheinungen aus dem Zusammenwirken von Spaltung, Gleitung und Härte (*Schlag- und Druckfiguren*).

A. Die Spaltbarkeit.

I. Allgemeines.

Spaltbarkeit ist die Eigenschaft eines Kristalles, durch mechanische Inanspruchnahme parallel einer oder mehreren ebenen, glatten Flächen, die dem Rationalitätsgesetz gehorchen, teilbar zu sein.

Für alle spaltbaren Kristalle gelten folgende drei Gesetze:

1. Spaltflächen verlaufen immer nur parallel vorhandenen oder möglichen Kristallflächen.

Zumeist handelt es sich dabei um Formen mit sehr einfachen Indizes (Endflächen, Grundprismen und Grundpyramide). Nur selten finden sich Spaltflächen mit höheren Indizes.

Das gilt in aller Schärfe nur für die Kristalle höhersymmetrischer Systeme. bei denen durch die Symmetrie schon die Indizierung der Hauptflächen festgelegt ist. Bei den niedrigsymmetrischen Systemen geht man umgekehrt vor, indem man die beobachteten Spaltflächen, also strukturell ausgezeichnete Ebenen, als Primitivflächen wählt bzw. die bestehenden Ähnlichkeiten mit Kristallen höherer Symmetrie dazu ausnützt, die Spaltebenen in entsprechende Lagen zu bringen und demgemäß zu indizieren.

2. **Der Grad der Spaltbarkeit ist bei kristallographisch verschiedenen Flächen des gleichen Minerales verschieden.**

Kristallographisch *gleiche* Flächen zeigen auch die *gleiche* Spaltbarkeit. — Als ausgezeichnetes Beispiel dafür dient der Vergleich von *Steinsalz* und *Anhydrit*. Beide Minerale spalten nach drei aufeinander senkrechten Ebenen (Würfel beim Steinsalz und die drei Endflächen beim Anhydrit), es lassen sich also aus beiden Mineralen Würfelformen herausspalten. Bei Steinsalz ist im Spaltbarkeitsgrad zwischen den Flächen (100), (010) und (001) kein Unterschied, bei Anhydrit ist dagegen sehr deutlich die Spaltung nach (001) > (010) ≫ (100). Nach (001) beobachtet man ganz glatte, häufig perlmutterglänzende Spaltflächen, parallel (010) sind sie auch glatt, aber glasglänzend und mit einer Andeutung einer feinen Streifung nach der Spur der (001)-Fläche. Die (100) ist dagegen immer rauh und zeigt unter der Lupe ein blatternarbiges Aussehen.

3. **Die Verteilung der Spaltflächen und der Grad der Spaltbarkeit ist für jede Kristallart (Mineral) charakteristisch und konstant.**

Von dieser Tatsache wurde und wird zu Bestimmungszwecken immer ausgiebigst Gebrauch gemacht. Der Wert dieses Bestimmungsmittels ist natürlich um so größer, je deutlicher und ausgeprägter die Spaltbarkeit ist.

1. **Grade der Spaltbarkeit.** Die Unterschiede in der leichteren oder schwierigeren Durchführung der Spaltung bei Kristallen sind ungeheuer groß, fast so wie die Unterschiede der Härte (vgl. S. 178). Bisher ist es noch nicht gelungen, die verschiedenen Spaltbarkeitsgrade *zahlenmäßig* zum Ausdruck zu bringen. Über erste Messungsversuche vgl. S. 19 ff.

Nach *R. Koechlin* [116] kann man folgende Grade unterscheiden: *ausgezeichnet, vollkommen, gut, unvollkommen, deutlich* und *undeutlich*.

Als Beispiele können dienen für „ausgezeichnet": Glimmer 001, Kalkspat 10$\bar{1}$1, Steinsalz und Bleiglanz 100; für „vollkommen": Flußspat 111 und Hornblende 110, die aber eine Mittelstellung zwischen dem ersten und zweiten Grad einnimmt; für „gut": Diopsid 110; für „unvollkommen": Beryll 0001, Zinnstein 100 und 110; für „deutlich": Augit 110 und für „undeutlich": Pyrit 100 und 111.

Vielfach treten am gleichen Kristall mehrere, verschiedene Spaltflächen auf, die dann natürlich verschiedene Spaltgrade aufweisen, z. B. Anhydrit: 001 ausgezeichnet, 010 vollkommen, 100 gut; Gips: 010 ausgezeichnet, $\bar{1}11$ vollkommen, 100 undeutlich; Orthoklas: 001 vollkommen, 010 gut, 110 unvollkommen; Disthen: 100 ausgezeichnet, 010 gut; Rutil: 100, 110 deutlich, 111 undeutlich.

Der letzangeführte Grad leitet schon zu der Beschreibung jener Kristalle über, für die überhaupt keine Spaltbarkeit angegeben werden kann (z. B. die Fahlerze).

In solchen Fällen wird der **Bruch** beachtet. Ausdrücke wie *„ebener, unebener, muscheliger, splittriger* Bruch" usw. bedürfen keiner beson-

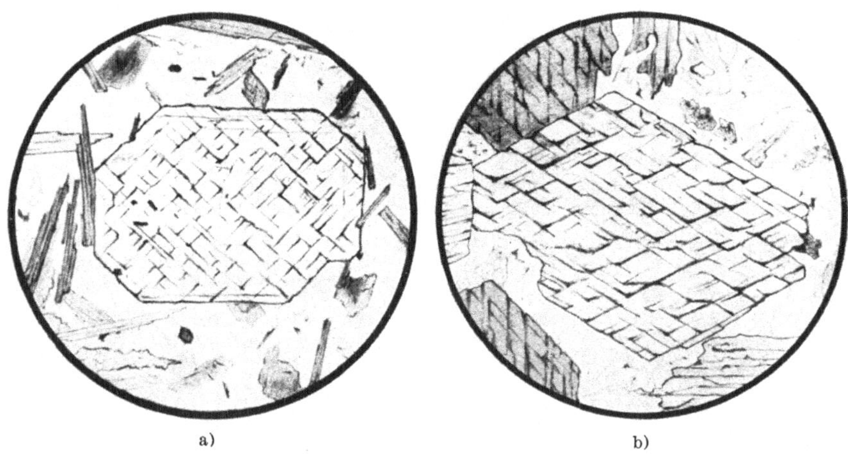
a)   b)

Abb. 1. Spaltrisse in Dünnschliffen. a) *Pyroxen* (Querschnitt), Spaltung nach 110, Absonderung nach 100; b) *Hornblende* (Querschnitt), Spaltung nach 110.

deren Erklärung. Es ist nur besonders zu berücksichtigen, daß der Bruch des *Einzel*kristalles · etwas ganz anderes bedeutet als jener eines Aggregates.

„Körniger" Bruch hat nichts mehr mit der Kohäsion des Kristalles an sich zu tun, sondern hängt von der Art des Gefüges ab. Darum sind fast alle Bruchangaben für Metalle auszuschalten, da es sich dabei um ein *Aggregat* vieler Kristalle und um die Festigkeit ihrer gegenseitigen Bindung handelt. Ein „seidiger" oder „Faserbruch" ist bei einem Aggregat faseriger, nadliger, stengliger Kristalle zu beobachten, hat aber für den Einzelkristall keine Bedeutung. Das gleiche gilt für „erdigen" Bruch und ähnliche Angaben.

Während man bei der „ausgezeichneten" Spaltbarkeit, wie etwa beim Glimmer, den Eindruck hat, die leichte Teilbarkeit lasse sich beliebig weit fortsetzen, wenn nur genügend feine Instrumente zur Verfügung stehen, sind die beiden letztgenannten Spaltbarkeitsgrade nur mehr schwer feststellbar. In solchen Fällen ist man darauf angewiesen, dünne Platten senkrecht zu den vermuteten Spaltflächen zu untersuchen, wie solche in den Dünnschliffen vorliegen.

In solchen Schliffen ist z. B. die „deutliche" Spaltung der Pyroxene in Querschnitten gut erkennbar. Es handelt sich um kurze, absätzige und nicht vollkommen gerade Risse, wogegen die Hornblenden in solchen Schnitten haarscharfe, gerade und ziemlich lange Spaltrisse zeigen. Überhaupt ist in Dünnschliffen die Güte der Spaltbarkeit an der Schärfe, Feinheit und Geradlinigkeit der Spaltrisse leicht erkennbar (Abb. 1).

Makroskopisch erkennt man die Fälle besonders vorzüglicher Spaltbarkeit daran, daß bei jeder mechanischen Zerkleinerung des Kristalles Bruchstücke mit Spaltflächen entstehen (vgl. die Schwierigkeit, Glimmer sehr fein zu pulverisieren). Derartige Kristalle lassen sich kaum unbeschädigt aus dem Gestein herauspräparieren. Vielfach sieht man an vorzüglich spaltenden Kristallen nach den Spaltflächen feine Luftlamellen eingeschaltet, die den Perlmutterglanz ausgezeichnet spaltender Minerale veranlassen und vielfach ganz wunderbare *Newton*sche Interferenzfarben zeigen.

Nicht selten wird eine Spaltung nur *vorgetäuscht* und zwar durch „*Absonderungsflächen*". Es handelt sich dabei vielfach um die Ausbildung von *Gleitflächen* durch den Gebirgsdruck (vgl. S. 55) oder um besondere Wachtumserscheinungen, wie etwa bei den einzelnen, abhebbaren „Kappen" des Kappenquarzes, oder um einen schaligen Aufbau wie bei Bronzit und Diallag nach 100. Bei sehr feinschaligem Bau kann die Teilbarkeit nach Absonderungsflächen leicht mit der echten Spaltbarkeit verwechselt werden. Die Tatsache, daß eine wahre Spaltung an *jeder* beliebigen Stelle des Kristalles parallel zu der gefundenen Fläche in der gleichen Weise wiederholt werden kann, während das parallel den Absonderungsflächen nicht möglich ist, gestattet bei sorgsamer Beobachtung wohl immer eine deutliche Unterscheidung dieser beiden Erscheinungen.

Es kann nicht geleugnet werden, daß eine größere Zahl hauptsächlich älterer Angaben über Spaltbarkeit von Kristallen diese scharfe Sonderung vermissen läßt. So wird für den Bleiglanz außer der ausgezeichneten (100)-Spaltung noch eine nach (111) beschrieben, die aber wohl nur eine Absonderung nach Gleitzwillingsflächen ist.

Eine weitere Verfälschung der Spaltbarkeit im positiven oder negativen Sinne kann durch Einlagerung von Fremdkörpern veranlaßt werden. Wenn diese Einlagerung orientiert nach gewissen Flächen erfolgt, kann damit eine schon bestehende Spaltbarkeit nach diesen Flächen wesentlich erhöht, oder es kann sogar eine neue Spaltbarkeitsrichtung vorgetäuscht werden.

H. Buckley [30] beschreibt einen interessanten Fall bei der Züchtung von Arcanit-Kristallen (K_2SO_4) unter Zusatz von etwa 0,01 g Alizaringelb 5 G auf 1 g Salz. Es wird durch diesen Lösungsgenossen nicht nur die Tracht geändert, sondern es tritt in den Anwachspyramiden der 100-Fläche noch eine ausgezeichnete Spaltbarkeit auf, die bei dem reinen Kristall vollständig fehlt. Am reinen K_2SO_4 ist nur eine deutliche Spaltbarkeit nach (010) und (weniger) nach (001) zu beobachten. Es macht ganz den Eindruck, als würden sub- oder amikroskopische Fremdkörperschichten parallel (100) diese auffallende, neue Teilbarkeit veranlassen.

Es ist aber auch denkbar, daß die Einlagerungen nicht nach den Spaltflächen, sondern quer oder schräg dazu erfolgen. Damit ergibt sich eine Art „*Blockierung*" der Spaltebenen, d. h. durch solche Einlagerungen wird der Grad der Spaltbarkeit wesentlich herabgesetzt, ja unter Umständen gänzlich unterdrückt. Diese Erscheinungen hängen mit der durch Fremdzusätze erzielbaren *Verfestigung* vieler Kristalle, vor allem von Metallen, zusammen und wurde deshalb in den letzten Jahrzehnten bei der Frage um die Güte oder Verbesserung des Werkstoffes von technischer Seite besonders eingehend untersucht. Dabei handelt es sich immer nur um sehr geringe Zusätze, die sich etwa in den Hundertel-Prozenten des Werkstoffes halten.

So erwähnt *A. Smekal* [236] eine Feststellung *Nowaks*, wonach sich Gold mit 0,005% Bleizusatz noch wie reines Gold verarbeiten läßt, während schon 0,06% Pb genügen, um eine durch ihre Sprödigkeit unverarbeitbare Legierung zu liefern. Die ganze Frage wird bei Besprechung der Kristallplastizität (S. 125 und 161) noch ausführlicher zu behandeln sein.

2. Arten der Spaltbarkeit. Wenig beachtet und bekannt ist die Tatsache, daß die Spaltbarkeit auch von der *Art ihrer Entstehung* („*Spaltart*") abhängt. Man kann deutlich drei Spaltarten unterscheiden:

1. *Schlagspaltung*, 2. *Druckspaltung*, 3. *Zugspaltung*.

Bei der *Schlagspaltung* wird die Teilung dadurch erzielt, daß man eine feine, scharfe Keilschneide (Messerschneide) parallel der Spur der gewünschten Spaltfläche in den Kristall mit einzelnen Schlägen einzutreiben versucht. Dabei ist es wichtig, daß die Fläche, auf der die Spaltung geprüft wird, senkrecht zu der zu untersuchenden Spaltebene liegt. Es handelt sich hier um die Wirkung sehr kurz dauernder Kräfte (*Momentan*kräfte). Diese ist wohl die häufigst verwendete Spaltart.

Bei dieser Art der Spaltung erfolgt kein heftiges Abspringen des abgespaltenen Teiles, sondern die Spaltung verläuft ganz *ruhig*. Manchmal müssen sogar die beiden Spaltteile voneinander förmlich abgezogen werden, obwohl die Spaltung vollständig durchgeht (vgl. dazu die häufigen, perlmutterglänzenden Spaltspuren an Kalkspatkristallen). Bezüglich Einzelheiten in der Durchführung einer solchen Spaltung siehe im experimentellen Teile S. 21 ff. Die Spaltbarkeit erweist sich dabei abhängig von der verwendeten *Dicke* der Platte senkrecht zur Spaltebene, und zwar im allgemeinen in einem *quadratischen* (parabolischen) Verhältnis zu dieser.

Gegen eine Fehllage der Messerschneide gegenüber der wahren Spaltspur ist diese Spaltart überaus empfindlich. Schon Fehlorientierungen von 1⁰ machen die Spaltung unmöglich.

Die *Druckspaltung* erfolgt in der Art, daß man parallel zu der Spaltspur in die senkrecht zur untersuchten Spaltfläche ausgebildete Kristallplatte eine scharfe Messerschneide unter ständig wachsendem Druck einzutreiben versucht. Während aber die Schlagspaltung nur mit scharfen Schneiden arbeiten kann, lassen sich bei der Druckspaltung auch mehr oder minder dicke Keilschneiden verwenden. Die Spaltung erfolgt hier durch die Einwirkung einer *Dauerkraft.*

Bei diesem Spaltvorgang beobachtet man explosionsartige Erscheinungen, als würde der Kristall von innen heraus zersprengt.[1] Sehr schön zeigt sich das, wenn man ein Steinsalzwürfelchen in eine Schraubenpresse mit flachen Keilbacken einpreßt, wie solche für die Vorführung von Druckdoppelbrechungsversuchen verwendet werden. Wenn die Keilschneiden der Spaltspur parallel laufen, erfolgt auch hier dieses explosionsartige Zerspalten in der Ebene, die beide Keilschneiden miteinander verbindet.

Bei der Druckspaltung ist nur eine *lineare* Abhängigkeit von der verwendeten Plattendicke zu beobachten, im schärfsten Gegensatz zu dem Verhalten der Schlagspaltung. Auch in diesem Falle führt die geringste Fehllage der Keilschneide gegenüber der richtigen Spaltspur zu einem völligen Mißlingen des Versuches.

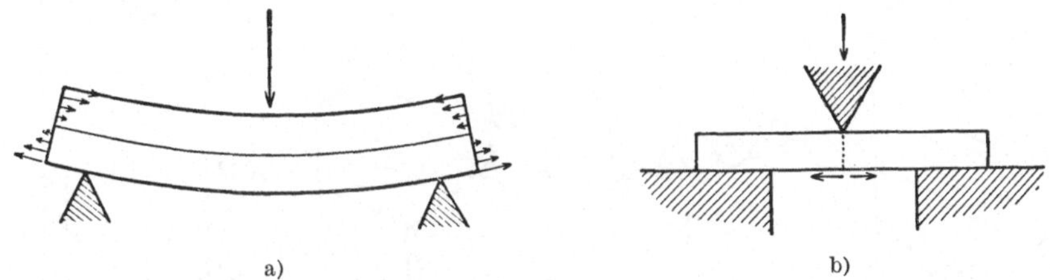

a)   b)

Abb. 2. a) Druck- und Zugspannungsverhältnisse an einem elastisch durchgebogenen Kristallstab, b) Wirkung einer Keilschneide auf eine hohl gelegte Kristallplatte.

Fast unbekannt ist die *„Zugspaltung".* Dabei wird eine (dünne) Kristallplatte senkrecht zur Spaltfläche entsprechend der Spur dieser Fläche durchgebogen und endlich durchgeknickt. Auf der Unterseite der durchgebogenen Platte treten hier *Zug*wirkungen auf (Name!), die endlich zu einem Zerreißen der Platte *von unten nach oben* (!) führen (Abb. 2). Auch hiebei ist eine *Dauerkraft* wirksam.

In der Praxis kennt man diese Spaltart nur aus dem Durchknicken dünner Platten spaltbarer Mineral zwischen den Fingern.[2] Hier erfolgt kein Eindringen der verwendeten, allenfalls auch sehr dicken Keilschneide in den Kristall, wodurch sich diese Spaltart grundsätzlich von den beiden anderen unterscheidet.

---

[1] Vgl. dazu auch *L. Tokodys* [*299*] Schilderung des Geräusches bei der Erzeugung einer 110-Spaltung am Steinsalz unter Druck von zwei gegenüberliegenden Würfelkanten aus. Dort wird auch weitere Literatur darüber angegeben.

[2] Offenkundig erfolgte der gleiche Vorgang auch bei den Versuchen *Mallards* [*132*], dünne Quarzplatten parallel der Achse und senkrecht $10\bar{1}0$ mit einer Nadelspitze durchzudrücken. Es entstanden dabei hauptsächlich zwei Spaltrißsysteme nach $10\bar{1}1$ und $\bar{1}011$, die aber nach *Judd* (min. Soc. London 10. I. 1888, 8, 7, zitiert nach *Hintze,* Handbuch d. Min. I 1274) nicht als Spalt-, sondern als Gleitflächen anzusehen wären.

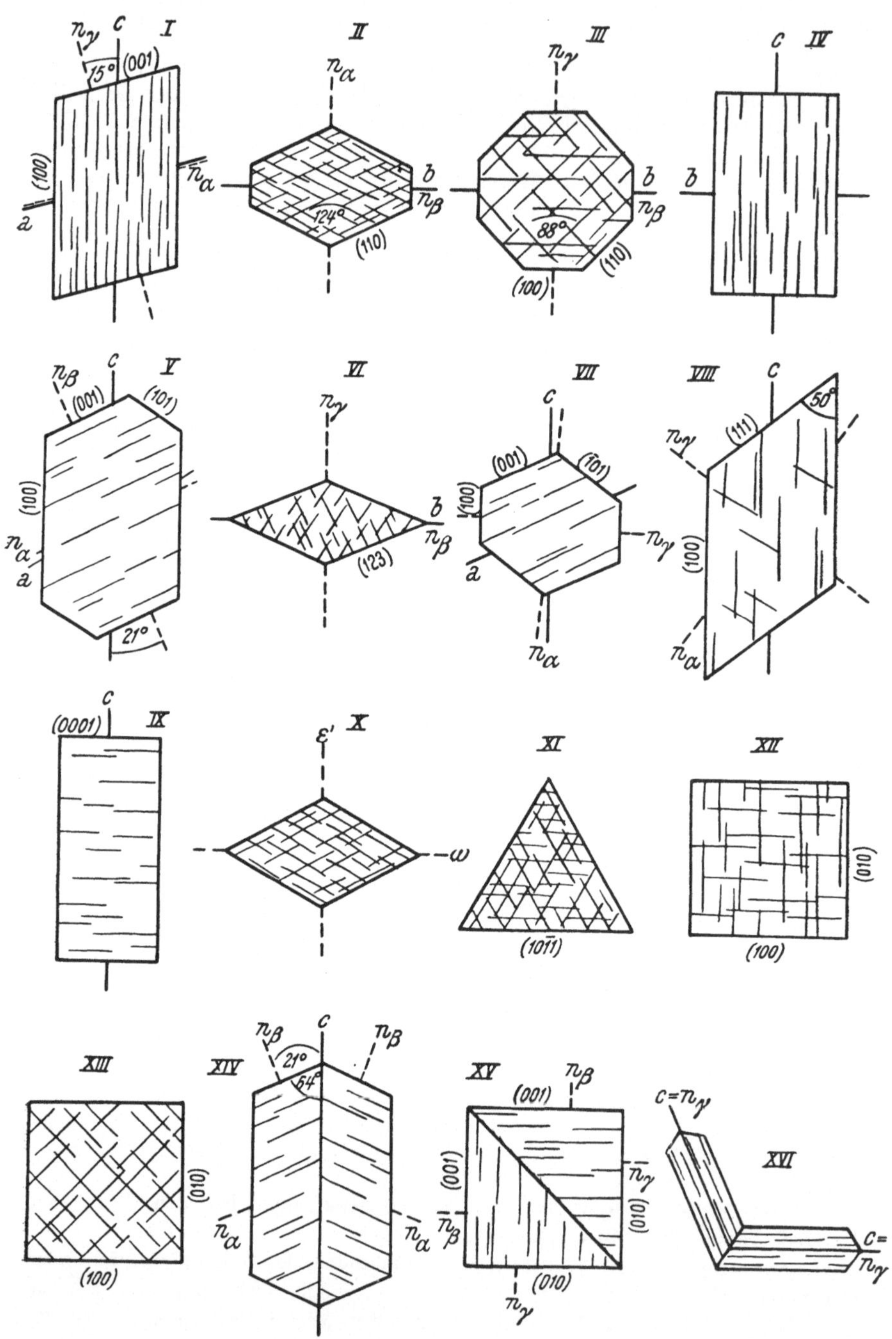

nγ
c
I
15°
(001)
(100)
a
nα
II
nα
b
nβ
124°
(110)
III
nγ
b
nβ
88°
(110)
(100)
c
IV
b
V
nβ
c
(001)
(101)
(100)
nα
a
21°
VI
nγ
b
nβ
(123)
VII
c
(001)
(101)
(100)
a
nγ
nα
VIII
c
50°
nγ
(111)
(100)
nα
IX
c
(0001)
X
ε'
ω
XI
(1011)
XII
(010)
(100)
XIII
(100)
(010)
XIV
nβ
c
nβ
21°
64°
nα
nα
XV
nβ
(001)
nβ
(001)
nγ
(010)
nβ
nγ
(010)
nγ
XVI
c=nγ
c=nγ

Die Plattendicke nimmt wieder einen komplizierteren Einfluß auf den Spaltvorgang. Ähnlich wie bei der Schlagspaltung ist eine Art *quadratischen* Verhältnisses zur Plattendicke zu beobachten.

Ganz besonders auffallend ist die völlige *Unempfindlichkeit* gegenüber Fehllagen der verwendeten Keilschneide. Das prägt sich schon darin aus, daß man überhaupt keiner „Schneide" bedarf, um die Platte nach der Spaltfläche durchzudrücken. Dadurch unterscheidet sich diese Spaltart besonders scharf von den beiden anderen Spaltarten.

Damit erklärt sich auch die starke Verbreitung deutlicher Spaltspuren in Dünnschliffen (Abb. 3 und 1). Der einseitige Druck beim Schleifen solcher Gesteinsplatten scheint, zusammen mit den Erschütterungen des Schleifvorganges, Versuchsbedingungen auszulösen, wie sie bei der Zugspaltung wirksam sind.

Der Unterschied in der Wirkungsweise der drei Spaltarten ist darum besonders zu beachten, weil dadurch die Reihenfolge in der Güte der Teilbarkeit nach verschiedenen Flächen des gleichen Kristalles vollständig geändert werden kann. So ist z. B. für Steinsalz auffallenderweise die *Schlag*spaltung nach (110) *leichter* zu bewerkstelligen als nach (100). Bei der *Druck*spaltung vollzieht sich aber im schärfsten Gegensatze dazu die (100)-Spaltung, wie man erwarten dürfte leichter als jene nach (110). Die *Zug*spaltung schließt sich dabei in ihrem Verhalten enger an die Druckspaltung an.

Offenbar ist der mechanische Spaltvorgang bei den drei Spaltarten grundsätzlich verschieden. Bezüglich eines Deutungsversuches dieser Verschiedenheit vgl. S. 42 ff.

Es wäre unbedingt notwendig, bei neueren Spaltbarkeitsuntersuchungen immer anzugeben, welche Spaltart verwendet wurde.

II. Spaltformen und deren Verbreitung im Mineralreich.

Im Hinblick auf die kristallographische Orientierung der Spaltflächen eines Kristalles lassen sich zwei Gruppen zu je zwei Untergruppen von möglichen „*Spaltformen*" unterscheiden (278 a).

1. *Offene Formen.* Es handelt sich um Kristallflächen, die für sich allein den Kristall nicht vollständig zu begrenzen vermögen. Solche offene Formen kommen in allen Systemen vor mit Ausnahme des kubischen, das *nur* geschlossene Formen kennt.

Abb. 3. Beispiele von Spaltrissen auf Flächen verschiedener Minerale und ihrer Lage zu ausgezeichneten optischen Richtungen (nach *Weinschenk* u. *Niggli*). I Hornblende $\parallel$ (010) : Spaltrisse $\parallel <110>$ (monoklin), II Hornblende $\perp$ z-Achse : Spaltrisse $\parallel <110>$ (monoklin), III Augit $\perp$ z-Achse : Spaltrisse $\parallel <110>$ (monoklin), IV Augit $\parallel$(100) : Spaltrisse $\parallel <110>$ (monoklin), V Sanidin $\parallel$(010) : Spaltrisse $\parallel <001>$ (monoklin), VI Titanit, Querschnitt : Spaltrisse $\parallel <110>$ (monoklin), VII Epidot $\parallel$ (010) : Spaltrisse $\parallel <001>$ (monoklin), VIII Gips (010): Spaltrisse $\parallel$z u. $\parallel <\bar{1}11>$ (Faserbruch) (monoklin), IX Prisma eines hexagonalen Kristalles (z. B. Apatit) : Spaltrisse $\parallel <0001>$, X Kalkspat $\parallel$ (10$\bar{1}$1) : Spaltrisse $\parallel <10\bar{1}1>$ (trigonal), XI Kalkspat $\parallel$(0001) : Spaltrisse $\parallel <10\bar{1}1>$ (trigonal), XII Steinsalz $\parallel$(100) : Spaltrisse $\parallel <001>$ (kubisch), XIII Fluorit $\parallel$(100) : Spaltrisse $\parallel <111>$ (kubisch), XIV Orthoklas, Karlsbader Zwilling $\parallel$(010) : Spaltrisse $\parallel <001>$ (monoklin), XV Orthoklas, Bavenoer Zwilling $\parallel$(100) : Spaltrisse $\parallel <001>$ (monoklin), XVI Rutilzwilling $\parallel$ z und z': Spaltrisse $\parallel <110>$ (tetragonal).

a) *Blättrige Spaltform.* Hier ist eine *Ebene* besonders ausgezeichnet (z. B. Glimmer). Das Raumgitter ist aus einem Paket solcher Ebenen aufgebaut, wie ein Stoß Kartenblätter.

b) *Prismatische Spaltform.* Es sind mindestens zwei ausgezeichnete Ebenen vorhanden (z. B. Hornblenden), oder mehrere, die aber alle der gleichen Zone angehören (z. B. Andalusit mit 110 + 100 oder Rutil mit 100 + 110). Offenkundig ist hier eine Gitter*linie* besonders bedeutungsvoll und dient als Zonenachse der Spaltflächenzone. Das Gitter zerlegt sich in parallele Stengel wie eine Packung Bleistifte.

2. *Geschlossene Formen.* In solchen Fällen kann der Kristall mit den Flächen der Spaltform allein vollständig begrenzt sein. Ihre Hauptentwicklung finden solche Spaltformen im kubischen System.

a) *Parallelepipedische Spaltform.* Es liegen mindestens drei, *nicht* der gleichen Zone angehörige, ausgezeichnete Ebenen vor, die ein Parallelepiped, also eine ringsum geschlossene Form bilden (z. B. Steinsalz, Kalkspat). Das Gitter läßt sich leicht aus solchen Parallelepipeden aufbauen, wie ein Stoß Ziegel. Sind mehr als drei Spaltebenen vorhanden, dann liegen mindestens drei davon in einer Zone (z. B. bei dem triklinen Hannayit 001, 110, $1\bar{1}0$ und 130).

b) *Pyramidale Spaltform.* Solche Spaltformen bestehen aus mindestens *vier, nicht* zu dreien in einer Zone liegenden Flächen (z. B. Flußspat). Hier ist ein Aufbau des Kristalles durch Zusammenschichten pyramidaler Spaltformen *nicht* möglich, wie das schon *Haüy* gerade am Flußspat erkannte.

Der Definition nach muß auch die *dodekaedrische* Spaltform zu den pyramidalen Typen gerechnet werden, doch ist das interessanterweise die einzige Form, die auch hier einen lückenlosen Aufbau durch Zusammenschichten ermöglicht (z. B. Zinkblende). Diese Spaltform nimmt also praktisch eine Mittelstellung zwischen den schichtbaren, parallelepipedischen und den unschichtbaren, echt pyramidalen Spaltformen ein.

In aller Schärfe können pyramidale Formen erst vom *rhombischen* System angefangen bis zu immer höheren Symmetrien auftreten, denn erst dort finden sich die ersten geschlossenen Formen. Im *monoklinen* System sind solche Spaltformen nur sehr schwach entwickelt, im *triklinen* System fehlen sie vollständig.

Das bedeutet insofern keinen Widerspruch zu der oben gegebenen Definition, weil bei dieser Übersicht über die Spaltformen noch darauf hingewiesen werden muß, daß man zwischen *echten* und *unechten* Spaltformen zu unterscheiden hat. Wenn nämlich die Spaltbarkeit nach kristallographisch *ungleichen* Flächen angenähert im gleichen Ausmaß möglich ist, kann man diese zu einer *unechten,* höheren Spaltform vereinigen, während die *echten* Spaltformen nur kristallographisch gleichwertige Flächen umfassen.

Ausgezeichnete Beispiele solcher unechter Spaltformen bilden z. B. die triklinen und monoklinen Feldspäte, die in ihrer Spaltbarkeit nach 001 und 010 eine *prismatische* Spaltform liefern. In ähnlicher Weise bilden die drei Endflächen beim Anhydrit eine unechte *parallelepipedische* Spaltform. Auch die Kombination einer prismatischen mit einer blättrigen Spaltung, wie beim Baryt, ergibt eine parallelepipedische Form.

In allen diesen Fällen kann man immer noch von *reinen* Spaltformtypen sprechen. Von allen spaltbaren Mineralen besitzen ungefähr 75 bis 85% (im kubischen System sogar 96%) solche reine Spaltformen.

Daneben finden sich aber doch auch Minerale, bei denen Spaltformen mit sehr *deutlichen Unterschieden im Grad* der Spaltbarkeit gemeinsam auftreten (z. B. Apophyllit mit ausgezeichneter Spaltung nach 001 aber nur guter nach 110, oder Kryolith: ausgezeichnet nach 001, gut nach 110 und $\bar{1}$01). Dadurch erhält man Mischtypen („*gemischte Spaltformen*"). Dabei ist immer eine hervorstechende *Haupt*spaltung mit einer zurücktretenden *Neben*spaltung verknüpft.

Vereinigt sich eine *blättrige Hauptspaltung* mit einer anderen blättrigen Spaltung, dann ergibt sich eine „gemischtprismatische" Spaltung. Das gleiche erhält man auch bei Kombination mit einer echtprismatischen Nebenspaltung, wenn die Blätterebene der gleichen Zone angehört.

Verbindet sich aber die blättrige Hauptspaltung mit einer prismatischen Nebenspaltung, deren Zone sie nicht angehört, dann schließen sich die Spaltformen zu einer „gemischtparallelepipedischen" Form. Das gleiche Ergebnis liefert die Kombination einer blättrigen Hauptspaltung mit einer parallelepipedischen Nebenspaltung, wenn die Hauptspaltung einer der Zonen der Nebenspaltung angehört. Dieser seltene Fall ist z. B. beim Manganit verwirklicht: vollkommene Spaltung nach 010 und deutliche Nebenspaltung nach 110 und 001. Die 010 gehört der 110-Zone an.

Liegt die blättrige Hauptspaltung *nicht* in einer Zone der parallelepipedischen Nebenspaltung, dann entsteht eine „gemischtpyramidale" Spaltform. Das gleiche muß natürlich die Vereinigung einer blättrigen Hauptspaltung mit einer pyramidalen Nebenspaltung ergeben.

Ähnlich liegen die Verhältnisse bei einer *prismatischen* Hauptspaltung. Eine blättrige und selbst eine prismatische Nebenspaltung der gleichen Zone mit der Hauptspaltung ändern den Charakter der Spaltform nicht. Wird die prismatische Hauptspaltung von der blättrigen Nebenspaltung geschnitten, dann ergibt sich eine „gemischtparallelepipedische" Spaltform (z. B. Gaylussit [*monoklin*] mit 110 vollkommen und 001 unvollkommen).

Die Kombination zweier prismatischer Spaltungen mit verschiedenen Zonenachsen führt zu einer „gemischtpyramidalen" Spaltform (z. B. Aragonit [rhombisch] mit 011 vollkommen und 110+010 deutlich). Den gleichen Typus erhält man, wenn sich zur prismatischen Hauptspaltung eine pyramidale Nebenspaltung gesellt (z. B. Sellait [tetragonal] mit 100+110 vollkommen und 101).

Bei einer *parallelepipedischen Hauptspaltung* erhält man durch Kombination mit einer blättrigen oder prismatischen Nebenspaltung immer dann, wenn die Blattebene oder Prismenzone sich *nicht* den drei Zonen des Parallelepipedes einordnen, eine „gemischtpyramidale" Form. — Die Vereinigung zweier echt parallelepipedischer Spaltformen wurde nie beobachtet.

Nur bei Bleiglanz und Periklas wird die Kombination der Würfelspaltung mit der Oktaederspaltung (pyramidal) angegeben, doch dürfte es sich dabei gar nicht um Oktaeder*spalt*flächen, sondern um Absonderungsflächen handeln (vgl. S. 5).

1 a*

Eine *pyramidale Hauptspaltung* kann durch Hinzufügung anderer Neben-spaltformen in keinen neuen, gemischten Formtypus übergehen.

Im übrigen sei bezüglich der Verteilung auf Abb. 4 verwiesen, wo in Hundertteilen der Zahlen der spaltbaren Minerale, geordnet nach Kristall-systemen, die einzelnen reinen, bzw. gemischten Spaltformen dargestellt sind.

Im gleichen Zusammenhange wird in Tab. I eine Übersicht über die Verteilung der Spaltbarkeit bei den „gut bekannten", bzw. „allen" Mineralarten gegeben[1] (Abb. 5).

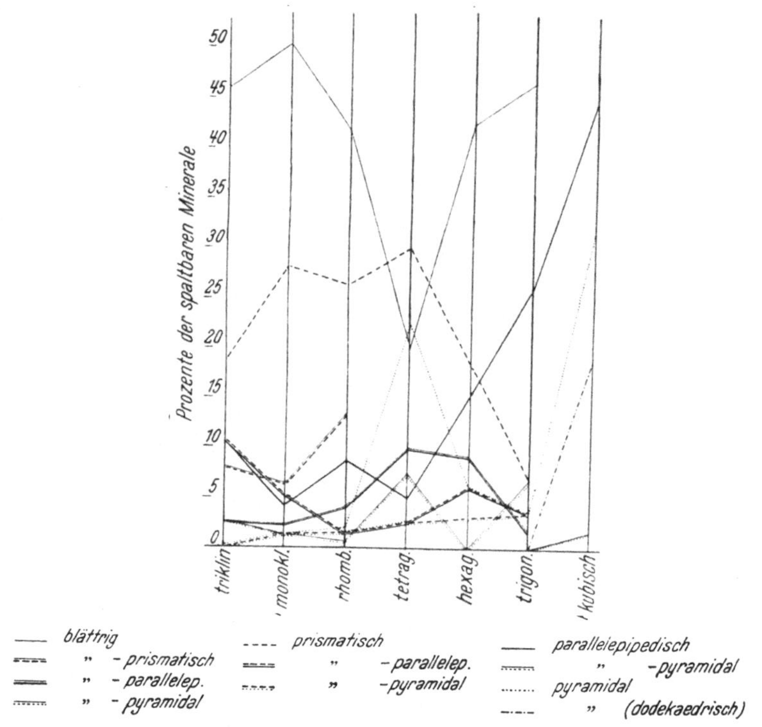

Abb. 4. Prozentuale Verteilung *reiner* (einfache Linien) und *gemischter* Spaltformen (Doppellinien) auf die einzelnen Kristallsysteme.

Für die *reinen Spaltformen* seien nun die Besonderheiten ihrer Ausbildung in den einzelnen Kristallsystemen kurz beschrieben, da die überwiegende Zahl spaltbarer Minerale solche „reine" Formen aufweist.

---

[1] Die Auszählung erfolgte auf Grund der *Köchlin*schen Tabelle [116], wobei alle in der dortigen „tabellarischen Übersicht" aufscheinenden Mineralarten als „gut bekannt" gerechnet wurden, während aus dem „Namensverzeichnis" zur Ergänzung auf „alle" Minerale auch jene aufgenommen wurden, die nur zum Teil bekannt sind, deren Spaltbarkeit man aber kennt.

Tab. 1: *Verteilung der Mineralarten und deren Spaltbarkeit.*

Kristallsystem	trikl.	monokl.	rhomb.	tetrag.	hexag.	trigon	kubisch	Summe
Mineralarten:								
gut bekannt.....	48	223	226	64	54	88	132	835
alle.............	56	276	275	75	66	102	158	1008
Spaltbare Minerale	37[1]	171	146	40	33	58	47	532

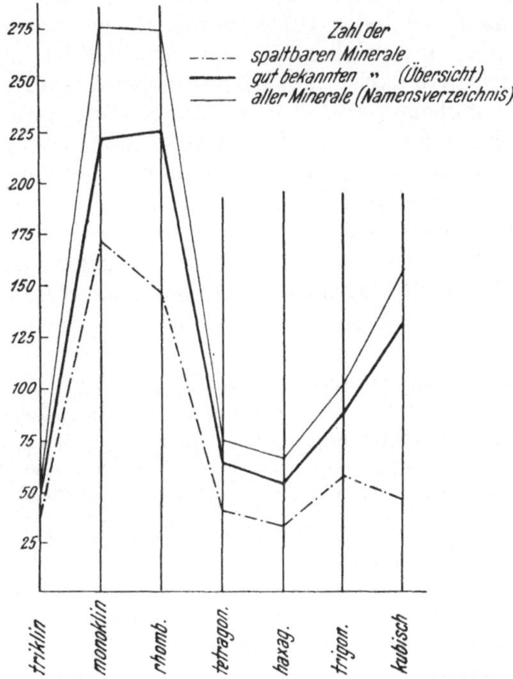

Abb. 5. Verteilung der Mineralarten und besonders der spaltbaren Minerale auf die einzelnen Kristall-systeme.

Reine blättrige Spaltformen: Im *triklinen* System ist im allgemeinen jede Bausteinebene gleich geeignet und in nichts vor den anderen Ebenen ausgezeichnet. Eine Spaltebene wird als ausgesprochene

---

[1] Neben den hohen Zahlen monokliner und rhombischer Minerale ist der Tiefstand der triklinen Minerale auffällig, aber auch jener im kubischen System, das allerdings nur *geschlossene* Formen kennt. Im übrigen verteilen sich die Häufigkeiten verkehrt zur Zähligkeit der Hauptdeckachsen. Von den „gut be-kannten" Mineralen sind zwei Drittel bis drei Viertel der Zahl durch Spaltbar-keit ausgezeichnet, und selbst bei Heranziehung „aller" Arten noch einhalb bis zwei Drittel. Nur das kubische System bleibt mit knapp einem Drittel weit zurück.

Strukturebene sich auch äußerlich vielfach als Wachstumsfläche bemerkbar machen und darum mit den einfachsten Indizes belegt werden. Die Verteilung der Bausteine *innerhalb* dieser Ebene ist ganz gleichgültig.

Im *monoklinen* System, das dabei die Höchstzahl spaltbarer Minerale besitzt (vgl. Abb. 4), kann die ausgezeichnete Blätterebene nur zwei grundsätzlich verschiedene Lagen einnehmen, nämlich *parallel* oder *senkrecht* zur Symmetrieebene. Von 86 Fällen gehören 34 dem Typus „parallel 010" an (z. B. Wolframit), 52 dagegen jenem „senkrecht 010" (z. B. Glimmer). Am häufigsten wird dabei Spaltung nach 001, seltener nach 100 oder 101 angegeben, was natürlich eine reine Aufstellungssache ist und wobei die Ähnlichkeit mit verwandten, höher symmetrischen Kristallen mitbestimmend wirkt.

Liegt die Spaltebene *parallel* (010), dann ist die Bausteinanordnung *in* der Gitterebene für unsere Frage belanglos, dagegen müssen die gleichwertigen Bausteine paralleler Nachbarebenen dann so angeordnet sein, daß ihre jeweiligen Verbindungslinien senkrecht zur Spalt-(Symmetrie-)Ebene stehen.

Im zweiten Falle (*senkrecht* 010) muß dagegen schon in der einzelnen Gitterebene eine symmetrische Bausteinanordnung erkennbar sein, sei es nun nach einer einfachen oder nach einer Gleit-Spiegelebene.

Die Bevorzugung des Typus: Spaltung normal (010) ist merkwürdig. Dafür dürfte aber wohl die innere Symmetrie vieler chemischer Verbindungen, bzw. die Symmetrie der Bausteine (Ionen) ausschlaggebend sein. Dagegen ist die monokline Anordnung parallel der Symmetrieebene eine rein geometrische Gitterfrage, die nichts mit der chemischen Zusammensetzung zu tun hat.

Im *rhombischen* System kann eine rein blättrige Spaltung nur nach einer der drei Endflächen auftreten (z. B. Zoisit, 010 ausgez.). Strukturtechnisch schließt sich dieser Fall an jene Entwicklung im monoklinen System an, wo die Spaltfläche senkrecht zur Symmetrieebene ausgebildet ist, wo also schon die Netzebene eine symmetrische, oder gleitsymmetrische Bausteinanordnung besitzt.

Die *Wirtelsysteme* (tetragonal, hexagonal und trigonal) können als rein blättrige Spaltung *nur* solche nach der *Basis* entwickeln. Diese ganz eigenartige Flächenlage betont auffällig die Wirtelsymmetrie, sei es nun in der Einzelebene oder in einer Ebenenschar durch Schraubenanordnung.

Dabei ist die geringe Häufigkeit der Basisspaltung im tetragonalen System besonders zu beachten. Derzeit ist noch kein besonderer Grund für diese Benachteiligung des tetragonalen Systems erkennbar.

Das *kubische* System kann keine offenen Spaltformen liefern, fällt hier also vollständig aus.

Rein prismatische Spaltformen: Im *triklinen* System sind es wohl vor allem Beziehungen zu verwandten, höher symmetrischen Kristallen, die zu solcher Spaltform führen. Man vergleiche dazu die

Plagioklase und Orthoklas, Babingtonit und Diopsid usw. Im allgemeinen ist die rein prismatische Spaltform hier wenig ausgebildet.

Das *monokline* System, das sogar in seinen Pyramidenflächen nur offene, vierflächige Formen kennt, ist für diese Spaltform fast ebenso günstig wie das rhombische System.

Auch hier gibt es zwei grundsätzlich verschiedene Zonenachsenlagen für die prismatische Spaltform: *in* der Symmetrieebene und *senkrecht* dazu. Entsprechend der Polarität zwischen Fläche und Linie ist zu erwarten, daß diesmal die Fälle mit der Zonenachse *in* der Symmetrieebene häufiger sein werden als der andere Typus. In der Tat ist auch der Typus „Hornblende" (Achse in der Symmetrieebene, *z*-Richtung) ungefähr sechsmal so oft vertreten, wie der Typus „Epidot" (Zonenachse senkrecht zu 010). Das ist schon dadurch bedingt, weil alle *Okl, hkO und hkl* „prismatische" Formen mit der Achse in der Symmetrieebene liefern.

Die damit hervorgehobene, beherrschende Gitter*linie* muß im Hornblendetypus durchaus nicht symmetrisch aufgebaut sein, dagegen ist der Epidottypus kaum ohne eine symmetrische Bausteinanordnung längs einer Linie oder Linienschar denkbar.

Gerade bei der prismatischen Spaltform häufen sich die Fälle einer *unechten* Ausbildung, insofern als zwei *ungleichwertige* Ebenen zur Prismenform zusammentreten (Feldspat!), aber nur geringe Gradunterschiede in der Güte der Spaltbarkeit erkennen lassen, weshalb sie noch zu den reinen Formen gerechnet werden können.

Im *rhombischen* System prägt sich der enge Anschluß an das monokline System wieder durch ein Überwiegen echt prismatischer Formen *(Okl, hOl, hkO)* aus. Die unechte Prismenspaltung durch Kombination zweier Endflächen tritt dagegen weit zurück.

Die *Wirtelsysteme* verdeutlichen wieder die Gegensätzlichkeit zwischen Ebene und Linie. War hinsichtlich der Blätterspaltung das tetragonale System am schlechtesten, das trigonale am besten entwickelt, ist es hier genau umgekehrt.

Rein prismatische Spaltformen können in den Wirtelsystemen nur nach den aufrechten Prismen erster und zweiter Art ausgebildet sein. Häufig erscheinen beide Formen nebeneinander (110+100), bzw. ($10\bar{1}0+11\bar{2}0$). Dadurch wird die überragende Bedeutung einer Gitter*linie* (Vertikalachse) besonders auffällig.

Im *kubischen* System sind wieder rein prismatische Spaltformen unmöglich.

Rein parallelepipedische Spaltformen. Genau genommen kann diese Spaltform nur im trigonalen (rhomboedrischen) und kubischen System entwickelt sein, denn nur diese beiden Kristallsysteme kennen geschlossene, parallelepipedische Formen (Rhomboeder und Würfel). In allen anderen Systemen kann es sich nur um unecht-parallelepipedische Spaltformen handeln, die man wegen der Ähnlichkeit im Grad der Spaltbarkeit noch zu den reinen Spaltformen rechnen kann. Dagegen finden sich in diesen Systemen auffallend viel gemischt-parallelepipedische Spaltformen.

Am ungünstigsten liegen die Verhältnisse für eine rein parallelepipedische Spaltung im *triklinen* und ganz besonders im *monoklinen* System. Es handelt sich in diesen Fällen fast immer um Parallelepipede aus einer Endfläche und einer Prismenfläche, fast nie um die drei Endflächen selbst.

Das *rhombische* System verhält sich insofern ähnlich, als auch hier der Endflächen-Typus (Anhydrit) hinter dem Typus Prisma + Endfläche (Baryt) weit zurücksteht.

Auch für die *Wirtelsysteme* gelten die gleichen Überlegungen. Die Aufteilung der rein parallelepipedischen Spaltformen folgt, soweit man hier überhaupt von einer solchen sprechen kann, den gleichen Grundsätzen wie die rein blättrige Spaltung.

Es muß besonders stark betont werden, daß im *trigonalen* (rhomboedrischen) System häufig eine *echt*parallelepipedische Spaltbarkeit nach dem *Rhomboeder* entwickelt ist (z. B. Kalkspat), das in der üblichen kristallographischen Bezeichnung als Pyramidenfläche aufscheint. In diesem Falle entspräche die Verwendung der dreiachsigen *Miller*schen Aufstellung den Tatsachen besser als die meist benützte *Bravais*sche Aufstellung.

Gleichzeitig prägt sich in dieser Tatsache die merkwürdige Zwischenstellung aus, die das trigonale System zwischen dem hexagonalen und kubischen System einnimmt.

Zum ersten Male kommt hier das *kubische* System zur Besprechung, das in seiner weitverbreiteten *Würfel*spaltung wohl den Idealtypus der parallelepipedischen Spaltform darstellt.

Rein pyramidale Spaltformen. Mit Ausnahme des triklinen und monoklinen Systems können solche Spaltformen in allen Kristallsystemen zur reinen, echten Entwicklung kommen.

Bezeichnenderweise *fehlt* auch diese Spaltform im *triklinen* System (auch als unechte Form) und ist im *monoklinen* System als reine (nicht als gemischte Form) nur selten ausgebildet.

Ganz seltsam liegen die Verhältnisse im *rhombischen* System. Die erwartete echt pyramidale Spaltung ist nur beim Schwefel und da als unvollkommen bekannt. Die beiden anderen, noch hieher zählbaren Fälle, zeigen merkwürdigerweise die Kombination zweier Prismenformen (Cerussit mit 110 + 021 und Olivenit mit 110 + 011 + 010). Daraus ergibt sich deutlich, daß die pyramidale Spaltform an sich wenig Wahrscheinlichkeit besitzt.

Die *Wirtelsysteme* lassen wieder einen eigentümlichen Parallelismus dieser zur prismatischen Spaltform erkennen. Auch hier ragt wieder das tetragonale System weit über die anderen hinaus.

Bezüglich des *trigonalen* Systems sei auf das vorstehend Gesagte verwiesen. Nach der hier verwendeten Definition des Begriffes „pyramidale" Spaltform (S. 10) fällt die Rhomboederspaltung aus der Reihe der pyramidalen Spaltungen aus. Das trigonale System schließt sich ganz eng an das kubische an, das ja nur einen Sonderfall des rhomboedrischen Systems darstellt, und demnach ist die Rhomboederspaltung eine echt parallelepipedische Spaltform.

Das *kubische* System kennt *zwei* der Definition entsprechende pyramidale Spaltformen: das Oktaeder und das Rhombendodekaeder (Flußspat und Zinkblende). In der Oktaederspaltung liegt eine ganz echte Pyramidenspaltform vor, die Dodekaederspaltung geht dagegen aus der Kombination der drei Grundprismen, die ja im kubischen System zusammen gehören, hervor.

Der Ersatz einer echt pyramidalen Spaltung durch die Kombination mehrerer Prismen war schon im rhombischen System auffällig und kommt hier zum schönsten Ausdruck.

Es ist bemerkenswert, daß gewisse Häufigkeitsbeziehungen zwischen blättrigen und parallelepipedischen Formen einerseits und prismatischen, bzw. pyramidalen Formen anderseits zu bestehen scheinen.

Die Verteilung der *gemischte* Spaltformen, die viel seltener auftreten, mag aus Abb. 4 entnommen werden.

Eine Durchmusterung der Minerale mit deutlicher Spaltbarkeit und nicht zu komplizierter Zusammensetzung (Elemente also ausgenommen) läßt erkennen, daß in der Hauptsache *nur etwa 14 Elemente* an diesen gut spaltbaren Verbindungen beteiligt sind. Nach ihrer Häufigkeit ordnen sie sich: O, Si, H, S, Al, Ca, Mg, Fe, C, As, Cu, Mn, Pb, K [*275*].

Mit Ausnahme des Pb handelt es sich durchwegs um ziemlich leichte Elemente mit geringer Wertigkeit. Am häufigsten sind die Valenzzahlen 1 und 2. Bei C mit der Wertigkeit 4 ist zu beachten, daß er in den Verbindungen meist als Ion: CO_3 zu beobachten ist, also nicht für sich allein wirkt. Ähnlich so bei Si.

Es scheint, als ob die Spaltbarkeit in erster Linie bei solchen heteropolaren Verbindungen aufträte, deren Ionen sowohl an Masse, wie an Wertigkeit elektrostatisch genommen besonders geringe Außenwirkung und damit geringe Kohäsion zeigen.

Schließlich sei noch auf die Frage hingewiesen, wie weit die Spaltformen mit der Symmetrie der 32 Kristallklassen in Einklang stehen. Als tensorieller Vorgang verhält sich die Spaltbarkeit immer so, als besäße der Kristall ein Symmetriezentrum, d. h. die 32 Kristallklassen verringern sich auf elf Gruppen, je eine im triklinen, monoklinen und rhombischen System und je zwei in allen anderen Systemen. Es wäre also theoretisch denkbar, daß es Spaltformen gibt, durch die sich z. B. im trigonalen (rhomboedrischen) System der Dolomit vom Kalkspat unterscheidet, oder im kubischen System das Steinsalz vom Pyrit. Interessanterweise sind aber die mindersymmetrischen Untergruppen der Wirtelsysteme und des kubischen Systems *nicht* durch die Spaltformen unterschieden, weil *immer nur* Spaltflächen *beobachtet* werden, die *in beiden Untergruppen gleich gut möglich* sind (Endflächen, einfachste Prismen und Pyramiden). Tatsächlich wurden also für alle Symmetrieklassen eines Systems nur die allen gemeinsamen einfachen Flächenformen als Spaltformen beobachtet, nicht aber solche, die eine Unterscheidung der jeweiligen Untergruppen, wie sie etwa durch das

Laue-Röntgen-Bild möglich ist, gestatten. Nach den bisherigen Erfahrungen lassen sich also nur sieben Symmetriegruppen unter den Spaltformen unterscheiden, entsprechend den sieben Kristallsystemen.

III. Messungsversuche.

Seltsamerweise liegen fast gar keine Versuche vor, die qualitativ so überaus oft und eingehend studierten Spaltbarkeitserscheinungen quantitativ *messend* zu verfolgen. Der Grund mag wohl darin zu suchen sein, daß die Spaltbarkeit zu jenen physikalischen Erscheinungen gehört, die gegen die geringsten Baufehler der Kristalle überaus empfindlich sind. Es ist das Verdienst *A. Smekals* [235], immer wieder auf eine merkwürdige Verschiedenheit der physikalischen Eigenschaften der Kristalle hinwiesen zu haben. Er unterscheidet hierin zwei Gruppen. Zunächst Eigenschaften wie die elektrischen, thermischen, gewisse optischen und vor allem die röntgenographischen, die sich gegen mäßige Verunreinigungen oder andere Störungen ziemlich *unempfindlich* verhalten. Dem steht eine „*strukturempfindliche*"[1] Eigenschaftsgruppe gegenüber, die hauptsächlich alle Festigkeitserscheinungen, dann aber auch das thermische und elektrische Leitvermögen, Eigen- und Fremddiffusionsvorgänge, das lichtelektrische Verhalten und Wachstums- bzw. Lösungsvorgänge umfaßt und die durch fremde Zusätze oder äußere Einflüsse in höchstem Maße beeinflußbar ist.

Gerade diese Eigenschaften spielen aber in der praktischen Verwertung vieler Minerale eine große Rolle und deren Kenntnis ist für die Kaltbearbeitung von Metallen und Metallgefügen von grundsätzlicher Wichtigkeit. Man denke nur an die ungeheuere Bedeutung, die Werkstoff- (Guß-) Fehler für die Festigkeit eines verwendeten Werkstoffes besitzen und wie eifrig man in der Praxis nach Methoden sucht, solche Werkfehler ohne Zerstörung des Werkstückes auszuforschen.

In der Praxis kann daher die *ideale* Gitterstruktur für die Festigkeitserscheinungen *nicht* als Grundlage genommen werden, sondern man hat nach *Smekal* (a. a. O.) scharf zwischen dem makroskopisch wohl nie verwirklichten, fehlerfreien *Idealkristall* und dem in der Praxis allein beobachtbaren, mit Baufehlern behafteten *Realkristall* zu unterscheiden. Alle Messungsversuche müssen auf diese Tatsache Rücksicht nehmen. Dadurch wird auch von vornherein deutlich, daß eine zahlenmäßig völlig exakte, unbedingt eindeutige Messung solcher Vorgänge gar nicht denkbar ist und man sich mit angenäherten Messungsergebnissen begnügen muß.

---

[1] *P. Niggli* [179, S. 393] schlägt hierfür die Bezeichnung „*störungsempfindlich*" vor, weil gerade diese Eigenschaften „auf Änderungen des idealen Kristallbauplanes ... wenig ansprechen, somit zur eigentlichen Idealstrukturbestimmung ungünstig sind". Es handelt sich um Erscheinungen, die weniger durch das Feinbauschema als vielmehr durch weit gröbere Baufehler bestimmt sind.

Darin liegt wohl der Grund, weshalb man erst in den letzten Jahrzehnten überhaupt daran ging, Methoden zur Messung der Spaltbarkeit auszuarbeiten. Über ältere, *messende* Versuche ist nichts bekannt.[1]

Die Störungsempfindlichkeit aller Festigkeitserscheinungen zwingt zu einer ganz besonders sorgfältigen und strengen *Auslese* des Versuchsmaterials. Es können nur ganz tadellose Kristalle, die sich makro- und mikroskopisch als fehlerfrei und ohne Spuren von Druck oder Spannung erweisen, zu solchen Versuchen herangezogen werden. Ersichtlich sind dabei durchsichtige Minerale leichter auszuwählen und zu überprüfen als undurchsichtige, wie etwa Bleiglanz. Auch muß jede mechanische Beeinflussung des Kristalles, wie etwa das Anschleifen bestimmter Flächen oder Richtungen vor dem Spaltversuch sorgfältig vermieden werden, da ja die Erfahrungen an den Dünnschliffen erkennen lassen, wie stark das Schleifen auf das Gefüge der Kristalle einwirkt (vgl. S. 9). Diese Voruntersuchung auf Einheitlichkeit und Reinheit des Versuchsmaterials ist der wichtigste Teil der Prüfung.

Trotz allen diesen Vorsichtsmaßregeln bleibt die Zahl der Fehlversuche immer noch sehr groß und selbst die zur weiteren Auswertung verwendeten Fälle liefern keine einfach reproduzierbaren Zahlenwerte, sondern verteilen sich über mehr oder weniger ausgebreitete „*Streufelder*", die sich zwischen gewisse Grenzkurven schließen lassen. Man kann durch die Errechnung einer Mittelwertskurve die auftretenden Gesetzmäßigkeiten noch deutlicher zum Ausdruck bringen, ohne daß dieser Kurve aber ein absoluter Geltungswert zugeschrieben werden könnte.

Die ersten Messungsversuche wurden am Steinsalz von *Kusnezow* [118] und *Kudrjawzewa* [122] veröffentlicht, wo auch ein zu diesem Zweck konstruierter Spaltapparat beschrieben wird.

Kusnezows Versuchsanordnung ist im wesentlichen folgende: Eine Rasierklinge liegt waagrecht auf einem Block und berührt mit der Schneide auf einer Seite den Kristall, der seitlich an einem Stahlblock so aufgekittet wird, daß die Schneide den Kristall genau in der Spur der Spaltebene trifft. Gegen den gegenüberliegenden Rand des Messers schlägt ein pendelartig an vier Schnüren aufgehängtes, schweres Schlaggewicht, dessen Arbeitsleistung durch die Amplitude des Anhubes und durch die Größe des Rückpralles nach dem Anschlagen an die Rasierklinge vor und während der Spaltung ermittelt werden kann. Die Schläge werden unter verschiedenen Abänderungen wiederholt bis Spaltung eintritt.

Bei der Berechnung der gesuchten „Oberflächenenergie" σ verschiedener Flächen wurde die gemessene Größe der Arbeit durch die doppelte Spaltflächengröße dividiert. Der kleinste so erhaltene Wert kam der wirklichen Größe σ am nächsten und war für (100) von der gleichen Größenordnung wie der theoretische Wert ($\sigma_{100} = 1{,}5\,\mathrm{erg/mm^2}$).

Die mit dem beschriebenen Apparat vorgenommenen Versuche beschränken sich naturgemäß allein auf die Ermittlung der allfälligen Gesetzmäßigkeiten bei der *Schlag*spaltung. Die beiden anderen Spaltarten werden gar nicht in Betracht gezogen. Bei dieser Versuchsanordnung ist auch nicht zu erkennen, daß die nötige Arbeit innerhalb sehr weiter Grenzen schwankt.

---

[1] Bezüglich eines Gedankenexperimentes von *W. Voigt* [306] zu dieser Frage und zur Gewinnung einer Definition für die Spaltbarkeit vgl. S. 46.

Auch sonst sind dabei nicht genug Abänderungsmöglichkeiten geboten, um messend jene Haupteinflüsse zu verfolgen, die auf das Ergebnis des Spaltversuches bestimmend einwirken können, wodurch die Bedeutung der an sich sehr interessanten Versuchsanordnung leider erheblich beeinträchtigt wird.

Zu gleicher Zeit und völlig unabhängig davon liefen umfangreiche Versuche, die einer viel umfassenderen und leichter abänderbaren Untersuchung der Spalterscheinungen an Kristallen dienen sollten [278 bis 289]. Es wurde damit zum ersten Male eine *zahlenmäßige Unterscheidung und Festlegung der drei verschiedenen Spaltarten* ermöglicht.

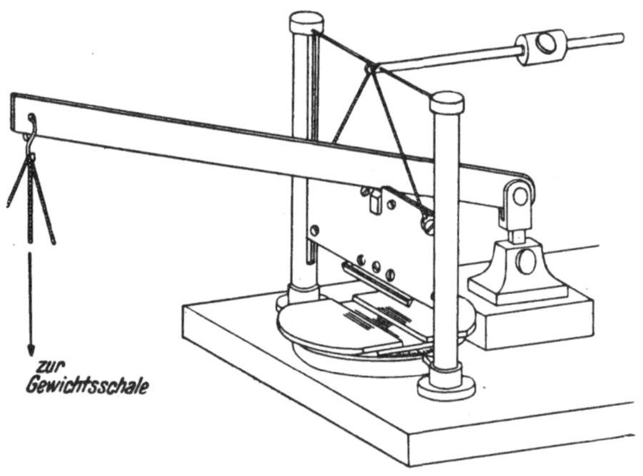

Abb. 6. Spaltapparat (mit Winkelschneide, eingerichtet für Zugspaltung).

Das Wesentliche an dem hierfür konstruierten, kleinen Apparat ist eine Art Fallbeil, das über einem mit Gradeinteilung versehenen und drehbaren Tisch angebracht ist (Abb. 6). Über das „Fallbeil" führt eine Druckhebelschiene, an deren Ende eine Waagschale zur Aufnahme der nötigen Gewichte hängt. An der Unterseite des Fallbeiles können verschiedene Keilschneiden eingesetzt werden, entweder die einfache Rasierklingenschneide, oder auch daran befestigte 60⁰- oder 90⁰-Winkelschneiden. Durch einen geeigneten Tarierhebel am oberen Ende des Apparates ist dafür gesorgt, daß das ganze Fallbeil samt Schneiden und Druckhebel im unbelasteten Zustand *drucklos* auf der Oberseite der auf dem Tischchen liegenden Kristallplatte aufliegt. Die geschilderte Einrichtung dient hauptsächlich der *Druck*spaltung.

Bei der *Zug*spaltung war es notwendig, den Kristall *hohl* legen zu können. Dazu besteht der drehbare Tisch aus zwei Teilen, einer drehbaren, einheitlichen Grundplatte und einer längs eines Durchmessers zerschnittenen zweiten Kreisplatte, deren beide Teile sich schlittenartig und zentrisch auseinanderschieben lassen, so daß Spaltbreiten mit veränderlichen Ausmaßen erzielbar sind.

Für die *Schlag*spaltung war eine kleine Abänderung des Apparates nötig. Druck- und Tarierhebel wurden entfernt, die Standsäulen durch Zusatzstücke kräftig verlängert und am oberen Ende mit Rollen versehen, über die Schnüre des zur Austarierung des Fallbeiles nötigen Gegengewichte laufen. Eine oben in die Säulen eingeklemmte Schiene trägt in der Mitte eine Führungsnadel, die senkrecht bis zum oberen Rand des Fallbeiles hinabführt und neben die in gleicher Lage ein steifes Zentimeterband eingeklemmt werden kann. Das dient dazu, um in der Mitte durchlochte, scheibenartige Rammgewichte verschiedener Größe entlang der Führungsnadel aus ganz bestimmter Höhe oberhalb des Fallbeiles auf dieses herabfallen zu lassen. Mit Fallgewicht und Fallhöhe ist das genaue Ausmaß der Fallenergie des einzelnen „Schlages" gegeben.[1]

Im übrigen vgl. die eingehende Beschreibung des Apparates in [279].

Wie bei allen solchen Apparaten ist es selbstverständlich, daß die erzielten Zahlenergebnisse nur untereinander vergleichbar sind, aber *nicht* den Charakter von *Absolut*werten besitzen. Darum wurde auch in der Folge davon Abstand genommen, die *tatsächlich wirksamen* Belastungsgewichte (bei dem geschilderten Apparat das Vierfache der verwendeten Gewichte) anzuführen, denn das *Verhältnis* dieser Werte ist auch schon durch den Vergleich der aufgelegten Gewichte selbst gegeben.

Der beschriebene Apparat gestattet auch *nur* Messungen in *Platten senkrecht zu der untersuchten Spaltfläche*. Ein künstliches Anschleifen von Platten, wie dies z. B. bei Messungen der Kalkspat- oder Gipsspaltbarkeit nötig wäre, wurde, wie schon S. 19 betont, *streng vermieden*. Es gibt bisher noch keine Möglichkeit, diese Einflußnahme des Schleifens zahlenmäßig *eindeutig* zu bestimmen und damit auszuschalten.

1. Schlagspaltungsmessungen. Zunächst ist klar, daß sich auf keine Weise von vornherein bestimmen läßt, wie groß die zu einer sicheren Spaltung eines Kristalles nach bestimmten Ebenen nötige Schlagenergie sein müßte, um den Kristall mit *einem* Schlag durchzuspalten. Es ist nur ein durchaus nicht einfacher Zusammenhang der zur *Durch*spaltung nötigen Energie mit der Plattendicke deutlich. Hierdurch systematische Einengungsversuche die nötige Schlagenergie erschließen zu wollen, scheitert an der Tatsache, daß sich alle Messungswerte bei diesen „empfindlichen" Erscheinungen immer über ein ziemlich breites *Streufeld* verteilen (vgl. S. 19), also durchaus nicht eindeutig sind.

Bekanntlich kann man aber auch durch weniger kräftige Schläge eine Spaltung erreichen, wenn dafür die Zahl der Schläge vervielfacht wird. Damit erhält man ein Mittel, durch Summierung der Wirkung schwächerer Schläge doch eine völlige Durchspaltung zu erzielen.[2] Wenn dafür gesorgt wird, daß diese schwachen Einzelschläge in ihrer aufgewendeten Energie ganz gleich sind, ließe sich der *Grad der Spaltbarkeit mit der Zahl* der zur Durchspaltung nötigen Schläge ins Verhältnis setzen. Zur Erzielung gleicher Schlagenergie ist es nur nötig, für eine Versuchsreihe immer das gleiche Schlaggewicht und die gleiche Fallhöhe zu verwenden.

Die Größe dieser Schlagenergien ist bei Anwendung gleicher Fallgewichte einfach proportional der angewendeten Fall*höhe*. Dann besteht zu der *Zahl* der zwecks Spaltung benötigten Schläge das verkehrte Verhältnis. Werden die

---

[1] Bezüglich der Bestimmung der „Wucht" (kinetische Energie) des Einzelschlages s. [280], S. 74.

[2] Betreffend die Gründe für diese durchaus nicht selbstverständliche Beziehung vgl. S. 44.

Energiemengen mit E und e, die Schlagzahlen mit Z und z bezeichnet, dann ist $E \cdot z = e \cdot Z$, d. h. es lassen sich die Messungen mit verschiedenen Fallhöhen (gleiche Fallgewichte!) dadurch leicht in vergleichbare Größen umrechnen $(Z = \dfrac{E \cdot z}{e}$, bzw. $Z = \dfrac{H \cdot z}{h}$, wenn H und h die Fallhöhen sind [286].

Es ist vorteilhaft, die Schlagenergie möglichst klein zu nehmen, damit die Energiezufuhr nicht in zu groben Sprüngen erfolgt. In diesem Falle kann man nur zu leicht die nötige Energiemenge weit überschreiten, da man ja nicht mit

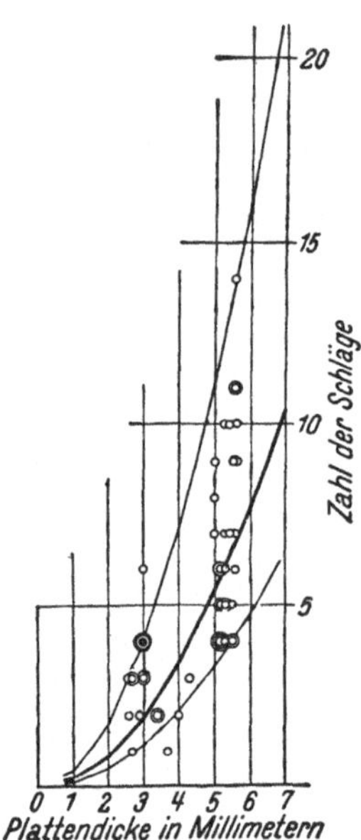

Abb. 7. Schlagspaltung am Steinsalz. 10 dkg Fallgewicht, 2 cm Fallhöhe, 5 mm vom Rand.

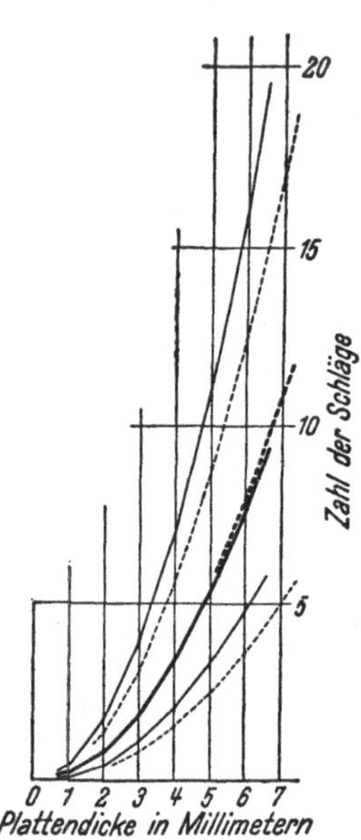

Abb. 8. Schlagspaltung am Steinsalz. Vergleich des Streufeldes bei 2 cm Fallhöhe (ausgezogen) mit den *umgerechneten* Kurven der Messungen mit 5 cm Fallhöhe (gestrichelt).

„Bruchteilen von Schlägen" arbeiten kann. Das Fortschreiten in kleinen Energieschritten bietet bessere Gewähr, der benötigten Spaltenergie möglichst nahe zu kommen.

Die Begleitumstände der Einzelversuche (Größe des Fallgewichtes und der Fallhöhe, Abstand der Spaltspur vom freien Rand) müssen innerhalb einer Versuchsreihe streng konstant gehalten werden.

Abb. 7, die das Messungsergebnis einer Versuchsreihe am Steinsalz des gleichen Fundortes wiedergibt, läßt unzweideutig erkennen, daß 1. die Schlagzahl *(Z)* mit der Plattendicke wächst, 2. daß dieses Wachstum aber *nicht* einfach proportional der Dicke d ist [280].

Wenn man die jeweiligen Extremwerte für Platten *gleicher* Dicke mit jenen der doppelten Plattendicke vergleicht, erhält man ungefähr das Verhältnis $1:5$ (nicht $1:2$). Das läßt sich, allerdings nur in grober Annäherung, als eine *quadratische* Beziehung $(1:4)$ zur Dicke deuten $(Z = m \cdot d^2)$.

Bestünde eine durchaus eindeutige Beziehung zur Plattendicke, dann müßte für alle Versuche der gleichen Reihe m gleich bleiben. In Wirklichkeit „streuen" diese m-Werte aber sehr stark. Nach Weglassung der extremsten Werte (nach oben und unten) erhält man aus bekanntem d und gemessenem Z für m folgende Werte:

Maximum: $Z = 0{,}444\,d^2$, *Mittel*:[1] $Z = 0{,}214\,d^2$, Minimum: $Z = 0{,}132\,d^2$.

Mit diesen Werten sind dann in der Abb. 7 die parabolischen Grenz- und Mittelwertskurven berechnet und gezeichnet.

Man erkennt an der guten Umgrenzung des Streufeldes durch die berechneten Kurven, daß die vermutete parabolische Beziehung zwischen Plattendicke und Schlagzahl zu Recht besteht. *Kennzeichnend für das Verhalten eines Kristalles bei solchen Untersuchungen ist das Aussehen der Mittelwertskurve*, wenn auch die Einzelmessung mehr oder minder stark von dieser Kurve abweicht.

Daraus ergibt sich, daß eine *einzelne* Spaltbarkeitsmessung über die dabei herrschenden Gesetzmäßigkeiten gar nichts aussagt. Erst eine ziemlich umfangreiche Serie von Spaltversuchen unter sonst gleichen Umständen gibt hier einigen Aufschluß.

Die oben schon angegebene Beziehung zwischen Schlagzahl Z und Fallhöhe H, wobei diese einfach proportional dem Energiewert E ist, erlaubt einen zahlenmäßigen, unmittelbaren Vergleich der verschiedenen Messungsreihen ($Z \cdot h = z \cdot H$).

Wie weit diese Annahme durch die Tatsachen bestätigt wird, zeigt Abb. 8. Eine Messungsreihe am gleichen Steinsalz lieferte bei 10 dkg Fallgewicht, 5 cm Fallhöhe und 5 mm Schneidenabstand vom Rande die Werte:

Maximum: $Z = 0{,}139 \cdot d^2$, Mittel: $Z = 0{,}087 \cdot d^2$, Minimum: $Z = 0{,}041 \cdot d^2$

und umgerechnet aus $5\,z = 2\,Z$ $\left(Z = z \cdot \dfrac{5}{2}\right.$ für 2 cm Fallhöhe, vgl. Abb. 8) folgt:

Maximum: $Z = 0{,}348 \cdot d^2$, Mittel: $Z = 0{,}218 \cdot d^2$, Minimum: $Z = 0{,}102 \cdot d^2$.

Wenn die umgerechneten Extremwerte auch keine Übereinstimmung erkennen lassen, was bei der Art der Entstehung der Grenzkurven des Streufeldes leicht verständlich ist, zeigt sich in den Mittelwertskurven eine *überraschende Übereinstimmung* (0,214 und 0,218), so daß die umgerechnete Kurve geradezu als einfache Fortsetzung der erstgemessenen Kurve erscheint. Die Umrechnung auf gleiche Fallhöhe ist also durchaus möglich und berechtigt.

Dagegen gelang es bisher nicht, eine ebenso eindeutige und einfache Umrechnungsmöglichkeit bei Messungsreihen mit verschiedenen Fall*gewichten* zu finden.

Die Abänderung des Abstandes der Spaltspur (Schneidenabstand) vom freien Rande ließ unzweideutig erkennen, daß die Durchspaltung um so leichter erfolgt, d. h. um so weniger Schläge benötigt, je näher dem Rande die Messerschneide angesetzt wird. Eine einfache Zahlenbeziehung ist allerdings nicht angebbar (Abb. 9).

Weiterhin ist von Interesse, ob die Versuchsergebnisse von Spaltbarkeitsmessungen bei Kristallen des *gleichen* Minerales, aber *verschiede-*

---

[1] Dieses Mittel ist durch Zusammenfassung *aller* verwendeten Messungszahlen und der damit, unter Ausschaltung der extremsten Werte berechneten m-Werte gewonnen.

ner Fundorte wesentliche Unterschiede ergeben. Aus den vorliegenden Messungen folgt, daß solche Unterschiede *nicht* bestehen, wenn auch die Versuchsergebnisse nur in weitgehender Annäherung übereinstimmen [286]. (Untersuchungen am Bleiglanz von Rodna und Salchendorf.)

Die Tatsache, daß sich Kristalle verschiedener Herkunft *in der Spaltung praktisch völlig gleich* verhalten, deutet schon darauf hin, daß die Spaltbarkeit nicht durch äußere Wachstumsbedingungen beeinflußt wird, sondern *ausschließlich im Feinbau* des Kristalles begründet ist. Darum nahm auch *Bravais* einen sehr engen Zusammenhang zwischen Spaltung und Struktur, nicht aber zwischen Spaltung und Tracht (bzw. Tracht und Struktur) an.

Wesentliche Unterschiede im Aussehen der Spaltkurven hängen also unter sonst gleichen Versuchsbedingungen ausschließlich von dem Grad der Spaltbarkeit parallel einer Fläche ab, d. h. es lassen sich damit die Spaltbarkeitsgrade *verschiedener* Flächen *zahlenmäßig* vergleichen. (Siehe die Ergebnisse für den Anhydrit von Hallein, Abb. 10 [289]).

Systematische Versuchsreihen mit absichtlichen Fehllagen der Messerschneide gegen die kristallographische Spaltspur ließen sehr rasch die überaus große *Empfindlichkeit* der Schlagspaltung gegen auch nur geringe Fehlorientierungen erkennen (vgl. S. 6).

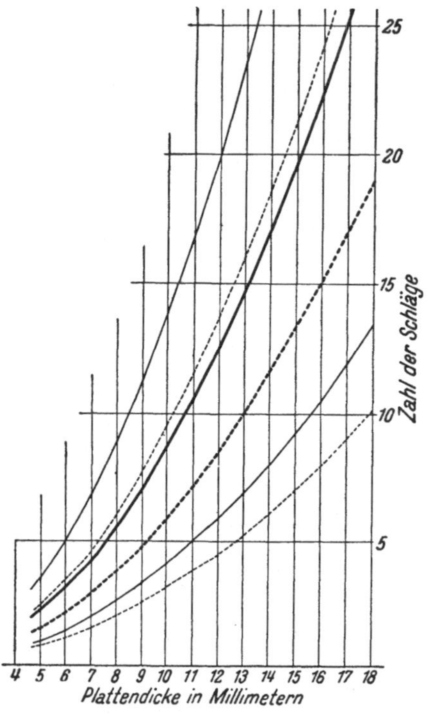

Abb. 9. Schlagspaltung am Steinsalz; 5 cm Fallhöhe, 10 dkg Fallgewicht. Vergleich der Streufelder bei Schneidenabstand 5 mm vom Rand (ausgezogen) und 3 mm vom Rand (gestrichelt). Die Mittelwertskurven sind stark ausgezogen.

Da bei dem elastischen Rückprall des auffallenden Schlaggewichtes auch der behandelte Kristall mehr oder weniger „springt" (abhängig von seinem elastischen Verhalten), erfolgt häufig während des Versuches eine schwache Lagenänderung. Diese kann unter Umständen zum gänzlichen Mißlingen des Versuches führen. Damit erklären sich wohl gelegentlich auftretende, ganz aus dem Rahmen fallende Schlagzahlen. Schon 1° Fehllage macht die Schlagspaltung überhaupt unmöglich.

2. Druckspaltung. Wenn der Apparat in der Zusammenstellung benützt wird, wie das aus der Abb. 6 zu entnehmen ist, kann durch steigende Belastung der Waagschale die Druckspaltung zahlenmäßig verfolgt werden.

Die Belastungszunahme darf nur in kleinen Sprüngen und sehr langsam erfolgen, da sonst Wirkungen nach Art der Schlagspaltung auftreten. Aus diesen Gründen wurde auch das Zufließen von Quecksilber zwecks möglichster Gleichmäßigkeit der Druckzunahme vermieden, da diese schon zu rasch erfolgte und daher dynamisch, nicht statisch wirkte.

Ein langsames Zusetzen von dkg, besonders in der Nähe des Spaltbarkeitsdruckes, erwies sich am zweckmäßigsten.

Wie die Abb. 11 leicht erkennen läßt, ist hier die Beziehung zwischen Pattendicke und Druckgewicht durchaus anders als bei der Schlagspaltung und läßt sich mit hinreichender Genauigkeit als *linear* bezeichnen.

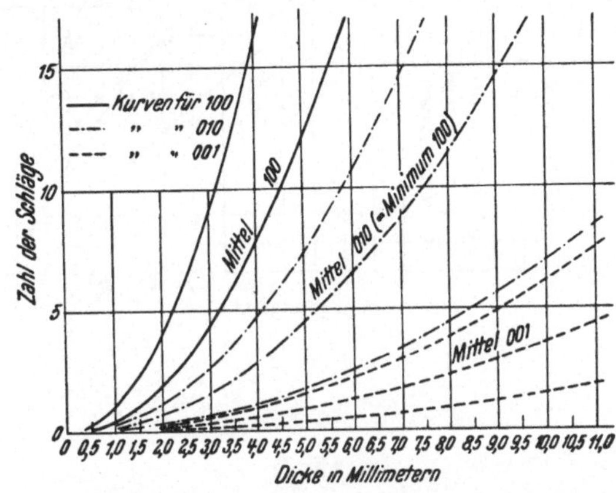

Abb. 10. Schlagspaltung am Anhydrit von Hallein (5 dkg Fallgewicht, 1 cm Fallhöhe). Die Mittelwertskurven sind stark ausgezogen. Jene für (010) fällt mit der Minimumkurve für (100) zusammen.

Versuche, die allfällige Abhängigkeit der Ergebnisse vom Schneidenabstand gegen den Rand zu ermitteln, waren nicht eindeutig. Jedenfalls hält sich eine solche Abhängigkeit innerhalb der weit gesteckten Fehlergrenzen.

Auch andere Versuche, die *Länge* der Spaltspur in ihrer Einflußnahme auf die Ergebnisse zu verfolgen, lieferten kein Resultat und waren auch sonst bei keiner Spaltart bemerkbar geworden.

Gleich wie die Schlagspaltung ist auch die Druckspaltung *äußerst empfindlich gegen Fehllagen* der Spaltspur. Viele Fehlversuche fanden letzten Endes darin ihre Begründung.

3. Zugspaltung. Für die Zwecke der Messung ist es nötig, die zu untersuchende Platte hohl legen zu können. Es wurden also die beiden Teile der Schlittenplatte des Tisches zu bestimmten „Spaltbreiten" auseinander gezogen. Die Schneide des Fallbeiles lag dabei genau über der Mitte des Spaltes.

Die Messungen der Würfelflächen-Zugspaltung des Steinsalzes gaben wieder, wie bei der Schlagspaltung, Beziehungen des Druckgewichtes zur Plattendicke, die auch nicht angenähert ein einfaches Verhältnis darstellen. Messungen an anderen Mineralen lassen die

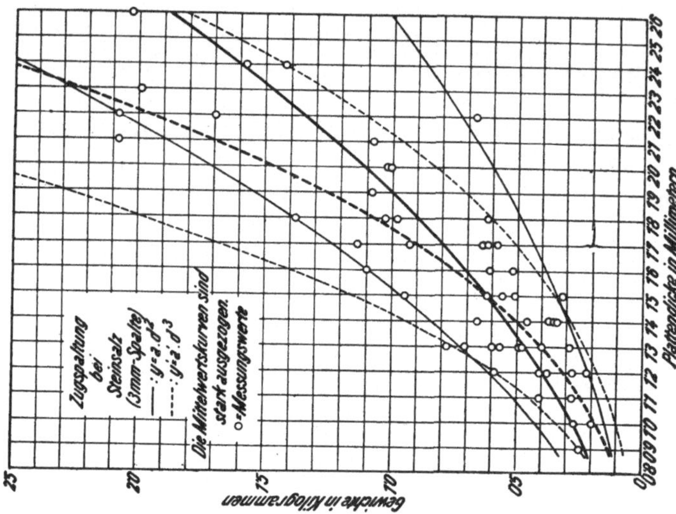

Abb. 12. Zugspaltung bei Steinsalz (3-mm-Spalte). Die Kurven nach einer einfachen Parabel sind ausgezogen, jene nach einer kubischen Parabel gestrichelt.

Abb. 11. Druckspaltung am Steinsalz. Schneide 3 mm vom Rand.

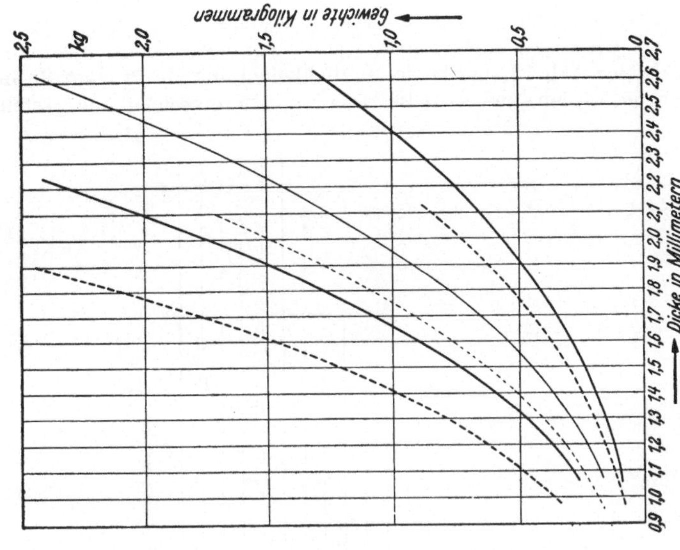

Abb. 14. Zugspaltung bei Steinsalz (4 mm Spaltbreite). Kurven für Winkelschneide ausgezogen, für Messerschneide gestrichelt. (Hier sind die Grenzkurven stark ausgezogen.)

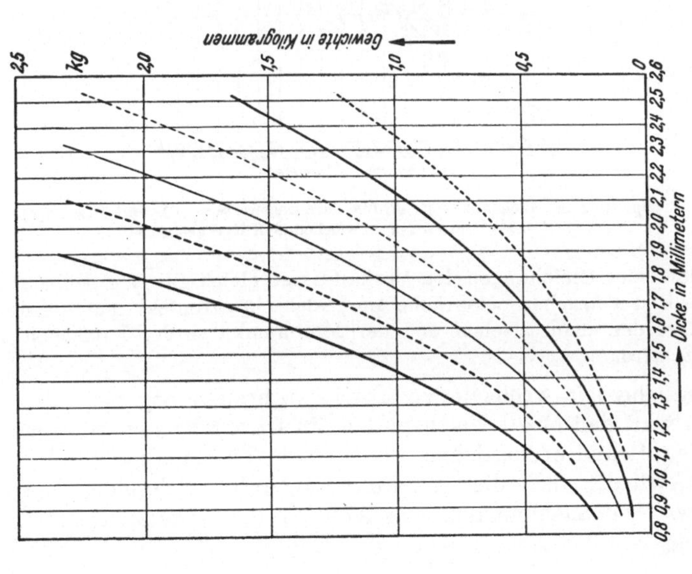

Abb. 13. Vergleich der Zugspaltungsbereiche bei Steinsalz. Die Kurven für die 3-mm-Spalte sind ausgezogen, jene für die 5-mm-Spalte gestrichelt. (Hier sind die Grenzkurven stark ausgezogen.)

Annahme zu, daß auch hier wieder eine einfach *quadratische* (parabolische) Beziehung besteht ($y = a \cdot d^2$).

Bei (100) des Steinsalzes scheint allerdings eine „kubische Parabel" ($y' = a' \cdot d^3$) besser zu entsprechen, wenn auch noch immer nicht zufriedenstellend. In der Abb. 12 sind beide Möglichkeiten, die Messungswerte in Streufelder einzuschließen und Mittelwertskurven zu errechnen, dargestellt. Man

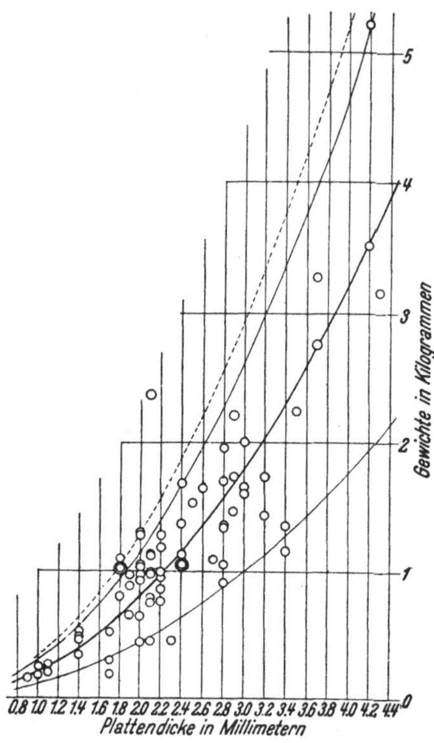

Abb. 15. Zugspaltung bei Bleiglanz von: *Rodna*, Messungswerte ... O, und ausgezogene Kurven: *Salchendorf*, die *einzige* abweichende Kurve gestrichelt.

sieht, daß beide Gleichungen den Verhältnissen gleich gut oder schlecht gerecht werden. Den Tatsachen entspräche am besten ein Streufeld, das von der Maximumkurve der quadratischen und der Minimumkurve der kubischen Parabel begrenzt wird.

Versuche mit wechselnden Tischspaltbreiten ergaben, wie zu erwarten war, daß *breite* Tischspalten ein Durchdrücken mit geringerem Energieaufwand ermöglichen, als schmale Tischspalten (Abb. 13).

Merkwürdig ist die Wirkung *scharfer* Schneiden gegenüber *stumpfen Winkel*schneiden. Die Abb. 14 läßt erkennen, daß bei Anwendung von Winkelschneiden der Energieverbrauch *kleiner* ist (!).

Der Grund liegt wohl darin, daß die Zugspaltung ihrer ganzen Entstehung nach überhaupt *kein* Eindringen der Keilschneide in den Kristall erfordert, daß aber bei Verwendung scharfer Messerschneiden ein solches Eindringen, also ein *zusätzlicher* Energieverbrauch, doch stattfindet. Für Zugspaltungsversuche ist es darum zweckmäßig, scharfe Keilschneiden völlig zu vermeiden.

In der Abb. 15 ist noch ein Beispiel für die Unabhängigkeit der Spalterscheinungen von der Bildungsart des Kristalles gegeben. (Vgl. die Zugspaltungsergebnisse bei Bleiglanz von Rodna und Salchendorf.) *Beide* Fundorte geben die *gleichen* Kurven, nur die Maximumwerte sind ein wenig verschieden (siehe auch S. 24).

Im schroffsten Gegensatz zu den beiden anderen Spaltarten erweist sich die Zugspaltung als völlig *unempfindlich* gegen Fehllagen der

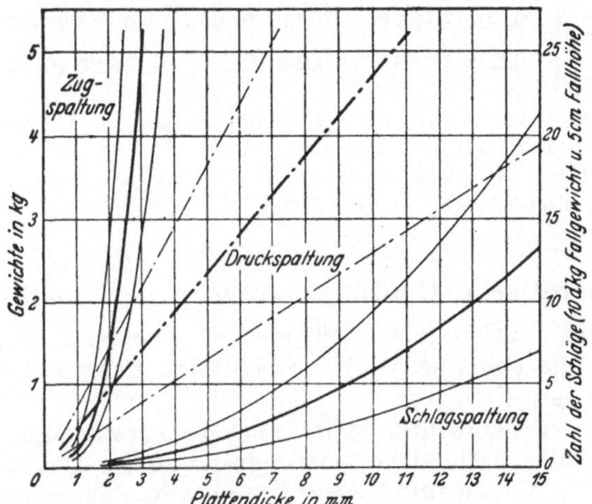

Abb. 16. Vergleich der Streufelder der Zug-, Druck- und Schlagspaltung bei Steinsalz, Zugspaltung mit 3 mm Spaltbreite, Druck- und Schlagspaltung mit 3 mm Schneidenabstand vom Rand. Die Mittelwertskurven sind stark ausgezogen.

Keilschneide gegenüber der Spaltspur. Mißweisungen von 5° ja sogar von 10° blieben ohne Einfluß, wenn nur die Enden der Spaltspur noch innerhalb der Tischspalte lagen, ein freies Durchknicken also möglich war.

Schließlich gibt noch Abb. 16 eine vergleichsweise Übersicht der das Verhalten (Streufelder) der drei Spaltarten bei der Würfelspaltung am Steinsalz.

Die bei den einzelnen Spaltarten gewonnenen Zahlenergebnisse erlauben einen eindeutigen Vergleich des Spaltbarkeits*grades* bei verschiedenen Mineralen bzw. bei verschiedenen Flächen des gleichen Minerales und gleichzeitig werden die Unterschiede in den drei Spaltarten sehr deutlich.

So ergibt sich z. B., daß die Schlagspaltung bei Bleiglanz nur ein Viertel der Energie jener für Steinsalz bedarf, wogegen die Druck- und Zugspaltung überraschenderweise auch zahlenmäßig bei beiden Mineralen übereinstimmt [*286*, S. 31].

Sehr lehrreich ist ein Zahlenvergleich der drei Spaltarten bei dem Anhydrit, wenn die dort gewonnenen Kurven mit jenen für die (100)-Spaltung am Steinsalz (oder bei Druck- und Zugspaltung am Bleiglanz) in ein Verhältnis gesetzt werden, wobei die für Steinsalz (Bleiglanz) gültigen Werte als *Einheit* genommen werden. In der folgenden Tab. II ist dieser Vergleich für die *Mittelwertskurven* durchgeführt. Die auf den jeweiligen Steinsalzwert als Einheit umgerechneten Größen sind in Klammern beigeschlossen [*289*, S. 337].

Tab. 2: *Anhydrit von Hallein, Vergleich der Mittelwertskurven.*

	100	010	001	
Schlagspaltung	0,49 (0,81)	0,18 (0,30)	0,036 (0,06)	$Z = m.d^2$
Druckspaltung .	0,406 (0,87)	0,266 (0,57)	0,116 (0,25)	$G = a.d$
Zugspaltung ..	0,298 (1,49)	0,263 (1,31)	0,126 (0,63)	$G = b.d^2$

Daraus ergibt sich, daß die 001-Spaltung bei jeder Art des Spaltvorganges *leichter* erfolgt als bei Steinsalz, in der Schlagspaltung sogar 16mal leichter! Die (100)-Spaltung ist ziemlich angenähert jener des Steinsalzes gleich, nur die Zugspaltung erfolgt beträchtlich schwerer.

IV. Theoretische Deutungsversuche der Spaltbarkeit.

Es ist ein Verhängnis, daß gerade jene kristallphysikalische Erscheinung, die einen so vielversprechenden Ausgangspunkt für die Erschließung des Feinbaues der Kristalle zu geben schien und tatsächlich auch zur Gewinnung des alles beherrschenden *Raumgitter*gedankens geführt hatte, dem Verständnis und der Deutung der beobachteten Erscheinungen und Vorgänge ungewöhnlich ernste Schwierigkeiten entgegen stellt.

Torbern Bergmann und *R. J. Haüy* gingen bei ihren ersten Versuchen, den Aufbau der Kristalle zu deuten, von den primitiven Spaltformen (beim Kalkspat) aus. (Begriff der „integrierenden Molekel" und der „Dekreszenzen".) Und als sich diese Vorstellung als gar zu primitiv erwies, setzte *Seeber* an Stelle des geschichteten Bausteinhaufens das Raumgitter, also die Schwerpunktslagen der Bausteine. In Verfolgung dieses Raumgittergedankens, der in aller Schärfe von *Frankenheim* und *Bravais* [25] abgeleitet wurde, entwickelte vor allem *Bravais* die Vorstellung, die beobachteten Spaltbarkeiten müßten in einfacher Beziehung zu dem jeweiligen Raumgitter stehen.

Da man nicht annehmen kann, daß durch die Spaltung die Bausteine selbst zerteilt werden, sondern wohl nur ihre gegenseitige Bindung („Kohäsion") durchrissen wird, erscheint ein Kristall mit einer einfachen, blättrigen Spaltbarkeit als ein Paket von parallelen Gitterebenen, die jeweils nur eine Lage von Bausteinen in sich enthalten, über deren gegenseitige Anordnung nichts ausgesagt werden kann.

Das Auftreten zweier Spaltebenen bedeutet, daß sich solche Ebenenscharen von Bausteinen nach zwei Richtungen entwickeln lassen. Da nun die Bausteine beiden Ebenenscharen gleichzeitig angehören müssen, folgt die Notwendigkeit, daß sich diese in den Schnitten der Ebenenscharen, also in geraden Linien ordnen müssen.

Und da letzten Endes das Auftreten einer dritten Spaltebene nicht verständlich ist, wenn nicht innerhalb der Gitter*linien* die Bausteine sich in *gleichen* Abständen ordnen (nur so sind die Kohäsionskräfte in allen Teilen der Gitterlinie gleich wirksam), ergibt sich aus der Spaltbarkeitstatsache zwangsläufig der Raumgittergedanke und damit die Vorstellung einer *eindeutigen*, geometrischen Beziehung zwischen Struktur und Spaltbarkeit.

Bravais' Grundannahme war, daß die Spaltbarkeit nach den *dichtest besetzten* Raumgitterebenen erfolgt, weil diese untereinander die *größten Abstände* aufweisen, denn in dem Volumen der Elementarmasche sind s (Grundfläche) und h (Höhe) zueinander im verkehrten Verhältnis ($V = s \cdot h$).

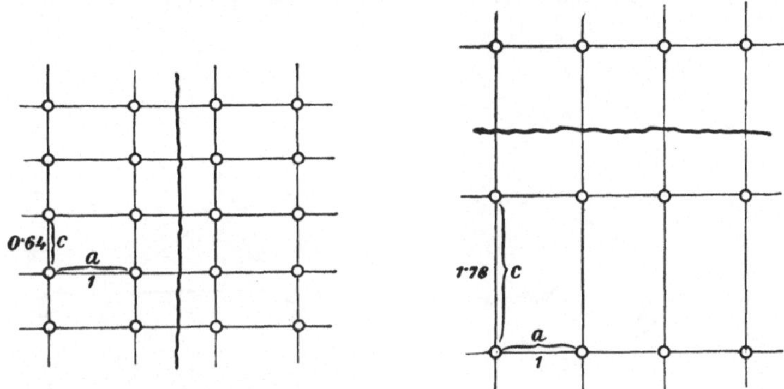

Abb. 17. Netzebenen nach (100) im *Bravais*schen Gitter, a) bei Rutil, b) bei Anatas.

Es galt also nur, die Ebene größter Bausteindichte, d. h. der kleinsten Maschengröße (s) zu suchen, um darin einen Ausdruck für die Spaltbarkeit und ihre Abstufungen zu finden. Die allgemeine Formel dafür lautet:

$$s^2_{(hkl)} = h^2 \, s^2_{(100)} + k^2 \, s^2_{(010)} + l^2 \, s^2_{(001)} - 2(h \cdot k \cdot s_{(100)} \cdot s_{(010)} \cdot cos\,\zeta +$$

$+ k \cdot l \cdot s_{(010)} \cdot s_{(001)} \cdot cos\,\xi + h \cdot l \cdot s_{(100)} \cdot s_{(001)} \cdot cos\,\eta)$, wobei ζ, ξ, η die Flächenwinkel zwischen den Flächen (100), (010) und (001) darstellen.

Mit zunehmender Symmetrie vereinfacht sich diese Grundformel ganz bedeutend und ermöglicht leicht die nötige Berechnung für $s^2_{(hkl)}$, womit ja ein Maß der Spaltbarkeit gegeben ist (vgl. auch *271*).

Als Schulbeispiel galt der Vergleich der Spaltbarkeit bei *Rutil* und *Anatas*, die beide in der gleichen tetragonalen Symmetrieklasse kristallisieren und doch so verschiedene Spaltformen zeigen. Bei Rutil mit $a : c = 1 : 0{,}644$ liegt die schwächste Bindung senkrecht zu (001), bei Anatas mit $c = 1{,}784$ ist die lockerste Schichtung parallel der Basis. In der Tat sind dies auch die bei Rutil und Anatas beobachteten Spaltflächen (Abb. 17).

Im kubischen System vereinfacht sich die Formel zu $s^2_{(hkl)} = {} = s^2_{(100)} \, (h^2 + k^2 + l^2)$. Im *einfachen* Würfelgitter verhalten sich $s^2_{(100)} : s^2_{(110)} : s^2_{(111)} = 1 : 2 : 3$, also Wahrscheinlichkeit der *Würfel*spaltung (kleinster Wert !, Steinsalz). Im *raumzentrierten* Würfelgitter wird die Maschengröße von (110) halbiert, daher $s^2_{(100)} : s^2_{(110)} : s^2_{(111)} = {} = 1 : \frac{1}{2^2} \cdot 2 : 3$, Spaltung nach dem *Dodekaeder* (Zinkblende). Bei dem *flächenzentrierten* Würfelgittern werden die Grundwerte von (100) und (110) halbiert, jener von (111) sogar gevierteilt, daher

$$s^2_{(100)} : s^2_{(110)} : s^2_{(111)} = \frac{1}{2^2} \cdot 1 : \frac{1}{2^2} \cdot 2 : \frac{1}{4^2} \cdot 3 = \frac{4}{16} : \frac{8}{16} : \frac{3}{16},$$ demnach *Oktaeder*spaltung (Diamant).

Bravais glaubte sich daher berechtigt, den genannten Mineralen aus ihrem Spaltbarkeitsverhalten heraus diese drei kubischen Raumgitter als Strukturgrundlagen zuschreiben zu können. Die seither bekannt gewordene Tatsache, daß bei allen drei Mineralen das flächenzentrierte Würfelgitter, und dieses *allein*, für die Struktur maßgebend ist, und die weitere Tatsache, daß Diamant und Zinkblende die *gleiche* geometrische Bausteinanordnung besitzen, ließ die Unhaltbarkeit der einfachen *Bravais*schen Schlußfolgerung erkennen.

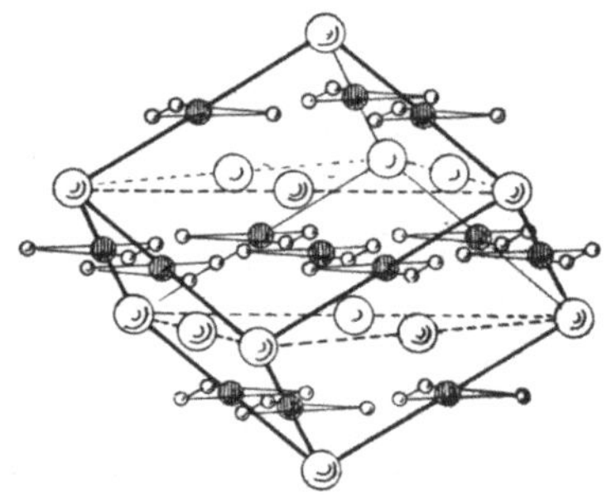

Abb. 18. Kalkspatgitter mit deutlich „extrakomplexarer Baulücke" nach (0001).

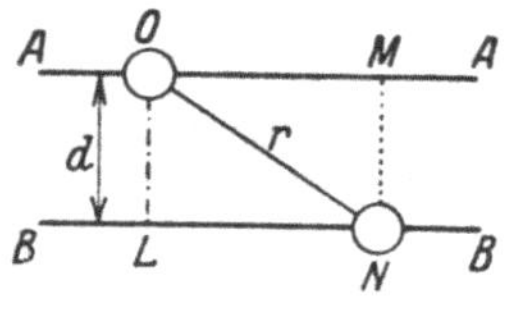

Abb. 19. Ionenbeziehungen in benachbarten Gitterebenen.

So zeigt sich nach einigen verblüffenden Anfangserfolgen rasch, daß sich eine noch viel stattlichere Zahl von Fällen in diese Betrachtungsweise *nicht* einfügen ließ, die vermutete Beziehung zwischen Spaltbarkeit und Raumgitterstruktur demnach viel komplizierter sein müsse, als dies *Bravais* angenommen hatte.

Das wurde immer deutlicher, je mehr man gezwungen war, Stück für Stück der *Bravais*schen Grundannahmen (Gleichheit und absolute Parallelstellung aller Bausteine) auf Grund der *Sohncke*schen und später der *Schönflies*schen Vorstellung zur Deutung der beobachteten Kristallsymmetrie aufzugeben. Das Zusammenfassen mehrerer Gitterebenen mit rhythmisch wiederholten, ungleichen Abständen zu Ebenenpaketen gleicher Belastung führte zu keinem befriedigenden Erfolg, da sich darnach ja der Diamant und die Zinkblende mit ihren geometrisch *gleichen* Anordnungen der Bausteinschwerpunkte in der Spaltbarkeit gleich verhalten müßten, was sie aber *nicht* tun.

Alle Versuche, aus der *geometrischen* Anordnung *allein* die Spaltmöglichkeit zu erklären, sind *unzureichend*, wie immer wieder der Vergleich: Diamant-Zinkblende beweist. Auch die Bezugnahme auf eine „*extrakomplexare Baulücke*", d. h. auf Richtungen größten Abstandes von Ebenenpaketen erweist sich als unzureichend. So ist z. B. bei Kalkspat eine solche extrakomplexare Baulücke parallel

(0001), eine Ebene, die sich weder durch Spaltung noch durch Gleitung auch nur im geringsten auszeichnet (Abb. 18).

Nach *Schiebold* [*216*] ist die Spaltbarkeit abhängig von der Maximalbelastung der Gitterebenen, vom Kosinus des Winkels der Hauptbindung zur Flächennormale, vom Verhältnis der Kohäsion parallel der Ebene zu jener normal dazu und von dem Vorhandensein einer extrakomplexaren Baulücke. Gerade die Diskussion dieser Bedingungen für den Kalkspat zeigte aber die Unzulänglichkeit dieser rein geometrischen Deutungsversuche. Nach *M. Born* [*23*] sind: „die mechanischen und elastischen Kräfte der festen Körper in Wahrheit elektrische Kräfte", d. h. alle Kohäsionserscheinungen müssen auf die elektrischen Ladungs- und Kräfteverhältnisse des Gitters Bezug nehmen.

Seitdem man in so überzeugender Weise den Atombau aus dem elektrischen Verhalten der das Atom aufbauenden Protonen, Neutronen und Elektronen verstehen lernte, war es klar, daß *die gleichen elektrischen Kräfte, die den Einzelbaustein (Atom oder Ion) zusammenhalten, letzten Endes auch für die „Kohäsion" der Kristalle maßgebend sein müssen* [*272*].

Neben der rein geometrischen Verteilung der Bausteine sind auch deren *elektrische* Ladungsverhältnisse (*Coulomb*sches Gesetz) im anziehenden *und* abstoßenden Sinne für die Kohäsion (Spaltmöglichkeit) ausschlaggebend. Es ist also die algebraische Summe der Anziehungs- und Abstoßungskräfte der Bausteine, die in nächster Umgebung eines (Mittel-)Bausteines liegen und mit ihm in elektrostatische Wechselbeziehung treten, zu ermitteln. Der algebraisch kleinste Wert dieser Summe (bzw. der größte negative Wert) gibt dann ein Maß für die senkrecht zu dieser schwächsten Bindung erfolgende Spaltbarkeit.

Sind A und B in der Abb. 19 zwei benachbarte Gitterebenen mit dem Abstand d und O und N zwei möglichst benachbarte Ionen in ihnen mit dem wahren Abstand r, dann ist die in der Richtung der Flächennormale „wirksame Distanzkomponente" $= d : r$, das ist der Kosinus des Winkels, den die Verbindungslinie der in Betracht gezogenen Ionen (O und N) mit der Richtung der Flächennormale bildet. Nur mit diesem Anteil wirkt ein Ion auf die Nachbarebene ein. Ist N in der Flächennormale, also in L, demnach $d = r$, dann ist die volle Entfernung r wirksam; liegt dagegen N *in* der Fläche, also in M, dann wird $d/r = O$, d. h. in dieser Lage nimmt N überhaupt keinen Anteil an dem Zusammenhalten der Ebenen A und B.

Im Steinsalzgitter z. B. ist jedes Ion von je sechs ungleichen und zwölf gleichen Ionen umgeben (Abb. 20). Die *ungleichen* Ionen liegen in Abständen $r = \frac{1}{2}$ der Elementarmaschenkante; davon fallen bei der Würfelfläche vier in diese Fläche selbst und zwei liegen senkrecht zu ihr im Normalabstand $\frac{1}{2}$. Die wirksame Distanzkomponente ist dann $d/r = \frac{1}{2}/\frac{1}{2} = 1$. Im Falle des Dodekaeders liegen dagegen von den sechs ungleichen Ionen zwei *in* der Ebene und vier schräg dazu mit der wirksamen Distanzkomponente $\dfrac{\sqrt{2}}{4} : \dfrac{1}{2} = \dfrac{\sqrt{2}}{2}$.

Da nach dem *Coulomb*schen Gesetz $\left(\dfrac{e_1 \cdot e_2}{r^2}\right)$ die Ladungen aufeinander verkehrt proportional zu r^2 wirken, sind diese Werte noch durch die gültigen r^2 zu dividieren, also für die Würfelfläche $2,1 : (^1/_2)^2 = 8$, für die Dodekaederfläche $4 \cdot \dfrac{\sqrt{2}}{2} : \left(\dfrac{1}{2}\right)^2 = 11,3$ (vgl. [272]).

Die *gleichen* Ionen liegen dagegen in den Abständen $r = \dfrac{\sqrt{2}}{2}$ (Abb. 20).

Analoge Überlegungen führen dann für die Würfelfläche zu den Werten —*11,3* und für die Dodekaederfläche zu —*12* als Summe der auf *einen* (Mittel-) Baustein wirksamen *abstoßenden* Kräfte für (100) und (110). Die algebraische Summe gibt dann für den Würfel —*3,3*,[1] für das Dodekaeder —*0,7* und für die Oktaederfläche in gleicher Weise entwickelt + *8,8*, d. h. die Reihenfolge der Kohäsion ist, genau entsprechend den Tatsachen: $100 \ll 110 \ll 111$.

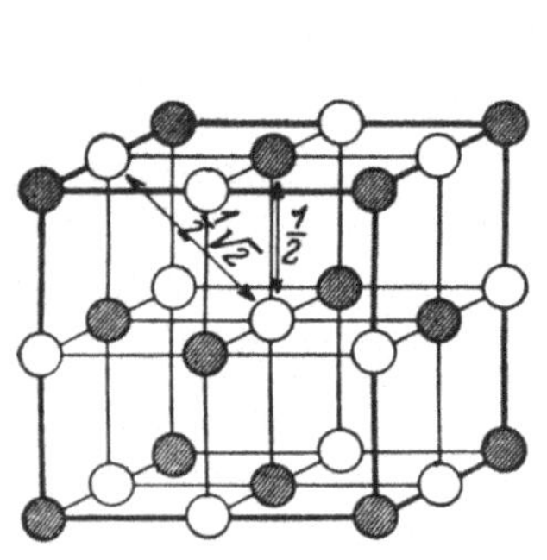

Abb. 20. Ionenabstände im unge-
störten Steinsalzgitter. 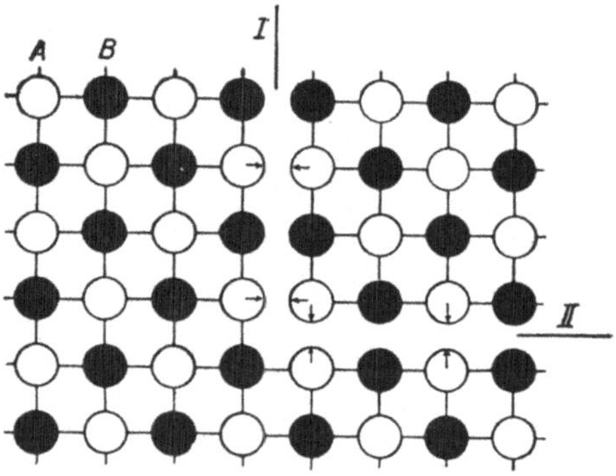
Abb. 21. Typus des Steinsalzgitters, (100)-Ebene.
A und *B* = die beiden Ionen, *I* und *II* = poten-
tielle Störungsebenen bei Anlagerung eines neuen
Gitterblockes.

In ähnlicher Weise wurden auch einige andere einfache Verbindungen durchgerechnet (vgl. auch [272]), doch ergaben sich wieder Schwierigkeiten besonders in dem Sinne, daß es nicht mehr gleichgültig blieb, von welchem „Mittelion‘ die Rechnung ausging. Auch eine Erweiterung der angewendeten primitiven Grundformel für die Berechnung der wirksamen *Coulomb*schen Kräfte im Sinn einer Einbeziehung auch der Zahl der Ionen-Elektronen vermochte über diese Schwierigkeiten nicht hinwegzuhelfen (vgl. [275], S. 717).

Die auf Grund des *Coulomb*schen Wirkungsgesetzes vorgenommenen Überschlagsrechnungen scheitern alle an der Tatsache, daß sich auch im günstigsten Rechnungsfalle die „Kohäsion“ der Spaltflächen *von der gleichen Größenordnung* zeigt, wie jene der anderen Flächen, wogegen die „*technische Spaltbarkeit*“ *um das Hundert- oder Tausendfache leichter erfolgt*. Es besteht ein gewaltiger Sprung

---

[1] Ein *negativer* Wert (Überwiegen der Abstoßung) bedeutet kein Zerfallen des Kristalles, weil in unmittelbarer Nähe dieser Flächen die Kohäsionskräfte wieder außerordentlich hoch anschwellen. Auch wird in Wirklichkeit bei Integrierung über das ganze Gitter (nicht bloß Berücksichtigung *eines* Bausteines mit seinen *nächsten* Nachbarn) ein negatives Gesamtergebnis wohl nie herauskommen.

zwischen der Festigkeit nach der Spaltfläche und jener nach anderen Richtungen im Kristall.

Diese Tatsache ist aus den Bausteinbeziehungen des Idealgitters *nicht* zu erklären und hier hat sich *Smekals* Unterscheidung von *Ideal-* und *Realkristall* [235, 236] als überaus fruchtbar erwiesen.

Nach *A. Smekal* ist der Realkristall, auch wenn er der schärfsten optischen Prüfung genügt, in seinem Gitteraufbau mit allerlei Baufehlern behaftet — entweder offene Gitterlücken oder Stellen, die der normalen Bausteinverteilung im Gitter widersprechen (Fehlordnungen), oder Einbau von fremden Bausteinen usw. — solche Stellen

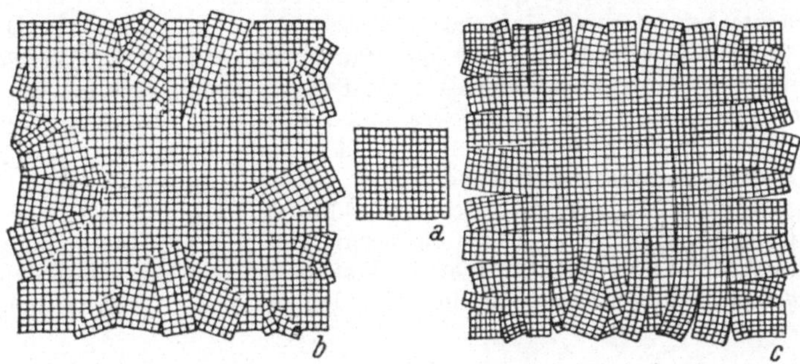

Abb. 22. Aufbauformen von Realkristallen. a) Ein Gitterblock mit Idealstruktur, b) „Mosaikstruktur" (nach *Darwin* und *Niggli*), c) „Verzweigungsstruktur" (nach *Buerger*).

(Störungen im Gitterbau des Idealkristalles) stehen dann in ihrer Kohäsion weit ab von dem Idealfall und sind geradezu vorbereitet für eine leichtere Zerteilung des Kristalles („*Lockerstellen*").

Es handelt sich dabei durchaus nicht immer um offene Lücken im Kristallbau, also um vorgebildete Spaltflächen, sondern bloß um *Unstimmigkeitsflächen*, die auch durchaus nicht den ganzen Kristall in einem Zug durchsetzen müssen, sondern sich nur parallel bestimmten Flächenlagen besonders häufen.

Smekal nimmt dabei an, daß die Kristalle nicht sosehr durch geordnete Anlagerung von Einzelbausteinen an den Kristallkeim wachsen, sondern durch mehr oder minder geordnete Anlagerung von *Gitterblöcken*, die, an sich noch ideal gewachsen, bei der Anlagerung doch zu Fehlorientierungen führen könnten. Abb. 21 zeigt eine solche Fehlanlagerung eines Gitterblockes, wenn auch keine offenen Lücken bleiben. In den beiden Ebenen I und II legen sich die zusammentretenden Gitterblöcke so aneinander, daß gleichnamige Ionen einander gegenüberstehen, statt der vorgeschriebenen ungleichnamigen. Dadurch ergibt sich in I und II eine beträchtliche elektrische Abstoßungsspannung, die schon bei dem geringsten Anlaß zu einem Zerfall des Verbandes der Gitterblöcke führen muß.

Der Realkristall erweist sich also als zusammengesetzt aus „Gitterblöcken" und man spricht mit Recht vielfach von einer „*Mosaikstruktur*", bzw. „*Verzweigungsstruktur*" (Abb. 22) (*M. J. Buerger* [32]). Die Ausmaße dieser Gitterblöcke müssen noch unterhalb der mikroskopischen oder ultramikroskopischen Sichtbarkeit liegen und dürften in den Einzelabmessungen 10^{-6} bis 10^{-5} cm kaum überschreiten.

Diese Schlußfolgerung läßt sich aus der Tatsache entnehmen, daß auch röntgenographisch als tadellos erkannte, „ungestörte" Kristalle in ihrer Spaltbarkeit sich ganz „normal" verhalten, also bestimmt Lockerstellen besitzen. Nun ist bekannt, daß auch bei einer Fehlorientierung von einem Hundertteil der Bausteine die Röntgenaufnahme noch keinerlei Störungsspuren aufweist. Lockerstellen bedeuten nun, daß die *Oberflächen* der Gitterblöcke fehlerhaft orientiert sind. Die inneren Bausteine der einzelnen Gitterblöcke haben darauf keinen Einfluß, ihre Anordnung ist ja nicht gestört. Jeder Gitterblock kann als kleiner Idealkristall angesehen werden. Erst durch das fehlerhafte Zusammenschichten entstehen die Baufehler des Realkristalles.

Betrachtet man nun ein einfaches Würfelgitter, so ist leicht einzusehen, daß erst bei einem Gitterblock von etwa 600 Bausteinen in der Kantenlänge alle in der Oberfläche dieses Gitterblockes liegenden Bausteine fast genau 1% der Bausteine des gesamten Gitterblockes ausmachen. Da die Bausteinabstände einige 10^{-8} cm betragen, ergibt sich dann die obige Vermutung über die zulässige Abmessung der Gitterblöcke.

Je größer die Kantenlänge des Gitterblockes ist, desto geringer ist die Wirkung der Oberflächenbausteine im Verhältnis zu ihrer Gesamtmenge, aber desto unwahrscheinlicher wird es auch, daß die Gitterblöcke selbst dann noch eine *ideale* Struktur besitzen und sich nicht bei den etwa 10^8 Bausteinen schon Baufehler einschleichen.

Es muß nochmals betont werden, daß diese Lockerstellen durchaus *nicht* den ganzen Kristall durchziehen müssen, sondern innerhalb des Kristalles blind enden, oder auf eine parallele Gitterebene, bzw. eine Schar von Gitterebenen überspringen. Das prägt sich auch darin aus, daß auch die ausgezeichnetste Spaltfläche (z. B. beim Glimmer), wenn sie sich über eine größere Fläche erstreckt, immer bogige, schlierige, dabei äußerst flache Stufen aufweist, ein deutlicher Beweis, daß die angeschlagene Spaltfläche nicht durchgängig ist, sondern in ihrer weiteren Erstreckung durch nahe benachbarte Parallelebenen abgelöst wird. Bei jeder Spaltung wirken also außerordentlich viele, parallel liegende Scharen von Lockerstellen praktisch zusammen und die Spaltung wird um so leichter erfolgen, je zahlreicher und dichter die Lockerstellen parallel einer Kristallfläche ausgebildet sind.

Ebenso ist festzuhalten, daß es sich nicht — oder nur in seltenen Fällen — um *offene* Baulücken handeln wird, sondern daß damit nur zum Ausdruck gebracht werden soll, es befinden sich im Kristall örtliche *Unstimmigkeitsflächen*, die die Kohäsion des Kristalles außerordentlich herabsetzen. Das Wesentliche ist, *daß sich solche Unstimmigkeiten (Lockerstellen) besonders längs kristallographisch genau festgelegter und für jedes Mineral kennzeichnender Flächen finden*, wodurch eben die Spaltbarkeit nach diesen Flächen veranlaßt wird.

Abgesehen von der Tatsache, daß außer im trigonalen (rhomboedrischen) und kubischen System geschlossene Spaltformen nur wenig verbreitet sind, bedeutet schon das Auftreten *echt* pyramidaler Spaltformen (Flußspat), daß man nicht einfach die Form der Gitterblöcke der Spaltform gleichsetzen darf. Einerseits blieben dann alle Minerale mit nur blättrigen oder prismatischen Spaltformen in ihrem Aufbau unerklärlich, anderseits lassen sich pyramidale Spaltformen überhaupt nicht zu größeren Einheiten zusammenschichten, sind also ungeeignet, als Grundlage für einen Realkristallbau auch im Sinne der Mosaikstruktur zu gelten.

Jede Deutung der Spaltbarkeit kann mit Rücksicht auf den gewaltigen Kohäsionssprung gegenüber anders orientierten Gitterebenen nur von der Vorstellung des *Real*kristalles, der *nicht* durchwegs dem Idealgitterbau entspricht, sondern mehr oder minder Baufehler (Unstimmigkeiten des Gitters) enthält, ausgehen.

Während sich aber mit der Vorstellung der Lockerstellen und des Aufbaues aus Gitterblöcken die praktisch außerordentlich weitgehende Herabsetzung der Kohäsion nach den Spaltflächen zwanglos erklären läßt, bleibt noch die Frage offen, warum diese Kohäsionsverminderung (Lockerstellen) gerade nach ganz *bestimmten* Kristallflächen erfolgt und für das Mineral jeweils kennzeichnend ist.

Diese Frage umfaßt zwei Sonderfragen: 1. Welches sind die gittermäßig schwächsten Kohäsionsrichtungen? 2. Welche der so gefundenen Ebenen eignen sich besonders zur Bildung von Lockerstellen?

Die erste dieser Fragen wurde schon S. 33, 34 kurz behandelt und umfaßt alle Bemühungen, die Kohäsionsminima des *Ideal*kristalles zu ermitteln.

Wenn auch bei der Spaltbarkeit nur mit dem *Real*kristall gerechnet werden kann, gibt doch die Lösung der für den Idealkristall gestellten Aufgabe die Möglichkeit, aus den so erschlossenen Flächen der Kohäsionsminima jene zu ermitteln, die dann im Realkristall vorherrschend wirksam sein werden.

Zur Beantwortung der zweiten Frage ist zu beachten, daß Lockerstellen wohl nur an jenen Gitterebenen auftreten werden, die eine *verhältnismäßig geringe Außenwirkung* besitzen. Diese Forderung deckt sich aber nur zum Teil mit der Frage nach den Ebenen geringster Kohäsion. Ebenen geringster Außenwirkung werden als Wachtumsflächen besonders bevorzugt sein, da sich nach einem alten Erfahrungssatz die Kristalle mit Flächen der geringsten Wachstumsgeschwindigkeit (Verschiebungsgeschwindigkeit) umgeben (*Becke*s Wachstumsgesetz).

In erster Linie kommt also das Aussehen des *Gitterkeimes* in Frage. Diese Gitteranlage hängt von der Verschiedenheit der Verbindungstypen und wohl auch von der *nicht* kugeligen Form der Gitterbausteine ab.

So ist z. B. wahrscheinlich, daß für Steinsalz (und analoge Strukturen) der Aufbau des Gitters in folgender Weise vor sich geht: Das Einzelion, z. B. Na, zieht zunächst ein Gegenion (Cl) an. Jeder weitere Ansatz in einer Ebene kann nur so erfolgen, daß sich jeweils die ungleichen Ionen aneinander lagern, d. h. man erhält die Schachbrettanordnung der Würfelfläche. Eine darüber gelagerte, neue, gleichartige Netzebene muß genau den gleichen Bedingungen gehorchen und so ergibt schon die *allererste Keimbildung* eine „räumliche

Schachbrettanordnung", eben das typische Gitter des Steinsalzes, begrenzt von
den *Würfel*flächen (Spaltflächen!), das durch weitere gesetzmäßige Anlagerun-
gen keine wesentliche Veränderung mehr erfährt (Abb. 23 a).

Anders der Diamanttypus. Hier liegt dem Gitter wohl das schon lang
vorausgesagte „tetraedrische Kohlenstoffatom" zugrunde, d. h. ein zentrales
C-Atom ist tetraedrisch mit vier weiteren C-Atomen gekoppelt. War bei Steinsalz schon der Keimling würfelig, so ist er hier tetraedrisch, seine Umgren-
zungsebenen entsprechen den Tetraeder- (Oktaeder-) Flächen. Das Auftreten
von Lockerstellen nach diesen Grenzebenen des Keimlings würde auf die bekannte Oktaederspaltung des Diamants hinweisen (Abb. 23 b).

Die Frage um die Form des Gitterkeimes reicht aber zur Klärung
noch nicht aus, denn z. B. die mit dem Diamant geometrisch-gitter-
mäßig gleichgebaute Zinkblende, bei deren Bildung auch Kom-

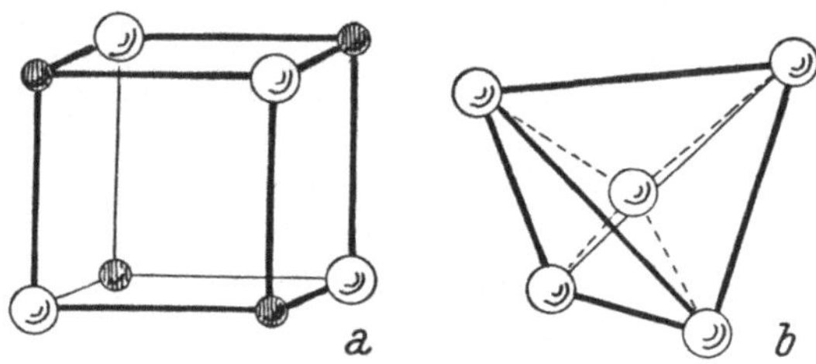

Abb. 23. Gitterkeime. a) Steinsalz, b) Diamant.

plexionen nach Art von (ZnS_4) angenommen werden, zeigt doch die
vom Tetraederbau ganz abweichende *dodekaedrische* Spaltung. Es muß
also noch andere Formen geringer Außenwirkung geben.

Ganz allgemein darf man voraussetzen, daß hauptsächlich zwei Möglichkeiten geringster Außenwirkung einer Gitterebene bestehen
werden: 1. wenn die Bausteine der Gitterebene *weitestgehend abge-
sättigt* sind, d. h. wenn ihre Valenzen schon in der Ebene selbst, oder
im Innern nahezu völlig befriedigt sind, 2. wenn Ebenen mit *gleichen*
(gleichgeladenen) Ionen aufeinander folgen, daher zwischen ihnen
starke *Abstoßungskräfte* wirksam sind.

Ad 1. Hieher sind in erster Linie Flächen mit der Dicke der „Über-
gansschichte" gleich Null (*Niggli 179*, S. 364) zu zählen, bzw. Schichten, deren ausstrahlende Restbindungen möglichst gering sind [*274*].
Solche in sich gesättigte Ebenen geringer Außenwirkung sind vielfach gleichzeitig auch „*gemischte*" Ebenen, d. h. sie enthalten *beide*
Ionenanteile, so daß kein besonderer Anlaß zur Anziehung fremder
Ionen vorliegt.

Es ist sehr bezeichnend, daß Steinsalz nach der bestgemischten Würfelfläche spaltet und daß auch die Trennung nach der Gleitebene (110) nach einer
gemischten Ebene erfolgt. Besonders bezeichnend ist in diesem Zusammenhang
die Zinkblende. Während die Bildung von Komplexionen ZnS_4 auf die Möglichkeit eines tetraedrischen Keimes und damit auf Lockerstellen nach (111)
hindeuten würde, sind gerade *diese* Richtungen durch starke Kohäsion ausge-

zeichnet, denn hier wirken *ungemischte* Netzebenen *ungleicher* Ionen aufeinander, d. h. es liegen Ebenen stärkster Anziehung unmittelbar nebeneinander. Von allen einfachen Netzebenen (Übergangsgeschichte = 0) hat aber bei der Zinkblende die (110) die geringste Außenwirkung, weil sie unter (100), (110) und (111) die einzige *gemischte* Gitterbene ist. Für das Auftreten von Lockerstellen ist also die Lage von Netzebenen möglichst geringer Außenwirkung wichtiger als das Aussehen und die Struktur des Gitterkeimes.

Bemerkenswert ist, daß nach den bisherigen Erfahrungen die Spaltebenen immer so angelegt sind, daß *die chemische Molekel der kristallisierten Verbindungen nicht zerrissen* wird. Das bedeutet keinen Gegen-

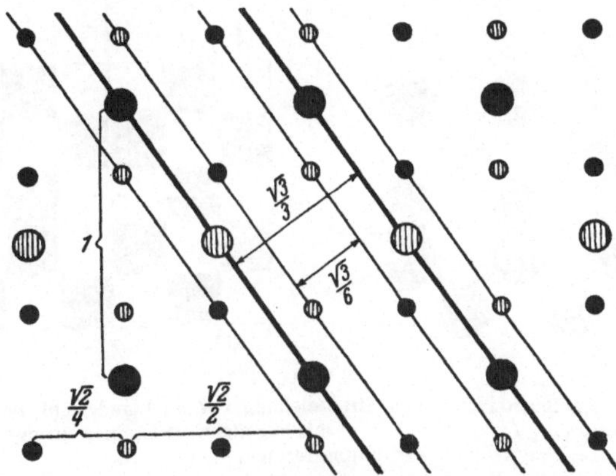

Abb. 24. Flußspatgitter, Projektion nach (110). $\bigcirc$ = Ca, $\mathbf{O}$ = F. Schräg durchlaufend die Spuren der auf (110) senkrecht stehenden Ebenenschar nach <111>.

satz zu der Tatsache, daß in einem Kristallgitter die Zurechnung bestimmter Ionen zueinander geometrisch nicht feststellbar ist. Es besagt nur, daß in allen Fällen, wo im Gitterbau die Verbindung in sich abgeschlossen erscheint, nicht nur keine Außenwirkung mehr erfolgt, sondern auch dem Wiederzerreißen dieser Bindung beträchtlicher Widerstand entgegengesetzt wird. Darum müssen „gemischte" Ebenen eine sehr viel geringere Außenwirkung und dafür einen größeren inneren Zusammenhalt aufweisen als „ungemischte" Ebenen.

Auch bei komplizierten Verbindungen, bzw. bei Gitterstrukturen, wie sie die Silikate besitzen, kann man die gleichen Erfahrungen machen. So enthalten die Silikate mit Blätterstruktur („Schichtgitter", wie bei Glimmer und vielen anderen) in den Ebenenpaketen, die die einzelnen „Blätter" darstellen, Schichtpakete, die nach außen fast gar keine Restbindungen aufweisen, wohl aber im Inneren des einzelnen Schichtpaketes sehr feste gegenseitige Bindungen, entsprechend dem *chemischen* Aufbau, besitzen.

Ad 2. Ganz besonders wirksam scheint aber das Auftreten von benachbarten Netzebenen *gleicher Ionenbesetzung,* wo also zwischen den benachbarten beiden Ebenen allein die volle Abstoßung wirksam bleibt.

Solche Ebenen und Richtungen sind für das Auftreten von Lockerstellen auch in der Form offener Baulücken besonders geeignet. Das
zeigt z. B. der Flußspat, der zwar in (110) wieder eine *gemischte*
Ebene mit schwacher Außenwirkung besäße, aber für (111) eine Anordnung aufweist, bei der Netzebenen mit folgender Besetzung aufeinander folgen F—Ca—F—F—Ca—F usw. Ist auch einerseits die
Ebenenfolge F—Ca—F fest aneinandergeschlossen und chemisch so
widerstandsfähig, daß man sie als „gepanzert“ bezeichnen kann, so
bedeuten die einander unmittelbar benachbarten *F*-Ebenen *sehr*
schwache Stellen, also Lockerstellen in bester Form (Abb. 24).

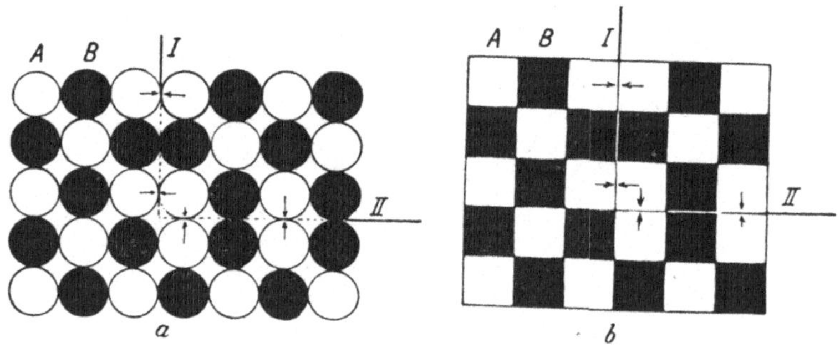

Abb. 25. Verteilung der Bausteine und Kräftebeziehung der aneinanderschließenden Gitterblöcke
bei der Annahme *gleich großer Ionen A* und *B*, a) mit kugeligen Bausteinen, b) mit würfeligen Raumerfüllungsformen.

Ebenso bezeichnend ist der Vergleich von Rutil und Anatas [*273*]. Bei
Rutil ist 001 eine wenig wirksame Fläche, da sie die ganze Molekel TiO_2 enthält, gleichwohl läuft die Spaltbarkeit nach den beiden Vertikalprismen. Hier
zeigen sich nämlich die Ebenenfolgen: (100): $Ti — O — O — Ti — O — O — Ti$
usw. und (110): $Ti_2O_2 — O — O — Ti_2O_2 — O — O — Ti_2O_2$ usw. In beiden Fällen
wirken die unmittelbar benachbarten O-Ebenen bzw. O-Bausteine der Ti_2O_2-
Ebenen gegeneinander kräftig abstoßend. Tatsächlich wird auch bei beiden
Prismen Spaltbarkeit beobachtet. In der z-Richtung liegen ganz geschlossene
Ti-Ketten vor. Sollte es sich hier um jene *Gitterlinie* handeln, die für die prismatische Spaltung so kennzeichnend ist? (Vgl. S. 10.)

Der Anatas zeigt, mit Rutil verglichen, die umgekehrten Verhältnisse. Abgesehen von dem im ganzen viel lockereren Bau liegen beide O in der z-Richtung ober- und unterhalb des Ti. Dadurch werden (100) und (110) zu gemischten Ebenen, die jeweils die volle Molekel TiO_2 enthalten, also geringe Außenwirkung erwarten lassen. Die Spaltung verläuft aber *nicht* nach den Prismen,
sondern nach der (001)-Fläche, deren Ebenenfolge lautet: $Ti — O — O — Ti —
O — O — Ti$ usw. Auch hier ist die Abstoßung zweier gleich besetzter Flächen
wirkungsvoller als das Auftreten von gemischten Flächen.

Von allen gittermäßigen Voraussetzungen für die Bildung von
Lockerstellen scheint also nach aller Erfahrung jene am wirksamsten
zu sein, bei der unmittelbar benachbarte Ebenen infolge gleicher Ionenladung einander abstoßen.

Es sei auch betont, daß es sich bei der Wahrscheinlichkeit von Lockerstellenbildungen nicht einfach um Flächen handelt, die auch als Wachstumsflächen vorherrschen, denn bei dem Wachstum spielen außer dem Gitterbau auch noch äußere Einflüsse wesentlich mit.

So ist bei Anatas die Hauptwachstumsfläche meist die (111), die (001) tritt ganz zurück. Ganz im Gegensatz dazu ist für die Spaltbarkeit (001) herrschend, die (111) zurücktretend.

Nach allen diesen Feststellungen wäre zu erwarten, daß sich sich Minerale mit gleichem Gitterbau und gleichem Verbindungstypus auch in der Spaltbarkeit gleich verhalten, wie etwa die Druck- und angenähert

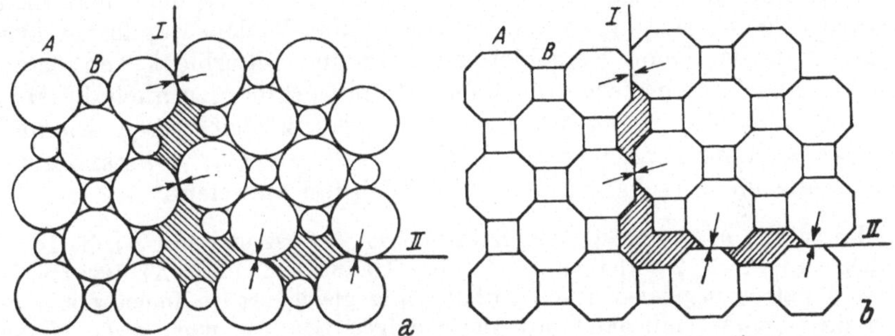

Abb. 26. Bausteinverteilung und Kräftebeziehung der aneinanderschließenden Gitterblöcke bei der Annahme *verschieden großer Ionen A* und *B*, a) mit kugeligen Wirkungsbereichen, b) mit entsprechenden polyedrischen Raumerfüllungsformen. Die offenen Gitterlücken sind schraffiert.

die Zugspaltung bei Steinsalz und Bleiglanz. Aber gerade der Vergleich dieser beiden Minerale erbrachte einen tiefgehenden Unterschied. Steinsalz zeigt nämlich außer der Würfelspaltung noch eine sehr ausgesprochene „Spaltung" nach (110), während bei Bleiglanz keine Spur davon zu finden ist.

Smekal [236] machte darauf aufmerksam, daß geringe Verunreinigungen die Lockerstellen blockieren und damit unwirksam machen können („Verfestigung"). Bleiglanz neigt sehr zu Verunreinigungen, was die Spaltung nach (110) verhindern könnte. Da aber die Schlagspaltung bei Bleiglanz viermal leichter erfolgt als bei Steinsalz, ist der *völlige* Mangel einer Schlagspaltung nach (110) doppelt auffällig, denn wenn es sich um Verfestigungen durch Verunreinigungen handelte, müßten bei der so auffallenden Schlagspaltung nach (100) wenigstens Spuren einer solchen nach (110) auftreten, was aber nicht der Fall ist. Hier scheinen also noch ganz andere Umstände maßgebend.

Möglicherweise ist die Größe oder auch die Form der einzelnen Ionen-Bausteine von einiger Bedeutung [288]. Haben die Ionen die gleiche Größe, dann ergibt sich im Steinsalzgitter eine „Raumerfüllung", wie sie in Abb. 25 dargestellt ist, je nachdem man von kugeligen oder würfeligen „Raumerfüllungsformen" ausgeht. Wie in Abb. 21 sind zwei Unsitmmigkeitsebenen (I und II) dadurch gegeben, daß in dem Hauptteil und im anliegenden Gitterblock Grenzebenen mit glei-

chen Ionen aneinanderstoßen, also abstoßend wirken. Offene Baulücken bestehen nicht. Jede Verschiebung längs einer der Ebenen I
oder II führt zwar zu einer offenen Lücke nach der anderen Unstimmigkeitsfläche, für die *Gleitebene* selbst aber kann sich dabei nur eine
Verbesserung der Lage ergeben, d. h. *ungleiche* Ionen einander gegen-
übertreten. Es tritt also bei Verschiebung um einen Bausteinabstand
eine ausgesprochene Verfestigung nach der Gleitebene ein, während
die andere Unstimmigkeitsfläche (Lockerstelle) zur offenen Baulücke
führt, also für die Spaltbarkeit wirksam bleibt.

Anders bei *ungleich großen* Ionen oder *ungleichen* Ionenformen
(Abb. 26). Hier bestehen von vornherein offene Baulücken nach I
und II, und die wirksamen Abstoßungskräfte verlaufen nicht mehr
senkrecht bzw. parallel zu den Unstimmigkeitsflächen, sondern *schräg*
dazu, d. h. bei jeder Verschiebung wird der Gitterblock von *beiden*
Ebenen *gleichzeitig* etwas abgehoben. Damit ergibt sich auch die Möglichkeit eines *Reißens nach beiden Würfelebenen gleichzeitig*, was nach
den Vorstellungen *L. Tokodys* [299] und *A. Smekals* vollständig zur
Erklärung einer (scheinbaren) (110)-Spaltung ausreicht.

Es ist nun bezeichnend, daß für Na und Cl (0,98 Å und 1,81 Å) die Ionenradien sich wie 1 : 2 verhalten, bei Pb und S (1,32 Å und 1,94 Å) dagegen wie
3 : 4. Bleiglanz liegt also dem Idealfall völlig gleich großer Ionen viel näher
und die Wahrscheinlichkeit des gleichzeitigen Spaltens nach zwei Würfelebenen (scheinbar nach 110) wird dadurch viel geringer.

So grundlegend *Smekals* Vorstellung vom Realkristall mit seinen
Lockerstellen für das Verständnis der „technischen" Spaltbarkeit mit
ihrer ungeheuren Kohäsionsverminderung gegenüber dem Kristall ist,
so wenig ist man derzeit imstande, eine *einheitliche* Deutung für das
Auftreten der Lockerstellen bzw. für deren Wahrscheinlichkeit zu
geben. Aus den vorstehenden Abschnitten ist ersichtlich, daß hierbei
die verschiedensten Umstände maßgebend einwirken können und sich
diese Einflußnahmen in verschiedenster Weise gegenseitig durchkreuzen. Gerade die Bezugnahme auf das *Vorhandensein kristallographisch orientierter Lockerstellen im Realkristall* läßt erst recht deutlich werden, wie überaus verwickelt das physikalische Phänomen der
Spaltbarkeit ist.

Wurde bisher versucht, für das *Auftreten gewisser Spaltflächen*
eine möglichst einfache, physikalisch haltbare Deutung zu gewinnen,
so ist damit noch in keiner Weise erklärt, wie es zu so *verschiedenen
Spaltarten* (mindestens drei) kommen kann und wie diese sich mit den
bisher entwickelten Vorstellungen über die Spaltbarkeit in Einklang
bringen lassen.

Der Spaltvorgang [283]. Eine Zerspaltung kann in zweierlei Weise
erfolgen: 1. durch *Zerreißung* parallel einer Gitterebene, 2. durch
Sprengung nach einer solchen. Im ersten Fall wirkt eine *äußere* Kraft
ein, die zur Zerreißung des Verbandes längs einer Gitterebene führt.
Das war die bisher fast ausschließlich verbreitete Vorstellung vom

Spaltvorgang. Man dachte sich die Schneide sozusagen keilartig zwischen zwei Gitterebenen eindringend und damit den Kristall längs der Ebene der geringsten Kohäsion auseinanderreißend. Bei der Sprengung liegt die wirksame Kraft *innen*, es werden zwei benachbarte Netzebenen von innen auseinandergetrieben. Diese Vorstellung stützt sich auf die explosionsartigen Nebenerscheinungen und Geräusche bei der Druckspaltung. Um den Spaltvorgang richtig zu erfassen, müssen beide Möglichkeiten in Betracht gezogen werden.

Nach den Messungsergebnissen am Steinsalzgitter dürfte die *Schlag*spaltung einem *Zerreißen*[1] des Gitters, *nicht* einem Sprengvorgang entsprechen.

Überprüft man ähnlich, wie das S. 33, 34 kurz skizziert wurde, die Bindungsverhältnisse zwischen benachbarten Ebenen (nicht Einzelbausteinen) im Steinsalzgitter, dann kommt die in Abb. 19 dargestellte Beziehung zwischen den Ionen der benachbarten Ebenen A und B zur Geltung. Für zwei gleich stark geladene Ionen ist die Kraftwirkung $P = k \cdot \dfrac{1}{r^2}$, wobei k ein Proportionalitätsfaktor ist. Bezüglich der Gitterebenen (hkl) mit den Abständen d gilt dann für jedes Ion $P_{(hkl)} = k \left(\dfrac{1}{r^2} \cdot \dfrac{d}{r} \right) = k \cdot \dfrac{d}{r^3}$. Dabei sind sowohl (100) wie (110) im Steinsalzgitter *gemischte* Ebenen mit vollständig gleicher Belastung durch Na und Cl. Es entspricht also jedem Ion der einen Ebene ein gleiches, bzw. ungleiches Ion der Nachbarebene. An Stelle der Summierung der Wirkung aller Ionen einer Netzebene genügt demnach die Betrachtung eines einzelnen Ions, denn alle anderen verhalten sich völlig gleich. Im Steinsalzgitter haben die *ungleichen* Ionen den Abstand $r = {}^1/_2$, die *gleichen* den Abstand $r = \dfrac{1}{2} \cdot \sqrt{2}$. Für das *ungestörte* Gitter gilt dann in der *Würfelebene*: *Anziehung*:

$$+ P_{(100)} = k \left[\frac{1}{2} : \left(\frac{1}{2} \right)^3 \right] = 4\,k \text{ und } Absto\beta ung: - P_{(100)} = - k \left[\frac{1}{2} : \left(\frac{1}{2} \cdot \sqrt{2} \right)^3 \right] =$$

$$= - k \sqrt{2}. \text{ Für die } Dodekaederebene \text{ gilt: } Anziehung: + P_{(110)} = k \left[\frac{1}{4} \sqrt{2} : \left(\frac{1}{2} \right)^3 \right] =$$

$$= + k\,2\sqrt{2} \text{ und } Absto\beta ung: - P_{(110)} = - k \left[\frac{1}{4} \sqrt{2} : \left(\frac{1}{2} \sqrt{2} \right)^3 \right] = - 1\,k. \text{ Daraus}$$

ergibt sich die algebraische Summe bei (100): $K_{(100)} = + 4\,k - k \sqrt{2} = + 2{,}586 \dots k$ und bei (110): $K_{(110)} = + k\,2\sqrt{2} - 1\,k = + 1{,}828 \dots k$, d. h., die Kohäsion ist im *ungestörten* Gitter für (110) *kleiner* als für (100). Da nun die Schlagspaltung beim Steinsalz tatsächlich diese Verhältnisse

---

[1] Diese Art der „Zerreißung" bedeutet aber etwas anderes als jene, die bei Prüfung auf „Zerreißfestigkeit" (vgl. S. 121 ff.) beobachtet wird. Dort geht bestimmt erst eine Dehnung voraus und damit eine starke Verschiebung in der Lagebeziehung der einzelnen Bausteine. Auch Translationen, Biegegleitungen usw. spielen hier mit, d. h. die Zerreißfestigkeit wird am *deformierten* Gitter untersucht, nicht am ungestörten! Das zeigt sich auch darin, daß die wahre „Zerreißfestigkeit", entgegen den Ergebnissen der Schlagspaltung (!) für (110) größer ist als für die (100). Bezüglich einer kleinen Überschlagsrechnung, die für das elastisch verformte Gitter zu dem beobachteten Ergebnis führt, vgl. [283], S. 280, Anmerkung.

aufweist, wäre daraus der Schluß zu ziehen, daß die *Schlagspaltung am ungestörten Gitter* erfolgt.

Ist die Schlagspaltung an das nichtverformte Gitter gebunden, dann handelt es sich nicht um innere, sondern nur um äußere Kraftwirkungen, d. h. um ein Zerreißen der Bindungen zweier benachbarter Gitterebenen. Die angewendete Schneide hätte nur den Zweck, entlang einer kristallographisch bestimmt festgelegten Linie eine, durch eine *kurz* dauernde Kraftwirkung („Schlag" = Momentankraft) veranlaßte Verschiebung (Gleitung) zweier benachbarter Parallelebenen oder eines schmalen Paketes von Gitterebenen und damit ein Durchreißen

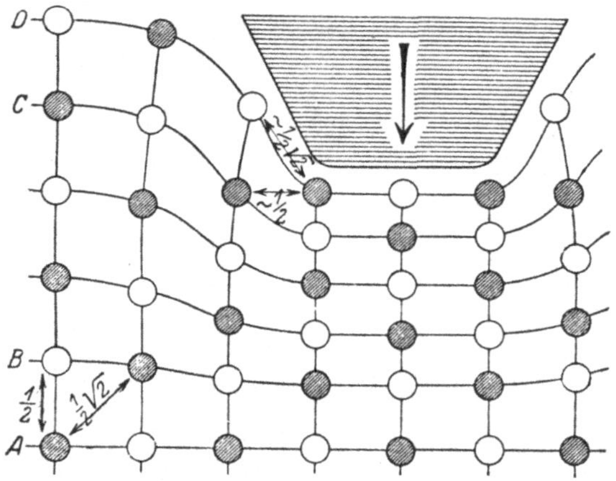

Abb. 27. Ionenbeziehungen in einem gepreßten Steinsalzgitter nach (100).

der Bindungen des ungestörten, *nichtdeformierten* Gitters zu bewirken. Ein rohes Bild dieses Vorganges böte das Herausschlagen eines oder mehrerer Kartenblätter aus einem Paket durch einen kurzen Schlag parallel dem Blattrand. Die Wirkung mehrerer Schläge würde dadurch verständlich, daß jeder einzelne, schwächere Schlag, Teile des Gitters in der gleichen Ebene abreißt und wahrscheinlich dank den nie fehlenden Baufehlern (Lockerstellen) die zerteilten Parallelebenen gleichzeitig auch so weit verschiebt, daß sie nicht mehr die frühere Lage gegeneinander einnehmen, sich also nicht mehr wieder zum ungestörten Gitter zusammenschließen können. Mit jedem Schlag wird das Gebiet des Abreißens größer, bis endlich das ganze Gitter durchgerissen ist. Die Schneide dringt dabei langsam in das Gitter ein.

Bezeichnenderweise beobachtet man bei der Schlagspaltung nie das heftige Abspringen des abgespaltenen Teiles. Im Gegenteil müssen gelegentlich die beiden Spaltteile erst förmlich voneinander abgezogen werden, obwohl die Spaltung vollständig durchgeht.

Die *Druckspaltung* und auch *Zugspaltung* muß vor der Durchspaltung mit einer *Deformation* des Gitters verbunden sein, kann also nur in einem *gestörten, verformten* Gitter auftreten. Im gleichen Sinne wirkt auch die Tatsache, daß beide Spaltarten zu ihrer Durchführung einer *Dauer*kraft bedürfen. Die elastische Gegenwirkung gegen das Verformen des Gitters durch Druck kann sich unter günstigen Umständen bis zu einer *Sprengung* des Verbandes von innen heraus steigern, in bester Übereinstimmung mit den beobachteten Tatsachen.

Drückt man eine Schneide, gleichgültig welcher Form, längs einer Gitterlinie (eines schmalen Flächenbereiches) auf das zu spaltende Stück, dann muß das Gitter die bekannten Deformationen ungleichartig gedrückter Körper erfahren. *In* der Druckrichtung werden die Inonenabstände dadurch verkleinert (gepreßt), *seitlich* dagegen (innerhalb der gestörten Netzebenen) vergrößert (gedehnt). Ein Blick auf die Abb. 27 läßt erkennen, daß bei geeignetem Druck die Ionen ihre geometrischen Lagebeziehungen sozusagen vertauschen und für Steinsalz dann die gleichen Ionen ungefähr in Abständen $1/2$, die ungleichen dagegen im Abstand $1/2 \sqrt{2}$ zueinander stehen. Man erhält damit einfach eine Vertauschung von Anziehungs- und Abstoßungskräften mit jeweils *negativem* Summenwert. $[K_{(100)} = k\,(+\sqrt{2} - 4) = -2{'}586 \text{ und } K_{(110)} = k\,(+1 - 2\sqrt{2}) = -1{'}828\,k.]$

Mit zunehmendem Druck und dadurch bedingter zunehmender Verformung in dem angedeuteten Sinn muß einmal der Zeitpunkt eintreten, wo die *negative* Kraftsumme, also die ausgesprochene *Abstoßung*, solche Werte erreicht, daß dadurch der Kristall *von innen heraus gesprengt* wird. Daher auch die explosionsartigen Nebenerscheinungen bei der endlich erfolgenden Spaltung. Genau entsprechend der tatsächlichen Beobachtung, ist diese Sprengwirkung bei Steinsalz nach der Würfelfläche größer als nach der Dodekaederfläche, d. h. hier erfolgt, im Gegensatz zur Schlagspaltung (!), die Spaltung nach (100) *leichter* als nach (110).

Der Spaltungsvorgang unter Druck dürfte sich demnach so abspielen, daß durch den steigenden Druck entlang einer Linie (eines schmalen Streifens) eine zunehmende elastische Verformung des Gitters hervorgerufen wird. Zunächst werden im Druckbereich die Ionenabstände und Gitterverbände so verändert, daß die Anziehungskräfte durch Vergrößerung der bezüglichen Abstände abnehmen, die Abstoßungskräfte dagegen durch die Annäherung gleicher Ionen steigen. Damit vertauschen sich allmählich die Vorzeichen der Kraftwirkungen, bis die Abstoßung in der Gesamtwirkung überwiegt. Sind nun genug Gitterteile in diese Lage gebracht, was durch entsprechende Druck- und damit Verformungssteigerung erzielt werden kann, dann muß es zu einem *Auseinandertreiben* des deformierten Gitters *quer zur Druckrichtung* kommen. Es ist leicht einzusehen, daß bei zunehmender Plattendicke auch der zur Auslösung der Sprengung nötige Druck in einfachem, linearem Verhältnis steigen muß, damit die Summe der erzielten Abstoßungskräfte ausreicht, um die ganze Kristallmasse zu sprengen.

Aus dieser Vorstellung folgt, daß für die Druckspaltung ein *Eindringen* der Schneide in den zu spaltenden Kristall durchaus *nicht* in Frage kommt, weshalb man auch mit ganz flachen Keilschneiden arbeiten kann, während die Schlagspaltung unbedingt scharfe Schneiden benötigt.

In diesem Zusammenhang ist eine Beobachtung von *K. Przibram* [195] *sehr* bedeutungsvoll, die er bei Pressungsversuchen am Steinsalz anstellen konnte. Einige Millimeter dicke Steinsalzplättchen wurden unter Stahlstempel mit mehreren hundert und tausend kg/cm² gepreßt. „Dabei tritt Spaltung nach der zur Druckrichtung parallelen Würfelfläche ein (!); bei fortschreitender Pressung schließen sich aber die Prismen bald wieder zusammen…" (infolge der Plastizität des Steinsalzes). Hier wurde also eine Druckspaltung sogar *ohne* jede, auch die flachste Schneide erzielt.

Die *Zugspaltung* schließt sich in ihrem Verhalten — und darum wohl auch in ihrem Vorgang — enger an die Druckspaltung an und

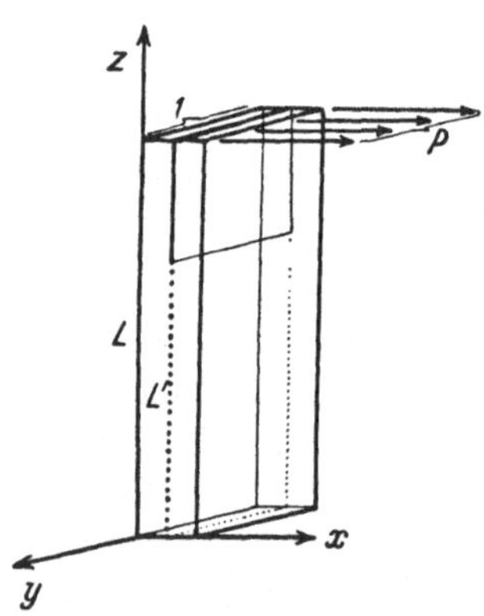

Abb. 28. *Voigts* Vorschlag
einer Spaltbarkeitsmessung.

ist schon ihrer ganzen Entstehung nach wie diese *nur* mit einem *verformten*, gestörten Gitter vereinbar. Die überaus verwickelten Vorgänge, die sich offenbar bei dem Vorgang der Zugspaltung abspielen, machen es derzeit unmöglich, eine *einfache*, gittermechanische Deutung für den Spaltvorgang zu versuchen.

Wenn auch die eben angestellten Überlegungen und Deutungsversuche keinerlei Anspruch darauf erheben können, die Frage des Ablaufes des Spaltvorganges bei den verschiedenen Spaltarten einwandfrei zu klären und eindeutig zu beantworten, so ergibt sich doch mit Notwendigkeit daraus die Folgerung, daß die Beanspruchung des Kristallgitters für die drei Spaltarten *grundsätzlich verschieden* ist. Es ist nicht möglich, mit *einer* Grundannahme alle Vorgänge der drei Spaltarten zu deuten.

Dadurch wird eine *physikalische Definition* der Spaltbarkeit bei Kristallen außerordentlich erschwert und könnte wohl jeweils nur für jede einzelne Spaltart getrennt aufgestellt werden.

Infolgedessen ist auch der seinerzeitige Vorschlag *W. Voigts* ([306], S. 945) für die Messung und damit für eine physikalische Definition des Spaltvorganges als unzulänglich auszuscheiden. Als bisher einziger Vorschlag dieser Art mag er gleichwohl kurz dargestellt werden.

Eine Kristallplatte mit der Länge *L* gemäß der *z*-Achse und der Breite 1 parallel der *y*-Achse, wobei die *yz*-Ebene Spaltebene ist, werde bis zu L' gespalten. *Voigt* sieht dann ein Maß für die Spaltbarkeit und damit eine physikalisch schärfere Erfassung des Vorganges in der Kraft *P*, die nötig ist, um die begonnen Spaltung *bis zum Ende* (also über die Strecke *L'*) *weiter zu führen*. Dabei wirkt die Kraft *P* am freien Ende der Spaltplatte in der Richtung der *x*-Achse und es wird erwartet, daß für ein und dieselbe Spaltfläche das Produkt *P . (L—L') konstant* bleibt und ein Maß der Spaltbarkeit gibt (Abb. 28). Es wäre dabei nicht ausgeschlossen, daß eine Änderung der Lage von *L* gegen *z* auch den Wert dieses „konstanten" Produktes abändert. In diesem Falle wäre die Spaltbarkeit eine Funktion der Richtung innerhalb der Spaltebene.

Wie sofort ersichtlich, gibt *Voigt* damit eine 4. (!) Art der Spaltbarkeit an, die sich mit keiner der drei bisher geübten Arten gleichsetzen läßt. Das vorgeschlagene Auseinanderreißen scheint zunächst an die Erscheinungen der Schlagspaltung anzuknüpfen, doch betont *Voigt* ausdrücklich, daß er dabei von der Theorie der *Biegung* eines Stabes durch Ausnützung einer transversalen Kraft auf sein freies Ende ausgeht, d. h. daß ein elastisch *verformtes* Gitter in Frage kommt, was für die Schlagspaltung *nicht* gilt. Mit dieser Versuchsanordnung bzw. Definition wird viel eher die Frage der *Zerreißfestigkeit* getroffen, die ja bestimmt mit der Frage der Spaltbarkeit im Zusammenhang steht, aber dieser nicht einfach gleichgesetzt werden kann.

Schließlich ist noch zu bemerken, daß nicht nur mehrere, scharf unterschiedene Spaltarten bestehen, die noch dazu von *Voigts* Vorschlag nicht erfaßt werden, sondern daß außerdem die Spaltbarkeit, wie jede Festigkeitserscheinung zu den stark *strukturempfindlichen* Erscheinungen gehört, wodurch die Prüfung der „Konstanz" von P $(L-L')$ auf fast unüberwindliche Schwierigkeiten stößt.

B. Die Kristallplastizität.
I. Allgemeines und Verbreitung.

Das übergroße Interesse, das die metallverarbeitende Technik dem in diesem Abschnitt behandelten Fragenbereich entgegen brachte, hatte zur Folge, daß gerade die Erscheinungen der Kristallplastizität von technischer Seite sowohl experimentell wie theoretisch im weitestgehenden Maße studiert wurden. Trotz den bedeutenden praktischen Erfolgen in der technischen Behandlung der Metalle und ähnlicher Werkstoffe und trotz den vielfachen Bemühungen, auch in theoretischer Beziehung das sehr verwickelte Problem der Kristallplastizität zu lösen, ist eine vollständige Lösung, ja nur eine Annäherung an eine solche bisher noch ebensowenig wie bei den anderen Festigkeitserscheinungen gelungen.

Während der Techniker hauptsächlich die praktische Verwendbarkeit der Kristallplastizität in Betracht zieht und als Endziel verfolgt, hat die Mineralogie seit den Tagen der Entdeckung des ganzen Fragenbereiches auf dem Boden der beschreibenden Kristallographie durch *E. Reusch* [199, 200] bis heute im wesentlichen die formal-geometrische Seite des Problems, seine Auswirkung im Mineralreich und in letzter Zeit die grundsätzlichen Beziehungen zum Feinbau der Kristalle verfolgt.

Da es über die technische Seite der Kristallplastizität eine schon kaum mehr zu übersehende Literatur gibt und ausgezeichnete, zusammenfassende Werke darüber bestehen, kann im Rahmen dieser Schrift die Behandlung des Fragenbereiches der Kristallplastizität auf rein formal-mineralogische Probleme beschränkt werden. Bezüglich der praktisch-technischen Belange sei neben anderen auf das im gleichen Verlag erschienene zusammenfassende Buch von *E. Schmid* und *W. Boas* [219] verwiesen. Dort ist auch eine sehr umfangreiche Literatur kritisch zusammengestellt. In dem vorliegenden Zusammenhang werden die technischen Fragen und Erfahrungen nur soweit behandelt, als deren Kenntnis zum Verständnis der Grundfragen der Kristallplastizität überhaupt von Bedeutung sind.

Unter Kristallplastizität versteht man die Fähigkeit vieler Kristalle, sich durch mechanische oder auch thermische Einwirkung nichtrever-

sibel, also unelastisch, und ohne Verlust des inneren Zusammenhanges unter Bildung durchlaufender, rationaler Gleit- oder Zwillingsflächen oder Richtungen verformen (dehnen, stauchen, drillen) zu lassen.

Als Gegensatz zu dem Begriff der Kristallplastizität gilt der Begriff der *Sprödigkeit*, worunter *A. Smekal* [240] „den Zustand versteht, in dem eine plastische Verformung unter Bildung *durchlaufender* Gleit- und Zwillingsebenen nicht möglich ist". Gewöhnlich werden jene Stoffe als „spröde" bezeichnet, die nach Überschreiten der Elastizitätsgrenze sofort zu Bruch gehen (Glas). Dieses Verhalten kann aber durch das Zeitmaß der mechanischen Beanspruchung sehr wesentlich abgeändert werden, umfaßt also nicht den grundlegenden Sinn von „Sprödigkeit".

Die Durchsicht der einschlägigen Literatur läßt erkennen, daß leider die Fassung des Begriffes „Plastizität" bedeutenden Schwankungen unterworfen ist und von verschiedenen Seiten sehr verschieden verstanden wird. Noch schlimmer steht es mit dem Versuche, statt dessen von einer „Bildsamkeit" zu sprechen. In diesem Falle fehlt jede, auch die entfernteste Bezugnahme zum Kristallbau. Der Begriff „Verformung" ist insofern nicht günstig, weil damit gleichzeitig auch die elastische Verformung mit inbegriffen ist, die aber bei der Kristallplastizität ausgeschlossen bleiben muß. In der oben gegebenen Definition wird versucht, den kristallographischen und technischen Forderungen in gleicher Weise gerecht zu werden. Leider geht auch diese Definition nicht über eine kurzbeschreibende Begriffsumgrenzung hinaus.

Die plastische Verformung der Kristalle erfolgt fast ausschließlich in zwei, seit den ersten Untersuchungen durch *E. Reusch* [199, 200] unterschiedenen Formen: 1. durch *„Translation"*, 2. durch *„einfache Schiebung"* (*„Gleitzwillingsbildung"*).

Beiden Erscheinungen gemeinsam ist die Tatsache, daß sie parallel *kristallographisch orientierten Gleitflächen bzw. Gleitrichtungen* vor sich gehen und daß das Ausmaß der räumlichen Verformung um so größer ist, je größer der senkrechte Abstand der in Betracht kommenden Stelle des Kristalles von der Gleitfläche ist. In beiden Fällen handelt es sich um *nichtreversible* Vorgänge, die *ohne Änderung des Volumens* vor sich gehen.

Leider sind auch die hierfür in Gebrauch stehenden Bezeichnungen teils in der Begriffsumgrenzung sehr verschwommen (wie etwa der Begriff „Gleitung"), teils aus anderen Wissensgebieten übernommene und darum sprachlich leicht mißzuverstehende Ausdrücke, denen aber eine gewisse historische Bedeutung nicht abgesprochen werden kann (wie z. B. der Ausdruck „einfache Schiebung", aus dem Englischen „simple shear" übernommen). Dadurch wird ein beträchtlicher Teil hauptsächlich der älteren Literatur ziemlich undurchsichtig.

1. **„Blattgleitung"** = **„Translation"** (*„Gleitung"* im engeren Sinne, *„Schiebung zur Identität"* nach *Niggli* [178, 179]). *Parallel einer* kristallographisch bestimmten *„Translationsebene" (T)* = *„Gleitfläche"* und längs einer in dieser Ebene gelegenen, ebenfalls kristallographisch festgelegten Geraden, der *„Translationsrichtung" (t)*, lassen sich Teile des Kristalles gegeneinander verschieben wie Blätter in einem Paket

Spielkarten. Je mehr Blätter durch seitlichen Druck zum Blattgleiten (Translation) gebracht werden, desto weiter rückt die äußerste Schicht von ihrer ursprünglichen Lage ab, *ohne* daß aber zwischen diesem Ausmaß der Verschiebung und dem Abstand von der Gleitfläche (Translationsebene) eine *stetige* Beziehung bestünde (Abb. 29) (*Mügge* [153]).

Eine gute Versinnlichung der Wirkung von Translationsebene und -richtung erhält man, wenn man die „Blätter" durch Wellpappeblätter veranschaulicht, die mit der „Wellen"-Seite aufeinander liegen und sich dadurch ein wenig verzahnen. Hierbei ist eine gleitende Bewegung der Pappeblätter nur in der einzigen Richtung der Riefung möglich.

An der *kristallographischen Orientierung* wird bei der Translation *nichts geändert,* wie sich entweder durch Überprüfung der optischen Orientierung des verschobenen Kristallteiles gegenüber dem *unverformten* Teil oder durch das völlig unbehinderte Hindurchlaufen allfälliger Spaltrichtungen durch den verformten Teil oder durch die Übereinstimmung der Ätzfiguren, oder wie es sich schließlich am zwingendsten aus der Tatsache ergibt, daß durch Translation verformte Kristallteile, in entsprechende Lösung gebracht, in vollständiger kristallographischer Übereinstimmung mit dem *unverformten* Kristall-

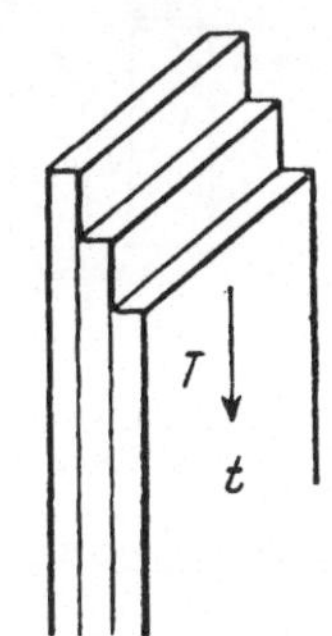

Abb. 29. Mechanische Translation (n. *Niggli*). Translationsebene T mit Translationsrichtung t. (Die vordere Fläche erscheint naturgemäß einheitlich.)

teil fortwachsen. Alles deutet auf eine ganz einfache, parallele Verschiebung der einzelnen Blätter bzw .Bausteine gegeneinander. Über die darinliegenden Beziehungen zum Gitterbau vgl. S. 144 ff. Die Parallelverschiebung erfolgt im allgemeinen nicht in einzelnen Bausteinschichten, sondern in ganzen Schichtpaketen von etwa 10^{-5} bis 10^{-4} cm Dicke ($^1/_{10}$ bis $1\,\mu$). Diese Dicke der verschobenen Schichtpakete ist aber innerhalb weitester Grenzen durchaus schwankend, woraus sich die Unstetigkeit in der Beziehung zwischen dem Maß der räumlichen Verschiebung und dem Abstand von der Gleitfläche (Translationsebene) erklärt. Es entstehen daher Stufen, die in Breite und Höhe ziemlich ungleich sind und nur gewisse Durchschnittswerte aufweisen.

M. Straumanis [257] konnte an Zink-Einkristallen die Dicke der abgleitenden Schichtpakete zu durchschnittlich „0,8 μ oder Vielfache davon" messen, fügt aber noch hinzu: „bei genauerer Betrachtung bemerkt man, daß die Gleitung nicht nur in 0,8 μ dicken Schichten, sondern auch *innerhalb* dieser Schichten erfolgt" (Abb. 30). *A. Johnsen* [98] maß am Steinsalz durchschnittliche Dicken der Translationspakete zu 0,7 μ, am Gold zu 0,45 μ. Auch *Renningers* auf ganz anderer Grundlage aufgebaute Untersuchungen führen übrigens für die „wirkliche Mosaikstruktur" zu Gitterblöcken von 10^{-7} bis 10^{-4} cm Seitenlänge [198], also auf die gleichen Ausmaße. Es scheint demnach, wie bei der Spaltbarkeit, so auch bei der Translation die Bildung von Lockerstellen eine grundlegende Bedeutung zu besitzen (vgl. S. 35 ff.).

Alle der Zone *t* angehörige, also zu *t* parallele Flächen erfahren bei der Blattgleitung keinerlei Änderungen in ihrer kristallographischen Orientierung und in ihrem Aussehen. Alle außerhalb dieser Zone liegenden Flächen — und darunter am stärksten jene senkrecht zu *t* — bedecken sich mit mehr oder weniger feiner Streifung parallel der Spur von *T* auf der untersuchten Fläche *("Translationsriefung")*.

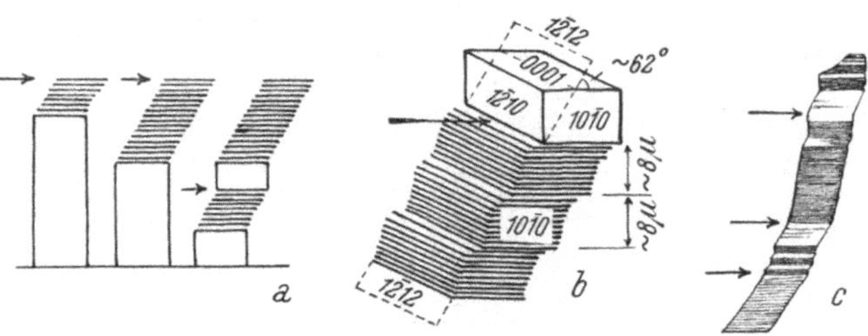

Abb. 30. Translation an Zink-Einkristallen nach (0001) (nach *Straumanis*). a) Schematische Darstellung der Blattgleitung im groben, b) im feineren Aufbau der „Blätter", c) Skizze eines durch Translation verformten Zink-Einkristalles.

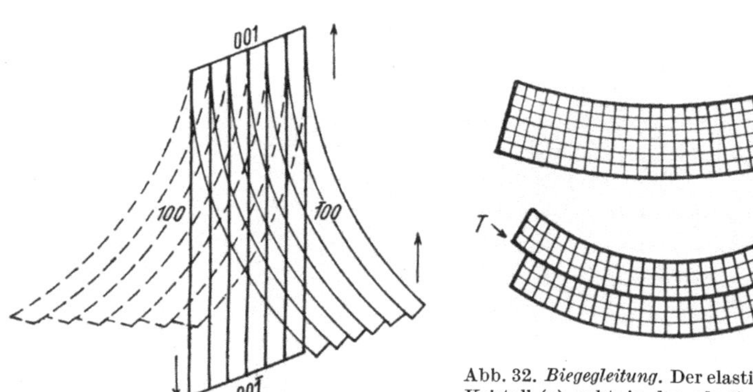

Abb. 31. Biegung durch Gleitung nach der Translationsebene (z. T. nach *Johnsen*).

Abb. 32. *Biegegleitung*. Der elastisch gebogene Kristall (a) geht in den *plastisch* gebogenen (b) über durch Überwindung des Schubwiderstandes entlang der Translationsfläche *T*; dort wird der Zusammenhang unterbrochen.

Bei sehr feiner Translationsriefung können bei der goniometrischen Untersuchung Beugungsbilder des Goniometerspaltes entstehen, oder die Fläche erscheint gekrümmt und liefert dann ganze Reflexzüge, statt eines einfachen, scharfen Reflexes.

In vielen Fällen wurde besonders bei den älteren Arbeiten diese Translationsriefung mit einer feinen Zwillingslamellierung durch Gleitzwillinge verwechselt. Die vollständige Erhaltung der kristallographischen und optischen Orientierung läßt aber die Translationsriefung von der Streifung durch Zwillingslamellierung sicher unterscheiden.

Im Zusammenhang mit der Translation steht die oft beobachtete *„Biegegleitung"*. Die Kristalle lassen sich um eine Linie, die in der

Translationsebene T und senkrecht zur Translationsrichtung t liegt, verbiegen. Da sich diese Krümmung mit ziemlich kleinen Krümmungsradien und mehrfach wiederholt am gleichen Kristall beobachten läßt, spricht *Mügge* [144 bis 166] von „Fältelungen" um die Krümmungsachse der Fältelung f.

Der grundsätzliche Zusammenhang mit der Translation wird deutlich, wenn man ein Paket Blätter (etwa die eines Buches) zu biegen versucht. Das gelingt sehr leicht, wenn die Blätter aneinander gleiten können, dagegen wäre es nicht möglich, ein gleich dickes Paket von Blättern zu biegen, wenn diese miteinander verklebt sind (z. B. ein Stück sehr dicker Pappe), also sich nicht gleitend verschieben können (Abb. 31 und 32).

Zunächst tritt bei Biegung elastische Verformung ein. Diese geht in eine *plastische* Verformung über, wenn der Schubwiderstand entlang der Fläche T

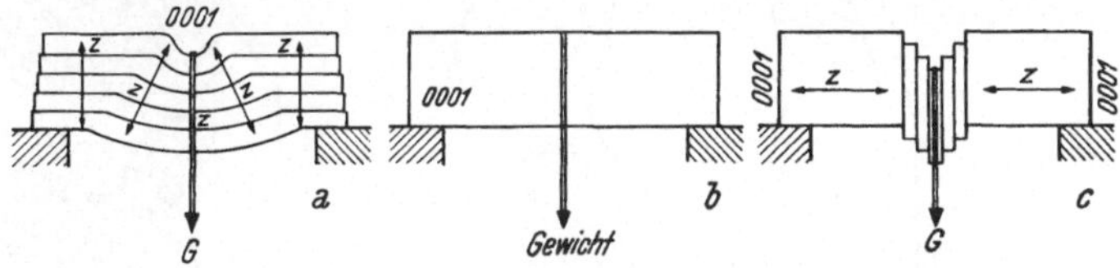

Abb. 33. Schematische Darstellung der Translationserscheinungen am Eis (z. T. nach *Johnsen*). Belastung a) $\parallel$ z, b) $\perp$ z und $\perp$ (0001), c) $\perp$ z und $\parallel$ (0001).

(Translationsfläche) überwunden wird. Dann erfolgt eine Trennung des Gitterzusammenhanges (Abb. 32).

Im Gegensatz zu der Abhängigkeit der Translationsebene und Gleitrichtung vom Rationalitätsgesetz der Kristalle ist die Fältelungsachse f durchaus nicht immer diesem Gesetz unterworfen. Da sie mit t innerhalb T einen *rechten* Winkel einschließen muß, ist z. B. für den Gips die f-Richtung (in 010) *keine* kristallographische Richtung, sondern irrational.

Die Abhängigkeit der Biegegleitung von den Translationselementen bzw. die Wirkung dieser an sich, kommen sehr schön in den Biegungs- und Translationsversuchen *O. Mügges* am Eis zum Ausdruck [156, 159, 161].

Das hexagonal kristallisierende Eis, das bei stehenden Gewässern immer die Basisfläche nach oben kehrt, besitzt in (0001) eine ausgezeichnete Translationsfläche und in dieser mehrere, gleichwertige Translationseinrichtungen. Die Abb. 33 zeigt (in übertrieben schematischer Weise dargestellt),daß die Ergebnisse einer Belastung bei hohl gelegten Eisprismen außerordentlich von der kristallographischen Orientierung dieser Prismen abhängen und sich durchaus als Translationserscheinungen ausweisen.

Quadratische Prismen gleicher Größe, aber verschiedener Orientierung wurden untersucht. Im Falle a ist die Basisfläche die nach oben gekehrte Mantelfläche des Prismas und der Druck wirkt in der Richtung der z-Achse. Solche Platten erfahren eine Biegegleitung, veranlaßt durch die bei der Biegung wirkende Translation nach der Basisebene. Bei b liegt die z-Achse horizontal, von vorne nach hinten ziehend, die (0001) ist die nach vorne gekehrte Mantelfläche des Prismas. In diesem Falle ergibt die Belastung keine Durchbiegung und keine Translation, d. h. *keine* irgendwie erkennbare, plastische Verformung. Im dritten Falle (c) läuft die (0001) parallel der Grundfläche des herausgeschnittenen Eisprimas, so daß die *z*-Achse zwar wieder horizontal, aber von links nach rechts verläuft. Hier erhält man eine sehr ausgesprochene Translation, *ohne* Biegegleitung, genau so, als drückte man aus einem Paket Karten durch Druck auf den „Schnitt" in der Mitte einige Blätter heraus.

Für den Fall c ergab sich diese schöne Translation bei 1,5 kg/cm² Belastung; im Falle b dagegen konnte eine 50fach größere Belastung (!!) noch immer keine Translation oder Biegung erzielen und bei noch höherer Belastung zerbrach das Prisma ohne Gleitung oder Biegung.

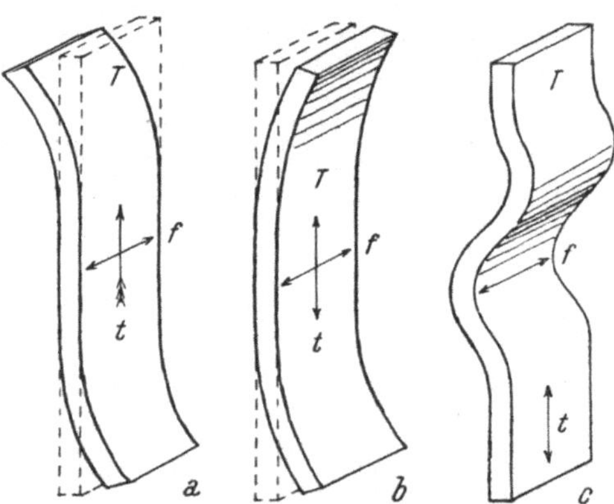

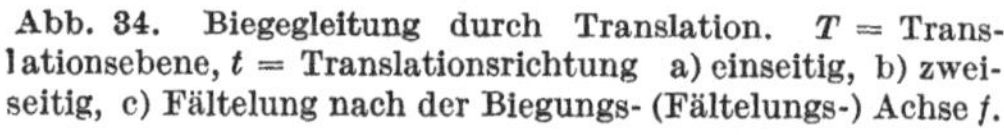

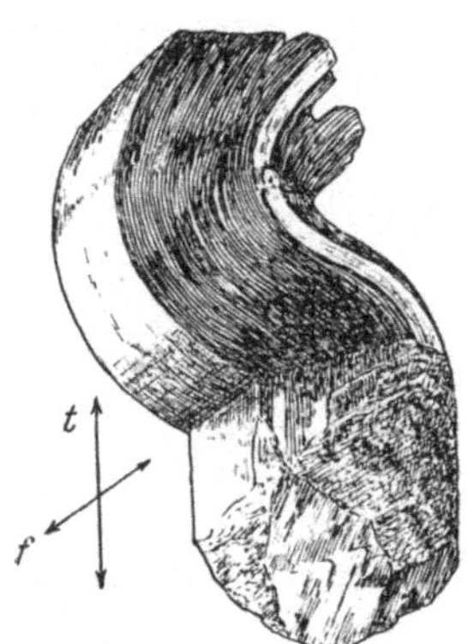

Abb. 34. Biegegleitung durch Translation. *T* = Translationsebene, *t* = Translationsrichtung a) einseitig, b) zweiseitig, c) Fältelung nach der Biegungs- (Fältelungs-) Achse *f*.

Abb. 35. Natürlich gebogener Gipskristall von Jena.

Es ist sofort einleuchtend, welche hohe Bedeutung diese plastische Verformbarkeit des Eises, die nichts mit der Änderung der Schmelztemperatur durch Druck zu tun hat, für die Gletscherbewegung besitzt. Damit ist aber auch ein Beispiel für das „*Fließen*" („*Fluidität*") vieler kristalliner Stoffe mit Gleitmöglichkeiten gegeben, wie sie in den meisten Metallgüssen vorliegen (vgl. dazu S. 102).

Die *Biegegleitung* kann in zwei Formen auftreten: *einseitig* (Abb. 34 a) oder *zweiseitig* (Abb. 34 b), d. h. es kann die Biegung nur in *einem* Drehungssinn vorgenommen werden (z. B. bei den monoklinen Salzen: $BaBr_2 . 2 H_2O$ und $KClO_3$), oder auch im entgegengesetzten Sinn. Nur in letzterem Falle ist eine „Fältelung" möglich (Abb. 34 c und 35) (z. B. bei Gips, Antimonit, Bronzit usw.).

Eine gute Modelldarstellung für die *einseitige* Translation und Biegegleitung gibt *O. Mügge* [165] (Abb. 36). Ein dickes Paket Papierblätter, das wie bei einem Buch an einer Seite fest verbunden und eingeklemmt ist, wird *schräg* von mehreren straffgespannten Fäden in der Ebene senkrecht zur festgeklemmten Seite durchsetzt (vgl. die schrägen Striche am vorderen Schnitt). In der Stellung a ist eine Biegung nach unten ausgeschlossen, da sich hiebei die Fäden verlängern müßten, was aber in ihrem Spannungszustand nicht möglich ist. Dreht man die Klemme um 180°, so erfolgt Biegung nach unten, denn dabei *entspannen* sich die schräg durchziehenden Fäden.

Die Biegeleitung ist mit einer *Verfestigung* des Kristalles verbunden. Für eine der ersten entgegengerichtete Beanspruchung zeigt sich aber gleichzeitig eine „*Schwächung*" („*Ermüdung*"). Bei Rück-

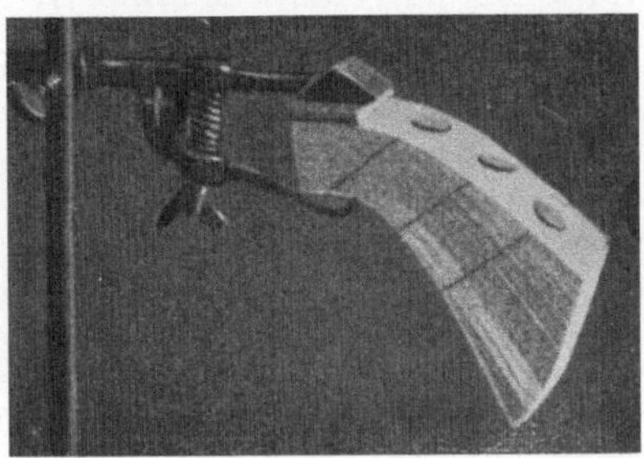

Abb. 36. *Mügge*s Modell zur Darstellung einer *einseitigen* Biegung.

biegungsversuchen bedarf es einer viel *geringeren* Spannung als für die erste Verformung. Sowohl von der Verfestigung, wie von der Schwächung können sich die Kristalle nach einiger Zeit „*erholen*" (vgl. S. 109, 115 und 167).

Durch erhöhte Temperatur und bei hohen Drucken nimmt die Translationsfähigkeit im allgemeinen zu, so daß man dann Translation an Kristallen zu beobachten vermag, die unter gewöhnlichen Bedingungen kein plastisches Verhalten erkennen lassen.

Im Zusammenhang mit Translation und Biegegleitung steht endlich auch die Möglichkeit der „*Drillung*" („*Torsion*") mancher Kristalle nach bestimmten Richtungen (z. B. bei Gips Drillung nach der z-Achse, Abb. 37). Über die geometrischen Bedingungen derartiger Drillungen siehe *Schmid-Boas* ([*219*], S. 115 ff.).

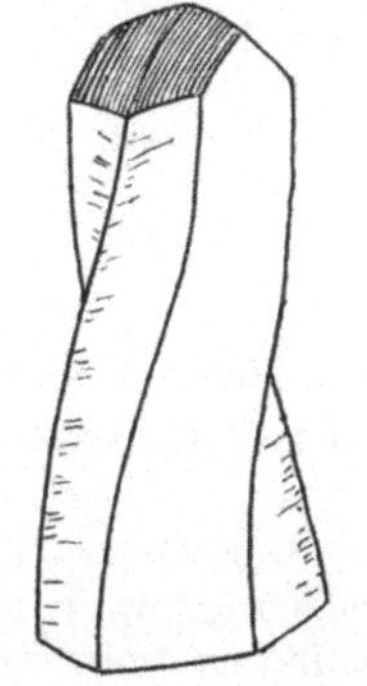

Abb. 37. Gips, gedrillt nach der z-Achse (nach *Mügge*).

Die Translationsfähigkeit ist nicht immer bei allen Vorkommen des gleichen Minerales die gleiche. So sind z. B. Bleiglanze von Gonderbach bei Laasphe und auch die Tellur führenden Bleiglanze von Nil-St.-Vincent in Brabant besonders *geschmeidig*. Anderseits ist der durch Brauneisen bräunlich gefärbte Gips von Montmartre weniger biegsam als jener von Friedrichsroda. Offenbar spielen Einlagerungen, chemische Zusätze, Wachstumsstörungen, Zonenstruktur und ähnliches hierbei eine ziemlich bedeutende Rolle, die sich auf die Translationsfähigkeit in verschiedenem Maße auswirkt.

Die Legierung eines Metalles durch ein anderes kann gleichfalls die auf der Translation beruhende Möglichkeit der Kaltbearbeitung außerordentlich stark beeinflussen (vgl. *AU—Pb*, S. 6).

Translation und Biegegleitung führen häufig zu einer Aufblätterung des Kristalles parallel T und damit zu einer Ablösung entsprechend gelagerter Schichten. Die Absonderungsfläche T ist dabei meist verbogen (Bronzit, Diallag!). Bei vollständiger Abtrennung eines Kristallteiles längs der Translationsebene sprach *Reusch* von „*Gleitbruch*".

„*Geschmeidigkeit*" und „*Duktilität*" („*Dehnbarkeit*")[1] werden dem Begriff der „*Zähigkeit*" zugerechnet. „*Zäh*"[2] sind nach *Niggli* Körper, die schon bei verhältnismäßig rasch wirkender Beanspruchung eine bleibende Verformung erkennen lassen, sich also plastisch verhalten (z. B. Eisen). Im Zusammenhang damit steht die „*Hämmerbarkeit*" und alle Verfahren der „*Kaltreckung*" von Metallen, wie sie heute in der Technik eine so große Rolle spielen. Aus Gold lassen sich durch Hämmern und Walzen Blätter von nur 10^{-5} cm ($^1/_{10}\,\mu$) Dicke herstellen (Blattgold), ja es sind sogar Platindrähte mit $^1/_{20}\,\mu$ Dicke erzeugt worden.

Nach *Johnson* [101] dürfte das auffallende physikalische Verhalten „*flüssiger (oder fließender) Kristalle*" in ganz besonders enger Beziehung zur Translation stehen. Bei den flüssigen Kristallen scheint nur die zur Erzielung eines bestimmten Gleitausmaßes nötige Kraft besonders klein zu sein, die Zahl der Translationsflächen T und Translationsrichtungen t dagegen besonders groß, so daß schon sehr kleine Drucke unelastische Biegungen zur Folge haben.

Dazu dürfte noch kommen, daß die Oberflächenspannung der einzelnen Begrenzungsflächen fast gleich groß ist, so daß sich diese Flächen auch gleich groß entwickeln und damit als Berührungpolyeder eine nahezu kugelige Oberfläche bilden. In selteneren Fällen beobachtet man übrigens auch bei flüssigen Kristallen angenähert ebene Flächen und gerade Kanten (z. B. bei Paraazoxybenzoesäureäthylester oder bei Azoxybromzimmtsäureester).

Die Verbreitung der Translation. Bei Beschränkung auf das Mineralreich sind bisher etwa 60 Fälle von Translationsmöglichkeiten verschiedener Art (zum Teil noch unsicher) bekanntgeworden. Unter den künstlichen Verbindungen und Legierungen gibt es außerdem noch

---

[1] Der Ausdruck „Dehnbarkeit" ist, wenn auch viel gebraucht, leider wieder zweideutig, wenn man nicht ausdrücklich die *plastische* Dehnbarkeit von der *elastischen* unterscheiden will. So wenig vorteilhaft es ist, immer neue Bezeichnungen einzuführen, wäre doch die Frage am Platz, ob es nicht günstig wäre, den Begriff der „plastischen Dehnbarkeit" mit dem Ausdruck „*Reckbarkeit*" zu bezeichnen. Die plastische Dehnbarkeit wurde ja vor allem beim Kaltrecken von Ein- und Vielkristalldrähten beobachtet und studiert, worauf der Name hindeuten soll.

[2] Auch dieses Wort wird leider verschieden gebraucht. So nennt man in der Mineralogie auch Mineral*aggregate* „zäh", die sich infolge der feinverfilzten Wirrfaserigkeit ihres Gefüges nur sehr schwer zerschlagen lassen, wie etwa der Nephrit.

eine stattliche Anzahl, die Blattgleitung zeigen. Da, wie schon erwähnt, Versuche bei höheren Drucken und Temperaturen Translationserscheinungen auch in Fällen nachweisen ließen, die unter gewöhnlichen Umständen nichts von diesen Erscheinungen zeigen, darf man wohl vermuten, daß die Translationsphänomene eine viel größere Verbreitung besitzen, als derzeit bekannt ist.

Das spielt nicht nur in der Technik der Mineralverarbeitung, sondern auch in der *Gesteinsbildung* und *-umbildung* eine besondere, und im letzten Falle noch viel zu wenig beachtete Rolle. Gerade der Umstand der leichteren Blattgleitung bei hohen Drucken und Temperaturen muß bei der Gesteinsverfestigung ganz besonders beachtet werden.

Bei den Massengesteinen wird im allgemeinen hohe Temperatur von besonderer Bedeutung sein, bei der Bildung der kristallinen Schiefer hoher, einseitiger Druck. Dabei ist bemerkenswert, daß sich bei Gesteinen nicht durchwegs der gleiche Erfolg des einseitigen Druckes einstellt. Kristalliner Marmor z. B. gleicht in seiner Richtungslosigkeit den Massengesteinen, im schärfsten Gegensatz zu den ausgesprochenen „Schiefern" (Glimmerschiefer, Tonschiefer usw.). Auch die Salzgesteine zeigen trotz stärkster Fließfähigkeit ein richtungslos körniges Gefüge. Hier ist wohl neben der äußeren Form des Gesteinsgemengteiles maßgebend, ob in diesem nur eine, oder ob mehrere Translationsebenen und -richtungen gleichzeitig möglich sind. Je größer die Zahl von T und t innerhalb des gleichen Mineralkornes, desto leichter erfolgt ein Nachgeben nach *allen* Richtungen, d. h. also ein *quasi-isotropes* Gefüge (Kalkspat und Steinsalz im Gegensatz zu Glimmer).

Alle diese Umstände spielen bei der Frage der *Gefügeregelung* in Gesteinen, wie sie *B. Sander* [215] und *W. Schmidt* [224] besonders untersuchten und klärten, eine wesentliche Rolle.

In der Tab. 3 ist die bisher bekanntgewordene Verbreitung der Translation bei den *Mineralen* (also unter Ausschluß aller organischer Verbindungen und Kunstprodukte) auch für die zweifelhaften Fälle zusammengestellt.

Die Verteilung der Translationserscheinungen auf die sieben Kristallsysteme ergibt ein merkwürdiges Bild. Weitaus am stärksten ist die Blattgleitung mit allen Nebenerscheinungen im *kubischen* System verbreitet (15 Fälle = 25%). Die nächst stärkste Entwicklung findet die Translation im *trigonalen* und *rhombischen* System mit je 13 Fällen (21,6%), daran schließt sich das *monokline* System 10 Fälle = = 16,7%), dann das *hexagonale* System (5 Fälle = 8,3%), das *tetragonale* (3 Fälle = 5%) und endlich das *trikline* System (1 Fall = 1,7%).

Der Vergleich mit der Verbreitung von Spaltformen zeigt eine gewisse Ähnlichkeit mit der Verbreitung *blättriger* Spaltformen (vgl. Abb. 4), wobei man allerdings für das kubische System auch die parallelepipedische Spaltform dazu zählen müßte.

Für das *trikline* System wird unter den Mineralien nur der Disthen angegeben mit $T = (100)$ und $t = [001]$.

Im *monoklinen* System finden sich hauptsächlich drei Typen. Am verbreitetsten ist $T = (010)$ mit $t = [001]$ (Gips), dann $T = (100)$, $t =$

Tab. 3: *Translationen und Gleitzwillinge bei Mineralen* (z. T. nach *H. Seifert*).

Name und Zusammensetzung	Kristall-symmetrie	Translations-elemente		Gleitzwillingselemente			
		T	t	K_1 oder $[\eta_1]$	K_2 oder $[\eta_2]$	$\sphericalangle\ K_1\ K_2$	s
Aegirin (NaFeSi$_2$O$_6$)	monokl. hol.	—	—	100?	—	—	—
Aluminium (Al)	kubisch hol.	111	[110]	—	—	—	—
Amphibol s. Hornblende							
Andalusit (Al$_2$SiO$_5$)	rhomb. hol.	010	[10$\bar{1}$]?	—	—	—	—
Anhydrit (CaSO$_4$)	rhomb. hol.	001 012{	[010] [100]? [0$\bar{2}$1]?	101	$\bar{1}$01	83° 30′	0,228
Anorthit s. Plagioklas							
Antimon (Sb)	trigon. hol.	0001	—	$\bar{1}$012	10$\bar{1}$1	85° 49′	0,1463
Antimonglanz (Sb$_2$S$_3$)	rhomb. hol.	010	[001] [100] Torsion nach [001]	—	—	—	—
Aragonit (CaCO$_3$)	rhomb. hol	010	[100]	110	1$\bar{3}$0	86° 16′	0,1303
Ardennit (H$_6$Mn$_5$Al$_5$Si$_5$VO$_{28}$)	rhomb.	001?	—	—	—	—	—
Arsen (As)	trigon. hol.	0001	—	$\bar{1}$012?	10$\bar{1}$1	82° 42′	0,2562
Augit (CaMgSi$_2$O$_6$) mit Al und Fe	monokl. hol.	100?	[001]?	—	—	—	—
Auripigment (As$_2$S$_3$)	monokl. hol.	010	001	—	—	—	—
Baryt (BaSO$_4$)	rhomb. hol.	001 012	[100] [010] [0$\bar{1}$1] [100]	110?	1$\bar{1}$0	78° 22½′	0,411
Bischofit (MgCl$_2$ + 6 H$_2$O)	monokl. hol.	110	[1$\bar{1}$2]	[112]	111	78° 35′	0,4037
Bittersalz (MgSO$_4$ + 7 H$_2$O)	rhomb. bisphen.	110 100 011 101 201	[1$\bar{1}$0] [010] [0$\bar{1}$1] [$\bar{1}$01] [$\bar{1}$02]	—	—	—	—
Blei (Pb)	kubisch hol.	111	?	—	—	—	—
Bleiglanz (PbS)	kubisch hol.	001	[110] [100]	113 441 332 221? 112	11$\bar{1}$ 001 11$\bar{2}$ 22$\bar{5}$ 33$\bar{2}$	79°58½′	0,354

(Fortsetzung der Tabelle 3.)

Name und Zusammensetzung	Kristall-symmetrie	Translations-elemente		Gleitzwillingselemente			
		T	t	K_1 oder $[\eta_1]$	K_2 oder $[\eta_2]$	$\sphericalangle\,K_1\,K_2$	s
Bournonit ($PbCuSbS_3$)	rhomb. hol	—	—	110	$1\bar{1}0$	86° 20′	0,1282
Bronzit ([Mg, Fe] SiO_3)	rhomb. hol.	010 ?	[001] ?	—	—	—	—
Brucit ($Mg[OH]_2$)	trigon. hol.	0001 ?	—	—	—	—	—
Carnallit ($KCl.MgCl_2 + 6\,H_2O$)	rhomb. hol.	—	—	110	$1\bar{3}0$	88° 37′	0,0480
Cyanit s. Disthen							
Diamant (C)	kubisch hol.	111	[101]	—	—	—	—
Diopsid ($CaMgSi_2O_6$)	monokl. hol.	—	—	001	100	74° 10′	0,567
Disthen (Al_2SiO_5)	trikl. hol.	100	[001]	—	—	—	—
Dolomit ($CaMgC_2O_6$)	trigon. rhombo-edr.	0001	$[\bar{1}2\bar{1}0]$	$02\bar{2}1$?	$0\bar{1}11$	73° 37′	0,588
Eis (H_2O)	hexagon.	0001	—	—	—	—	—
α-**Eisen** (Fe)	kubisch hol.	111 ?	?	112	$11\bar{2}$	70° 31³/₄′	0,7072
Eisenglanz s. Hämatit							
Eisenspat s. Siderit							
Fluorit (CaF_2)	kubisch hol.	001	[110]	—	—	—	—
Gips ($CaSO_4 + 2\,H_2O$)	monokl. hol.	010	[001] [301] ?	—	—	—	—
Glimmer, z. B. ($H_2KAl_3Si_3O_{12}$)	monokl. hol.	001	[100] ? $[\bar{1}10]$ [110]	—	—	—	—
Gold (Au)	kubisch hol.	111	$[1\bar{1}0]$	—	—	—	—
Graphit (C)	hexagon.	0001 ?	norm. $[10\bar{1}0]$?	—	—	—	—
Hämatit (Fe_2O_3)	trigon. hol.	—	—	0001 $10\bar{1}0$	$02\bar{2}1$ $\bar{1}012$	72° 24′ 84° 8′	0,634 0,2049
Hausmannit (Mn_3O_4)	tetrag. hol.	—	—	101	$\bar{1}01$	80° 50′	0,3227
Hornblende ($Ca_2Mg_5Si_{22}(OH,F)_2$ mit Al und Fe)	monokl. hol.	—	—	100 ? $\bar{1}01$?	—	—	—
Jordanit ($Pb_4As_2S_7$)	monokl.	—	—	101 $\bar{1}01$ 100	$\bar{3}01$ 301 001	86° 32′ 86° 5′ 89° 33′	0,051 0,137 0,016

(Fortsetzung der Tabelle 3.)

Name und Zusammensetzung	Kristall-symmetrie	Translations-elemente		Gleitzwillingselemente			
		T	t	K_1 oder $[\eta_1]$	K_2 oder $[\eta_2]$	$\angle\ K_1\ K_2$	s
Kalisalpeter (KNO$_3$)	rhomb. hol.	—	—	110	1$\bar{3}$0	88° 50′	0,041
Kalkspat (CaCO$_3$)	trigon. hol.	0001 ?	—	$\bar{1}$012	10$\bar{1}$1	70° 51³/₄′	0,6934
Kernit (Na$_2$B$_4$O$_7$ + H$_2$O)	monokl.	—	—	011	—	—	—
Korund (Al$_2$O$_3$)	trigon. hol.	—	—	0001	02$\bar{2}$1	72° 22½′	0,635
				10$\bar{1}$1 ?	$\bar{1}$012	84° 14′	0,2020
Kryolith (Na$_3$AlF$_6$)	monokl. hol.	—	—	[110] ?	110	88° 2′	0,069
Kupfer (Cu)	kubisch hol.	111	[1$\bar{1}$0]	—	—	—	—
Kupferglanz (Cu$_2$S)	rhomb. hol.	—	—	201	001	73° 17³/₄′	0,6001
				131 ?	[110]		
Kupferkies (CuFeS$_2$)	tetrag. skalen.	111	—	—	—	—	—
Leadhillit (PbSO$_4$. 2 PbCO$_3$ . . Pb(OH)$_2$)	monokl.	001	—	310	[110]	89° 18³/₄′	0,0141
				[110]	310		
Leucit (KAlSi$_2$O$_6$)	rhomb.	—	—	110	1$\bar{1}$0		
				101	10$\bar{1}$	—	—
				011	0$\bar{1}$1		
Lorandit (TlAsS$_2$)	monokl.	10$\bar{1}$	[010]	—	—	—	—
Magnesit (MgCO$_3$)	trigon. hol.	0001	[$\bar{1}$2$\bar{1}$0]	$\bar{1}$012 ?	10$\bar{1}$1	68° 13½′	0,7989
Magnetit (Fe$_3$O$_4$)	kub. hol.	—	—	111	11$\bar{1}$	70° 31³/₄′	0,7072
Magnetkies (FeS)	hexag.	0001 ?	—	—	—	—	—
Manganit (Mn$_2$O$_3$ + H$_2$O)	rhomb. hol.	010	[001]	—	—	—	—
Manganspat (MnCO$_3$)	trigon. hol.	0001	[$\bar{1}$2$\bar{1}$0]	—	—	—	—
Miargyrit (AgSbS$_2$)	monokl. hol.	100 ?	[010] ?	—	—	—	—
Millerit (NiS)	ditrig. pyram.	—	—	$\bar{1}$012	10$\bar{1}$0	79° 14′	0,380
Molybdänglanz (MoS$_2$)	hexag.	0001 ?	norm. [01$\bar{1}$0] ?	—	—	—	—
Montroydit (HgO)	rhomb.	001	[010] ?	—	—	—	—
Natronsalpeter (NaNO$_3$)	trigon. hol.	—	—	$\bar{1}$012	10$\bar{1}$1	69° 22′	0,753
Periklas (MgO)	kubisch hol.	110	[110]	—	—	—	—
Phosgenit (PbCl$_2$. PbCO$_3$)	tetragon. trapez.	110	[001]	—	—	—	—

(Fortsetzung der Tabelle 3.)

Name und Zusammensetzung	Kristall-symmetrie	Translations-elemente		Gleitzwillingselemente			
		T	t	K_1 oder $[\eta_1]$	K_2 oder $[\eta_2]$	$\sphericalangle K_1\,K_2$	s
Plagioklas ($NaAlSi_3O_8$ — $CaAl_2Si_2O_8$)	triklin. hol.	—	—	010 [010]	[010] 010	85° 41′ Anorthit	0,1511
Pseudobrookit (Fe_2TiO_5)	rhomb. hol.	010?	[001]?	—	—	—	—
Pyrargyrit (Ag_3SbS_3)	ditrig. pyram.	0001	$[\bar{1}2\bar{1}0]$	$10\bar{1}4$?	[0001]	77° 10′	0,456
Pyrit (FeS_2)	kubisch dyakisd.	$12\bar{1}$?	—	—	—	—	—
Quarz (SiO_2)	trigon.	0001?					
	trapez.	$10\bar{1}1$ $\bar{1}011$	—	—	—	—	—
Rosickyit ($\gamma - S$)	monokl.	—	—	100? 001?	—	—	—
Rutil (TiO_2)	tetragon. hol.	—	—	101 101	$\bar{1}01$ $\bar{3}01$	65° 34½′ 84° 34¼′	0,908 0,190
Salmiak (NH_4Cl)	kubisch gyroedr.	110	[001]	—	—	—	—
Salpeter s. Natron-salpeter							
Schwefel (S)	rhomb. hol.	111	[110]?	—	—	—	—
Schwerspat s. Baryt							
Siderit ($FeCO_3$)	trigon. hol.	0001	$[\bar{1}2\bar{1}0]$	$\bar{1}012$	$10\bar{1}1$	68° 40⅓′	0,7809
Silber (Ag)	kubisch hol.	111	$[1\bar{1}0]$	—	—	—	—
Spodumen ($LiAlSi_2O_6$)	monokl. hol.	—	—	100?	—	—	—
Steinsalz (NaCl)	kubisch hol.	110	$[1\bar{1}0]$	—	—	—	—
Stephanit (Ag_5SbS_4)	rhomb. pyr.?	—	—	110	$1\bar{3}0$	—	—
Sylvin (KCl)	kubisch gyroedr.	110	$[1\bar{1}0]$	—	—	—	—
Titanit ($CaTiSiO_5$)	monokl. hol.	—	—	$[1\bar{1}0]$	$\bar{1}31$	73° 21′	0,598
Vivianit ($Fe_3P_2O_8 + 8\,H_2O$)	monokl. hol.	010	[001]	—	—	—	—
Wismut (Bi)	trigon. hol.	0001	$[11\bar{2}0]$	$\bar{1}012$	$10\bar{1}1$	86° 38′	0,1176
Wismutglanz (Bi_2S_3)	rhomb. hol.	010	[001]	—	—	—	—
Wolframit ([Fe, Mn]WO_4)	monokl. hol.	010? 100?	—	—	—	—	—

(Fortsetzung der Tabelle 3.)

Name und Zusammensetzung	Kristall-symmetrie	Translations-elemente		Gleitzwillingselemente			
		T	t	K_1 oder $[\eta_1]$	K_2 oder $[\eta_2]$	$\sphericalangle\ K_1\ K_2$	s
Zink (Zn)	hexag. hol.	0001	$[10\bar{1}0]$	$10\bar{1}2$	$10\bar{1}\bar{2}$	85° 55′	0,1428
Zinkblende (ZnS)	kubisch tetraedr.	111	$[11\bar{2}]$?	—	—	—	—
Zinkspat ($ZnCO_3$)	trigon. hol.	0001	$[\bar{1}2\bar{1}0]$	—	—	—	—
Zinn (Sn)	tetragon. hol.	100 110	$[001]$ $[011]$ $[001]$ $[1\bar{1}2]$	331	111	86° 34½′	0,1197
Zinnober (HgS)	trigon. trapez.	$10\bar{1}0$? $01\bar{1}1$?	—	—	—	—	—
Zinnstein (SnO_2)	tetrag. hol.	—	—	101	$\bar{3}01$	82° 27½′	0,2648

$= [001]$ oder $[010]$ (Augit, Miargyrit allerdings etwas unsicher) und endlich $T = (001)$, $t = [100]$ oder $[110]$ (Glimmer).

In diesem System stehen T (001) oder (100) gleichwertig nebeneinander, wie es ja auch der Symmetrie entspricht (beide Flächen senkrecht zur Symmetrieebene). Als t-Richtungen gelten fast ausschließlich die drei Kristallachsen, selten, daß andere Richtungen beobachtet werden.

Das *rhombische* System zeigt insofern ähnliche Verhältnisse, als die Endflächen: (010) und (001) [nur in geringem Maße (100)] eine besondere Rolle als Gleitebenen spielen. Weitaus am stärksten ist (010) vertreten, doch ist das eine Frage der Aufstellung. Demgemäß sind auch die drei Kristallachsen hauptsächlich als t-Richtungen entwickelt (Typus Antimonit: $T = (001)$, $t = [001]$; Aragonit: $T = (010)$, $t = [100]$ und Baryt: $T = (001)$, $t = [100]$ und $[010]$). Alle anderen Verteilungen der Translationselemente treten dagegen weit zurück.

Das Beispiel des Barytes mit seinen zwei Aufstellungsmöglichkeiten [Hauptspaltfläche als (001) oder als (010)] läßt erkennen, daß der zahlenmäßigen Aufteilung von T auf die dreierlei Endflächen des rhombischen Systems keine grundsätzliche Bedeutung zukommt. Man hätte den Baryt nach der anderen Aufstellung dem Typus Aragonit zurechnen müssen.

Das *tetragonale* System tritt auch hier, wie bei den „blättrigen Spaltformen" stark aus der Reihe heraus. Abgesehen von der überraschend geringen Verbreitung der Translationserscheinungen in diesem System fällt das Fehlen der sonst so verbreiteten Basistranslation auf. Die Hauptentwicklung liegt bei $T = (110)$ oder (100) mit $t = [001]$ (Typus Zinn).

Reichlicher ist Blattgleitung im *hexagonalen* System ausgebildet, *ausschließlich* mit dem Typus $T = (0001)$ und $t = $ (so weit angegeben) $[10\bar{1}0]$ (Typus Eis, Zink).

Wie auch sonst vielfach bei kristall-physikalischen Untersuchungen (z. B. bei elastischen Vorgängen) verhält sich ein hexagonaler Kristall wie ein Drehkörper, und alle Richtungegn senkrecht z sind gleichwertig. Damit erklärt sich die vielfache Angabe, daß *jede* Richtung senkrecht zur Hauptachse als Translationsrichtung dienen kann. Außerdem gestattet das Vorhandensein *mehrerer* t-Richtungen innerhalb der gleichen T-Ebene für jede beliebige Richtung innerhalb der Translationsebene eine Gleitung infolge *gleichzeitiger* Wirkung mindestens zweier, rationaler Gleitrichtungen.

Das *trigonale* System weist wieder eine gleich starke Entwicklung von Translationsfällen wie das rhombische System auf und steht nur wenig hinter dem kubischen zurück. Die eigentümliche Mittelstellung zwischen dem hexagonalen und kubischen System, die dieses System einnimmt, zeigt sich in der fast ausschließlichen Betonung des Typus: $T = (0001)$ (Magnesit), nur bei Quarz werden noch Rhomboederflächen als Translationsebenen angegeben. Für t gelten zwei Typen, soweit überhaupt Translationsrichtungen besonders vermerkt werden, nämlich $t = [\bar{1}2\bar{1}0]$ (Magnesit) und $= [10\bar{1}0]$. Im übrigen gilt das für das hexagonale System Gesagte.

Die beherrschende Stellung, die auch hier der Basisfläche als T-Fläche zukommt, unterstreicht die engen Beziehungen dieses Systems zum hexagonalen. Auch die trigonalen Kristalle verhalten sich in diesem Belange wie Drehkörper. Anderseits weist das häufige Auftreten von $t = [1\bar{2}10]$ (in der *Miller*schen Aufstellung $[0\bar{1}1]$!) auf die große Verbreitung der Dodekaedernormalen als Gleitrichtung im kubischen System hin.

Im *kubischen* Syktem ist die starke Verbreitung von $T = (111)$ auffällig (Diamant), dann folgt $T = (110)$ als Translationsfläche (Steinsalz) und am wenigsten oft $T = (001)$ (Flußspat und Bleiglanz). Unter den Gleitrichtungen t nimmt $[110]$, bzw. alle gleichwertigen Richtungen, die allererste Stelle ein (Diamant, Steinsalz, Fluorit), wogegen $t = [100]$ stark zurücktritt (Bleiglanz, übrigens auch mit $t = [110]$).

Das beherrschende Auftreten von $T = (111)$ ist wohl gleichen Ursprunges wie das fast ausschließliche Vorwalten der (0001)-Translation im hexagonalen und trigonalen System. Mit *Millers* dreigliedrigem Achsenkreuz für das trigonale System wird ja (0001) zu (111), $(1\bar{2}10)$ zu $(0\bar{1}1)$, $(10\bar{1}0)$ zu $(2\bar{1}\bar{1})$. Man sieht also, daß in allen drei Systemen die Flächen und Richtungen parallel und senkrecht zu einer dreizähligen, oder 2×3-zähligen (6-zähligen) Achse fast die einzigen sind, die als T, bzw. t zur Ausbildung kommen.

2. Zwillingsleitung = einfache Schiebung (,,Schiebung 1. und 2. Art" nach *Niggli*). Das klassische Beispiel für diese Art plastischer Verformung ist die von *E. Reusch* [*199*] 1867 als erstem durchgeführte Erzeugung *künstlicher* Zwillingslamellen am Kalkspat durch

Anwendung gerichteten Druckes. Zu diesem Zwecke preßte *Reusch* ein Spaltstück von Kalkspat zwischen zwei gegenüberliegenden Randecken mit einer Druckrichtung senkrecht zur Hauptachse. Wie die Abb. 38 erkennen läßt, kippen dabei Teile des Spaltrhomboeders in eine Zwillingsstellung um, wobei eine Fläche $<01\bar{1}2>$ als Zwillingsebene dient. Die ursprünglichen Polecken werden zu Randecken, die Spaltrhomboederflächen behalten aber ihren kristallographischen Charakter bei.

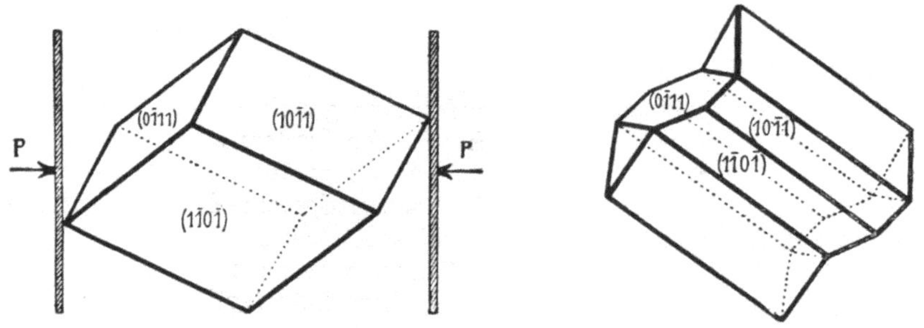

Abb. 38. Erzeugung von Kalkspatzwillingen durch Pressung; Methode *Reusch* (nach *Niggli*).

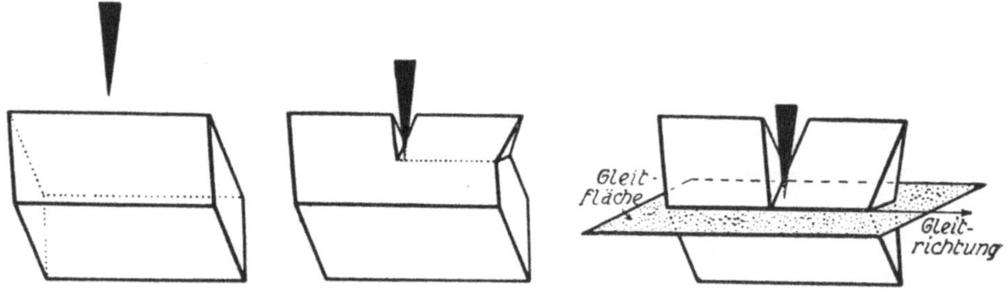

Abb. 39. Erzeugung von Zwillingen am Kalkspat durch Druck; Methode *Baumhauer* (nach *Niggli*).

Nach *O. Mügge* [144, 145, 154] gelingt es zuweilen, ein Spaltrhomboeder durch diese Art gerichteter Pressung als *Ganzes* in die Zwillingslage überzuführen. Vielfach treten, nach der Methode von *Reusch* erzeugt, nebeneinander mehr oder weniger schmale Zwillingslamellen auf, die sich parallel der langen Diagonale der Spaltflächen entwickeln. Diese Lamellierung erscheint an jener Rhomboederfläche, die durch den seitlichen Druck in die Zwillingslage umgekippt wurde.

Eine andere, sehr leicht ausführbare Methode zur Erzeugung solcher „Druckzwillinge" am Kalkspat gab *H. Baumhauer* [11] an. Dazu wird ein etwas längliches Spaltstück von Kalkspat auf eine stumpfe Kante aufgelegt und gegen die gegenüberliegende Kante eine Messerschneide gedrückt. Mit dem immer tieferen Eindringen der Keilschneide wird ein immer größerer Teil des Kristalles in die Zwillingslage „geschoben" (Abb. 39 und 40). Hier besteht eine streng-mathematische Beziehung zwischen dem Ausmaß der plastischen Verformung und dem Abstand von der Gleitfläche.

Angeregt durch die Formverwandtschaft des Natronsalpeters mit dem Kalkspat versuchte *G. Tschermak* [*303*] auch am Salpeter gleichartige Druckzwillinge zu erzeugen und erreichte dabei einen vollen Erfolg. Weitere Untersuchungen, hauptsächlich von *O. Mügge* [*144 bis 174*], erwiesen die überaus weite Verbreitung von Zwillingsbildungen dieser Art.

Es ist das besondere Verdienst von *Th. Liebisch* [*127*], in allen diesen Erscheinungen die Gesetze der „*homogenen Deformation*" erkannt und damit die formal-geometrische Seite der Frage völlig

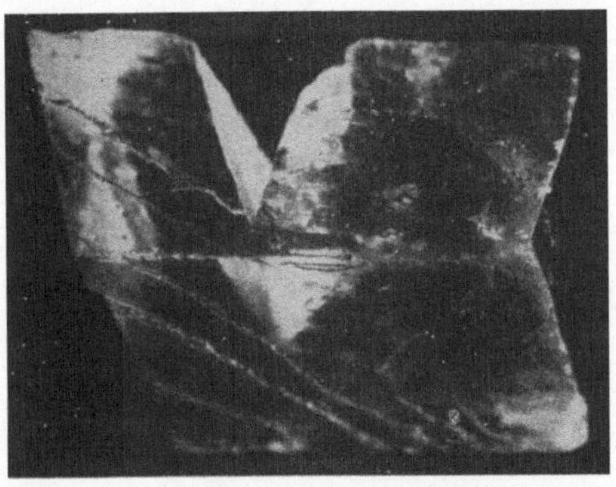

Abb. 40. Kalkspatzwilling, durch Einpressen einer Messerschneide erzeugt; Methode *Baumhauer* (nach *Schmid-Boas*).

geklärt zu haben. (Vgl. den folgenden Abschnitt.) Hier seien nur ganz kurz die Grundbegriffe vorweg genommen.

Wird ein würfeliger Körper in der Richtung einer Würfelkante (z. B. [001]) gepreßt, in der Richtung der zweiten Würfelkante (z. B. [100]) um gleich viel gedehnt, während die Richtung der dritten Würfelkante ([010]) unbeeinflußt bleibt, dann entsteht aus dem Würfel ein rechtwinkeliges Parallelepiped (Ziegelform). Eine dem Würfel eingeschriebene *Kugel* wird zu einem *dreiachsigen Ellipsoid* („Deformationsellipsoid", „*Strainellipsoid*"). Da bei gegebenen Ausweichmöglichkeiten keine Volumsänderung aufscheint und die mittlere Achse des Ellipsoides der Annahme gemäß dem unveränderten Kugelradius gleich ist, müssen die größte und kleinste Achse des Ellipsoides zueinander reziprok sein. Das Volumen ist dann $\left(\dfrac{4}{3}\pi \cdot \sigma \cdot 1 \cdot \dfrac{1}{\sigma} = \dfrac{4}{3}\pi \cdot 1\right)$. Die drei Ellipsoidachsen haben die Werte: $a = \sigma$, $b = 1$, $c = \dfrac{1}{\sigma}$ (Abb. 41).

Die Durchschnitte des Ellipsoides mit der Kugel ergeben zwei *Kreise*, die einzigen Kreisschnitte des Ellipsoides; d. h. in diesen Kreisschnitten K_1 und K_2 erfolgt *keine* Deformation. die ihnen entsprechenden Flächen bleiben unverzerrt. K_1 erfährt auch in der Lage keine Änderung am Kristall, während die zweite (unverzerrte) Kreisschnittebene K_2 der „einfachen Schiebung" den *größten Kippwinkel* beschreibt, also eine ausgesprochene *Drehung* erleidet.

Bei einer homogenen Deformation erfahren alle gleichberechtigten Richtungen die gleiche Verformung, alle parallelen Richtungen werden in gleicher Weise verändert, d. h. *Gerade bleiben auch nach der Deformation Gerade, Ebenen bleiben Ebenen. Das Verhältnis der Längen* paralleler Gerader wird *nicht* geändert. Aus diesem Grunde *bleibt auch im verformten Kristallteil (Gleitzwilling) das Rationalitätsnetz und der Zonenverband erhalten,* allerdings jenes nur bezogen auf das

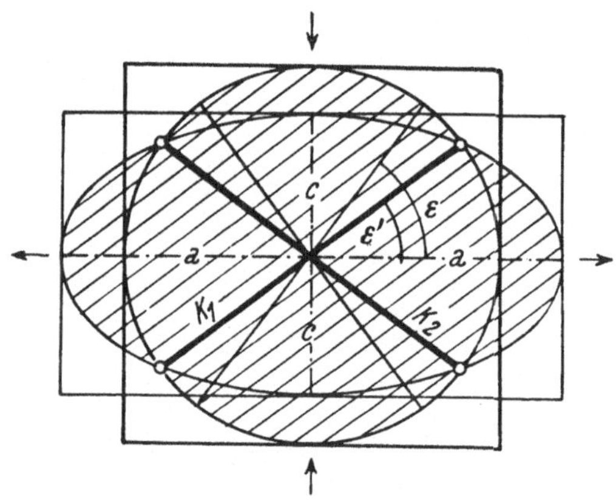

Abb. 41. Homogene Deformation eines Würfels (z. T. nach *Niggli*). K_1, K_2 = Kreisschnittebenen, ε' = $\measuredangle$ der Kreisschnitte gegen a *nach* erfolgter Deformation, ε = $\measuredangle$ der gleichen Ebenen *vor* der Verformung.

deformierte Achsenkreuz, nicht auf das im unverändert gebliebenen Teil des Kristalles.

Erfährt nun auch das *Volumen keine Änderung,* dann lassen sich nach *Th. Liebisch* [127] alle Erscheinungen der Zwillingsleitung auf eine *„Einfache Schiebung"* (simple shear) längs der Ebene K_1 zurückführen. Die *„Ebene der Schiebung"* (S) ist jene, in der die beiden stärkst verformten (gedehnten und gestauchten) einstigen Kugelradien liegen, die Hauptachsen a und c des dreiachsigen Ellipsoides. Die Schnittlinien dieser Ebene S mit den beiden Kreisschnitten liefern die Geraden η_1 und n_2, die die *Richtung* der Schiebung kennzeichnen. Alle Punkte verschieben sich in der *gleichen Gleitrichtung* und der Verschiebungsbetrag jedes Punktes steht *im geraden Verhältnis zu seinem Abstand von der „Gleitfläche"* K_1. Man kann leicht erkennen, daß durch einfache Schiebung parallel η_1 die oberhalb der Kreisschnittebene K_1 liegende Kugelhälfte in die entsprechende Hälfte des Deformationsellipsoides übergeführt wird (Abb. 42). Die *Größe der Schiebung"* (s) ist durch das im Abstand 1 (Kugelradius) vorliegende Außmaß der Schiebung parallel η_1 gegeben.

Die strenge Beziehung zwischen der „Größe der Schiebung" und dem Abstand des verschobenen Teiles von der Gleitfläche K_1 steht in schroffem Gegensatz zu dem Verhalten der Spaltflächen, die sonst im Aussehen viel Ähnlichkeit mit den Gleitflächen besitzen. Die *Gleitfläche* ist nicht nur ihrer Richtung nach gegeben, wie eine Spaltfläche oder eine Kristallfläche überhaupt, sondern sie

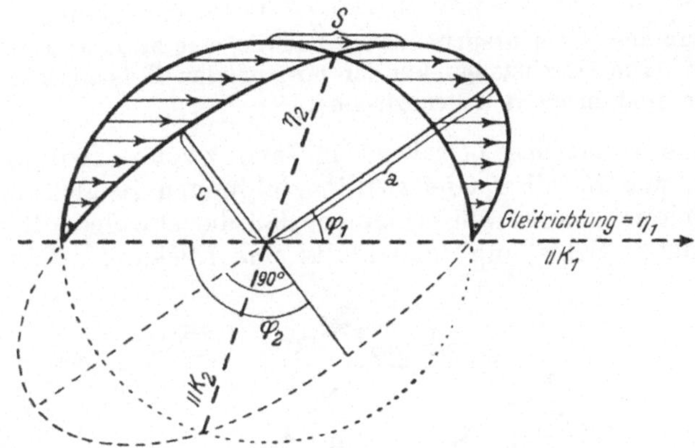

Abb. 42. Die „einfache Schiebung" als homogene Deformation (nach *Niggli*). Die „Ebene der Schiebung" ist Zeichenebene.

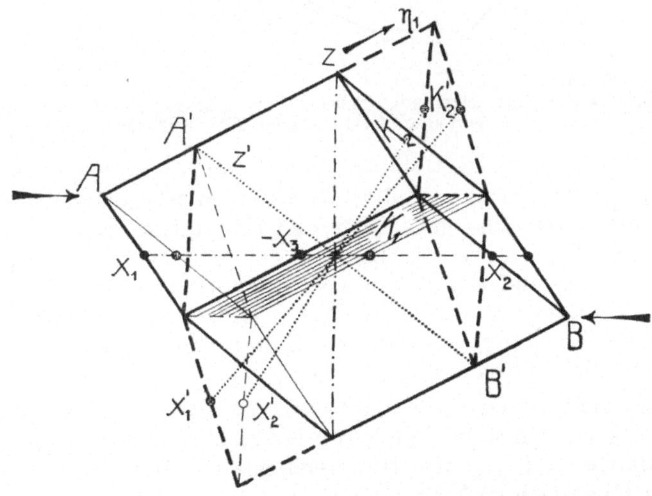

Abb. 43. Kalkspat-Gleitzwilling mit $K_1 = (\overline{1}012)$ (schraffiert), entstanden gedacht durch Pressung ⊥ z an den Randecken A und B, die damit zu den Polecken A' und B' werden.

bedeutet ein ganz bestimmtes *Niveau*, auf das andere Flächenlagen und Richtungen zu beziehen sind.

Die häufig längs Gleitflächen erfolgende Abtrennung der verformten Teile läßt diese Fläche meist ganz auffällig glatt erscheinen. Das Überspringen in andere Niveaus, wie das auch bei den besten Spaltflächen vorkommt, fehlt hier gewöhnlich (vgl. S. 36).

Die künstliche Bildung von Gleitzwillingen am Kalkspat ist unter Verwendung der eben angeführten Begriffe in Abb. 43 nochmals schematisch dargestellt (vgl. dazu die Abb. 38). Auffallend ist der Austausch des Charakters der Ecken A und B, die aus ursprünglichen Randecken zu den Polecken A' und B' werden. Damit in Verbindung steht die Verlagerung des Achsenkreuzes, das nun aus seiner ursprünglichen Lage in eine zu K_1 symmetrische Lage umkippte. (Die Durchstoßpunkte der horizontalen Kristallachsen mit den Randkanten sind durch ● gekennzeichnet.)

Das *Umkippen (Drehen)* in eine zweite, zwillingssymmetrische Lage, wie sie allen Gleitzwillingsbildungen in gleicher Weise eigentümlich sein muß, läßt erkennen, daß die einzelnen Bausteine bei der „einfachen Schiebung" gleichfalls eine *Drehung* erfahren müssen. So

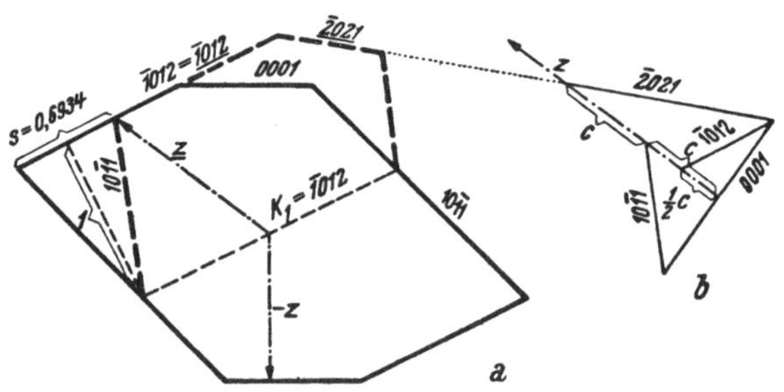

Abb. 44. Kalkspat-Gleitzwilling (nach *Johnsen*), $K_1 = (10\overline{1}2)$, $K_2 = (10\overline{1}1)$. a) Schnitt nach der Ebene der Schiebung (Zwillingsflächen unterstrichen), b) die Flächenspuren des *Zwillings*teiles in ihren Abschnitten an der Hauptachse z des Zwillings.

ist z. B. beim Kalkspat das Radikal-Ion CO_3 in Ebenen senkrecht zur z-Achse angeordnet, also gegenüber der Hauptachse genau festgelegt (vgl. Abb. 18). Da nun bei der Bildung von Gleitzwillingen am Kalkspat die Polecke und damit die Lage der Hauptachse eine ausgesprochene Verlagerung durch Kippung (Drehung) erfährt, müssen alle damit in Verbindung stehenden Bauelemente, und so auch die Gruppe CO_3, diese Drehung mitmachen.

Bei der „einfachen Schiebung" wirken also im Gegensatz zur Translation zwei Umstände gleichzeitig. 1. eine *Verschiebung* längs der Gleitfläche und 2. eine entsprechende *Drehung* der einzelnen Bausteingruppen (vgl. S. 151).

Wie aus dem Schnitt eines Kalkspatgleitzwillings nach der Ebene der Schiebung (Abb. 44) ersichtlich ist, gehorchen auch die gekippten Teile des Zwillings dem Rationalitätsgesetz, was besonders schön durch den Vergleich der Flächenspuren des Zwillingsteiles mit der *neuen* Lage der z-Achse (Abb. 44 b) zum Ausdruck kommt (*Johnson* [78]). Der Charakter der Flächen kann und wird sich im allgemeinen ändern, das Rationalitätsgesetz aber und der Zonenverband bleiben unverändert aufrecht.

Schließlich sind in Abb. 45 die für den Kalkspat in Frage kommenden Flächen und Richtungen noch in stereographischer Projektion dargestellt. Die zyklographische Projektion der *„Ebene der Schiebung"* [im gezeichneten Falle parallel $(2\bar{1}\bar{1}0)$] enthält die Projektionspole der beiden *Kreisschnitte* $K_1 = (01\bar{1}2)$ und $K_2 = (0\bar{1}11)$ und auch die Zonenpole η_1 und η_2 *(Gleitrichtungen)*; sie erscheint als stark ausgezogener Durchmesser. Die beiden durch K_1 und S bzw. K_2 und S gehenden Großkreise, die gleichfalls stark ausgezogen sind, bedeuten die zu η_1 und η_2 gehörigen Zonenkreise.

Die vier „Gleitzwillingselemente" K_1, K_2, η_1 und η_2 geben ein vollständiges Bild von der Lage und dem Aumaß der „einfachen

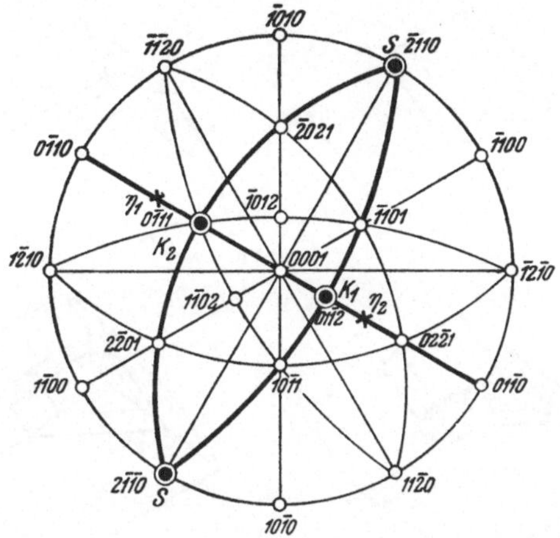

Abb. 45. Die Gleitzwillingselemente des Kalkspates. Beispiel eines Gleitzwillings mit durchwegs rationalen Elementen. Ebene der Schiebung und beide Zonen η_1 und η_2 stark ausgezogen.

Schiebung", da der Winkel $K_1 K_2$ und die „Größe der Schiebung" (s) in einfachster Beziehung zu diesen Elementen stehen (vgl. S. 88 bis 90). Von diesen können in besonderen Fällen *alle* vier *rational* sein, bezogen auf das Achsenkreuz des *unverformten* Kristalles, bestimmt aber müssen *je zwei dieser Elemente*, nämlich K_1 und η_2 oder η_1 und K_2 rational sein, mit denen gleichfalls die kristallographische Lage der „Ebene der Schiebung" und aller vier Elemente zugleich gegeben ist. Der Fall, daß alle vier Schiebungselemente rational sind, tritt nur ein, wenn die Ebene der Schiebung (S) selbst eine mögliche Kristallfläche ist, wie das beim Kalkspat zutrifft. Wenn K_1 und K_2 sich wechselweise vertauschen lassen, spricht man von *„reziproker Schiebung"* (vgl. S. 136), z. B. bei Bleiglanz mit $K_1 = (112)$ und $K_2 = (33\bar{2})$.

Sind nur zwei Schiebungselemente rational, dann lassen sich zwei verschiedene Fälle unterscheiden:

1. K_1 *und* η_2 *rational:* Dabei kippen Komplexe bestimmter rationaler Kristallflächen in eine Lage um, die zu der alten Lage in Bezug auf die Geitfläche symmetrisch ist. Es entsteht ein *„Ebenenzwilling"*

mit K_1 als Zwillingsebene und gleichzeitiger Verwachsungsfläche
(ähnlich den Albitzwillingen der Plagioklase) *„Schiebung erster Art“*.

2. η_1 *und* K_2 *rational:* Hierbei gehen Komplexe bestimmter, rationaler Kristallflächen in eine Lage über, die dem Verhältnis eines
„Achsenzwillings“ entspricht, wobei also η_1 als Zwillingsachse (Achse
der Hemitropie) dient (ähnlich dem Verhalten der Periklinzwillinge
bei den Plagioklasen). Es stellt sich keine rationale Verwachsungsfläche ein und die beiden Zwillingsteile sind, wenn ein Symmetriezentrum vorhanden ist, symmetrisch zu einer irrationalen Ebene,
die auf η_1 senkrecht steht. *„Schiebung zweiter Art“*.

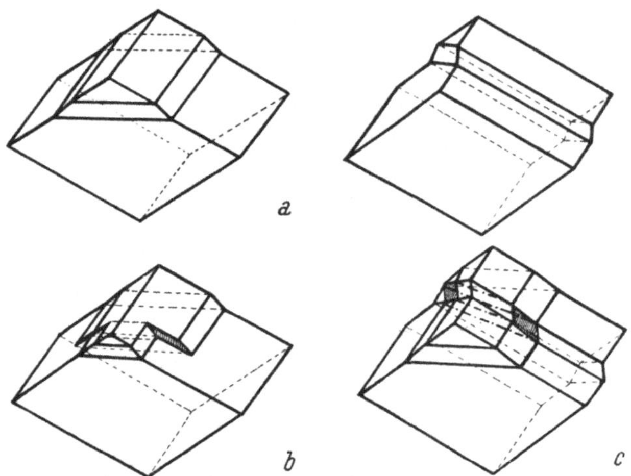

Abb. 46. Die Bildung „hohler Kanäle“ im Kalkspat nach *G. Rose.* a) Gleitzwillingslamellen **am**
Grundrhomboeder parallel verschiedener Polkanten, b) „hohler Kanal 1. Art“, Wirkung einer einzigen
Zwillingsbildung, c) „hohler Kanal 2. Art“, entstanden bei Durchkreuzung zweier Lamellen ver-
schiedener Richtung. Die Ein- und Ausmündungen der Kanäle sind gestrichelt.

Alle Flächen, die zu η_1 oder η_2 parallel liegen, die also den Zonen
η_1 oder η_2 angehören, behalten ihren ursprünglichen geometrischen
und physikalischen Charakter. Die parallel η_1 liegenden Flächen
erfahren auch keine Kippung. Wenn η_2 rational ist, wird deren
zugehörige Zone als *„Grundzone“* bezeichnet.

Beim Kalkspat enthält die durch K_2 und S gehende Zone η_2 eine Fläche des
Grundrhomboeders und zwei Flächen der Form $\langle \bar{2}021 \rangle$ (vgl. Abb. 45).

Treten an einem Kristall zwei Gleitzwillingsbildungen mit verschiedenen Schiebungselementen gleichzeitig auf, dann können bei
ihrer gegenseitigen Durchdringung *„hohle Kanäle“* entstehen, wie
diese zuerst von *G. Rose* 1868 am Kalkspat beschrieben wurden [*210*].

Rose unterscheidet zwei Arten „hohler Kanäle“. Die erste Art kann auch
bei Wirksamkeit einer einzelnen Gleitzwillingsbildung auftreten, wenn die
Zwillingslamelle nicht den ganzen Kristall in der einmal eingenommenen Breite
durchzieht, sondern eine schmälere Fortsetzung findet. Der Übergang in den

Breiten der Lamelle erfolgt durch Abreißen, bzw. Aufreißen nach den Spaltflächen und ergibt so die Möglichkeit einer Kanalbildung (Abb. 46 a und b).

Interessanter sind die „hohlen Kanäle zweiter Art", wie sie *Rose* bezeichnet, und die durch Zusammenwirken *zweier* Gleitzwillingsbildungen entstehen. In Abb. 46 a sind die beiden Gleitzwillingsformen nach zwei verschiedenen Polkanten des Spaltrhomboeders [nach $(01\bar{1}2)$ und $(\bar{1}102)$] nebeneinander abgebildet, die dann in Abb. 46 c in ihrem gemeinsamen Auftreten dargestellt erscheinen. Die Achse des dabei entstehenden hohlen Kanales läuft parallel der Schnittlinie der beiden in Wirkung tretenden Gleitflächen. Der senkrechte Querschnitt ist fast genau rechteckig (bei gleicher Lamellendicke quadratisch) mit einem Winkel von 90⁰ 04′ oben und unten, der von $(1\bar{2}10)$ halbiert wird, während den spitzen Winkel (89⁰ 56′) links und rechts eine Fläche $(10\bar{1}4)$ halbiert.

Die *Dicke der Schiebungslamellen* schwankt natürlich innerhalb weitester Grenzen. Besonders feine Lamellen parallel $K_1 = (001)$ konnte *R. W. Wood* [*314*] am $KClO_3$ mit 0,2 μ messen. *A. Johnsen* [*101*] maß im Aragonit die Dicke von Zwillingslamellen parallel $K_1 = (110)$, die durch Erhitzen entstanden waren, mit 1 μ.

Häufig kommt es zu einer *ausgezeichneten Absonderung* nach der Gleitfläche. Im Gegensatz zur Spaltbarkeit ist, wie nochmals betont, diese glatte Trennung hier an ein bestimmtes Niveau, eben an die Gleitfläche, gebunden und kann parallel dazu nicht wiederholt werden. Bei Kalkspat ist das Abspalten des Gleitzwillingsteiles besonders leicht durchführbar und die Gleitfläche liefert einen vorzüglichen Reflex. *A. Březina* [*27*] maß den Winkel zwischen einer Absonderungs- (Gleit-) Fläche und einer Rhomboederfläche des *unverformten* Teiles des Kalkspatkristalles mit 37⁰ 29¹/₂, der berechnete Wert ist 37⁰ 27¹/₂′. Zahlreiche Messungen an anderen Kristallen gaben fast ausschließlich gleich günstige Zahlenwerte, wenn die gemessene Lage der Gleitflächen gegenüber anderen Kristallflächen mit der berechneten verglichen wurde.

Zu fast noch besserer Übereinstimmung gelangt man, wenn man statt der unmittelbaren Einmessung der Winkel der Gleitfläche gegenüber anderen Flächen die Winkel mißt, die zwischen einer Kristall- (Spalt-) Fläche und deren *gekippten* Flächenteil entstehen. So fand *A. Březina* [*27*] für Kalkspat: $\sphericalangle$ $(0\bar{1}11):(0\bar{1}11)$ (gekippt) $= 38⁰\ 18′$, berechnet $= 38⁰\ 17′$ und $(01\bar{1}1):(01\bar{1}1)$ (verzerrt) $= \overline{74⁰\ 56}¹/₂′$, berechnet $= 74⁰\ 55′$. *O. Mügge* [*151*] maß beim Wismut den Winkel der Spaltfläche (0001) zu der gekippten Lage $(02\bar{2}1)$ mit 2⁰ 20′ und berechnete den gleichen Winkel zu 2⁰ 19′. Die Gleitfläche scheint also sehr genau ($\pm 1′$) der geforderten theoretischen Lage zu entsprechen.

Man ist nur zu sehr geneigt, Gleitzwillingsbildungen ausschließlich auf mechanische Ursachen (Pressung unter hohem Druck) zurückzuführen, doch sind auch „einfache Schiebungen" durch *Erwärmung* erzielbar. Es ist oft beobachtet, daß bei vielen, besonders *mimetischen* Kristallen die Zwillingslamellen bei Temperaturerhöhung immer zahlreicher, dichter und feiner werden, bis endlich die Umwandlung in eine andere, höher-symmetrische Modifikation erfolgt (z. B. bei Leucit oder bei Mikroklin-Orthoklas). Was an neuer Symmetrie durch die Verzwilligung gewonnen wurde, wird nun zur Symmetrie des *Gesamtkristalles*, also *nicht* mehr zu einer Symmetrie*summierung* eines (verzwillingten) Kristallaggregates.

Die Symmetrie eines Zwillings ist grundsätzlich von jener des Einzelkristalles dadurch unterschieden, daß in diesem alle parallelen Richtungen gleichwertig sind, was für den Zwilling nicht zutrifft. — Bei der im allgemeinen erfolgenden Symmetrieerhöhung durch Verzwilligung können doch auch gewisse Symmetrieelemente des Einlings für die Gesamtsymmetrie verlorengehen, wie z. B. die Symmetrieebene des Aragonites nach (001) bei seiner Umwandlung in Kalkspat.

Die Gleitzwillingsbildung durch Erwärmung (ohne oder mit gleichzeitigem Druck) ist wohl dadurch bedingt, daß Temperaturerhöhung die innere Reibung verringert und daher kleine Spannungen, wie sie durch Baufehler aller Art, auch wenn sie nur ganz gering sind, verursacht werden und die gerade durch die Erwärmung noch erhöht werden können, durch die Bildung von Gleitzwillingslamellen eine *Ent*spannung erfahren. Besonders wird das dann zutreffen, wenn es sich nur um eine *geringe* „Größe der Schiebung" handelt, wie etwa beim Leadhillit. Auch eine durch die Erwärmung erzielte Annäherung des Winkels $K_1 \wedge K_2$ an 90° wird wesentlich zur Erleichterung des Gleitvorganges beitragen.

Dadurch mag es auch bedingt sein, daß viele Versuche, durch hohen Druck Gleitzwillinge zu erzeugen, erst gelangen, oder mindestens erleichtert wurden, wenn gleichzeitig die Temperatur mehr oder weniger kräftig gesteigert wurde. Es treten dabei die im Kristall vorhandenen inneren Spannungszustände noch zu der äußeren, mechanischen Einwirkung hinzu (vgl. S. 132).

Bei der mimetischen Verzwilligung, wie sie bei der Abkühlung höher symmetrischer Modifikationen meist entsteht, handelt es sich wohl um eine gleichartige Auslösung von Spannungen, wie bei der Gleitzwillingsbildung durch Erwärmung. Im gegebenen Falle ist die schon starre, äußere Form des Kristalles der Hoch-Modifikation, die den Symmetriebedingungen der Tief-Modifikation nicht mehr gerecht wird, aber doch nicht einfach verschwinden kann, der Anlaß zu inneren Spannungen. Es müssen sich bei diesem Widerspruch zwischen Form und Innensymmetrie Spannungen einstellen, die in der Zwillingslamellierung ihre Auslösung finden.

Die Beobachtungen an Leucit unter dem Heizmikroskop zeigen, daß Auftreten und Verschwinden der Verzwilligung durch Abkühlung oder Erwärmung zwar leicht, ohne jeden äußeren Druck vor sich gehen, aber durchaus nicht in dem Sinne reversibel sind, daß die *vor* dem Versuch beobachtete Zwillingslamelle, die durch Erwärmen allmählich verschwand, bei der neuen Verzwilligung durch Abkühlung wieder genau an der gleichen Stelle und in der gleichen Form wieder entsteht, wo sie zuerst vorlag. Die innere Spannung, bzw. Spannungslösung betrifft immer den Gesamtkörper, den Hoch-Modifikations-Einling, nicht einzelne Stellen davon.

Die ziemlich starke Verbreitung solcher mit Temperaturänderungen in engster Beziehung stehender Bildung von Zwillingen durch „einfache Schiebung" lassen es verstehen, daß die oft gebrauchte Bezeichnung „*Druckzwilling*" besser ganz zu vermeiden wäre. Der Ausdruck „*Gleitzwilling*" sagt über die *Ursache* der „Gleitung" *nichts* aus, kann also vorteilhaft für *beide* Entstehungsarten solcher Zwillinge (Druck *oder* Erwärmung bzw. Vereinigung beider) zur Verwendung kommen.

Die Verbreitung der Gleitzwillingsbildung. Hier sei wieder auf die Tab. 3 verwiesen, die *mit Beschränkung auf Minerale*, also mit Ausschluß zahlreicher künstlicher Verbindungen, die bisher bekanntgewordenen, wenn auch nicht immer sichergestellten Fälle von Gleitzwillingsbildungen zusammenfaßt. In mehreren Fällen war es bisher noch nicht möglich, die Gleitzwillingsnatur durch Erzeugung künstlicher Zwillinge unter Druck sicherzustellen. So wurde z. B. am Hämatit die Gleitzwillingsnatur aus der Art des Auftretens und der Flächenbegrenzung vieler Lamellen erschlossen; bei Dolomit war der Umstand maßgebend, daß Zwillingslamellierung *nur* in natürlich gepreßten Gesteinen beobachtet wurde.

Andere Minerale lassen dagegen so leicht eine Bildung von Gleitzwillingen zu, daß sie in Gesteinsschliffen immer dicht verzwillingt erscheinen. So vor allem der Kalkspat. Hier genügt der Schleifdruck, um eine dichte Verzwilligung nach mehreren $\langle 10\bar{1}2\rangle$-Flächen hervorzurufen.

In ganz seltenen Fällen wird es notwendig, zur Beschreibung des Gleitzwillings die Zonenachsen η_1 und η_2 zu verwenden. Es entspricht nur der geringen Kristallsymmetrie trikliner und monokliner Kristalle, wenn sich fast alle durch Zonenachsen zu beschreibenden Gleitzwillinge in diesen beiden Systemen zusammendrängen.

In der Tab. 3 sind die Zwillingselemente K_1 (η_1) und K_2 (η_2) verzeichnet und dazu noch der von beiden Kreisschnitten (bzw. Gleitrichtungen) gebildete Winkel 2φ (vgl. Abb. 42 und 68) und die „Größe der Schiebung" (s) eingetragen. Es ist auffällig, daß von den 84 in der Tabelle angeführten Mineralen weniger als die Hälfte Gleitzwillingsbildung zeigen. Für die Umformung der Minerale und Gesteine im freien Kräftespiel der Natur scheinen die Translationen viel wirksamer zu sein als die durch die Zwillingsbildung bedingte Plastizität.

Es ist interessant, daß auch bei der technischen Prüfung der (hauptsächlich metallischen) Werkstoffe und ihres Verhaltens bei Kaltbearbeitung (Kaltreckung) die Translationen weit wirkungsvoller sind als die allerdings nicht fehlenden Gleitzwillingsbildungen. Das mag nicht zuletzt mit der Tatsache zusammenhängen, daß die Translation nur eine einfache Parallelverschiebung bedeutet, während die Bildung von Gleitzwillingen trotz ihrem Namen („einfache Schiebung") gar nicht ohne gleichzeitige Drehung der Bausteine denkbar ist (vgl. S. 66).

Bezüglich der Verteilung der Gleitzwillingsbildungen auf die einzelnen Kristallsysteme sei folgendes bemerkt:

Für das *trikline* System werden solche Bildungen nur bei den Plagioklasen angegeben, wobei es noch nicht gelang, diese Verhältnisse künstlich nachzubilden. Die außerordentlich feine Lamellierung vieler Albit- und Periklinzwillinge, wie sie den beiden angegebenen Gesetzen entsprächen, legt es allerdings nahe, diese so verbreiteten Zwillingsbildungen als Folgen von Gleiterscheinungen aufzufassen.

Zur Ergänzung der Tabelle seien für die Haupttypen der Plagioklase noch die Winkel $K_1 \wedge K_2$ und die Größe der Schiebung s angeführt *(Johnsen)*:

Tab. 4. Größe der Schiebung s.

	Albit	Oligoklas	Andesin	Labradorit	Anorthit	Anorthoklase
$\sphericalangle K_1 \wedge K_2$	85° 59′	86° 32′	86° 14′	86° 08′	85° 40′	87° 16′—89° 26′
s	0,142	0,122	0,132	0,136	0,152	0,096—0,020

(Vgl. *Mügge-Heide 175.*)

Das *monokline* System hat neben dem trigonalen die größte Zahl bekannter Gleitzwillingsbildungen (elf Fälle = 27,5%). Die ersten Kreisschnitte gehören fast ausschließlich der Zone der y-Achse an. Besonders bevorzugt erscheinen dabei (100) (Typus Hornblende) und (001) (Typus Diopsid). Im übrigen verteilt sich aber K_1 auf recht verschiedene Flächen. Noch weniger einheitlich ist das Bild der Verteilung der zweiten Kreisschnitte. Im monoklinen System sind auch fast alle Fälle, in denen statt der Kreisschnittebene K_1 die Zonenachse η_1 angegeben werden muß (z. B. Titanit mit $\eta_1 = [1\bar{1}0]$).

Während sonst das *rhombische* System sich zahlenmäßig meist dem monoklinen nähert, bleibt es in der Zahl der angegebenen Gleitzwillinge hinter diesem beträchtlich zurück (neun Fälle = 22,5%). Sowohl bei K_1 wie bei K_2 überwiegen dabei Formen der Vertikalprismenzone und darin in erster Linie wieder (110) für K_1 und als zugehöriges K_2 (1$\bar{3}$0) (Aragonit) und (110) (Baryt). Die Betonung von (1$\bar{3}$0) ist darum leicht verständlich, weil in pseudohexagonalen Kristallen (110) und (1$\bar{3}$0) aufeinander fast senkrecht stehen. Mehr an die monoklinen Verhältnisse erinnert der Typus Anhydrit mit $K_1 =$ = (101) und $K_2 = (\bar{1}01)$ und der interessante Fall des Kupferglanzes, wo eines der beiden angegebenen Zwillingsgesetze sozusagen die Umkehrung des Typus Titanit darstellt.

Daß im rhombischen System die Endflächen keine Rolle spielen, ist wegen der höheren Eigensymmetrie dieser Flächen gegenüber entsprechenden Formen des monoklinen Systems verständlich. Dadurch werden sie ungeeignet, als Zwillingsebenen zu dienen.

Das *tetragonale* System weist nur vier (10%) bekannte Minerale mit einfachen Schiebungen auf. Je zwei Fälle gehören dem Typus

Hausmannit (101 und $\bar{1}$01) und dem Typus Zinnstein (101 und $\bar{3}$01) an. Im Rutil erscheinen beide Gesetze verwirklicht. Abseits steht das Zinn mit (331) und (111). Wieder ist die geringe Verbreitung der Gleitzwillingsfälle für das tetragonale System bezeichnend.

Ganz merkwürdig ist aber das völlige Zurücktreten des *hexagonalen* Systems. Während unter den Mineralen mit Translation dieses System noch reichlicher vertreten ist als das tetragonale, werden Zwillingsbildungen in diesem System nur bei Zink angegeben (*Schmid* und *Wassermann* [*223*]). Das mag wohl damit zusammenhängen, daß überhaupt das Auftreten und die Wahrscheinlichkeit von Zwillingsbildungen für das hexagonale System recht gering ist [*292*]. Auch in der Verbreitung von Zwillingsbildungen überhaupt nimmt das hexagonale System den niedersten Stand ein.

Eine auffallend starke Entwicklung nehmen dagegen die Gleitzwillinge im *trigonalen (rhomboedrischen) System*. Hier ist es vor allem der Typus Kalkspat mit den Kreisschnitten $K_1 = (\bar{1}012)$ und $K_2 = (10\bar{1}1)$, der von den elf bekannten Mineralen (27,5%) allein sechs für sich in Anspruch nimmt. Daneben ist noch merkwürdig das Verhalten von Korund und Hämatit, für die je zwei (und zwar die gleichen) Zwillingsgesetze angegeben werden, eines sozusagen die Umkehrung des Kalkspatgesetzes, das andere mit (0001) und (02$\bar{2}$1) als Kreisschnittebenen.

Verglichen mit dem Verhalten der sonstigen Glieder der Kalkspatreihe (wie auch der Sprödmetalle) ist das völlige Herausfallen des Dolomits mit $K_1 = (02\bar{2}1)$ und $K_2 = (0\bar{1}11)$ sonderbar. Trotz der großen Formähnlichkeit mit dem Kalkspat und seinen Verwandten macht sich die durch die Doppelsalznatur bedingte innere Verschiedenheit des Aufbaues hier und auch in der Härte (vgl. S. 213, 214) ganz auffällig bemerkbar. So leicht es beim Kalkspat gelingt, künstlich Gleitzwillinge zu erzeugen, so wenig gelang dies bisnun beim Dolomit, von dem man sie nur aus Gebieten starken einseitigen Gesteinsdruckes kennt. Auch äußerlich sind diese seltenen Druckzwillinge dadurch leicht von den Gleitzwillingslamellen des Kalkspates zu unterscheiden, daß deren Spuren parallel der *kurzen* Diagonale der Spaltrhomboederflächen verlaufen, nicht parallel der langen, wie beim Kalkspat.

Ganz auffallend ist wieder das starke Zurücktreten des *kubischen* Systems (drei Fälle = 7,5%). Bei dem Bleiglanz wurde eine größere Zahl von Gleitzwillingsgesetzen beschrieben (*H. Seifert* [*232*]). Die beiden anderen Minerale sind Magnetit (111—1$\bar{1}$1) und Eisen (112—11$\bar{2}$).

Auch hier scheint, wie bei dem Vergleich: rhombisch-monoklin für dieses starke Zurücktreten des kubischen Systems gegenüber dem trigonalen die Tatsache maßgebend zu sein, daß durch die hohe Eigensymmetrie kubischer Minerale eine Ausweichmöglichkeit durch Zwillingsbildung nur in sehr geringem Maße gegeben ist. Kompliziertere Zwillingsgesetze, wie sie etwa *H. Seifert* [*232*] am Bleiglanz eingehend untersuchte, können möglicherweise noch an anderen kubischen Mineralen auftreten, wo sie — ebensowenig wie beim Bleiglanz — alle künstlich nachgebildet werden können.

Es mag an dieser Stelle betont werden, daß möglicherweise die Verbreitung von Gleitzwillingen im Mineralreich viel größer ist, als dies bisher bekannt wurde. Eine große Zahl von Zwillings*lamellierungen*, wie auch wohl alle Fälle *mimetischer* Kristallbildung durch kompli-

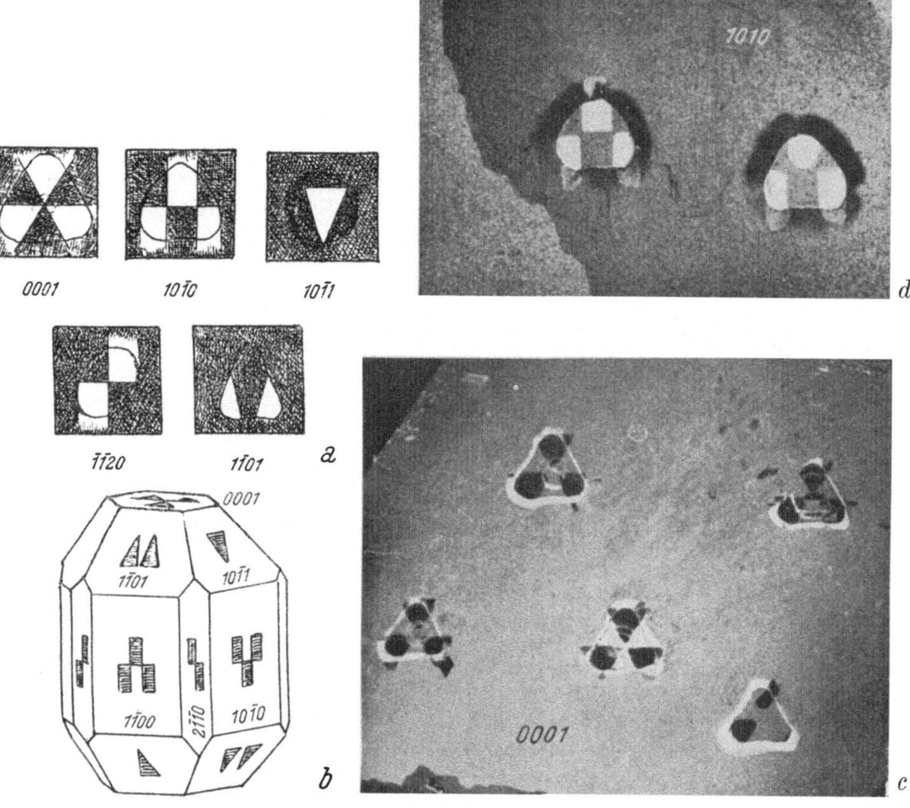

Abb. 47. Zwillingssektoren in Druckfiguren auf Quarzplatten verschiedener Orientierung (nach *Schubnikow* und *Zinserling*). a) Nachzeichnungen nach Lichtbildern von Druckfiguren, b) Verteilung dieser Felder am Kristall, c) und d) Originalaufnahmen von Druckzwillingen auf (0001) und (10$\bar{1}$0).

zierte Verzwilligungen dürften eigentlich hierher zu rechnen sein, da gerade feine Lamellierungen als Wachstumserscheinungen gar nicht zu deuten sind (vgl. S. 132). Da es aber in den meisten der in Betracht kommenden Fällen noch nicht gelungen war, sei es unter Anwendung besonders hohen Druckes (50.000 at und darüber) oder erhöhter Temperatur, bzw. unter Zusammenwirken beider Faktoren künstlich solche Lamellierungen hervorzurufen, kann keine nur einigermaßen ge-

sicherte Aussage über die Bildung von Zwillingslamellen in vielen
der in Frage kommenden Minerale gemacht werden.

3. **Drehgleitung.** *A. Schubnikow* und *K. Zinserling* [*225, 227, 316*]
beschrieben am Quarz die Bildung von Druckzwillingen, die nicht auf
dem Wege der Blatt- oder Zwillingsgleitung, wie sie eben dargestellt
wurden, gedeutet werden können, da äußerlich makro- oder mikroskopisch von einer Verformung nichts zu erkennen ist. Immerhin muß
im laufenden Zusammenhang auf diese Erscheinung hingewiesen werden, da es sich eindeutig um Zwillingsbildungen durch Druckwirkung
handelt, die bei der Herstellung von Druckfiguren am Quarz an der
gedrückten Stelle des Kristalles entstehen und die als Wirkung einer

bei der Bildung der Druckfigur
auftretenden *Schraubung* um die
z-Achse aufgefaßt werden (vgl.
S. 156).

Die neue Methode, am Quarz
Schlag- und Druckfiguren herzustellen und zu untersuchen
(vgl. das Kapitel über Schlag-
und Druckfiguren), ließ ein ganz
sonderbares Aussehen der Druck-
stelle erkennen, wenn durch Abschleifen der obersten Schicht und
Anätzen mit Flußsäure der „Schimmer" der untersuchten Stelle zur
Beobachtung kam. Als Vorbedingungen mußten sorgfältig solche

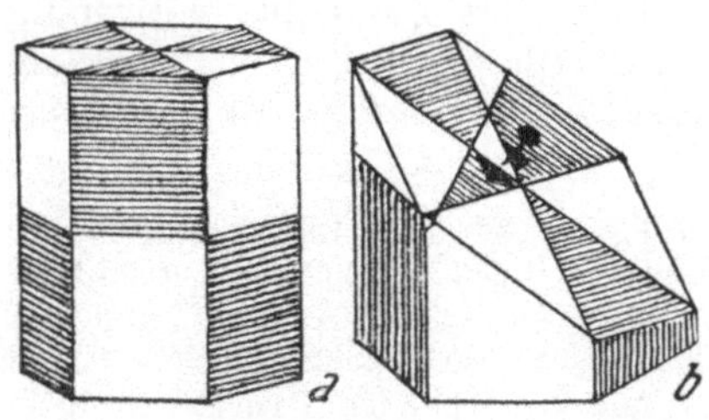

Abb. 48. Sektoren bei einem Durchdringungszwilling
(nach *Schubnikow* und *Zinserling*). a) Verteilung der
Sektoren im Zwillingskristall, b) Ableitung der
Druckfigurensektoren für eine beliebig schief an-
geschnittene Fläche.

Stellen der einzelnen Platten (z. B. parallel 0001) ausgesucht werden, die sich
als zwillings*frei* und einheitlich erwiesen. An diesen Stellen wurde dann
zwecks Erzeugung der Druckfigur eine Stahlkugel auf die Platte aufgepreßt
und das Aussehen der „Druckfigur" näher untersucht. Das Abschleifen (1 bis
2 mm) und Anätzen zeigt (Abb. 47), daß im Bereich der Druckfigur (*nicht*
Schlagfigur!) die eingebuchtete Stelle eine Verzwilligung erfuhr, die genau so
aussieht, als läge die Durchdringung zweier nach dem Dauphineer-Gesetz
(Zw. A. = z) verzwillingter Kristallteile vor. Eine solche Durchdringung ergäbe im Idealfall, wenn die Verzwilligung vom Keimpunkt an in Kraft wäre,
eine Verteilung der einzelnen Zwillingssektoren, wie dies Abb. 48 darstellt.
Im Dauphineer-Gesetz bleibt der optische und kristallographische Drehungssinn erhalten, dagegen vertauschen die „elektrischen Achsen", d. h. die polaren
zweizähligen Deckachsen ihren Richtungssinn. Der Zwilling ist also als
Achsenzwilling nach [0001] oder nach [10$\bar{1}$0] zu deuten. Versucht man, die
beobachtete Erscheinung als Gleitzwilling zu beschreiben, dann müßte (10$\bar{1}$0)
die Schiebungsebene S und [1$\bar{2}$10] die Schiebungsrichtung η_1 oder t sein. Gleichzeitig müßten aber die Gitterpunkte eine so starke Winkeldrehung erfahren, daß
wohl der ganze Kristallverband zerstört würde. Es ist also kaum möglich,
diese Zwillingsbildung gleichwertig in die Reihe der Gleitzwillingsbildungen
einzugliedern.

Die Abb. 47 läßt erkennen, daß der verzwillingte Bereich etwas über den
Rahmen der Druckfigur hinausgeht und sowohl auf (0001)-, wie auf (10$\bar{1}$0)-

Platten genau die Ansicht gibt, wie sie bei einem Schnitt parallel den untersuchten Flächen in dem Idealfall der Abb. 48 zu erwarten war.

Der Mangel jeder äußerlich kenntlichen Verformung (außer der Druckmulde) läßt die üblichen Vorstellungen über Gleitung bei *dieser* Druckzwillingsbildung nicht zur Anwendung kommen. Die beiden Forscher haben darum diese Art der „Plastizität" den beiden anderen Formen („Steinsalzplastizität" durch Translation und „Kalkspatplastizität" durch einfache Schiebung) als dritte Art, als „*Quarzplastizität*", ohne sichtbare Schiebung angereiht.

Diese Drehgleitung schließt sich den beiden anderen Gleitarten gut an, wenn man erwägt, daß in der *Blatt*gleitung (Translation) eine Verformung durch strenge Parallelverschiebung vorliegt, in der *Zwillings*gleitung (einfache Schiebung) eine Parallelverschiebung mit einer Drehung der Bausteine notwendig verbunden ist und endlich in der *Dreh*gleitung der Fall verwirklicht wäre, wo nur die *Drehung allein*, ohne Parallelverschiebung, wirksam wird (vgl. S. 156).

Bisher ist nur der Quarz als Beispiel für eine solche Drehgleitung bekanntgeworden. Es wäre von Interesse, ob sich auch noch andere, gleichartige Beispiele finden werden. Dazu müßten vor allem Minerale untersucht werden, die typische *Achsen*zwillinge zeigen, also mit unregelmäßigen Verwachsungsflächen und die gleichzeitig durch höhere Symmetrie die räumliche Verteilung der neu entstehenden Druckzwillingteile deutlicher hervortreten lassen. So niedrigsymmetrische Kristalle, wie die Feldspate in ihrer Karlsbader oder Periklinverzwillligung, sind dafür leider recht ungünstig, weil sie (z. B. der Periklinzwilling) auch als einfache Schiebung gedeutet werden können.

II. Kristallgeometrische Grundlagen.

Einesteils zu dem Zwecke, die bei der Translation (Blattgleitung) und der einfachen Schiebung (Zwillingsgleitung) wirksamen Gesetzmäßigkeiten aufzudecken und zu klären, andernteils, um dadurch Anregungen für neue Versuche und Problemstellungen zu gewinnen, scheint es am Platz, wenigstens in groben Zügen die rein mathematisch-formalen Grundlagen hier zusammenzustellen.

1. Translation. Da es sich dabei um eine reine, parallele Blattverschiebung in etwas wechselnden Ausmaßen handelt, hat es zunächst den Anschein, als ob weitere kristallgeometrische Gesetzmäßigkeiten hier nicht in Frage kämen. Die Erfahrungen an Einkristalldrähten haben aber gezeigt, daß bei ihnen Blattgleitungen in strengst gesetzmäßiger Weise eine Rolle spielen. *E. Schmid* und seine Mitarbeiter [*136, 219, 223*] haben die Erscheinungen beim Dehnen (Ziehen) von Zink-Einkristalldrähten zum Ausgang für eine umfassende Behandlung auch der geometrischen Seite des Problems gemacht.

Das Auffälligste bei der *plastischen* (*nicht* elastischen!) Dehnung, also bei der Reckung des Drahtes, ist das Auftreten von *Band*formen in dem Dehnungsgebiet. Der Einkristalldraht flacht sich bedeutend ab und kann sich sogar gegenüber dem Drahtdurchmesser verbreitern. Abb. 49 gibt die Seitenansicht und Draufsicht eines solchen, durch Dehnung des Drahtes entstandenen „*Bandes*", und Abb. 50 bietet eine schematische Darstellung der dafür maßgebenden Translation bzw. Biegegleitung.

Die beobachteten Erscheinungen werden sehr schön und anschaulich durch das in Abb. 51 dargestellte Modell wiedergegeben, wobei gezeigt wird, in welcher Weise die Bandbildung mit den kristallgeometrischen Eigenschaften des untersuchten Materials zusammenhängt. Lichtbildaufnahmen von „Bändern" bei Einkristalldrähten verschiede-

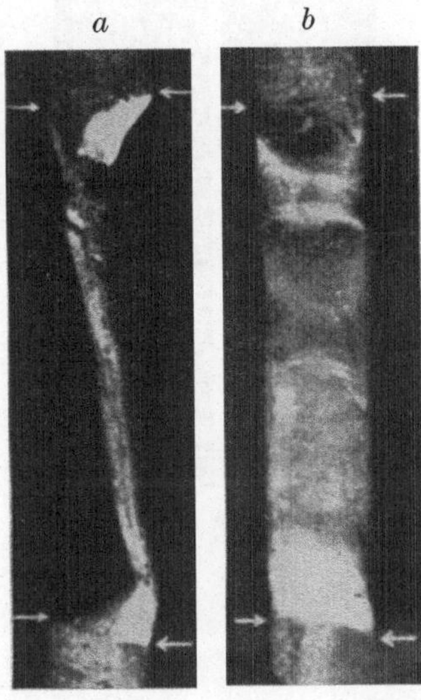

Abb. 49. Zn-Einkristalldraht, Dehnung in Bandform zwischen ungedehnten Drahtstücken (nach *E. Schmid*). a) Band seitlich gesehen, b) Band in der Draufsicht. Die Pfeile bezeichnen die Begrenzungen des Bandteiles „Stoßstellen" (nach *E. Schmid*).

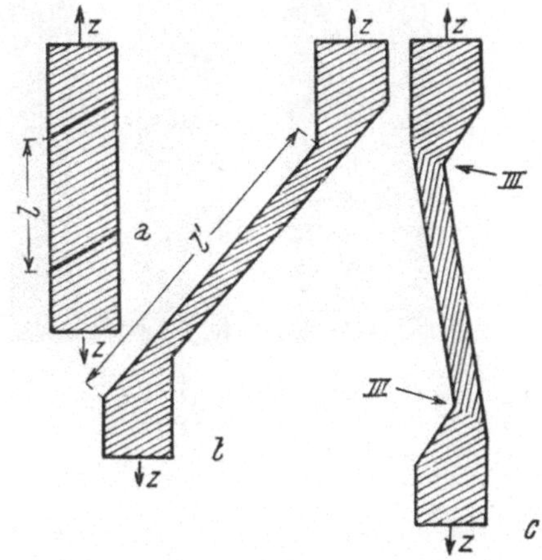

Abb. 50. Ableitung der typischen Form der Stoßstellen aus dem Gleitschema. a) Ausgangsdraht, b) Dehnung durch reine Gleitung, c) Einstellung des gedehnten Teiles in die Kraftrichtung (nach *E. Schmid*).

ner Metalle (Blick senkrecht zur Bandfläche) lassen erkennen, wie gut die Modelldarstellung den tatsächlich zu beobachtenden Erscheinungen gerecht wird (Abb. 52).

Diese Bandbildung, die mit einer ganz unerwartet starken „Dehnung" verbunden ist, die sich in einzelnen Fällen auf weit über 100% der ursprünglichen Länge steigern kann, erweist sich als bedingt durch die Blattgleitung nach ganz bestimmten, *kristallographisch genau festgelegten Ebenen T* und in ebenso streng kristallographisch bestimmten Gleitrichtungen *t*.

Im Falle des Zinkes, das in der Symmetrie der hexagonalen Vollform kristallisiert, ist die Basisebene (0001) die Gleitebene *T* und eine der in ihr liegenden zweizähligen Deckachsen erster Art die Gleitrichtung *t*. Dadurch, daß praktisch nur diese eine Ebene des Abgleitens besteht, erscheint der ganze Gleitvorgang einfacher und durchsichtiger als bei kubischen Kristallen, wo immer mehrere, *gleichwertige* Ebenen *T*, bzw. Richtungen *t* neben- und miteinander wirksam sind.

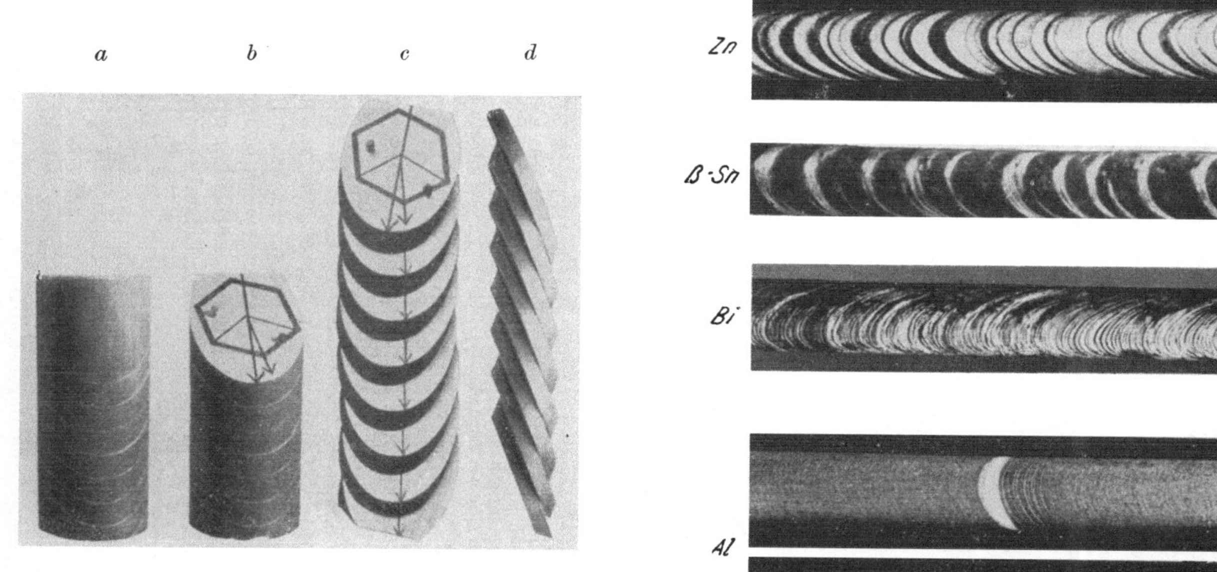

Abb. 51. Modell der Dehnung (nach *E. Schmid*). a) Dehnbarer Draht im Ausgangszustand, an der Mantelfläche die elliptischen Spuren der Gleitebene (Basisfläche), b) Nachahmung des Reißens in der Kälte, die Gleitebene als Reißfläche freigelegt, großer Pfeil = große Achse der Gleitellipse (Richtung größter Scherungskraft bei Anspannung des Drahtes), kleiner Pfeil = Gleitrichtung, c) und d) Vordere und Seitenansicht des gedehnten Modells: Bandform, Gleitellipsen, exzentrische Lage der Ellipsenscheitel, Verbreiterung. Kleine Pfeile nahezu in der Mittelebene des Bandes, große Pfeile stark aus derselben herausgedreht.

Abb. 52. Translation an Metallkristallen (nach *E. Schmid*). Draufsicht auf die „Bänder" der gedehnten Einkristalldrähte.

Das Modell zeigt anschaulich, wie durch Auseinanderziehen längs der Gleitebene der einzelnen Schichten (vgl. S. 49, 50) aus dem zylindrischen Draht

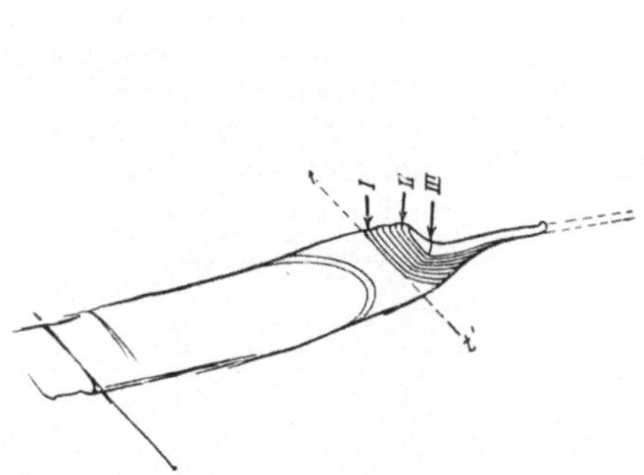

Abb. 53. Nachzeichnung eines Lichtbildes von
einer Stoßstelle zwischen einem „Band" und
einem „Nachdehnungsfaden" (nach *E. Schmid*).
t = neue Gleitebene und -richtung, beginnend
bei *I*, Umbiegung bei *II*, bei *III* typische
Stoßzelle.

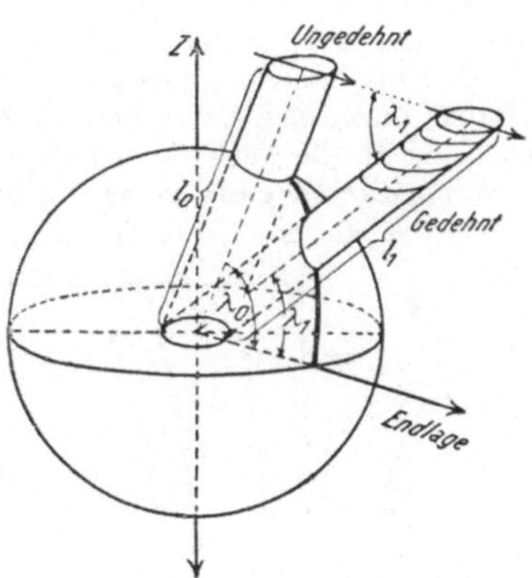

Abb. 55. Allmähliches Hineindrehen der Zugrichtung in die Gleitrichtung bei feststehend
gedachter Kristallorientierung.

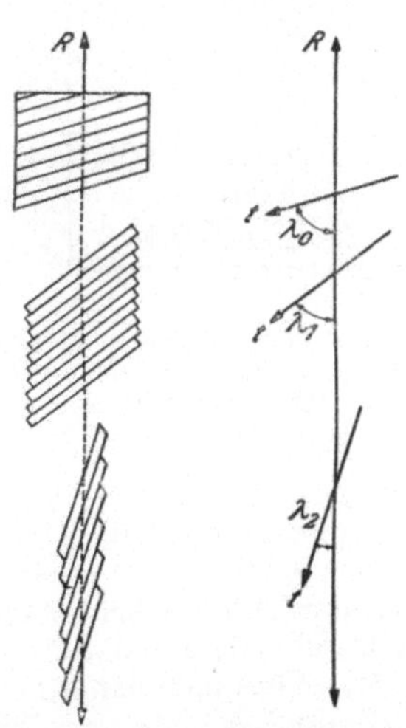

Abb. 54. Schematische Seitenansicht des Gleit-
dehnungsmodells (nach *Weissenberg*). R =
Reck- (Zug-) Richtung, t = Gleitrichtung. Mit
zunehmender Reckung (Gleitdehnung) wird
der Winkel $R\,t = \lambda$ immer kleiner.

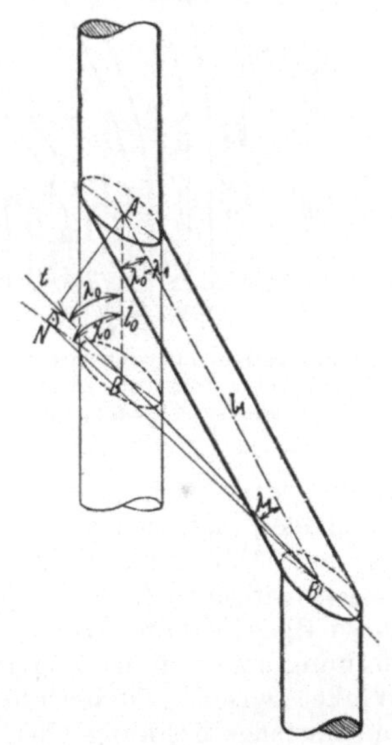

Abb. 56. Die geometrischen Beziehungen
zwischen ungedehntem und gedehntem Einkristalldraht (nach *Schmid-Boas*).

ein Band wird (Abb. 51 c, d), wobei sich die Gleitrichtungen sozusagen in eine
Linie ordnen, mag auch die große Achse der Schnittellipse (Schnitt zwischen
Basisebene und Zylindermantel) eine ganz andere Richtung einnehmen. Dieses
Herausdrehen der großen Achse der Schnittellipse durch den Zug bedingt die

zunächst so unverständlich erscheinende gelegentliche *Verbreiterung* des Bandes gegenüber dem ursprünglichen Drahtdurchmesser.

Zurückgreifend auf die Abb. 50 ist zu bemerken, daß das Modell die Verhältnisse von Abb. 50 b einwandfrei zur Anschauung bringt. Um aber die *tatsächlichen* Erscheinungen ganz zu erfassen, muß noch beachtet werden, daß das „Band" durch den herrschenden Zug aus der durch die reine Gleitung bedingten Lage in die neue Lage entsprechend Abb. 50 c *umgebogen* wird. Es wirkt also nicht eine ganz reine, ebene Blattgleitung, sondern eine *Biegegleitung* (vgl. Abb. 50 c mit Abb. 49 a!). In der Abb. 53, wo in einer Skizze der ganz

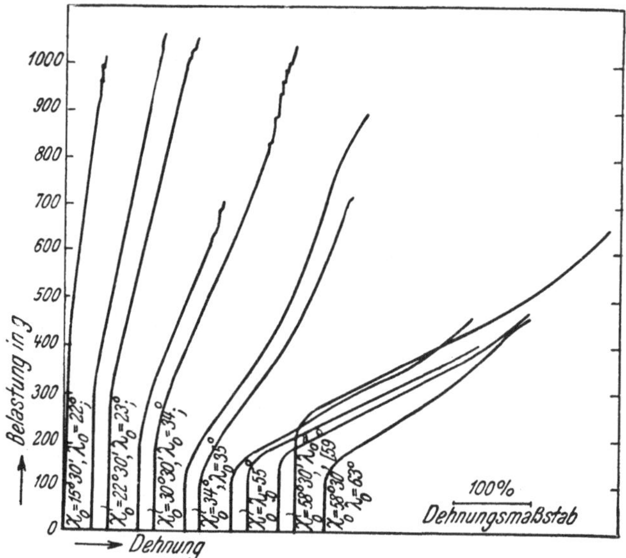

Abb. 57. Automatisch aufgezeichnete Dehnungskurven von Zn-Kristallen (nach *E. Schmid*). Bei den einzelnen Kurven sind die zugehörigen Stellungswinkel von Gleitfläche und -richtung angeschrieben. Deutlicher Einfluß der Orientierung auf die Kurvenform.

gleichartig verlaufende Übergang zwischen einem „Band" und einem „Nachdehnungsfaden" mit neuer Gleitfläche und -richtung dargestellt wird, kommt diese scharfe Abbiegung an der „*Stoßstelle*" ebenso deutlich zum Ausdruck wie in der schematischen Zeichnung Abb. 50 c, auch dort mit III bezeichnet.

Diese Biegegleitung macht es auch möglich, daß die Bandachse während der Reckung immer in der Zugrichtung bleibt. Es ändert sich damit fortlaufend der Winkel zwischen Gleitrichtung und Zugrichtung ($\sphericalangle\,\lambda$) in dem Sinne, daß bei zunehmender Dehnung (Reckung) dieser Winkel immer kleiner wird. Bei „unendlicher Dehnung" müßten Gleitrichtung und Zugrichtung zusammenfallen (Abb. 54).

Während der Reckversuche bleibt die Ebene, die durch die Zug-(Reck-) Richtung und die Gleitrichtung gegeben ist, immer erhalten, aber die Kristallorientierung verändert sich allmählich gegenüber der Zugrichtung. Wenn man aber die *kristallographische* Orientierung festlegt, bedeutet das, daß während der Dehnung die Bandachse = Zugrichtung wandert, und zwar längs eines Großkreises, bezogen auf die

Kugel der Kristallprojektion. Diese Form der Darstellung ist in Abb. 55 gewählt und läßt leicht die während der Dehnung auftretenden Orientierungsänderungen der Zugrichtung gegenüber dem Kristall überblicken.

Der eindeutige Zusammenhang zwischen der plastischen Dehnung und der Größe der Abgleitung wird von *E. Schmid* [219] an der Hand der Abb. 56, die sich an die Abb. 50 b anschließt, eingehend erläutert.

Die Zugrichtung bildet mit der *Gleitrichtung* den veränderlichen Winkel λ, mit der *Gleitebene* den ebenfalls veränderlichen Winkel χ. Bezeichnet man mit δ das Ausmaß der *Dehnung*, also $\delta = \dfrac{l_1 - l_0}{l_0}$, wo-

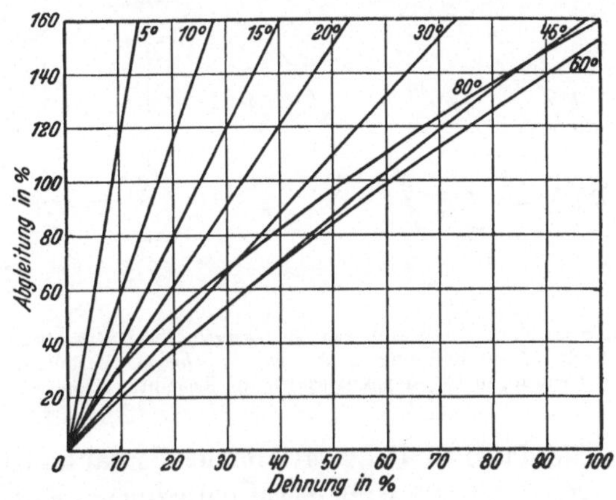

Abb. 58. Abgleitung als Funktion der Dehnung bei verschiedener Ausgangslage der Translationsfläche ($\sphericalangle \chi$) (nach *Schmid-Boas*).

bei l_0 und l_1 die Länge vor und nach der Dehnung bedeuten, dann ergibt sich aus der Abb. 56 unmittelbar: $l_1 : l_0 = \sin \lambda_0 : \sin \lambda_1 = 1 + \delta$ bzw. $l_1 : l_0 = \sin \chi_0 : \sin \chi_1 = 1 + \delta$.

Die Dehnungsbeträge können also sehr groß werden und ihre Größe nimmt um so rascher zu, je stärker die Translationsfläche quer zur Zugrichtung gestellt ist, je größer also der Winkel χ_0, bzw. λ_0 ist (Abb. 57).

Sehr praktisch ist die Einführung des Begriffes der „*kristallographischen Abgleitung*" (a) (*Schmid* [219]). Man versteht darunter die gegenseitige Verschiebung zweier im Abstand 1 voneinander befindlicher Translationsflächen $a = \dfrac{BB'}{AN}$. Aus dem Dreieck ABB' ergibt sich zunächst: $BB' = \dfrac{l_1 \sin (\lambda_0 - \lambda_1)}{\sin \lambda_0}$ und aus ANB dann $AN = l_0 \sin \chi_0$, d. h

$$a = \frac{l_1}{l_0 \sin \chi_0} \cdot \frac{\sin (\lambda_0 - \lambda_1)}{\sin \lambda_0}.$$ Wird $\dfrac{l_1}{l_0} = 1 + \delta$ mit d bezeichnet und λ eliminiert, dann läßt sich die Größe a ausdrücken durch:

$$a = \frac{1}{\sin \chi_0}\left(\sqrt{d^2 - \sin^2 \lambda_0} - \cos \lambda_0\right).$$

In dieser Formel treten nur die Winkel der *Ausgangslage* auf und die Größe der Dehnung *d*.

Die letzte Formel zeigt, daß *gleiche Dehnungsgröße d* gleichwohl mit sehr *verschieden* großer *Abgleitung* verbunden sein kann, d. h. die Größe der Abgleitung ist sehr stark von der Orientierung der Zugrichtung gegenüber dem Kristall abhängig (Abb. 58).

Auch hier ist es für gewisse Zwecke anschaulicher, die kristallographische Orientierung des Einkristalldrahtes festzuhalten und dafür die Zugrichtung gegenüber der Gleitrichtung „wandern" zu lassen

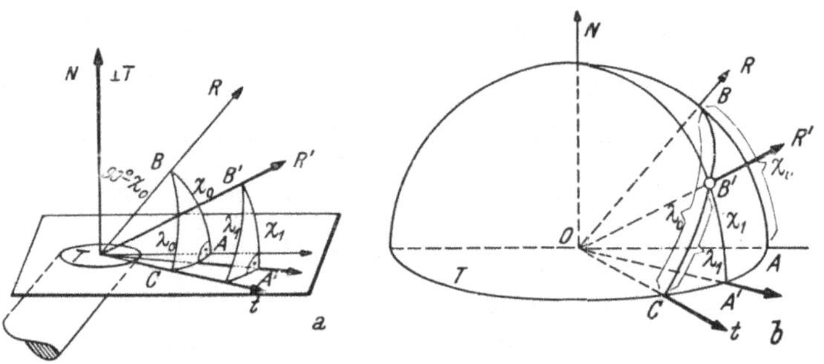

Abb. 59. Biegegleitung an einem Einkristalldraht bei festgehaltener Kristallorientierung und veränderlich gedachter Reck- (Zug-) Richtung (z. T. nach *E. Schmid*). Verteilung der maßgebenden Richtungen a) perspektivisch, b) in Kugelprojektion.

(vgl. Abb. 55). Die dabei in Betracht kommende räumliche Verteilung der Winkel χ und λ ist aus Abb. 59 zu entnehmen, bei a) in perspektivischer Darstellung, bei b) bezogen auf die Projektionskugel des Kristalles mit der *z*-Achse in der Vertikalrichtung.

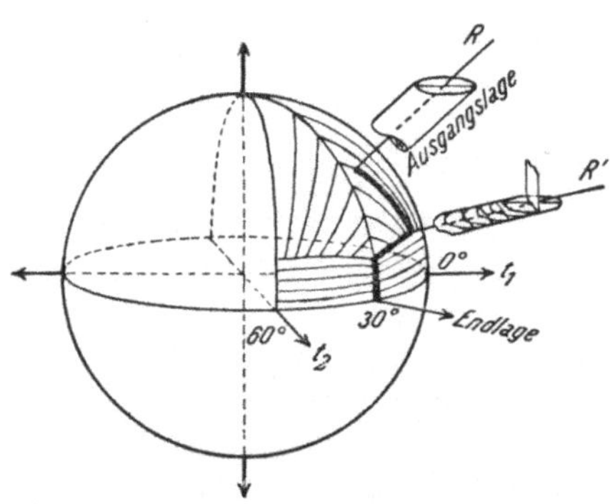

Abb. 60. Translation bei Zink-Einkristalldrähten (nach *Weissenberg*). Zusammenwirken mehrerer Gleitrichtungen *t*. — *R* und *R′* = Reck- (Zug-) Richtungen.

Die in Abb. 60 gebotene Darstellung der „Wanderungsbahn" der Zugachse gegenüber der feststehenden Kristallorientierung bei Zink zeigt aber einen viel verwickelteren Verlauf, als nach dem Vorstehenden zu erwarten war. Hier kommt (bei dieser *Weißenberg*schen Auffassung) das *Zusammenwirken* gleichwertiger Translationsrichtungen und -ebenen zur Auswirkung, sogenannte „*doppelte Translation*" (vgl. S. 83). Da bei höhersymmetrischen Kristallen einzelartige Richtungen und Ebenen ziemlich selten sind, muß gerade bei diesen das Zusammenwirken mehrerer, kristallographisch gleicher Gleitelemente eine besondere Rolle spielen.

An der Hand der Abb. 60 sei zunächst der Anfang der Wanderung der Reckrichtung erläutert. Wie aus den Abb. 55, 56 und 59 b zu entnehmen ist, bewegt sich der Pol der Zugrichtung auf einem Großkreis, der durch die Ausgangslage der Zugrichtung und durch die Gleitrichtung t gegeben ist. In Abb. 60 gilt für den Bereich, in dem die Zugrichtung R wirksam ist, die Richtung t_1 als Gleitrichtung. Die Teile der Großkreise, die zu t_1 hinführen, sind angedeutet. Dann aber, wenn R nach R' gewandert ist, stellt sich plötzlich ein scharfer Knick ein, die Wirkung einer doppelten Translation.

Eine *doppelte Translation* läßt drei Fälle unterscheiden: 1. Gleichzeitige Wirksamkeit *zweier* Translations*richtungen* t_1 und t_2 in der gleichen Translationsebene T, 2. gleichzeitige Wirksamkeit *zweier* Translations*ebenen* T_1 und T_2 mit gemeinsamer Translationsrichtung t,

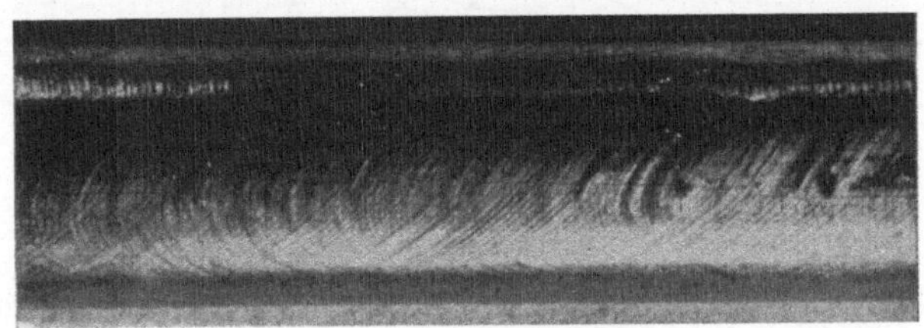

Abb. 61. α-Messingkristall mit doppelter Translation (nach *Schmid-Boas*).

3. Zusammenwirken zweier voneinander ganz unabhängiger Translationssysteme.

Im ersten Fall liegt bei Zusammenwirken zweier gleichartiger Translationsrichtungen ($t_1 = t_2$) die neue Translationsrichtung einfach in der Winkelhalbierenden von t_1 und t_2 (vgl. „Endlage in Abb. 60). Für den zweiten Fall ergibt sich, daß die Abgleitung in der gemeinsamen Translationsrichtung t (Schnittlinie von T_1 und T_2) einfach die Summe der einzelnen Translationen darstellt, wobei die Symmetrieebene als resultierende Translationsebene aufzufassen ist.

Bei Zink liegen die Verhältnisse so, daß für äquatornahe Teile der Projektionskugel eine zweite Translationsebene, die $(10\bar{1}0)$, möglich wäre, die günstiger läge.[1] Auch hierin wäre eine zweizählige Achse Gleitrichtung, es läge also der zweite Fall vor. An der Grenze dieser beiden Bereiche auf der Projektionskugel müßte sich nun der Pol der Reckrichtung bis zu jener Stelle bewegen, wo die Symmetrale zwischen t_1 und t_2 erreicht würde. Von hier an wären diese beiden gleichartigen Gleitrichtungen gemeinsam tätig und führten die Wanderung von R in eine Bahn, die in der „Endlage" schließt.

Auf den dritten, häufigen Fall, wobei weder eine Gleitebene noch eine Translationsrichtung beiden Translationssystemen gemeinsam ist, sei hier nur

---

[1] Nach *Schmid-Wassermann* [223] handelt es sich aber um eine *Gleitzwillingsbildung* nach $(10\bar{1}2)$, derzufolge die Basis (die Haupttranslationsebene) bis auf 4° genau der Lage der $(10\bar{1}0)$ nahekommt. Es wäre also nicht ein Wechsel der Translationsebene, sondern eine Gleitzwillingsbildung für das andersartige Verhalten der Zugrichtung nahe dem Äquator verantwortlich zu machen.

kurz hingewiesen. Näheres ist aus *Schmid-Boas* [219], bzw. aus der dort angeführten Originalliteratur zu entnehmen (Abb. 61). Es erscheinen beide Gleitsysteme nebeneinander, als würde abwechselnd bald das eine, bald das andere der beiden Systeme in Wirksamkeit treten. Man sieht daher an dem Einkristalldraht *zweierlei* Spuren von Gleitellipsen.

Bei den kubischen Kristallen, zu denen die meisten Metalle zu rechnen sind, spielt das Nebeneinander mehrerer gleichwertiger Gleitelemente eine besondere Rolle. Im Falle der Oktaedertranslation sind vor allem vier gleichwertige T-Lagen <111> und dazu noch sechs gleichwertige Gleitrichtungen in den Dodekaedernormalen ($t = [110]$).

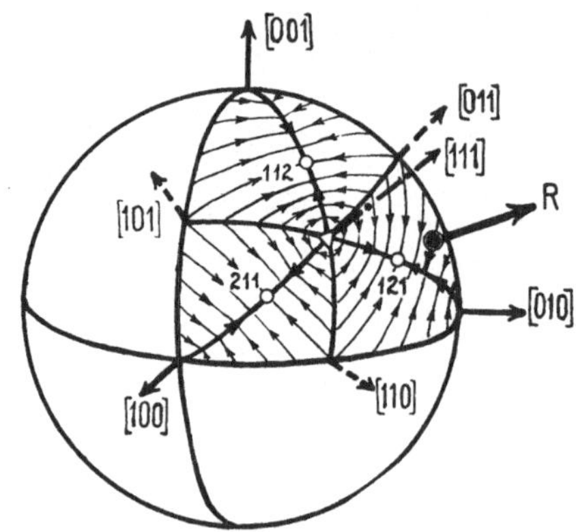

Abb. 62. Allmähliche Angleichung der Reck- (Zug-) Richtung in die günstigst gelegene Translationsrichtung (nach *E. Schmid*). Eingetragen sind die Wanderungsbahnen der Reckrichtung für die Verhältnisse der *Oktaedergleitung* kubischer Kristalle bei feststehend gedachter Kristallorientierung.

Daraus ergibt sich ein Zusammenspiel der wirksamen Gleitelemente, das für einen Oktanten in der Abb. 62 dargestellt ist.

Es ergibt sich dabei, daß die jeweiligen Pole der Form <112> als Endlagen der Wanderungsbahnen für die Zugrichtung R in Frage kommen.

In der Abb. 62 ist der Verlauf der Wanderung durch Pfeile gekennzeichnet. Die Richtung R bewegt sich zunächst auf den Großkreis (010)—(111) zu und nach Erreichung desselben kehrt sie sich gegen (121), wo ihre Endlage ist.

Von den vielen Möglichkeiten der Auswahl der zur Verfügung stehenden Translationselemente im kubischen System liegen für eine gegebene Zugrichtung nicht alle gleich günstig. In Erscheinung werden aber nur jene T und t treten, die gegenüber der Zugrichtung kristallographisch die günstigste Lage besitzen. In Abb. 63 sind nach *P. Niggli* [179] die betreffenden Angaben zusammengestellt. Für jedes kleinste, durch Würfel, Dodekaeder und Oktaeder festgelegte Dreieck ist nur ein bestimmtes Paar von <111>-Flächen und [110]-Richtungen in günstigster Lage und kommt daher zur Auswirkung. An der Grenze zweier solcher Dreiecke wirken beide Translationssysteme neben- und miteinander.

So außerordentlich aufschlußreich die Verfolgung des Dehnungsvorganges bei Einkristalldrähten für die Beziehungen zur Orientierung der Translation im Kristall wurde, ist es doch nicht zu leugnen,

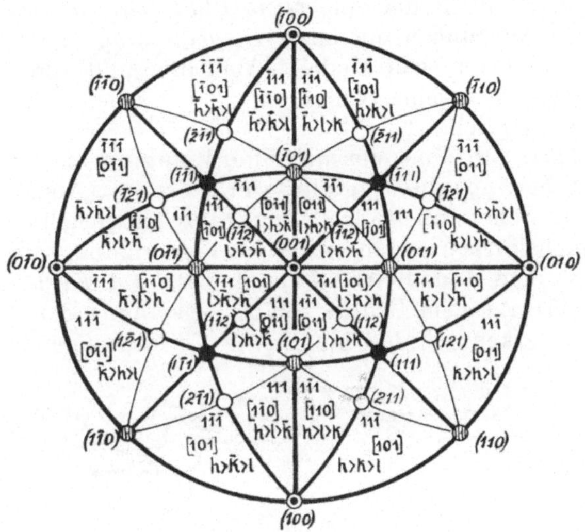

Abb. 63. Oktaeder-Translationen (nach *Niggli*). Fällt die Zugrichtung innerhalb eines kleinsten, von Würfel-, Dodekaeder- und Oktaederfläche gebildeten Dreieckes, dann liegen die in diesem Bereich eingetragenen Translationselemente (Oktaederfläche und Zonenpol) für die Translation am günstigsten. Für die Flächenpole des gleichen Bereiches gilt die eingetragene Größenfolge. — Die wichtigsten Flächen sind kursiv geschrieben und eingeklammert.

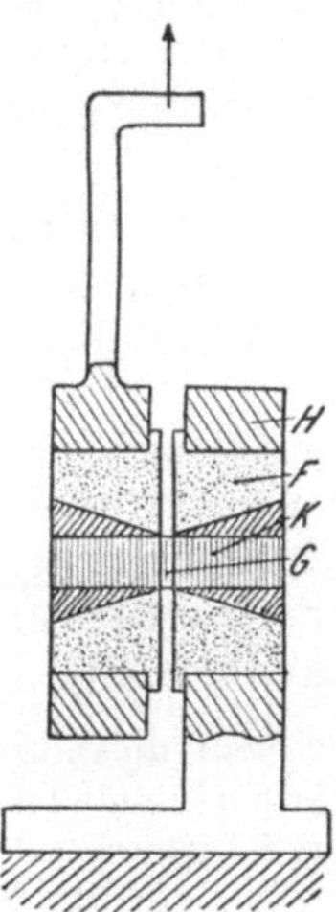

Abb. 64. Versuchsanordnung für „Schiebegleitung", Methode *Bausch* (nach *Kochendörfer*). *H* = Kristallhälter, *F* = Kristallfassung, *K* = Kristall, eingekitteter Teil, *G* = Kristall, freie Gleitschicht.

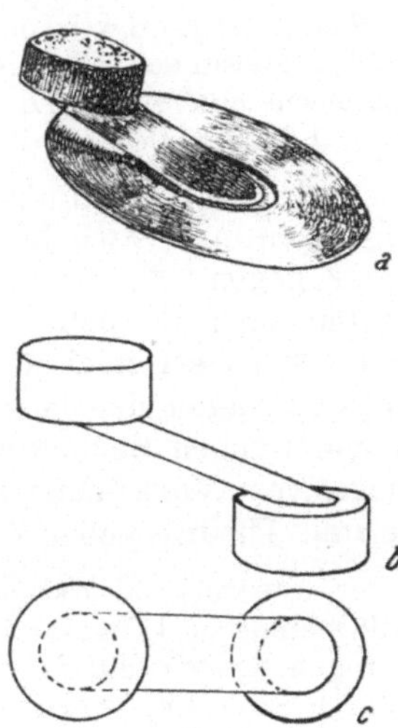

Abb. 65. *Bausch*s „Schiebegleitung"; a) Seitenansicht eines Versuches am Naphthalin (Nachzeichnung nach *Kochendörfer*), b) Seitenansicht, schematisch, c) Draufsicht, schematisch.

daß es sich dabei nicht um eine *reine Blattgleitung* handelt, sondern
um eine solche verbunden mit einer *Biegegleitung* an den Stoßzellen.
Das heißt, der durch das Modell (Abb. 51) und die schematische
Abb. 50b dargestellte *reine* Schiebevorgang erscheint in dem Zugversuch *nicht* verwirklicht.

Bausch [12] gab eine Versuchsanordnung an, bei der die *reine
Schiebung (Scherung)* durchgeführt werden kann (Abb. 64). Es werden dabei nur Scher- aber nicht Zugkräfte entwickelt. Die zylindrischen Versuchskörper erfahren eine Verformung, die genau der
Abb. 50b, bzw. dem Modell (Abb. 51) entspricht (*A. Kochendörfer* [113,
115]) (Abb. 65). An dem Fehlen von Asterismus in den *Laue*-Bildern
ist deutlich zu erkennen, daß hier *keine* Verbiegungen irgendwelcher

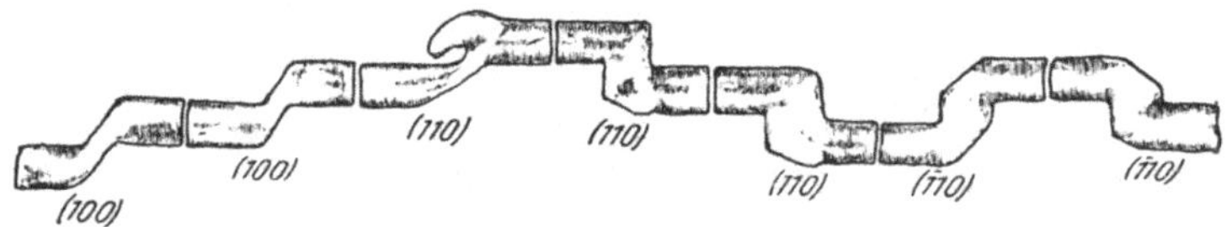

Abb. 66. „Schiebegleitung" nach verschiedenen Gleitebenen an Proben von ein und demselben
Zinn-Einkristall (Nachzeichnung nach *K. Bausch*); Gleit*richtung* [001] und [00$\bar{1}$].

Art eintreten. *Bausch* spricht darum von „*Schiebegleitung*".[1] In seinen
Versuchen an Zinn-Einkristallen gibt er ein sehr schönes Beispiel für
die aufschlußreiche Durchführung seiner Untersuchungsmethode
(Abb. 66).

Kochendörfer [111] verwendete einen *Bausch*-Apparat mit 1,04 mm Abstand
der beiden Fassungen. Der Naphthalinkristall wurde mit stark querer Lage
der Spaltebene untersucht und die Reckung, eigentlich Scherung, photographisch
mit zwei Lichtsignalen auf einem synchron bewegten Film registriert.

Die „kritische Schubspannung" (Streckgrenze) liegt bei der
„Schiebegleitung" etwa 30% höher als bei dem Zugversuch (12 bis
14 g/mm² gegen 9,3 g/mm² beim einfachen Zug). Das Schubspannungsgesetz hat auch hier seine volle Gültigkeit.

Ganz kurz sei noch die Geometrie des *Stauchungs*vorganges erwähnt, sozusagen das Gegenstück zur Dehnung. Gleichwohl können
die geometrischen Beziehungen der plastischen Dehnung nicht einfach
mit negativem Vorzeichen auf die Stauchung übertragen werden. Versuche und Theorie geben übereinstimmend ein anderes Bild.

[1] Der Ausdruck „*Schiebegleitung*" ist im Hinblick auf die mineralogisch-
kristallographische Literatur über Fragen der Kristallplastizität leider wieder
recht ungünstig gewählt, da er leicht mit „Einfacher Schiebung", bzw. „Gleitung durch Schiebung" verwechselt werden kann. Diese „einfache Schiebung"
bedeutet aber eine *homogene Deformation in eine Zwillingslage* und hat mit der
Scherung der *Bausch*-Methode nichts zu tun. Aus diesem Grunde wäre besser
an der Bezeichnung „*Blattgleitung*" festzuhalten. Der übergeordnete Begriff
der *Blattgleitung im allgemeinen* würde dann die beiden Unterteilungen: „*ebene
Blattgleitung*" und „*Biegegleitung*" umfassen.

Es sei in Abb. 67 die Ausdehnung des Kristalles in der Druckrichtung, der Abstand der beiden Druckflächen, als „Länge" = l_0 bezeichnet. T ist die Gleitebene und daher der Winkel zwischen „Längsrichtung" = Druckrichtung und T gleich χ. Dann ist $e = \dfrac{l_1}{l_0} = \dfrac{\cos \chi_1}{\cos \chi_0}$ und bei Einbeziehung des Winkels λ zwischen Gleit*richtung* und Druckrichtung erhält man

$$\frac{1}{e^2} = \left(\frac{l_0}{l_1}\right)^2 = 1 + 2\,a \sin \chi_0 \cos \lambda_0 + a^2 \cos^2 \lambda_0 \quad (E.\ Schmid\ [219]).$$

2. Zwillingsgleitung. Im Gegensatz zu der Entwicklung der formalgeometrischen Gesetzmäßigkeiten für die Blattgleitung sind diese für

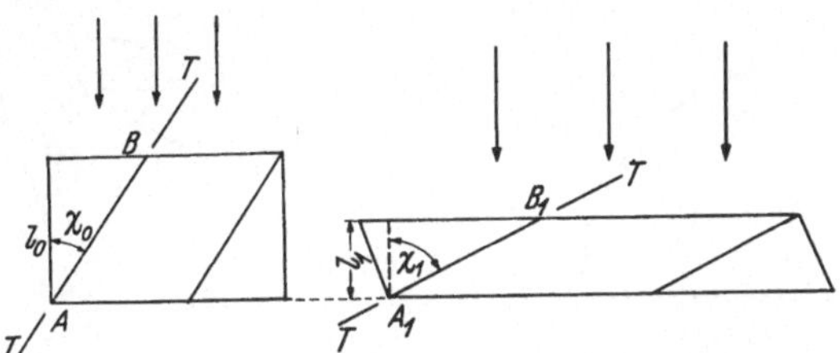

Abb. 67. Translationsschema bei der Stauchung (nach *Schmid-Boas*).

die *einfache Schiebung* dank den grundlegenden Arbeiten von *Th. Liebisch* [127] schon längst als zugehörig zu den Erscheinungen der „*homogenen Deformation*" erkannt und klargestellt. Die folgende Darstellung schließt sich an die einfache Beweisführung von *A. Johnsen* [101] an.

Zunächst sei im Anschluß an die vorbereitenden Ausführungen im ersten Abschnitt dieses Kapitels hier nochmals kurz zusammengefaßt:

Die einfache Schiebung ist eine homogene Deformation ohne Volumsänderung. Rationalitätsgesetz und Zonenverband bleiben auch nach der Verformung erhalten. Ebene und Gerade sind auch nach der Deformation Ebene und Gerade.

Eine Kugel wird dabei in ein dreiachsiges Ellipsoid verwandelt, in der Weise, daß die mittlere Achse des Ellipsoides dem Radius der *nicht*verformten Kugel gleich ist und die größte und kleinste Achse des Ellipsoides (die „Achse größter Elongation" und „Achse größter Kontraktion") zueinander reziproke Werte annehmen.

Die zwei Kreisschnittebenen des dreiachsigen Ellipsoides sind die einzigen Ebenen, die unverzerrt bleiben, wenn auch ihre Lage vor und nach der Deformation sich ändert. Hält man eine der Kreisschnittebenen fest, dann erfährt die zweite Kreisschnittebene die größte Drehung (Kippung) aus ihrer ursprünglichen Lage, entsprechend einer bestimmten, in K_1 liegenden Gleitrichtung η_1. Die „Ebene der Schiebung" (S), deren Schnitt mit K_1 und K_2 die Gleitrichtungen η_1 und η_2 liefert, ist jener Großkreis, der durch die beiden Flächenpole

K_1 und K_2 festgelegt ist. Der Winkel zwischen K_1 und K_2 ist $2\,\varphi_1$ und die durch S und K_2 bestimmte Zone $= [\eta_2]$ wird als „Grundzone" bezeichnet.

In Abb. 68 sind diese Grundelemente in stereographischer Projektion dargestellt, wobei K_1 in die Mitte der Projektion gelegt wurde, wodurch η_1 in die Äquatorebene zu liegen kommt. Mit $[K_1]$ und $[K_2]$ sind die zyklographischen Projektionen der Kreisschnitte eingetragen, d. h. jene Großkreise, die zu K_1 und K_2 parallel liegen.

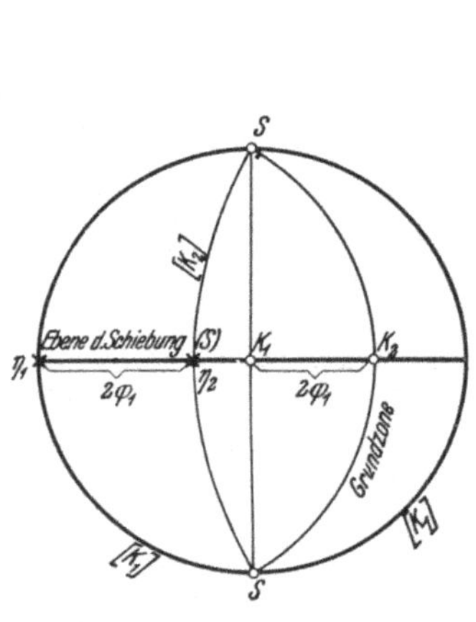

Abb. 68. Die Elemente eines Gleitzwillings und deren Beziehungen. $[K_1]$ und $[K_2]$ sind die zyklographischen Projektionen der beiden Kreisschnitte.

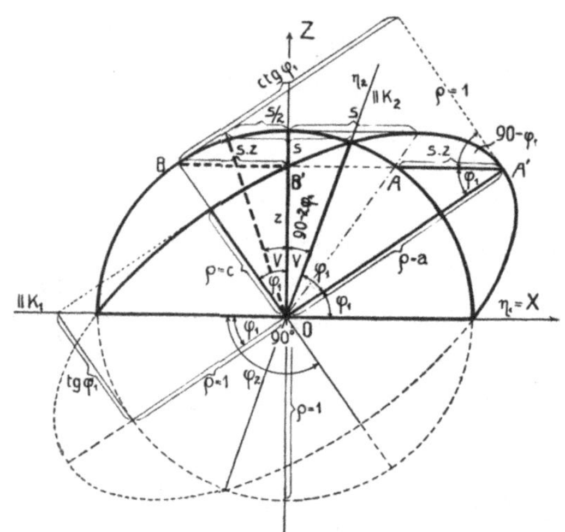

Abb. 69. Die geometrischen Grundlagen und Beziehungen bei der „einfachen Schiebung" (z. T. nach *Johnsen*). Schnitt nach der „Ebene der Schiebung" (*S*).

Die „Größe der Schiebung" $= s$ bedeutet jene Strecke, um die ein im Abstand 1 von der Gleitebene (K_1) befindlicher Punkt (Pol der Kugel), innerhalb der Ebene der Schiebung verschoben wird. Ein Punkt mit dem Abstand $z = OB'$ von K_1 erfährt dann die Schiebung $z \cdot s$ (Abb. 69).

Ist ϱ der veränderliche Ellipsenvektor und φ der Winkel zwischen diesem und K_1, wobei die Gleitung $s \cdot z$ im Abstand z gegen K_1 gegeben ist, dann erhält man zunächst aus dem Dreieck OBB', worin der Winkel φ enthalten ist (wechselweise normale Schenkel zu $\sphericalangle \varphi = \sphericalangle K_1 \wedge \varrho$), $z = \varrho \sin \varphi$ und damit $s \cdot z = \varrho \cdot s \cdot \sin \varphi$ [1].

Das schiefwinkelige Dreieck OAA', das gleichfalls φ und $s \cdot z$ enthält und wobei $OA = 1$ ist (Kugelradius), ergibt nach dem Kosinussatz:

$$1 = \varrho^2 + s^2 \cdot z^2 - 2\,\varrho\,s \cdot z \cdot \cos \varphi, \quad \text{bzw.} \quad 1 = \varrho^2 + s^2 \cdot \varrho^2 \cdot \sin^2 \varphi - 2\,\varrho^2 \cdot s \cdot$$

$\cdot \sin \varphi \cos \varphi$. Wird $\dfrac{1}{\varrho^2} = R$ gesetzt, dann kann man schreiben: $R = 1 +$

$+ s^2 \cdot \sin^2 \varphi - 2\,s \cdot \sin \varphi \cos \varphi$ [2].

Es handelt sich also um eine Kegelschnittslinie vom Charakter einer Ellipse. Den *größten* und *kleinsten* Wert für ϱ erhält man, wenn man für R die Extremwerte bestimmt. Die Durchführung dieser Rechnung ergibt zunächst für $\operatorname{tg} \varphi = -\dfrac{s}{2} \pm \sqrt{1 + \dfrac{s^2}{4}}$ und $\operatorname{ctg} \varphi = \dfrac{s}{2} \pm$

$\pm \sqrt{1 + \dfrac{s^2}{4}}$ [3], d. h. man erhält zwei Werte φ_1 und φ_2, wobei $\operatorname{tg} \varphi_1 = -\operatorname{ctg} \varphi_2$ [4]. Der *größte* und *kleinste Vektor stehen also aufeinander senkrecht und bilden die beiden Hauptachsen der Schnittellipse in der* „*Ebene der Schiebung*" (a und c). Gleichzeitig folgt aus [3]: $s = \operatorname{ctg} \varphi_1 - \operatorname{tg} \varphi_1$ [5]. Bezüglich der Größe dieser Halbachsen a und c erhält man aus [2] $\dfrac{1}{a^2} = 1 + s^2 \cdot \sin^2 \varphi_1 - 2\,s \cdot \sin \varphi_1 \cos \varphi_1$ und $\dfrac{1}{c^2} = 1 + s^2 \cdot \sin^2 \varphi_2 - 2\,s \cdot \sin \varphi_2 \cos \varphi_2$. Mit Rücksicht auf [4] ergibt die Ausrechnung dann: $\dfrac{1}{a^2} = \operatorname{tg}^2 \varphi_1$ und damit $a = \operatorname{ctg} . \varphi_1$. In gleicher Weise ist $c = \operatorname{ctg} \varphi_2 = \operatorname{tg} \varphi_1$ [6] (Abb. 69). Die beiden Halbachsen sind also zueinander reziprok, wie das für die homogene Deformation bei unverändertem Volumen notwendige Voraussetzung ist.

Aus [5] folgt dann weiter $s = a - c = \operatorname{ctg} \varphi_1 - \operatorname{tg} \varphi_1 = 2 \operatorname{ctg} 2\,\varphi_1$ [7]. Damit ist bei gegebener Größe der Schiebung s der Winkel φ_1 gegeben, d. h. der zu $\dfrac{s}{2}$ gehörige Vektor ϱ ist unter $2\,\varphi_1$ zu der Kreisschnittebene K_1 und unter $(90° - 2\,\varphi_1)$ zu deren Normale z geneigt. Nennt man $(90° - 2\,\varphi_1) = V$, dann ist $\operatorname{tg} V = \dfrac{s}{2}$.

Die Berechnung des Schnittes zwischen Kugel und dreiachsigem Ellipsoid, also die Lage der Kreisschnittebene K_1 gegenüber den Hauptachsen des Ellipsoides ergibt, daß die beiden Kreisschnitte miteinander den Winkel $2\,\varphi_1$ einschließen, daß demnach der zu $\dfrac{s}{2}$ führende Vektor ϱ genau die Lage des zweiten Kreisschnittes anzeigt.

Da nicht nur die beiden Kreisschnitte selbst unverzerrte Kreise bleiben, sondern auch alle dazu parallelen Schnitte, läßt sich aus parallelen Schnitten der Kugel (Breitenkreise parallel K_1) durch einfache Schiebung parallel der Kreisschnittebene K_1 das Deformationsellipsoid aufbauen. Es ist also die ganze homogene Deformation unter Beibehaltung des Volumens tatsächlich auch geometrisch einwandfrei als *einfache Schiebung* oder *Scherung* mit K_1 als Gleitebene aufzufassen. (Vgl. dazu Abb. 42.)

Eine interessante Frage ist die, welche Fläche bei der einfachen Schiebung den größten Drehwinkel beschreibt. Der Pol einer solchen Fläche muß natürlich, wie der Pol von K_1 in der Ebene der Schiebung selbst liegen. Es genügt also, zu ermitteln, für welchen Vektor ϱ des Deformationsellipsoides der Winkel $2\,V$ ein Maximum wird. Dadurch ist die Lage des betreffenden Vektors im Ellipsoid, also *nach* der Deformation, mit jener in der Kugel, d. h. *vor* der Verformung in Beziehung gesetzt.

Wir verwenden dazu ein Bezugsachsenkreuz entsprechend der Abb. 69, d. h. die Gleitrichtung η_1 dient als x-Achse, die Normale auf die erste Kreisschnittebene als z-Achse. Der spitze Winkel, den ein Vektor ϱ *nach* der Verformung mit x einschließt, sei 2φ ($\omega' = 2\varphi$), und der Winkel zwischen dem Vektor ϱ *nach* und *vor* der Deformation heiße 2δ, dann bildet der Vektor ϱ *vor* der Deformation mit x den Winkel $\omega = 2\delta + 2\varphi$ und es fragt sich, wann $2\delta = (\omega - \omega')$ ein Maximum wird. $\operatorname{tg}\omega = \dfrac{z}{x}$ und $\operatorname{tg}\omega' = \dfrac{z'}{x'}$. Da bei der Schiebung in dem gewählten Koordinatensystem $z = z'$ bleibt und $x' = x + s \cdot z$ wird, erhält man: $\operatorname{tg}\omega = \dfrac{z}{x}$; $\operatorname{tg}\omega' = \dfrac{z}{x + s \cdot z} = \dfrac{\operatorname{tg}\omega}{1 + s \cdot \operatorname{tg}\omega}$. Bestimmt man für $\operatorname{tg} 2\delta = \operatorname{tg}(\omega - \omega')$ das Maximum, so ergibt sich dieses für $\operatorname{ctg}\omega' = \dfrac{s}{2}$ und $\operatorname{ctg}\omega = -\dfrac{s}{2}$. Da nach [7] $s = 2\operatorname{ctg} 2\varphi_1$ ist, folgt, daß 1.) $\omega' = 2\varphi = 2\varphi_1$ ist, d. h. daß der Vektor des zweiten Kreisschnittes, der gegen den ersten um 2φ geneigt ist, die maximale Drehung erfährt und 2.) daß die Lage dieses Kreisschnittes *vor* der Deformation um $2\delta = 2V$, *symmetrisch zur gewählten z-Achse*, von der Lage *nach* der Verformung abstehen muß. *Die größte Kippung erfährt also jene Fläche senkrecht zur Ebene der Schiebung, die nach der Deformation in die Lage des zweiten Kreisschnittes kommt.* Der maximale Drehwinkel ist: $2\delta = 2V = 2(90° - 2\varphi_1)$. Die Größe dieses Drehwinkels bestimmt sich in der Ausrechnung mit: $\operatorname{tg}(\omega - \omega') = \dfrac{4s}{4 - s^2}$.

Innerhalb der Ebene der Schiebung stehen einzelne Richtungen *vor* der Deformation bezogen auf die Gleitflächennormale *spiegelbildlich* zu den entsprechenden Richtungen *nach* der Verformung.

Durch die beiden Kreisschnitte werden auf der Oberfläche der Projektionskugel vier Gebiete (sphärische Zweiecke) abgegrenzt, in denen sich die Schiebung verschieden verhält. Es führen nämlich zwei einander gegenüberliegende sphärische Zweiecke *nur zur Dehnung*, die anderen beiden *nur zur Stauchung* bei der Verzwilligung. Alle Richtungen im *stumpfen* Winkel zwischen K_1 und der Lage von K_2 *vor* der Schiebung (in Abb. 69 stark gestrichelt) erfahren bei der Gleitzwillingsbildung eine *Dehnung*, leicht erkennbar daran, daß in diesem Gebiet die a-Achse des Ellipsoides liegt, die ja durch die Schiebung aus r der Kugel im Sinne $a > r$ hervorging. Die Richtungen im *spitzen* Winkel zwischen diesen beiden Ebenen werden dagegen gestaucht, aus dem r der Kugel wird das c des Ellipsoides.

Da auch die mechanische Zwillingsbildung ein *Gleit*vorgang ist, können die für die Translation geltenden Formeln auch hier sinngemäß verwendet werden. Man kann dann das Verhältnis $\dfrac{l_1}{l_0} = d$, also den Betrag der Dehnung oder Stauchung, aus der *Größe der*

Schiebung s und den Winkeln χ' zwischen der untersuchten Richtung und K_1 bzw. λ' (Winkel zwischen der untersuchten Richtung und der Gleitrichtung η_1) bestimmen:

$$\frac{l_1}{l_0} = d = \sqrt{1 + 2\,s \,.\, \sin \chi' \cos \lambda' + s^2 \,.\, \sin^2 \chi'}.$$

Es muß aber betont werden, daß die tatsächliche, plastische Verformung (Dehnung oder Stauchung) nur sehr gering ist, also an sich für die Kristallplastizität kaum von praktischer Bedeutung ist. Über ihre *mittelbare* Einflußnahme siehe S. 139 ff. (Nachdehnung).

Da bei der homogenen Deformation im allgemeinen und der einfachen Schiebung im besonderen die Verhältnisse der Längen paralleler Gerader unverändert bleiben, muß das auf diese Verhältnisse aufgebaute Rationalitätsprinzip auch nach der Deformation erhalten bleiben. Man muß also durch Koordinatentransformation die Indizes von Flächen und Kanten *nach* der Verformung aus jenen *vor* der Deformation eindeutig bestimmen können.

Die dazu nötigen Transformationsformeln sind schon vielfach abgeleitet worden. Es genügt also hier, die Ergebnisse zu verzeichnen. Im übrigen sei hauptsächlich auf die Ausführungen von *O. Mügge* [155], *A. Johnsen* [101] und *P. Niggli* [178] verwiesen.

Bezeichnen wir die Indizes eines Kreisschnittes mit (HKL) und jene der Zonenachse, die durch den Schnitt des *anderen* Kreisschnittes mit der „Ebene der Schiebung" gegeben ist, mit $[UVW]$ (also jeweils $K_1 + \eta_2$, bzw. $\eta_1 + K_2$), dann kommen folgende Transformationsgleichungen zur Anwendung:

Die Ebene (hkl) vor der Deformation wird in die Ebene $(h'k'l')$ nach der Verformung übergeführt durch:

$$fh' = h\,(UH + VK + WL) - 2\,H\,(Uh + Vk + Wl)$$
$$fk' = k\,(UH + VK + WL) - 2\,K\,(Uh + Vk + Wl)$$
$$fl' = l\,(UH + VK + WL) - 2\,L\,(Uh + Vk + Wl).$$

Die Überführung der Richtung $[uvw]$ in die Zwillingsrichtung $[u'v'w']$ erfolgt durch:

$$fu' = u - 2\,U\,\frac{Hu + Kv + Lw}{UH + VK + WL}$$

$$fv' = v - 2\,V\,\frac{Hu + Kv + Lw}{UH + VK + WL}$$

$$fw' = w - 2\,W\,\frac{Hu + Kv + Lw}{UH + VK + WL}$$

Daraus ergeben sich einige wichtige Folgerungen:

1. Eine Fläche behält auch nach der Deformation ihre Indizes, wenn die Fläche (hkl) a) der Zone der Gleitrichtung angehört, also zu η_1 parallel läuft, d. h. es muß: $hU + kV + lW = 0$ sein und b) wenn sie mit der zweiten Kreisschnittebene identisch ist, d. h. $(hkl) = (HKL)$.

2. Es bleiben jene Richtungen (Zonenachsen [uvw]) erhalten, die *in* der Gleitfläche liegen, für die also gilt: $uH + vK + wL = 0$,

Wie schon S. 67 bemerkt wurde, sind im allgemeinen nicht alle vier Gleitzwillingselemente rational bezüglich des *unverformten* Kristallteiles, wohl aber *müssen zwei* davon rational sein, wenn das Gesetz der Rationalität bei der einfachen Schiebung erhalten bleiben soll.

Diese allgemeinste Form der kristallgeometrischen Beziehungen der vier Gleitzwillingselemente erfährt immer mehr Ausnahmen, je höher die Symmetrie des untersuchten Kristalles ist, und gelten in aller Schärfe eigentlich nur für trikline Kristalle. Bei den monoklinen, rhombischen, tetragonalen, hexagonalen

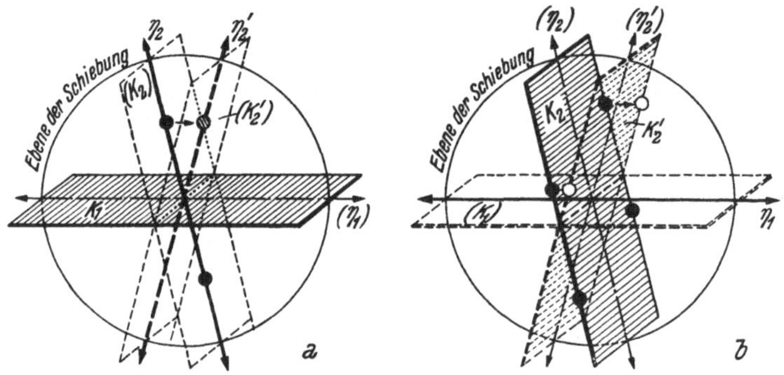

Abb. 70. Die zwei Arten der Gleitzwillingsbildung. a) „Schiebung 1. Art", K_1 und η_2 rational, *Ebenen*zwilling nach K_1, b) „Schiebung 2. Art", η_1 und K_2 rational, *Achsen*zwilling nach η_1.

und trigonalen (rhomboedrischen) Kristallen sind immer häufiger spezielle Schiebungen möglich, bei denen alle vier Elemente rational sind. Im kubischen System endlich tragen bei *sämtlichen* Schiebungsmöglichkeiten alle vier Gleitzwillingselemente rationalen Charakter.

Die möglichen und notwendigen Paare solcher Elemente sind: 1. K_1 und η_2 und 2. η_1 und K_2. Da die Ebene der Schiebung auf den beiden Kreisschnittsebenen senkrecht stehen muß und außerdem die Richtungen η_1 und η_2 durch die Schnittlinien zwischen den Kreisschnitten und der Ebene der Schiebung gegeben sind, enthalten die beiden Auswahlpaare alle Grundlagen für die konstruktive Ermittlung der jeweils noch fehlenden Schiebungselemente.

Wenn ein trikliner Kristall eine einfache Schiebung mit den rationalen Elementen K_1 und η_2 erfährt, so sind, bezogen auf den ursprünglichen Kristall, die Elemente η_1 und K_2 irrational, wohl aber sind sie rational, bezogen auf das durch die Zwillingsgleitung deformierte Achsenkreuz des Zwillingsteiles. Das gleiche gilt für den zweiten Fall.

Das ist z. B. leicht an den *Albit*zwillingen der Plagioklase zu erkennen, bei denen (010) als K_1 und die y-Achse als η_2 angesehen werden kann. Die daraus sich konstruktiv ergebenden Elemente η_1 und K_2 sind hinsichtlich des unverformten Kristallteiles durchaus irrational. Die *Periklinzwillinge* der Plagioklase können hingegen als Zwillinge nach dem Schema η_1 und K_2 aufgefaßt werden [$\eta_1 = y$-Achse, $K_2 = (010)$].

Die oben unterschiedenen und als *Schiebungen 1. und 2. Art* auseinander gehaltenen Fälle (vgl. S. 68) sind in ihren Grundlagen durch die Abb. 70 gekennzeichnet, wobei allerdings zwecks Vereinfachung

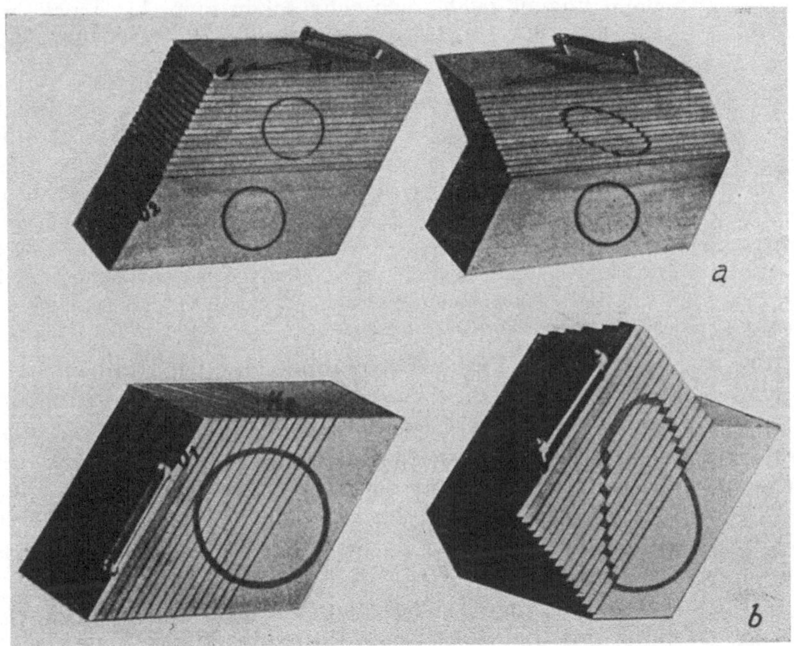

Abb. 71. *Mügge*s Modelle der „einfachen Schiebung". a) „Schiebung 1. Art" (Ebenen-Gleitzwilling) vor und nach der „Schiebung", b) „Schiebung 2. Art" (Achsen-Gleitzwilling) vor und nach der „Schiebung".

der Darstellung eine (in überwiegendem Ausmaße vorhandene) zentrische Symmetrie angenommen wurde.

Die in Abb. 70 a dargestellte „Schiebung erster Art" hat als rationale Elemente K_1 und η_2. Die daraus ableitbaren anderen beiden, im allgemeinsten Falle nicht rationalen Elemente η_1 und K_2 sind gestrichelt gezeichnet, bzw. ihre Symbole eingeklammert. Auf η_2 ist ein zentrisch gelegenes Punktpaar eingezeichnet (volle Kreise). Die einfache Schiebung in die Lage η_2' bringt den oberhalb von K_1 liegenden Punkt in eine Lage, die zu der Punktlage in der unteren Hälfte der η_2-Achse *symmetrisch in Bezug auf* K_1 liegt. Da alle parallele Geraden, also auch alle Parallelen zu η_2 die gleiche Verformung erleiden, ergibt die einfache Schiebung einen Gleitzwilling, der zu dem unverformten Kristallteil *spiegelbildlich* gebaut ist (*Ebenenzwilling* nach K_1).

Im zweiten Falle (Abb. 70) sind η_1 und K_2 gegeben. Wir betrachten eine innerhalb K_2 gelegene, zentrische Punktgruppe. Die Betätigung der Gleitrichtung η_1 führt oberhalb des hier nicht notwendig rationalen, nur angedeuteten Kreisschnittes K_1 zu neuen Punktlagen (in K_2'), zu denen man auch gekommen wäre, wenn η_1 als Hemitropieachse gedient hätte (*Achsenzwilling* nach η_1).

Zur weiteren Veranschaulichung dieser beiden Typen der Gleitzwillingsbildung mögen die von *O. Mügge* konstruierten Modelle der einfachen Schiebung [165] dienen (Abb. 71). Bei Betätigung dieser Schiebungsmodelle kommt auch noch sehr schön zum Ausdruck, wie sich die auf Flächen, die *nicht* als Kreisschnitte dienen, eingezeichneten Kreise bei der Deformation zu Ellipsen verformen.

In Abb. 71 sind die Kreisschnitte mit K_1 und K_2 eingetragen. Die Schnitte dieser beiden mit der Ebene der Schiebung, also η_1 und η_2, sind aber an den Originalmodellen mit δ_1 und δ_2 bezeichnet. Im übrigen bedürfen die Bilder keiner weiteren Erläuterung. Die an den Modellen sichtbaren Bügel dienen dazu, um die Verschiebung der einzelnen Platten in ihrer Gesamtheit genau in der notwendigen Gleitrichtung vornehmen zu können. Dabei sind die Modelle jeweils im unverformten und im verformten Zustand nebeneinandergestellt. Abb. 71a stellt den Fall der Schiebung erster Art dar (K_1 und η_2) und 71b jenen der Schiebung zweiter Art (η_1 und K_2).

Wie auch sonst in der Frage der Zwillingsbildungen gilt auch für die Gleitzwillingsbildung als selbstverständliche Grundbedingung, daß die in Betracht kommenden Elemente der Gleitung nicht schon am Einling selbst Symmetrieebenen oder paarzählige Deckachsen sein dürfen. Ebenso darf K nicht senkrecht auf einer paarzähligen Deckachse stehen. In allen solchen Fällen käme der Zwillingsteil in keine neue kristallsymmetrische Lage, sondern wäre in streng paralleler Stellung zum Einling.

Die Unterscheidung der beiden Gleitzwillingsformen stützt sich auf die Orientierung und Verteilung rationaler Flächen im Raum, sagt aber nichts über die Orientierung von Vektoren innerhalb dieser Flächen aus. Das hat nach *Johnsen* [101] in zwei Fällen gewisse Unklarheiten zur Folge.

1. Wenn das Symmetriezentrum fehlt, 2. wenn weder *in* der Ebene der Schiebung noch *senkrecht* dazu eine paarzählige Deckachse vorhanden ist.

Die Durchführung der Verschiebung gibt in jedem dieser Fälle *zwei* Möglichkeiten der Orientierung des verformten Kristallteiles gegenüber dem unverformten. Im 1. Falle (mangelndes Symmetriezentrum) sind die beiden, gleich möglichen Orientierungen des Zwillingteiles zu einander invert, lassen sich also zentrisch-symmetrisch ineinander überführen. *Johnsen* gibt als Beispiel für diesen Fall den Stephanit an mit $K_1 = (110)$ und $K_2 = (1\bar{3}0)$, gestützt auf die Annahme, daß dieses Mineral rhombisch hemimorph sei, wie etwa das Kieselzinkerz. Allerdings ist die Symmetrie des Stephanites noch nicht vollständig geklärt.

Der zweite Fall ergibt zwei mögliche Orientierungen, die sich durch eine Drehung um 180° um die Normale zur Ebene der Schiebung ineinander überführen lassen. Ein Beispiel für diesen Fall liefert der Dolomit mit $K_1 = (02\bar{2}1)$ und $K_2 = (0\bar{1}11)$.

3. **Drehgleitung.** Das wenige, das zur Geometrie der Drehgleitung beim Quarz zu sagen ist, wird im theoretischen Abschnitt behandelt werden.

III. Untersuchungsmethoden und Messungen.

Die Bedürfnisse der hauptsächlich Metalle verarbeitenden Industrien und hier wieder vor allem die Technik der Kaltbearbeitung („Kaltreckung") der Metalle brachten es mit sich, daß gerade in Bezug auf den Umfang und die Mannigfaltigkeit der hier angestellten *Versuche und Messungen* von praktisch-*technischer* Seite aus eine gewaltige Summe von sorgfältigster Kleinarbeit geleistet wurde, die alle der gleichen Aufgabe — einer möglichst weitgehenden Verbesserung der Festigkeitseigenschaften der Metalle — dienen sollen. In sehr viel bescheidenerem Maße sind nichtmetallische Kristalle in gleicher Art untersucht worden, obwohl sie in mancher Beziehung für die Zwecke der Versuche einige Vorteile vor den Metallkristallen voraus haben, so vor allem die optische Durchsichtigkeit und damit eine nicht zu unterschätzende Möglichkeit, die Veränderungen des untersuchten Kristalles bei Vornahme der Festigkeitsprüfungen aller Art genauer zu verfolgen.

Es zeigte sich dabei, daß im Verhalten der Metallkristalle einerseits und der „Ionenkristalle" anderseits keine grundlegende Verschiedenheit besteht, so daß die Erfahrungen, die man an einer der beiden Gruppen gewann, ohne Bedenken auch in der anderen Gruppe Verwendung finden können.

Die überaus eingehende und umspannende Prüfung, die alle Fragen der Kristallplastizität seitens der Technik erfahren haben, brachten es mit sich, daß gerade von dieser Seite her mehrfach zusammenfassende Darstellungen geboten wurden, die hier in Gänze zu wiederholen vollständig überflüssig wäre (vgl. S. 47). Es wird darum nochmals ausdrücklich darauf aufmerksam gemacht, daß eine *vollständige* Darstellung der Kristallplastizität im Rahmen dieser Schrift nicht beabsichtigt ist, sondern diese nur insoweit behandelt werden soll, als das zur Klärung und Sicherung der mineralogisch-kristallographischen Formung der einschlägigen Probleme nötig ist.

Die beiden Hauptgebiete der Kristallplastizität, die *Blattgleitung* (Translation) und *Zwillingsgleitung* (einfache Schiebung) verteilen sich dabei sehr ungleich auf die beiden Seiten der Fragestellung. Das Gebiet der Translation in allen ihren Abarten und Abstufungen war in erster Linie der Untersuchungsbereich des Metalltechnikers. Dagegen treten in diesen Belangen die Untersuchungen über Gleitzwillingsbildungen weit zurück. Von der mineralogischen Seite her wurde wieder gerade den Gleitzwillingen ein größeres Augenmerk zugewendet, weil sie formal-kristallographisch lockendere Probleme zu bieten schienen als die einfache Parallelverschiebung der Translation.

1. Translationsversuche. Ausgehend von *Dehnungs*versuchen an Einkristalldrähten ergab sich die Tatsache, daß diese „Dehnung" durchaus verschiedenen physikalischen Vorgängen entspricht, wenn man die an den Kristall angelegte „Spannung" σ (bezogen auf den mm² des Ausgangsquerschnittes) immer mehr steigert. Die Abb. 72 läßt sehr deutlich zwei verschiedene Abschnitte der „Dehnungskurve" unterscheiden. Zunächst erfolgt mit zunehmender Spannung eine nur sehr geringfügige Dehnung, die hauptsächlich *elastischer* Natur

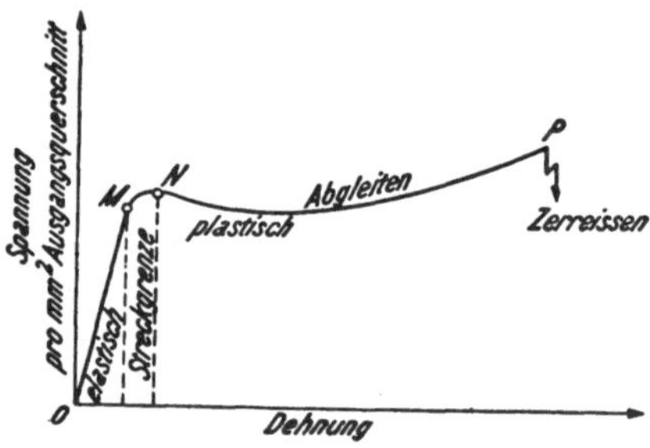

Abb. 72. Allgemeine Gestalt der Dehnungskurve eines Einkristalles (nach *Schmid* und *Niggli*).

ist. Dann, bei Erreichung einer ganz bestimmten Spannungsgröße, setzt plötzlich eine ganz unerwartete und auffallende Dehnung (Reckung, Stauchung) ein, die nicht mehr rückgängig gemacht werden kann, also nicht mehr elastischer Natur ist, sondern als *„plastische Dehnung"* scharf davon zu unterscheiden ist. Die Grenzspannung zwischen diesen beiden Teilen der Dehnungskurve wird als „*Streckgrenze*" bezeichnet (*MN*) und stellt keinen ganz scharfen Knick der Dehnungskurve vor, sondern umfaßt einen kleinen Spannungsbereich, innerhalb dessen der Übergang von der elastischen zur plastischen Dehnung vor sich geht.

Wahrscheinlich prägt sich darin die Tatsache aus, daß innerhalb des gedehnten Kristalles die Erreichung der zur Reckung nötigen Spannung = „*Schubspannung*" nicht in allen Teilen des Kristalles ganz gleichzeitig erfolgt, so daß stellenweise elastische und plastische Dehnung nebeneinander bestehen.

Demzufolge setzt auch die Reckung meist nicht in der ganzen Fadenlänge gleichzeitig ein, sondern an einer oder an ganz wenigen Stellen, wo zunächst eine örtliche Einschnürung des zylindrischen Fadens zu beobachten ist. Erst allmählich greift dann die Abgleitung auf die ganze Fadenlänge über (Abb. 73). In welchem Ausmaß sich schon in dem Kurventeil der „elastischen" Dehnung eine „plastische" Dehnung verbirgt, ist nicht festzustellen. Man kann nur sagen, daß unterhalb der Streckgrenze die elastische Dehnung in weitaus überwiegendem Teile vorherrscht und erst in dem Kurventeil *MN* in rasch zunehmendem Ausmaß die plastische Dehnung in den Vordergrund tritt.

Die *plastische Dehnung* ist mit einer mehr oder weniger starken *Abgleitung* verbunden (vgl. S. 81), während derer der Spannungsanstieg nur ganz mäßig ist, bis dann endlich bei P der Dehnungskurve der Gitterzusammenhang zerstört wird und der Kristalldraht durchreißt.

Es treten also im Verlauf der Reckversuche mehrere Fragen auf: 1. jene nach der Größe der an der *Streckgrenze* nötigen *Schub-*

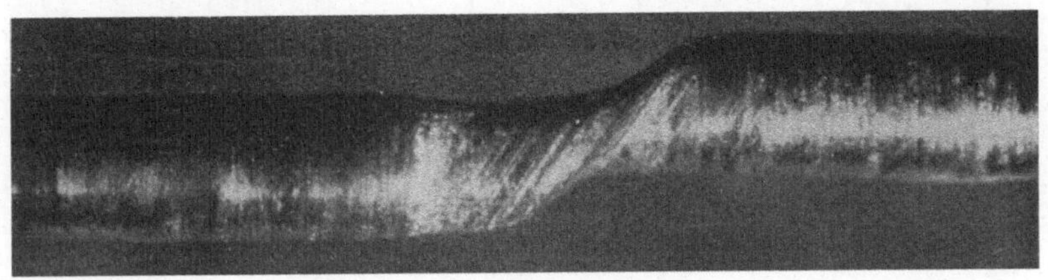

Abb. 73. Beginn der Dehnung eines Cd-Einkristalldrahtes durch örtliche Einschnürung (nach *Schmid-Boas*).

spannung, 2. Umfang und Art der „*Abgleitung*", 3. Ausmaß des weiteren Spannungsanstieges = „*Verfestigung*" und 4. Größe der „*Zerreißfestigkeit*".

Der wenn auch langsame Anstieg der Spannung während der Reckung beweist, daß sich im Verlauf der Abgleitung der Kristall immer mehr „*verfestigt*", denn es bedarf einer immer größeren Spannung, um die plastische Dehnung, die Verformung, weiter zu führen. „*Verfestigung*" bedeutet also Abnahme der Deformierbarkeit, wachsenden Widerstand gegen jede Formänderung (Dehnung, Stauchung, Drillung) bis zum Bruch.

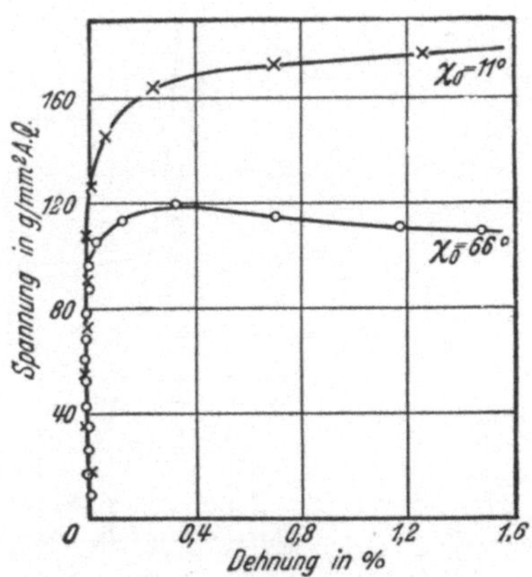

Abb. 74. Anfangsteile der Dehnungskurven von Cd-Kristallen mit sehr großem Dehnungsmaßstab (nach *Schmid-Boas*).

Die Abb. 74 stellt den Anfangsteil der Dehnungskurven bei *Cd*-Kristallen (hexagonale Vollform) dar und gibt ein besonders schönes Beispiel für die überwiegende Bedeutung der *plastischen* Dehnung bei solchen Streckversuchen. Praktisch genommen läßt der *Cd*-Kristall überhaupt keine elastische Dehnung erkennen, sondern setzt bei Erreichung der nötigen Schubspannung gleich mit der Abgleitung ein.

Die Streckgrenze läßt sich auch aus der „*Fließgeschwindigkeit*" ableiten. Es zeigt sich nämlich, daß diese bei Erreichung einer bestimmten Spannung plötzlich stark zunimmt, so daß eine wesentliche Überschreitung dieser Spannung gar nicht möglich ist.

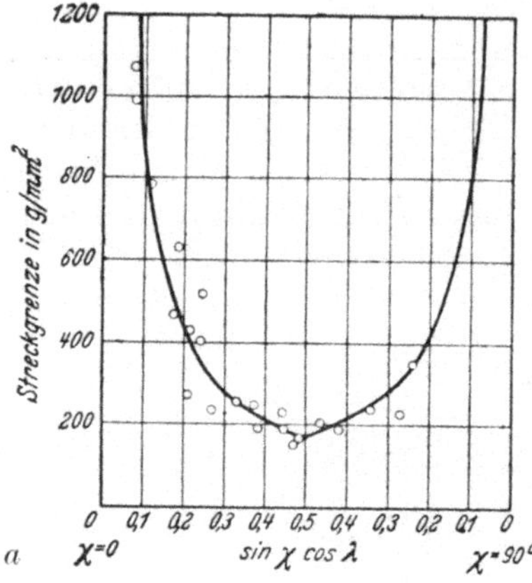

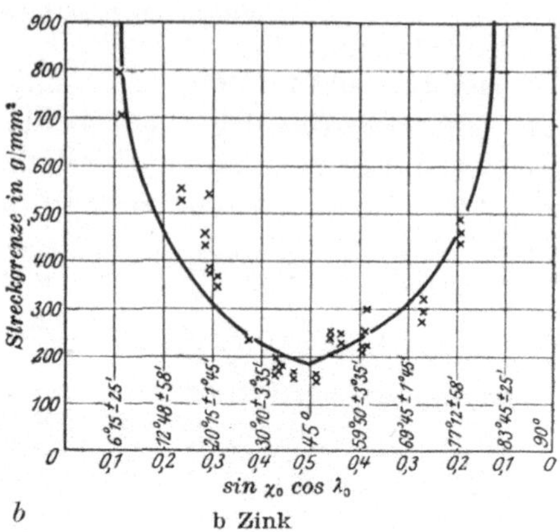

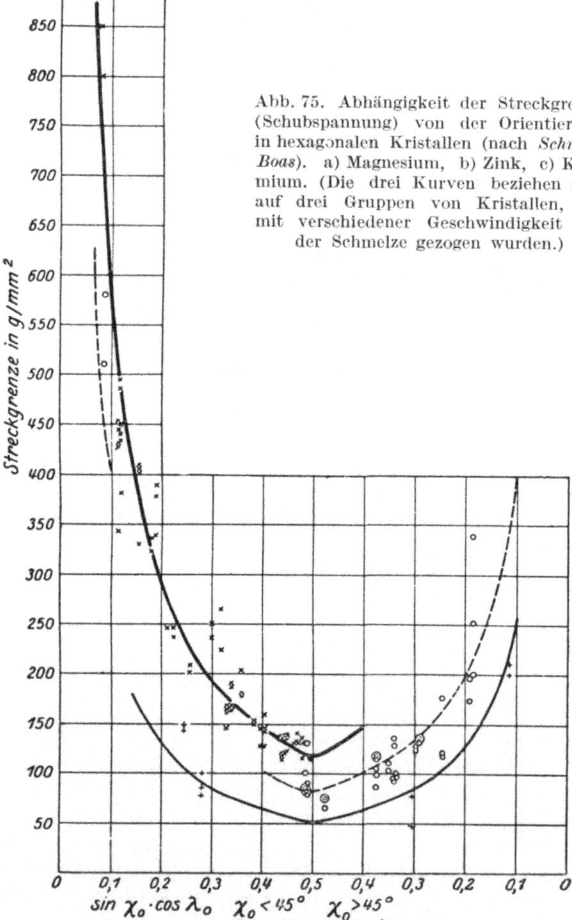

Abb. 75. Abhängigkeit der Streckgrenze (Schubspannung) von der Orientierung in hexagonalen Kristallen (nach *Schmid-Boas*). a) Magnesium, b) Zink, c) Kadmium. (Die drei Kurven beziehen sich auf drei Gruppen von Kristallen, die mit verschiedener Geschwindigkeit aus der Schmelze gezogen wurden.)

Die Streckgrenze ist aber für eine bestimmte Kristallart *nicht konstant, sondern in starkem Ausmaß von der Orientierung der wirksamen Kraft gegenüber dem Kristall abhängig.* Ist σ die angewendete Spannungsgröße, so wirkt in der *Zugrichtung* die Größe $\sigma \cdot \chi_0$, wenn χ_0 wieder den Winkel zwischen Zugrichtung und Translationsebene T bedeutet (vgl. Abb. 56 und 59). Diese Größe läßt sich in zwei Komponenten zerlegen, eine davon wirkt in der Translationsrichtung t und ist die auf T bezogene *Schubspannung* (S), die andere, die *Normalspannung* (N) liegt senkrecht zu T. Aus Abb. 59 ergibt sich dann: $S = \sigma \cdot \sin \chi_0 \cos \lambda_0$ und $N = \sigma \cdot \sin^2 \chi_0$. ($\lambda_0$ ist der Winkel zwischen Zugrichtung und Translationsrichtung t.) Beide Winkel beziehen sich auf die Lage der Zugrichtung zu T und t *vor* der Deformation.

E. Schmids [219] „*Schubspannungsgesetz*" besagt, daß „*die Erreichung einer bestimmten, kritischen Schubspannung maßgebend ist für das Einsetzen ausgiebiger Translation*". Er konnte mit seinen Mitarbeitern in zahlreichen Versuchen den Nachweis der *Richtungsabhängigkeit* dieser für die Streckgrenze notwendigen Schubspannung erbringen.

Als Beispiel diene:

Tab. 5. *Vergleich der aus Fließ- und Dehnungskurven ermittelten Streckgrenze von Kadmiumkristallen (Schmid-Boas [219]).*

$\sphericalangle \chi_0$ (Zugrichtung gegen T)	21,3	23,5	28,8	43,3	44,8
Streckgrenze in g/mm² aus: { Fließkurve......	155	189	158	106,114	87,83
Dehnungskurve..	169	178	136	115	99

Die Abhängigkeit der Streckgrenze von χ_0 ist sehr deutlich, ebenso die Tatsache, daß beide Bestimmungsmethoden der Streckgrenze zu sehr ähnlichen Zahlenwerten führen. Der Unterschied im Ausmaß der Streckgrenze je nach der kristallographischen Orientierung der Schubspannung kann sehr groß werden, z.B. ist beim Magnesium (hexagonal) die Streckgrenze in der Richtung der größten Festigkeit 40mal (!) größer als in der Richtung der geringsten Festigkeit.

Im Gegensatz zu der Bedeutung der Schubspannung für die Höhe der Streckgrenze erwies sich die auf die Translationsfläche wirkende Normalspannung als unwesentlich, obwohl dabei Unterschiede bis zu dem Verhältnis 1:2500 beobachtet wurden.

Im Falle des Auftretens einzigartiger Translationsflächen und -richtungen, wie sie bei den meisten hexagonalen Kristallen vorliegen, wo also die Beziehungen besonders eindeutig sind, kann man die Richtungsabhängigkeit der Streckengrenze sehr schön beobachten (Abb. 75). Als Abszisse ist hier der Wert des Produktes: $\sin \chi_0 \cdot \cos \lambda_0$ aufgetragen. Man erkennt, daß für $\chi_0 = 45^\circ$ ein Minimum der Streckgrenze zu beobachten ist. In Abb. 75b (bei Zn) sind die zugehörigen $\sphericalangle \chi_0$ eingetragen und jenes Intervall angegeben, das ihnen zufolge

Nichtübereinstimmung von Gleitrichtung und Richtung größter Schubkraft zukommt. Die eingetragenen Kurven wurden unter der Annahme berechnet, daß für die Basisfläche bei Zink z. B. eine konstante „*kritische Schubspannung*" mit 94 g/mm^2 vorliegt. Man erkennt, daß die beobachteten Werte für die Streckgrenze in verschiedenen Orientierungen mit dieser Annahme (ausgezogene Kurve) durchaus vereinbar sind. Die stark wechselnde Normalspannungskomponente (1 : 50) erwies sich als einflußlos.

Wenn mehrere Translationssysteme am gleichen Kristall in Erscheinung treten können, folgt die Höhe der Streckgrenze immer jenem System T und t, das in Bezug auf die Zugrichtung die günstigste Lage besitzt, d. h. jenes, in dem in Translationsfläche und -richtung die größte Schubspannung herrscht. Dadurch kommt im kubischen System häufig ein Wechsel in der Wirksamkeit der Translationssysteme zur Geltung, wie dies schon S. 84, Abb. 62 u. 63, kurz erwähnt wurde.

Es kommt mit aller Deutlichkeit zum Ausdruck, daß für den Einzelkristall die Streckgrenze, bzw. „kritische Schubspannung" *keine* Materialkonstante ist, sondern in der Hauptsache eine „*Orientierungsfunktion*".

Nun ergibt sich die Zwischenaufgabe, das Translationssystem (T und t) zu bestimmen, von dem sich die Schubspannung (Streckgrenze) abhängig zeigt.

Die an Kristallpolyedern mögliche, rein goniometrisch-kristallographische Bestimmung der Translationselemente bedarf keiner besonderen Erläuterung, ebensowenig die Verwendung des Mikroskopes zwecks Durchführung oder Überprüfung der Lagebestimmung von Translationsfläche und -richtung. Bei den metallischen Einkristalldrähten versagen aber diese Methoden vollständig. Da erwies sich die Heranziehung *röntgenographischer* Methoden als sehr vorteilhaft.

Wenn sich bei der plastischen Dehnung ein einziges Gleitsystem in der Translationsriefung bemerkbar macht, genügt oft eine *Laue*-Aufnahme senkrecht zur Ebene der sichtbaren Streifung, um die kristallographische Lage der Translationsfläche zu bestimmen. So gibt z. B. ein Zink-Einkristalldraht, in dieser Art untersucht, ein deutlich sechsstrahliges Bild, also das Bild der Basisfläche (0001), ein bei hoher Temperatur gedehnter Aluminium-Kristall liefert, in gleicher Weise untersucht, ein vierstrahliges Bild, also das Bild der Würfelfläche (100).

Da Andrade und *Tsien* [41] bestimmten auf diesem Wege für stabförmige Einkristalle von Kalium und Natrium, die ein körperzentriertes, kubisches Raumgitter besitzen, $T = (123)$, $t = [111]$.

Leider macht sich gerade bei solchen *Laue*-Aufnahmen ein weitgehender *Asterismus* sehr unangenehm bemerkbar und kann besonders bei komplizierteren Lagen der T-Flächen der eindeutigen Auswertung der Aufnahmen sehr hinderlich sein. Dieser Asterismus läßt klar erkennen, daß bei dem Gleitvorgang auch *Biegungen* um eine innerhalb T liegende und zu t senkrechte Achse auftreten, genau der Fältelungsachse f entsprechend (vgl. S. 51), wie sie schon bei so vielen Kristallen mit Gleitflächen festgestellt wurde.

Die Gleitrichtung t läßt sich in stark gedehnten Kristallen meist durch eine Drehkristallaufnahme feststellen. Angenähert liegt t dabei im Schnitt der Translationsfläche T mit einer senkrecht zur Bandebene stehenden und der Längsachse des Kristallbandes entsprechenden Symmetrieebene. Man wird diese Schnittlinie zwischen Bandsymmetrale und Translationsebene als Drehachse bei der Drehkristallaufnahme verwenden (Abb. 76). Der Kristall kegelt also

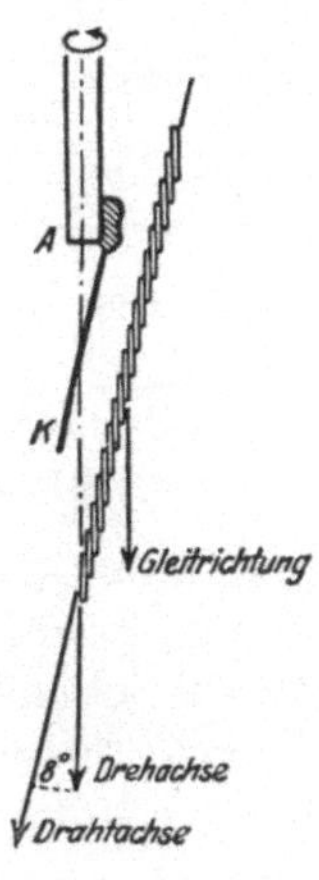

Abb. 76. Zur Bestimmung der Translationsrichtung t aus Drehkristallaufnahmen (nach *Schmid-Boas*).

Abb. 77. Fließgefahrkörper kubischer Kristalle mit Oktaedertranslation (nach *Schmid-Boas*).

während der Aufnahme um die (angenäherte) Translationsrichtung als Achse. Der Öffnungswinkel des Drehkegels entspricht dem Neigungswinkel zwischen der Translationsebene und der Längsrichtung und muß recht klein gehalten werden, d. h. der Kristall muß schon eine weitgehende Reckung erfahren haben. Die Bestimmung der kristallographischen Lage der als Drehachse verwendeten, angenähert t entsprechenden Richtung erfolgt aus der Drehkristallaufnahme mit den üblichen, für solche Aufgaben verwendeten Methoden (*Mark* und *Polanyi* [137]).

Ein mittelbares Verfahren, die Translations*richtung* zu bestimmen, beruht auf der Tatsache, daß während der Reckung die Draht- (Band-) Achse sich immer mehr der Gleitrichtung t nähert (vgl. Abb. 54 und 55). Wenn man nun während des Reckversuches mehrmals die Lage der Zugrichtung gegenüber der Bandachse prüft, ergibt die so festgelegte Wanderungsbahn mehr oder weniger eindeutig die Richtung, zu der die Bandachse bei „unendlicher" Dehnung hinstrebt, nämlich die Gleitrichtung t.

Bezüglich weiterer Einzelheiten in der Bestimmung von T und t, wie auch hinsichtlich der kristallographisch ganz unabhängigen Methode von *Taylor* und seinen Mitarbeitern [265—269] sei auf *Schmid-Boas* [219] bzw. die Originalliteratur verwiesen.

Auch hinsichtlich der Frage der *Torsion (Drillung)* von Metallkristallen, die in der Technik eine gewisse Rolle spielt (Beanspruchung dünnwandiger Kristallrohre), mag es genügen, auf das mehrfach erwähnte Buch hinzuweisen. In mineralogischer Beziehung sind kaum irgendwelche erwähnenswerte, umfänglichere Beobachtungen hier anzuführen, von Messungsversuchen ganz zu schweigen.

An besonders reinen Metallen werden nach *Schmid-Boas* [219] folgende Werte für die kritische Schubspannung des Haupttranslationssystems angegeben.

Tab. 6. *Kritische Schubspannung von Metallkristallen.*

	Cu	Ag	Au	Ni	Mg	Zn	Cd	β-Sn	Bi
Kritische Schubspannung g/mm²	100	60	92	580	83	94	58	189, 133	221
T		(111)				(0001)		(100) (110)	(0001)
t		[101]				[11$\bar{2}$0]		[001]	[11$\bar{2}$0]

Die Streckgrenze (kritische Schubspannung) ist außerdem noch von vielerlei äußeren Umständen abhängig. Hier sei nur erwähnt, daß die *Ziehgeschwindigkeit* von Einkristalldrähten aus der Schmelze sich deutlich bemerkbar macht in dem Sinne, daß die Streckgrenze um so höher liegt, je größer die Ziehgeschwindigkeit war.

Kadmiumkristalle mit 20 cm/Std. Ziehgeschwindigkeit zeigten eine kritische Schubspannung von 58,4 g/mm², solche mit 1,5 cm/Std. nur eine Schubspannung von 28,5 g/mm² (*Schmid-Boas* [219]).

Schließlich sei zur Veranschaulichung der Richtungsabhängigkeit der kritischen Schubspannung noch das Bild eines von *E. Schmid* angegebenen Modelles des „*Fließgefahrkörpers*" für einen *kubisch-flächenzentrierten* Kristall wiedergegeben (Abb. 77). (Oktaedertranslation mit [101] als Gleitrichtung oder Dodekaedertranslation mit der Raumdiagonalen [111] als Translationsrichtung.)

Das Modell ist so konstruiert, daß die Länge eines vom Mittelpunkt zu einem Punkt der Modelloberfläche gezogenen Vektors das Maß für die Größe der in dieser Richtung wirkenden kritischen Schubspannung darstellt. Durch das Zusammenwirken mehrerer gleicher Translationssysteme und deren besonderer Geltungsbereiche für verschiedene Richtungen des Raumes entsteht ein recht kompliziertes Gebilde, das mehrere verschieden starke Maxima und die entsprechenden Minima aufweist. Die größten Maxima liegen in den Richtungen der dreizähligen Deck- (Raum-) Achsen, die anderen verteilen sich auf die Würfelnormalen (vierzählige Deckachsen) und Dodekaedernormalen (zweizählige Achsen). Dazwischen liegen die Minima, die den Flächennormalen von $<731>$ sehr nahestehen, wenn sie nicht mit diesen zusammenfallen.[1] Diese

---

[1] Die in dem oft zitierten Werk [219] angegebenen Winkelneigungen der Minimarichtungen der Streckgrenze gegen die Würfelnormalen enthalten offen-

Richtungen der Minima sind auch dadurch gekennzeichnet, daß sie mit den
für den betreffenden Winkelbereich geltenden Translationselementen (111) und
[101] jeweils Winkel von 45⁰ einschließen, genau wie das auch in den Kurven
der Abb. 75 zu erkennen ist, wo gleichfalls die Richtungen mit χ und $\lambda = 45^0$
das Minimum der Streckgrenze aufzeigen.

Für diesen kubischen Fließgefahrkörper ist das Verhältnis zwischen der
größten und kleinsten Schubspannung 1,84 : 1.

Bei *hexagonalen* Kristallen mit Basistranslation ist der Unterschied viel gewaltiger und erreicht z. B. bei *Mg*, wie schon erwähnt, das 40fache. Dabei liegt
eine Art der Maxima in den Richtungen der beiden Arten zweizähliger, hori-
zontaler Deckachsen, eine andere in der sechszähligen Hauptachse. Die Minima
liegen unter 45⁰ gegen die Basis.

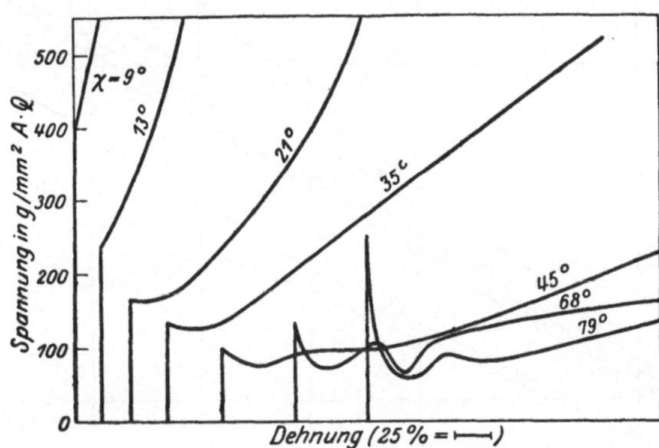

Abb. 78. Beobachtete Dehnungskurven von Cd-Kristallen (nach *Schmid-Boas*). Die Kurven für
verschiedene Orientierung = χ-Werte sind nebeneinander eingetragen.

Ist die kritische Schubspannung und damit der Beginn der plastischen Dehnung erreicht bzw. überschritten, dann fragt es sich, unter
welchen Spannungsbedingungen die weitere Dehnung (Reckung) vor
sich geht. Bleibt die notwendige Spannung während der weiteren Verformung mehr oder weniger konstant, oder ändert sie sich mit fortschreitender Deformation?

Die Abb. 78 zeigt das Aussehen solcher Dehnungskurven für Kadmium jeweils nach Überschreitung der Streckgrenze und bei verschieden großen χ_0-Winkeln. Der Dehnungs*maßstab* der nebeneinander eingezeichneten Kurven ist in der Abbildung ersichtlich gemacht.
Nach einem mehr oder weniger deutlichen Spannungsabfall unmittelbar nach Überschreiten der (als Kurvenbeginn) eingetragenen Streckgrenze ergibt sich in *allen* Fällen ein neuerlicher *Anstieg* der Span-
nungskurve.

---

bar einen bösen Druckfehler, denn die dort mitgeteilten Werte führen überhaupt zu keinem gemeinsamen Pol. Dagegen würde die Annahme von (731) für
das Minimum mit den Winkeln: 24⁰ 46′, 65⁰ 52′ und 83⁰ 44′ gegenüber den [001]-
Richtungen verträglich sein.

Die Kurven lassen mit zunehmendem χ_0 einen immer stärkeren, zunächst einsetzenden Spannungsabfall erkennen, doch auch bei ganz querer Lage von T ist im weiteren Kurvenverlauf der *Wiederanstieg* der notwendigen Schubspannung **unverkennbar**.

Daraus ergibt sich, daß im Verlauf des Versuches der Widerstand, den der Kristall der Weiterführung der Verformung entgegensetzt,

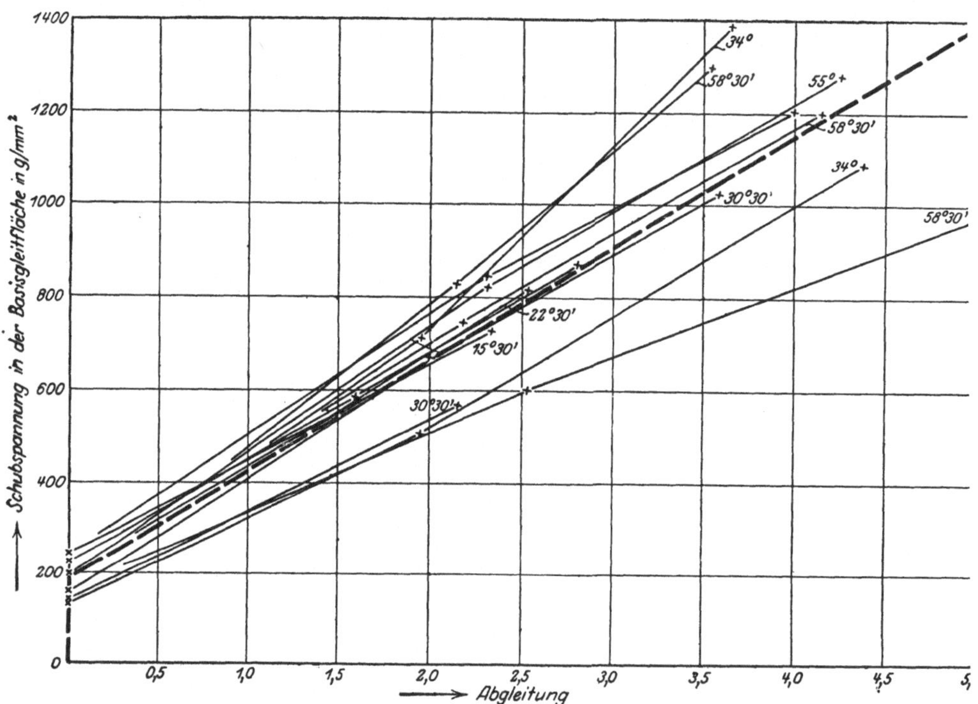

Abb. 79. Verfestigungskurve von Zn-Kristallen (nach *Schmid-Boas*). Schubfestigkeit als Funktion der Abgleitung (nach Überschreitung der Streckgrenze). Die Ausgangsstellungswinkel sind bei den einzelnen Kurven angeschrieben.

ständig wächst, d. h. der Kristall *verfestigt* sich (*„Schubverfestigung"*).

Wie aus Abb. 78 ersichtlich ist, zeigen sich Dehnung und Schubspannung in deutlicher Abhängigkeit von der Orientierung (χ_0). Die *Schubspannungsformel* $S = \sigma \sin \chi_0 \cos \lambda_0$ kann unter Berücksichtigung der Dehnungsformel $d = \dfrac{\sin \lambda_0}{\sin \lambda_1}$ (S. 81) geschrieben werden mit: $S =$

$= \sigma \sin \chi_0 \sqrt{1 - \dfrac{\sin^2 \lambda_0}{d^2}}$. Anderseits ist die *Abgleitung* gegeben durch

$a = \dfrac{1}{\sin \chi_0} \left(\sqrt{d^2 - \sin^2 \lambda_0} - \cos \lambda_0 \right)$. Bezieht man also die bei der Dehnung erzielten Messungswerte auf ein Koordinatenkreuz mit *Schubspannung* und *Abgleitung* statt angelegter Spannung und Dehnung, so

erhält man Kurven, die die *Verfestigung* darstellen, *unabhängig* von
der Kristallorientierung durch χ_0 *(Verfestigungskurve)*.

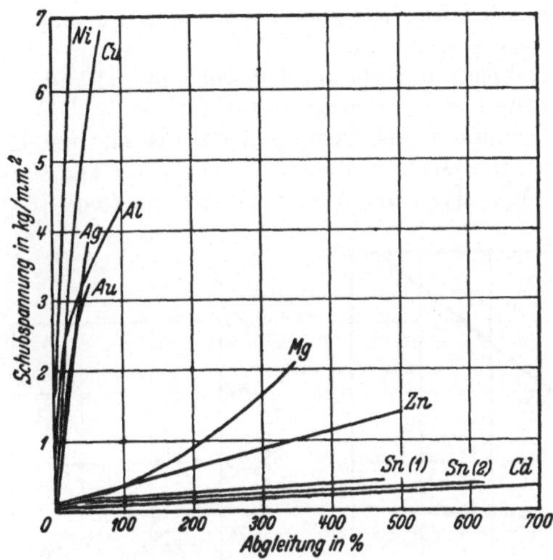

Abb. 80. Verfestigungskurven verschiedener Metalle (nach *Schmid-Boas*). Sn (1) : $T = (100)$,
$t = [001]$; Sn (2) : $T = (110)$, $t = [001]$.

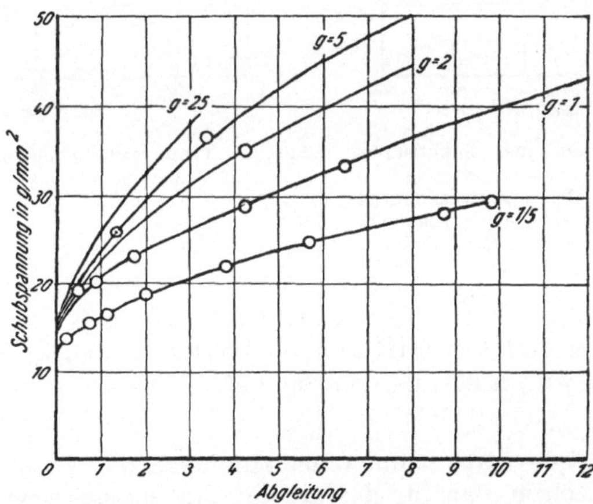

Abb. 81. Verfestigungskurven von Naphthalinkristallen (nach *Kochendörfer*). Abhängigkeit von der
Zuggeschwindigkeit, die in willkürlichen Einheiten ($g = 1$) eingetragen ist.

Abb. 79 gibt ein Bild von dem Verlauf der für verschiedene χ_0 berechneten
Verfestigungskurven bei Zinkkristallen bezüglich der Basisgleitfläche. Man
erkennt, daß alle diese Kurven fast zusammenfallen und durchaus zureichend
durch die stark gestrichelte Mittelkurve ersetzt werden können. Die ganze
Mannigfaltigkeit der richtungsabhängigen Dehnungskurven eines Kristalles
wird in dieser Darstellung durch eine *einzige* Kurve, die „*Verfestigungskurve*"
wiedergegeben.

Die Nebeneinanderstellung der Verfestigungskurven verschieden kristallisierender Metalle in Abb. 80 zeigt deutlich, welchen Einfluß *einzigartige* Translationssysteme gegenüber dem Zusammenwirken mehrerer im gleichen Kristall nehmen. Im hexagonalen und tetragonalen System, wo singuläre Translationsflächen vorliegen, beansprucht die Abgleitung und damit die Verfestigung eine viel geringere Schubspannung als bei den kubischen Kristallen. Bezüglich der zugehörigen Literatur siehe *Schmied-Boas* [219].

G. J. Taylor konnte nachweisen, daß bei Aluminium die Verfestigungskurven in verschiedenen Orientierungen *für Dehnung und Stauchung* durchaus zusammenfallen! (Vgl. dazu die Abb. 92 in *Schmid-Boas* [219].)

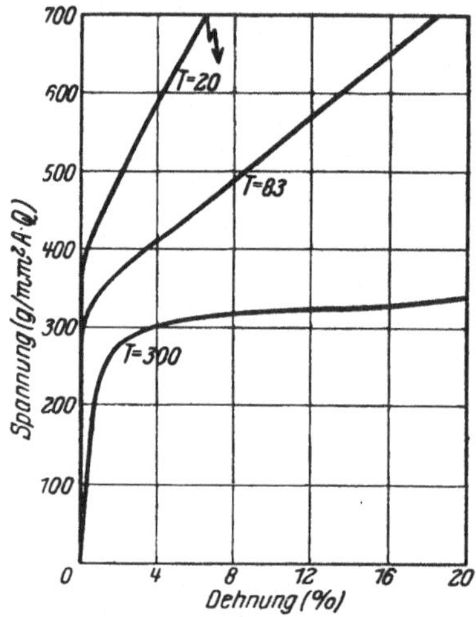

Abb. 82. Dehnungskurven eines Zinkkristalles bei verschiedenen Temperaturen. Nur bei $T = 20°$ ist der Kristall bis zum Zerreißen gedehnt, die anderen Versuche sind vorher willkürlich abgebrochen (nach *Polanyi-Schmid*).

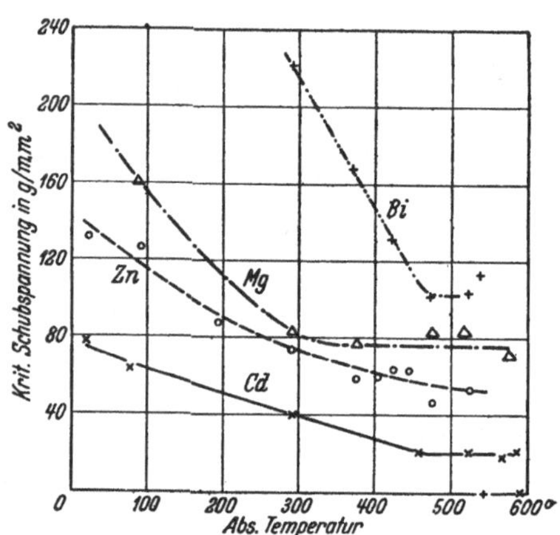

Abb. 83. Temperaturabhängigkeit der kritischen Schubspannung (nach *Schmid-Boas*).

Die Konstanz der Verfestigungskurve für einen Kristall gilt natürlich nur unter den *gleichen* äußeren Umständen, wobei insbesondere die *Zuggeschwindigkeit* und die *Versuchstemperatur* eine bedeutende Rolle spielen.

An dem Beispiel des Naphthalins (monoklin holoedrisch) konnte *A. Kochendörfer* [112, 113] zeigen, daß für das gleiche Translationssystem $T = (001)$, $t = [010]$ die Verfestigungskurven um so steiler werden, also für die gleiche Abgleitung eine um so größere Schubspannung verbraucht wird, je größer die Zuggeschwindigkeit ist, die in der Abb. 81 in einem willkürlichen Maßstab ($g = 1$) den Kurven beigeschrieben ist.

Von besonderem Einfluß ist die *Temperatur* hinsichtlich Beginn und Verlauf der Translation. Was den *Translationsbeginn*, also die Streckgrenze, anbelangt, ist der Knick in der Dehnungskurve um so schärfer, je höher die Versuchstemperatur ist, wie dies aus dem Verhalten von Zn-Kristallen gegenüber Reckung bei Temperaturen zwischen 20° abs.

und 300⁰ abs. (also etwa Zimmertemperatur) ersichtlich ist (Abb. 82).
So stark verschieden der weitere Verlauf der Dehnungskurven für verschiedene Temperaturen ist, hält sich doch der Dehnungs*beginn* innerhalb der *gleichen* Größenordnung.

Versuche mit Kadmium bis zu 1,2⁰ abs. lassen erkennen, daß auch bei so
außerordentlich niedrigen Temperaturen noch eine bedeutende Plastizität vor

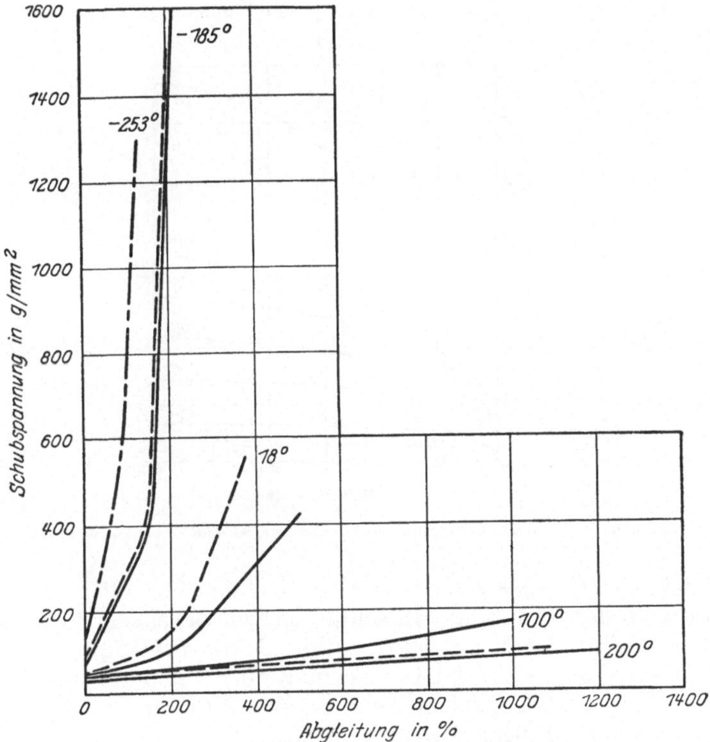

Abb. 84. Temperaturabhängigkeit der Verfestigungskurven für Cd (nach *Schmid-Boas*). Anspannungsgeschwindigkeit vor Erreichung der Streckgrenze 80—100 g/mm² in der Minute. Strichlierte Kurven
bei etwa 100facher Geschwindigkeit erhalten.

handen ist. Auch hier hält sich die kritische Schubspannung in der gleichen
Größenordnung wie bei höheren Temperaturen.

Die Abb. 83 stellt die Abhängigkeit der kritischen Schubspannungen von der
Temperatur dar, und zwar im Intervall von sehr tiefen Temperaturen bis nahe
an den Schmelzpunkt der Kristalle (für *Cd* bis 9⁰ unter dem Schmelzpunkt).
Trotzdem bewegen sich die Werte für die kritische Schubspannung in ziemlich engen Grenzen (1:3 bis 1:4). Die Schubspannung der Basistranslation
hexagonaler Kristalle wird also durch die Temperatur nur in sehr geringem
Maße beeinflußt. Die für *Cd* und *Zn* schon mögliche Extrapolation auf den absoluten Nullpunkt führt auch für diesen zu einer bestimmten *reellen* Schubfestigkeit.

Interessant ist das starke Verflachen der Kurven in der Nähe des Schmelzpunktes, hier zeigt sich also die Schubspannung nahezu konstant. Das ist insofern sonderbar, als doch beim Schmelzen selbst die Schubfestigkeit auf Null sinken muß. Da bei *Cd* und *Bi* der Schmelzpunkt bis auf 9⁰ bzw. 6⁰ angenähert wurde, müßte sich in diesem ganz kleinen Temperaturbereich dann ein ziemlich plötzlicher Kurvenabfall zeigen, der aber noch nicht beobachtet wurde.

Daß sich auch noch die Zug- (Verformungs-) *Geschwindigkeit* auf die kritische Schubspannung (nicht nur auf die Verfestigung) in gleichartiger Weise bei verschiedenen Temperaturen geltend macht, soll nur kurz erwähnt werden.

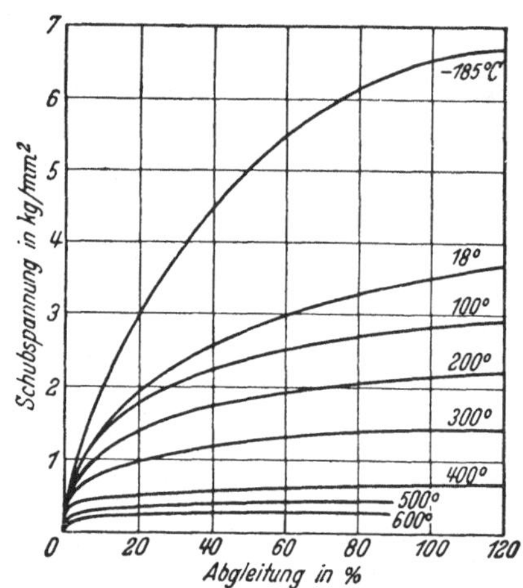

Abb. 85. Verfestigungskurven von Aluminiumkristallen (nach *Schmid-Boas*).

Die *Verfestigungskurven*, die also über das Verhalten der Kristalle im *Verlauf* der Dehnung Aufschluß geben, beweisen dagegen einen starken Einfluß der Temperatur auf die Schubverfestigung der Translationsfläche, besonders im Gebiete mittlerer Temperaturen, was sich in der stark veränderlichen Neigung der Kurven für den mittleren Temperaturbereich bemerkbar macht (Abb. 84).

In der gleichen Abbildung ist auch der Einfluß einer erhöhten Zuggeschwindigkeit auf die Verfestigung durch die gestrichelten Kurven gekennzeichnet. Für alle Temperaturen unter 0⁰ C und für alle über 100⁰ C verlaufen die Kurven jeweils ziemlich einheitlich. Die Kurven der Zwischentemperaturen beanspruchen dagegen ein breites Feld.

Etwas abweichend von dem Verhalten hexagonaler Kristalle ist das der kubischen Kristalle, z. B. Aluminium, dessen Verfestigungskurve in ihrer Temperaturabhängigkeit die Abb. 85 zur Darstellung bringt. Der Translationsbeginn zeigt nur eine sehr geringe Temperaturabhängigkeit, mit zunehmender Abgleitung ist aber der Anstieg der Schubfestigkeit wieder stark von der Temperatur abhängig, nur daß sich die Verfestigungskurven hier gleichmäßiger verteilen.

L. C. Tsien und *Y. S. Chow* [301] stellten an Molybdän-Einkristallen fest, daß mit der Änderung der Temperatur nicht nur die Streckgrenze und Verfestigung sich ändern, sondern daß auch eine Änderung im Translationssystem eintritt. Bei 20° und 300° ist $T = (112)$, $t = [111]$, bei 1000° C dagegen ist $T = (110)$, aber $t = [111]$ (unverändert). Ebenso beobachteten *W. Boas* und *E. Schmid* [19] an Aluminiumkristallen oberhalb 400° C bei Kristallen mit der Ausgangsorientierung aus dem Bereich zwischen Raumdiagonale, Flächendiagonale und [112]-Richtung das Auftreten einer *neuen* $T = (001)$ mit $t = [110]$ (Würfeltranslation).

Übereinstimmend ergibt sich, daß die Verfestigung mit Erhöhung der Temperatur und Verlangsamung der Zuggeschwindigkeit abnimmt. Temperatur und Zeit üben also eine der Verfestigung entgegengesetzte, *entfestigende* Wirkung aus. Das ist besonders schön zu erkennen,

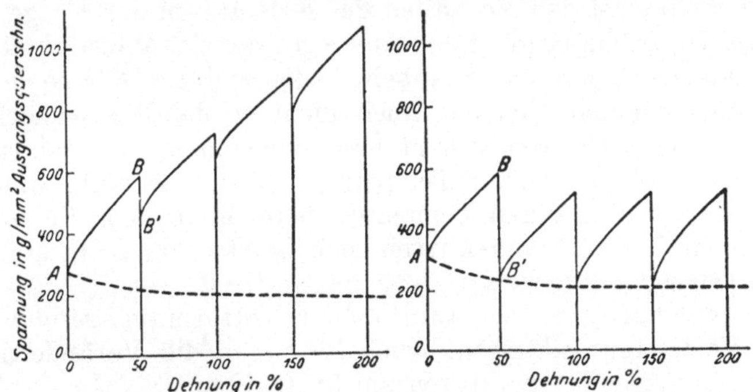

Abb. 86. Dehnung eines Zinkkristalles bei Einschaltung von Ruheintervallen („*Kristallerholung*") (nach *Schmid-Boas*). a) Ruhepause 30—40 Sek., b) Ruhepause 24 Stdn.

wenn man Dehnungsversuche für bestimmte Zeiten unterbricht, also *Ruhepausen* einschaltet. Die *Entfestigung („Kristallerholung")* macht sich vor allem dadurch bemerkbar, daß die zur Weiterführung des Versuches nötige Spannung *kleiner* ist als jene war, die vor Beginn der Ruhepause wirksam war. Abb. 86 gibt in den Größen BB' ein Bild des Spannungsrückstandes in der Ruhepause. Löst man die S. 104 gegebene Gleichung für S nach σ auf, dann erhält man damit die Gleichung der Dehnungskurve für verschiedene, durch χ_0 und λ_0 gegebene Ausgangsorientierungen der Translationselemente. Diese für Zn-Kristalle berechnete Kurve ist gestrichelt in die Abbildung eingezeichnet. Die Unterbrechung erfolgte jeweils in jenem Zeitpunkt, wo die Dehnung 50% erreichte. Dann wurde der Kristall entlastet und bei a) je eine Pause von 30 bis 40 Sekunden, bei b) eine solche von 24 Stunden (!) eingeschaltet. Es ist deutlich sichtbar, daß *kurze* Ruhepausen nur eine geringe Entfestigung („*Erholung*") zur Folge hatten, während 24stündige Pausen die zunächst stark erhöhte Schubfestigkeit wieder auf den Ausgangspunkt zurückbrachte, d. h. B' in die theoretische Dehnungskurve hineinführte. Die für die *Entfestigung* geltende Formel lautet: e (in %) $= \dfrac{S_1 - S_1'}{S_1 - S_0} \cdot 100$. ($S_1 =$ die nach 50% Dehnung erreichte Schubfestigkeit, $S_1' =$ die an der Streckgrenze des vorgereckten und erholten Kristalles festgestellte Schubfestigkeit.)

Zusammenfassend kann bezüglich des Einflusses von Temperatur und Zeit auf die Kristallplastizität gesagt werden: Die *kritische Schubspannung*, die den *Beginn* einer deutlichen Translation kennzeichnet, ist nur in geringem Maße von der Temperatur bzw. der Anspannungsgeschwindigkeit abhängig. Ihre Werte halten sich auch bei sehr weit gespannten Temperaturgrenzen und Geschwindigkeitsunterschieden innerhalb der *gleichen Größenordnung* (!). Man muß daraus wohl den Schluß ziehen, daß das Translationssystem auch noch bei dem absoluten Nullpunkt eine Schubfestigkeit in der gleichen Größenordnung besitzt.

Ganz anders ist das Verhalten der Kristalle in der Frage der *Verfestigung*. Die Abhängigkeit des Anstieges der Schubfestigkeit und Abgleitung von der Temperatur ist sehr bedeutend. Im Gebiete der tiefsten Temperaturen macht sich das noch nicht so deutlich bemerkbar, bei steigenden Temperaturen kommt man dagegen in ein Gebiet, wo die Verfestigung mit steigender Temperatur bedeutend sinkt und endlich erreicht man wieder einen Temperaturbereich, in dem die nur wenig ansteigenden Verfestigungskurven sich wieder als recht unabhängig von der Temperatur erweisen.

Ganz gleichartig ist der Einfluß der Verformungsgeschwindigkeit auf die Verfestigungskurven. Auch hier sind die Veränderungen im Bereiche mittlerer Temperaturen am kräftigsten.

Nach *M. Polanyi* und *E. Schmid* [193] bedeutet das, daß der *Grundvorgang* der Translation *unabhängig* von Temperatur und Geschwindigkeit, also „*athermisch*" verläuft. Bei tiefsten Temperaturen tritt uns dieser Vorgang ungestört gegenüber, gekennzeichnet durch eine für das jeweilige Material charakteristische Verfestigungskurve, aus der ersichtlich wird, daß die im unbeanspruchten Kristall niedrige Schubfestigkeit des Translationssystems mit zunehmender Abgleitung sehr stark ansteigt.

In zunehmendem Maße lagert sich über diesen athermischen Grundvorgang bei steigender Temperatur die „Kristallerholung", die *thermisch bedingte Entfestigung*.

Bei der Verformung eines Kristalles durch Translation treten daher im allgemeinen *zwei* grundsätzlich verschiedene Vorgänge zugleich auf, wovon der eine durch die Struktur des Realkristalles bedingt ist, der andere durch die Wärmeschwingungen der Gitterpunkte. Mit zunehmender Temperatur wirkt die thermisch bedingte Erholung der mit der Abgleitung verbundenen Verfestigung immer stärker entgegen, bis diese schließlich gänzlich verhindert wird.

Daß die Geschwindigkeitsverlangsamung einen ganz gleichartigen Einfluß auf den Gleitvorgang nimmt wie eine Temperaturerhöhung, erscheint ohne weiteres verständlich.

So erfolgreich sich der Zugversuch bei Untersuchungen der Translationen an Metallkristallen erweist, so schwierig und bisher noch wenig von Erfolg begleitet waren gleichartige Versuche bei den Ionenkristallen. Das hängt damit zusammen, daß bei Metallen Dehnungen um mehrere hundert Prozent die Regel sind, wogegen sich bei Ionenkristallen dank ihrer Sprödigkeit höchstens Dehnungen von ganz wenigen Prozenten erzielen lassen. Die Metalle sind im allgemeinen duktil (reckbar), andere Kristalle dagegen spröde (vgl. S. 54). Darum bedürfen die Ionenkristalle zwecks Prüfung auf ihre Dehnbarkeit viel feinerer Beobachtungsmethoden und viel sorgfältigerer Ausschaltung aller Möglichkeiten, durch die die Messung gefälscht werden könnte. Als vorteilhaft erweist sich bei den Ionenkristallen dagegen der Um-

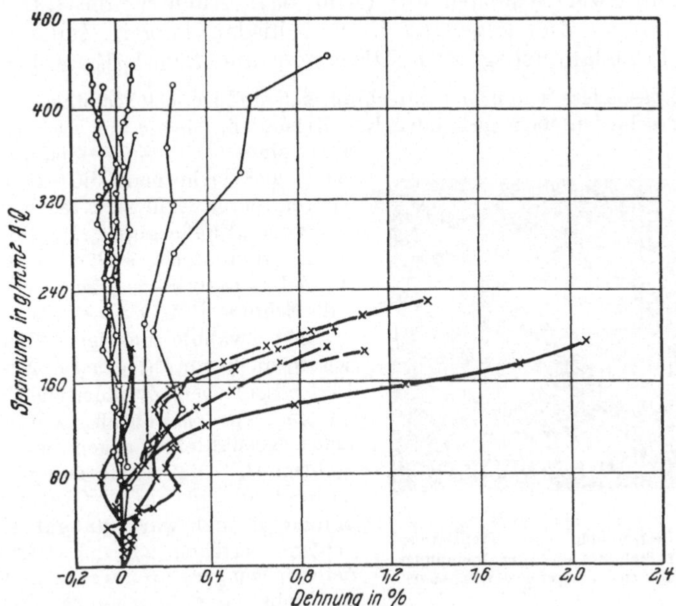

Abb. 87. Dehnungskurven von Steinsalzkristallen (nach *Schmid-Vaupel*). ◯ nicht getempert, × bei etwa 600° getempert.

stand, daß hier auch eine Überprüfungsmöglichkeit der Vorgänge im polarisierten Lichte möglich ist, eine Methode, die sich durch große Empfindlichkeit auszeichnet.

Zylindrische Steinsalzstäbchen, parallel einer Würfelkante geschnitten, wurden unter Einhaltung der größten Vorsichtsmaßregeln auf plastische Dehnung, kritische Schubspannung usw. untersucht (*E. Schmid* und *O. Vaupel* [*221*]). Ohne weitere Vorbehandlung reißen die Stäbchen bei Dehnungsversuchen. Nach längerer *Temperung* auf 600° (von sechs Stunden bis zu drei Tagen) war aber die Dehnungsmöglichkeit unverkennbar.

Abb. 87 gibt einen guten Einblick in die Versuchsergebnisse. Die ungetemperten Kristalle zeigen keine erkennbare Dehnbarkeit (Reckbarkeit), außerdem verraten die Kurven die überaus große Empfindlichkeit gegen die geringste Ungenauigkeit in der Versuchsanordnung oder -durchführung. Zwei der Kurven sind ganz offensichtlich fehlerhaft und fallen aus dem Bild heraus. Bei den getemperten Kristallen ist dagegen die typische Form der Dehnungskurve mit Streckgrenze und Abgleitung unverkennbar.

Von der Erreichung der Streckgrenze an zeigen sich an der Oberfläche der Kristalle feine Translationsstreifen. Besonders deutlich wird aber die plastische Verformung durch das Auftreten von *Spannungsdoppelbrechung.* Ein getemperter Steinsalzkristall zeigte bis zu 78 g/mm² Zugspannung keinerlei Veränderung. Nach einer Einwirkung dieser Spannung von 20 Sekunden traten ganz plötzlich doppelbrechende Streifen in zwei Systemen auf (Abb. 88). Auch weitere Streifen erschienen ohne Zugsteigerung in verschieden langen Zeiten ("ruckartiger Translationsbeginn") (*Obreimow* und *Schubnikow* [*180*]).

Ganz besonders schön und aufschlußreich sind Doppelbrechungserscheinungen in verschieden stark gedehnten KCl-Kristallen, wie sie aus Abb. 89 ersichtlich sind. Bei einer Spannung von 50 g/mm² sieht man die ersten Gleitspuren, deren Zahl sich rasch vermehrt bis zum „Fließbeginn". In diesem Zustand sind auch äußerlich sichtbare Translationsstreifen zu beobachten (*W. Schütze* [*228*]).

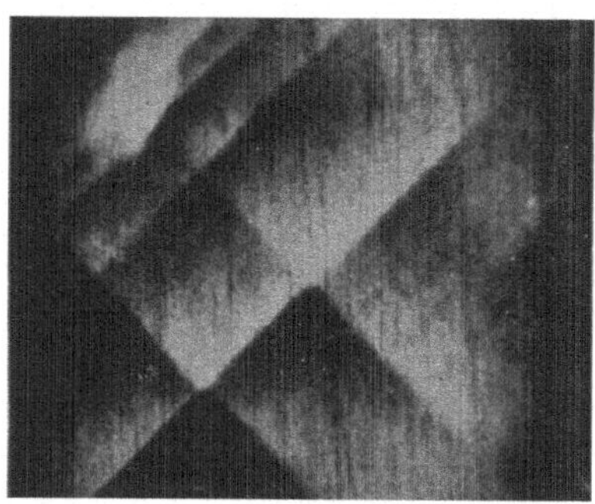

Abb. 88. Bestimmung des Translationsbeginnes bei Steinsalz aus der Spannungsdoppelbrechung (nach *Obreimow-Schubnikow*).

Die erwähnte ruckweise Verformung wurde auch von *M. Classen-Nekludowa* [*39*] beschrieben. Zylindrische Steinsalzstücke wurden durch Verschiebung eines Kristallteiles gegen den anderen deformiert. Die Verformung erfolgte sprunghaft in der Größenordnung einiger μ und war nur gut zu beobachten zwischen 230 bis 500° C. Bei tieferen Temperaturen waren die Sprünge zu klein, so daß scheinbar ein kontinuierliches Fließen eintrat. Bei höheren Temperaturen folgten die Sprünge so rasch aufeinander, daß sie nicht gut unterscheidbar waren. Der Zeitunterschied zwischen je zwei Sprüngen kann, je nach der Temperatur, mehrere Sekunden betragen. In der Zwischenzeit ist die Verformungsgeschwindigkeit im ganzen Kristall gleich Null. Die Verformungssprünge sind von einem Knacken begleitet, wie das Ticken einer Uhr.

Ganz gleichartige Erfahrungen berichten *R. Becker* und *E. Orowan* [*13*] von Zink-Einkristallen, wie aus den photographisch registrierten Dehnungskurven unzweideutig hervorgeht. Eine genaue Verfolgung dieser sprunghaften Verformung bei Zink gaben auch *E. Schmid* und *M. A. Valouch* [*220*].

Aus allen Versuchen ergibt sich die *Gültigkeit des Schmid*schen *Schubspannungsgesetzes* auch für Ionenkristalle. Auch die Richtungsabhängigkeit der Schubspannung besteht hier zurecht. Für die bei den meisten Alkalihalogeniden gültige *Dodekaedertranslation* ($T = (101)$, $t = [10\bar{1}]$) gilt das in Abb. 90 gegebene Schema der Wanderungsbahnen der Zugrichtung gegenüber der Gleitrichtung. Daraus folgt die Konstruktion des „Fließgefahrkörpers" (Abb. 91).

Da [111] eine *undehnbare* Richtung ist, muß der Fließgefahrkörper in den Raumdiagonalen unendlich werden. Auch dieser nahestehende Richtungen haben ganz außerordentlich hohe Werte der Streckgrenze. Die geringste Form-

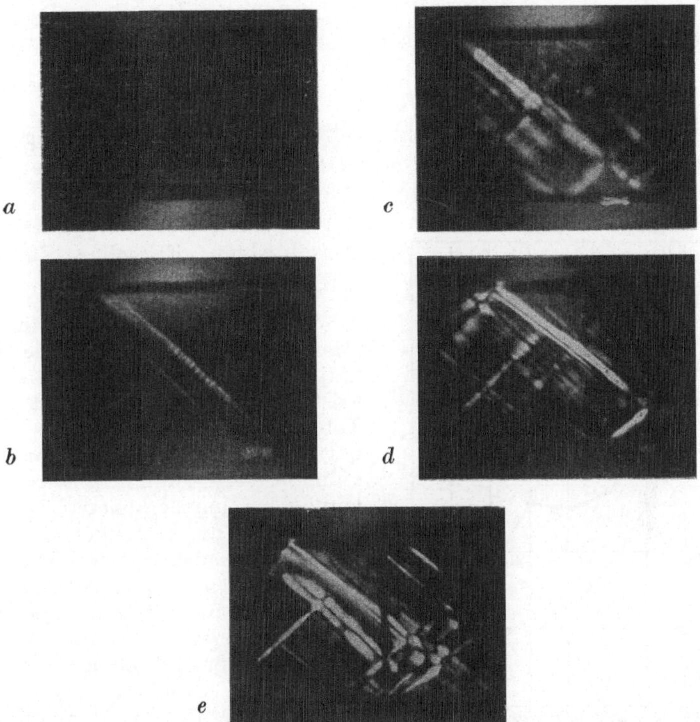

Abb. 89. Doppelbrechung in verschieden weit gedehnten KCl-Kristallen (nach *Schütze*). a) Unbeansprucht, b) 95,5 g/mm² (Fließbeginn), c) 154,5 g/mm², d) 206 g/mm², e) gerissen bei 254 g/mm².

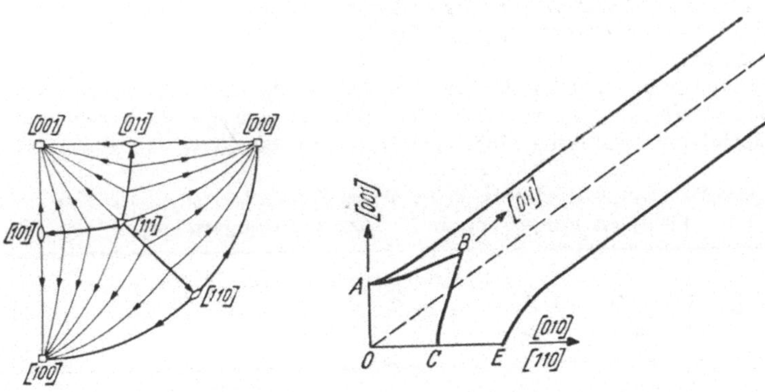

Abb. 90. Schema der Gitterdrehung bei der Translation kubischer Kristalle nach $T = (101)$, $t = [10\bar{1}]$ ☐ stabile Endlage, △ undehnbare Lage (nach *Schmid-Vaupel*).

Abb. 91. Schnitte des Fließgefahrkörpers kubischer Kristalle mit $T = (101)$, $t = [10\bar{1}]$ (nach *Schmid-Vaupel*). $OABCO$ Schnitt mit $< 100 >$, $OADEO$ Schnitt mit $< 110 >$.

Tertsch, Festigkeitserscheinungen.

8

festigkeit findet sich in den [001]-Richtungen, eine etwa doppelt so große in den [110]-Richtungen.

Die hohe „Strukturempfindlichkeit" aller Kristalle hinsichtlich der Kohäsionseigenschaften bringt es mit sich, daß bei den sich ziemlich spröde verhaltenden Ionenkristallen die quantitativen (Messungs-) Ergebnisse über ein größeres Streufeld verteilt sind. Dadurch erklären sich die vielfach voneinander abweichenden, ja einander widersprechenden Zahlenergebnisse, die verschiedene Forscher für das gleiche Mineral mitteilen.

Besonders lehrreich sind in dieser Hinsicht Untersuchungen, die *Blank* [18] an reinsten, natürlichen Steinsalzkristallen anstellte. Man sieht aus der Tab. 7, daß die Streckgrenze für die natürlichen Kristalle durchaus individuelle Werte annimmt. Durch Temperung bei immer höheren Temperaturen sinkt die Streckgrenze bis zur Erhitzungstemperatur von 600° C, wo *alle* untersuchten Kristalle ungefähr die *gleiche* Größe der kritischen Schubspannung erreichen. Bei weiterer Steigerung der Glühtemperatur erfolgt wieder eine Erhöhung der Streckgrenze, die aber wieder durchaus individuellen Charakter besitzt.

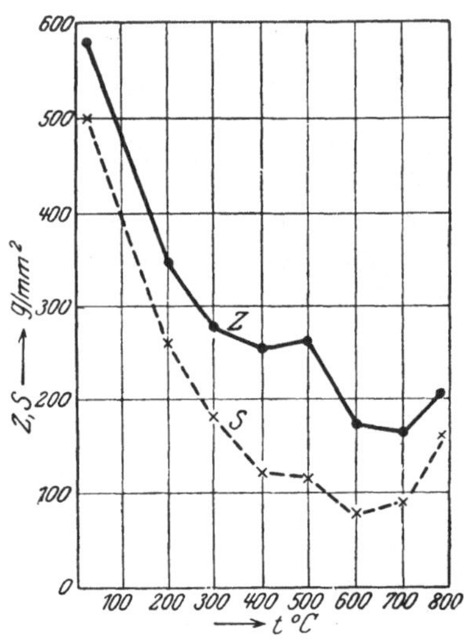

Abb. 92. Kohäsionsgrenzen bei Steinsalz von Bachmut (USSR.) (nach *Blank*). S = Streckgrenze, Z = Zerreißungsfestigkeit.

In Abb. 92 ist für den Kristall Nr. 11 das Verhalten der Streckgrenze bei verschiedenen Temperungstemperaturen dargestellt (Kurve S der Abbildung). Künstlich aus dem Schmelzfluß gezogene Kristalle gaben ein viel einheitlicheres Bild, die „Streuung" der Werte war viel geringer und ließ auch hier für etwa 600° C ein Minimum erkennen, das aber fast doppelt so groß war, wie jenes von natürlichen Kristallen.

Allem Anschein nach handelt es sich da um die Einwirkung von sehr geringen Verunreinigungsspuren, wie sie selbst bei dem chemisch reinsten Ausgangsmaterial unvermeidlich sind. Versuche mit *Zusätzen von Fremdkörpern*

Tab. 7. *Streckgrenzen natürlicher, getemperter Steinsalzkristalle für Zug parallel* [100] *in g/mm²* (nach *F. Blank* auszugsweise).

Kristall Nr.	Erhitzungstemperatur in ° C						
	20	200	400	500	600	700	780
1	70	60	60	—	50	—	90
2	180	160	140	140	50	80	190
8	290	240	135	110	85	130	210
10	420	300	200	100	95	180	210
11	500	260	120	110	80	90	160

ergaben bei einer Zugabe von $PbCl_2$ in der Größenordnung von 10^{-5} Mol, also 1 $PbCl_2$-Molekül auf 100.000 NaCl-Moleküle, eine außerordentlich hohe Zerreißfestigkeit (gegenüber den natürlichen Kristallen das Fünffache und gegenüber den aus der Schmelze gezogenen das Dreifache) und eine nur *ganz wenig tiefer* liegende und darum nicht sicher feststellbare Streckgrenze! Die Schubverfestigung ist durch Fremdzusätze also ganz gewaltig gesteigert.

Ähnliche Wirkungen der Fremdzusätze sind aus Abb. 93 nach *Edner* [48] zu entnehmen. Hier ist besonders interessant, daß zweiwertige Zusatzkationen eine viel stärkere Erhöhung der Streckgrenze S (und Zerreißfestigkeit Z) be-

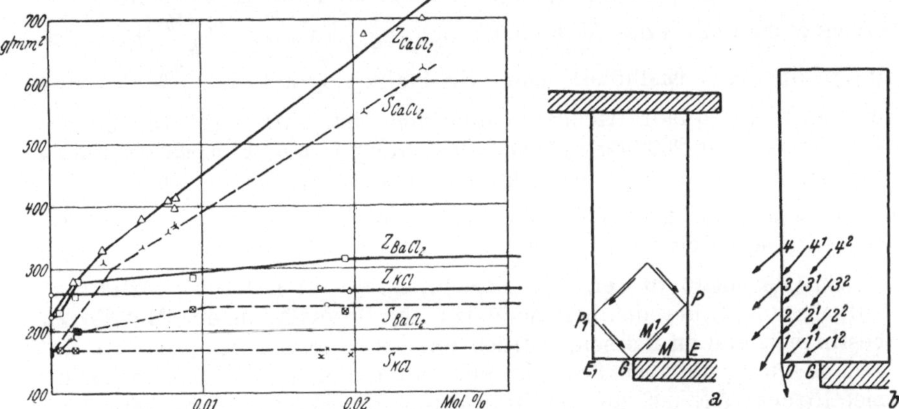

Abb. 93. Einfluß von Zusätzen auf die Streckgrenze (S) und Reißfestigkeit (Z) bei Steinsalzkristallen (nach *Edner*).

Abb. 94. Translationsversuche bei Steinsalz (nach *A. Ritzel*).   a) Versuchsanordnung mit Angabe der Gleitbahnen, b) Verschiebung einzelner markierter Punkte bei dem Druckversuch.

dingen, als die einwertigen. K ist praktisch ohne Einfluß, Ca wirkt am stärksten, Sr verhält sich ähnlich wie Ca, wogegen $MgCl_2$ bis zu 0,1 Mol% ohne Einfluß bleibt.

Die durch die Glühvorbehandlung bewirkte Entfestigung ist wohl als „Erholung" aufzufassen. In diesem Zusammenhang ist es bemerkenswert, daß die Spannungsdoppelbrechung bei dem Glühen verschwindet.

Wie die Abb. 87 erkennen läßt, zeigen auch die Dehnungskurven des Steinsalzes eine *zunehmende Verfestigung*, ein Ansteigen der Schubspannung mit der Abgleitung. Die bei solchen Versuchen erzielte Dehnung erreicht meist nur einige Prozent. Nur bei sehr dünnen, getemperten Stäbchen wird bis zu 50% Dehnung angegeben. Mit abnehmendem Durchmesser der Stäbchen steigt die Reckungsmöglichkeit, besonders wenn die Dicke unter 0,6 mm sinkt (vgl. auch *W. Theile* [297]).

Es ist von Interesse, daß auch dünne Stäbchen in der Lage der Raumdiagonale vor dem Durchreißen eine sehr kleine Dehnung erfahren, obwohl ja im Dodekaedersystem der Gleitung die [111]-Richtung undehnbar sein soll (vgl. Abb. 90 und 91). Nachweislich handelt es sich hier um die Wirkung eines *neuen* Gleitsystems nach Würfelflächen, das das Dodekaedersystem in diesen Richtungen ablöst.

Die plastischen Verformungen wachsen bedeutend bei *Erhöhung der Temperatur*, womit ja gleichzeitg auch ein Sinken der Streckgrenze verbunden ist. In der Alkoholflamme kann man Steinsalzkristalle leicht aus freier Hand biegen und drillen (vgl. auch *L. Milch* [141]).

Bei *Stauchungs*versuchen an quadratischen Spaltstücken von Alkalihalogeniden, die bis zu $1/_{10}$ der ursprünglichen Höhe des Spaltstückes verfolgt wurden, ergab sich eine sehr einfache Beziehung. Bezeichnet man mit s das Maß der Stauchung, so ist $s = \dfrac{h_0 - h}{h}$ ($h_0 =$ Anfangshöhe, $h =$ Endhöhe). Der „Schlankheitsgrad" $\lambda = \dfrac{h_0}{d}$, wenn d die Seite der quadratischen Grundfläche ist. Dann gilt für höhere Drucke p (über 2000 kg/cm²) die Beziehung $s = b \cdot \lambda \cdot p$, worin b eine für das untersuchte Material kennzeichnende Konstante ist.

In erster Annäherung steigt dieser Wert b mit der Gitterkonstante bei Halogeniden mit gleichem Kation.

Im Gegensatz zu den fast ausschließlich auf Dehnung (Reckung) aufgebauten Untersuchungsmethoden, die Translation der Metalle zu bestimmen und zu messen, wurden mit den wenigen, schon vorhin angedeuteten Ausnahmen Translationsbestimmungen bei Mineralen nichtmetallischer Art fast nur im *Stauch*- und *Druck*versuch vorgenommen. Die meisten dieser Untersuchungen tragen einen mehr qualitativen Charakter und es wurde ein größeres Augenmerk auf die kristallographische als auf die physikalische Seite des Problems gerichtet. Die Tatsache der Erhöhung der Plastizität durch Temperaturerhöhung wurde zur Unterstützung der Druckwirkung vielfach schon seit langem in Gebrauch genommen.

Recht interessante Versuche, den Translationsvorgang bei Halogensalzen näher zu erfassen, stellte *A. Ritzel* an [208, 209]. Steinsalzspaltstücke wurden zwischen parallelen Backen stark gepreßt und mit verschiedenen optischen Mitteln die Gleitung zu verfolgen versucht.

Abb. 94 zeigt, daß die eine Preßbacke *nicht* an die *ganze* Gegenfläche angelegt wurde, sondern einen Teil des Kristalles frei ließ. Es war zu erwarten, daß dann bei Pressung die Ecke *GEP* sich in der Pfeilrichtung gegen den übrigen Kristall verschieben wird. Um diese tatsächliche Bewegung sicher zu erkennen, wurden in die „Beobachtungsfläche" des Spaltstückes parallel den Würfelkanten feine Linien eingeritzt und die Verschiebung der Schnittpunkte dieser Linien (in gleichem Abstand von G mit den gleichen Nummern bezeichnet, z. B.: 1, 1¹, 1² usw.) nach Richtung und Größe unter dem Mikroskop gemessen (Abb. 94 b). Dem Auftreten von Spannungsdoppelbrechung wurde besondere Beachtung geschenkt.

Ritzel erwähnt, daß man gewisse Versuche bei Zimmertemperatur nicht durchführen könne, sondern hierzu höherer Temperaturen bedürfe. Die Deutung seiner Versuche, die er unter Annahme einer besonderen Oberflächenschicht machte, konnte nicht aufrechterhalten werden. Im übrigen wurde das bekannte Translationssystem bestätigt.

Die zahlreichen Translationsversuche, die *O. Mügge* bekanntgab (vgl. besonders [157]), sind fast ausschließlich als Stauchungsversuche, meist mit Biegegleitung verbunden, durchgeführt. Am Bleiglanz vollzog er die Stauchung in der Weise, daß er in eine, in ein starkes Buchenbrett geschnittene, symmetrische Rinne mit 95° bis 100° Winkel ein Spaltwürfelchen so einlegte, daß eine Würfelfläche an einer Rinnenseite anlag und die Diagonale dieser Fläche der Höhenlinie der Rinnenfläche entsprach. Die unterste Würfelkante ist dann 5° bis 10° gegen die andere Rinnenseite geneigt. Wird dann mit einem Metallstab auf die herausragende oberste Würfelecke gedrückt, so gleiten die einzelnen Schichten längs der Diagonale, bis sie durch die zweite Rinnen-

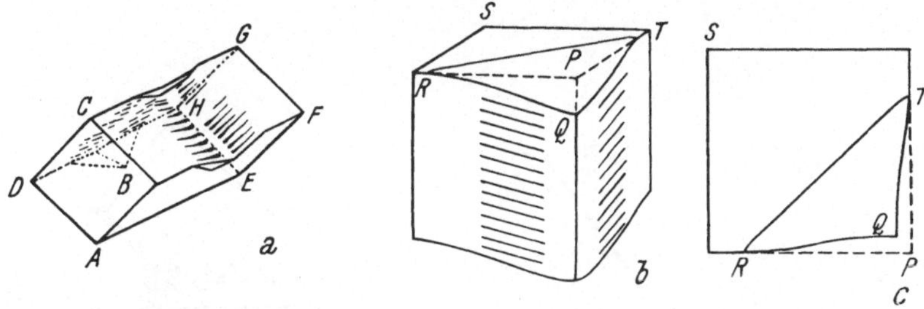

Abb. 95. Translationsversuche am Bleiglanz (nach *Mügge*). a) Versuchsergebnis, b) Biegegleitung an einem Bleiglanzwürfel, c) Grundriß zu *b*.

seite aufgehalten werden. Man erhält ein schiefes Parallelpiped mit quadratischer Basis, $T = (001)$, $t = [110]$.

Bei den übrigen Translationsversuchen am Bleiglanz verwendete *Mügge*, wie auch sonst mit Vorliebe, *Biegegleitung* in den verschiedensten Formen. Ein interessanter Versuch wurde in der Weise ausgeführt, daß ein längliches Spaltstück in eine 90gradige Rinne (mit Ausnehmungen) in der Weise eingelegt wurde, daß dieses nur an zwei Ecken unterstützt war (Abb. 95). Durch einen Druck auf die obere freie Kante *CG* glaubte *Mügge* wie beim Eis (vgl. S. 51, 52) ein Paket Würfelschichten herausdrücken zu können, statt dessen zeigten sich aber Verbiegungen der Würfelfläche, und zwar bei jenen, die an *CG* anschließen, nach innen, und bei jenen, die an *AE* grenzen, durch Aufwölbung nach außen. Gleichzeitig ergaben sich auf der Oberseite Streifen in fiedriger Anordnung beiderseits der flachen Rinne (Abb. 95).

Wie die Abb. 95 b und c andeutet, handelt es sich hier um eine Biegegleitung, wobei die Diagonale *RT* als „Fältelungsachse" *f* dient (*t* ist die dazu normale Diagonale). Die Streifen an den Würfelseiten ergeben sich als Gleitspuren der (001)-Schichten. Die Würfelecke *P* wird nach *Q* herabgedrückt und verschiebt sich dabei, wie der Grundriß 95 c zeigt, infolge des Umstandes, daß die Längen $RP = RQ$, bzw. $TP = TQ$ erhalten bleiben, nach innen zu.

Durch schiefes Aufpressen auf nachgiebiger Unterlage erzielte *O. Mügge* [169] am Phosgenit [tetragonal trapezoedrisch, vollkommen spaltbar nach (110) und (001)] an Spaltstücken nach (110), etwa 1 mm dick, nach z 2 mm lang und ungefähr ebenso breit, eine scheinbare Umbiegung der Basisfläche um $\sim 18^0$. Unter dem Mikroskop zeigte das ganz klar gebliebene Spaltstück, nachdem es zu einem Dünnschliff verarbeitet war, auch in den verformten Ecken optisch ein ganz *ungestörtes* Verhalten, und auch die Spaltrisse gingen ungestört durch diese Teile hindurch. Es konnte sich also nur um eine Blattgleitung handeln mit $T = (110)$ und $t = [100]$ (Abb. 96).

Beim Dünnschleifen einer Phosgenit-(110)-Platte in den üblichen Kreisbahnen auf der Schleifscheibe hatte man das Gefühl, als ob dann, wenn die

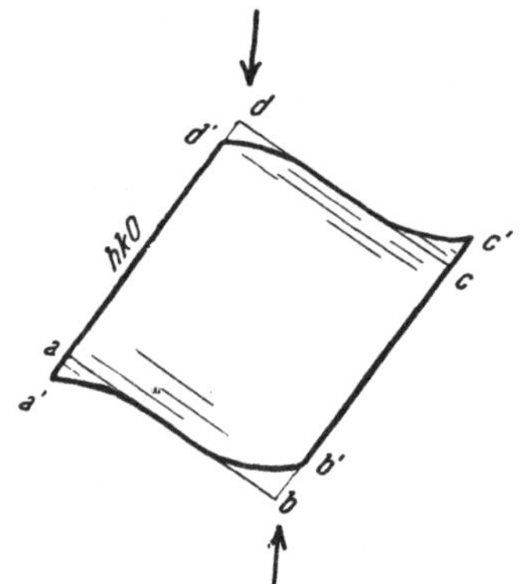

Abb. 96. Translationsversuch am Phosgenit nach *Mügge.*   Abb. 97. Biegegleitung am Steinsalz nach *Mügge.*

z-Richtung in die Schleifrichtung geriet, der Kristall festhake oder Stückchen herausgerissen würden, was aber *nicht* der Fall war. Dagegen zeigten sich normal z-Unebenheiten, *Fältelungen* (f-Achse!). Davon bemerkt man nichts, wenn man die Platte in einer Richtung normal [001] hin und her bewegt. Auch die beobachteten Ritzhärtenunterschiede (vgl. S. 188) hängen damit zusammen (parallel z weich, normal z ziemlich hart).

Einen ähnlichen Biegegleitversuch gibt *Mügge* für das Steinsalz an. Wenn eine dünne Steinsalzplatte über Eck unter Druck über eine etwas nachgiebige Unterlage gezogen wird, biegt sich diese Ecke ab, wobei meist ein Abspalten nach einer der schmalen Würfelflächen erfolgt. Die verbogenen Stellen bedecken sich mit Streifen parallel den beiden zur Würfelfläche senkrechten (110)-Flächen (auch an den Doppelbrechungserscheinungen gut zu erkennen) (Abb. 97).

In ähnlicher Weise untersuchte *Johnsen* die Translation am Dolomit und an einer Reihe von Haloidsalzen [104] (Abb. 98). Durch Druck auf eine Spaltfläche des Dolomites entsteht auf der *gedrückten* $(\bar{1}101)$ und der $(10\bar{1}1)$ nahe der etwas herausgepreßten Polecke eine Streifung, während die $(0\bar{1}11)$ ganz ungestört erscheint. Das läßt sich nur durch eine Blattgleitung mit $T = (0001)$ und $t = \bar{1}2\bar{1}0$ erklären. Der Versuch, die abgequetschte Ecke herunterzubrechen, ergab eine normale Rhomboederspaltung auch in diesem verformten Teil.

Bezüglich der Haloidsalze unterschied *Johnsen* zwei Gruppen: 1. NaCl, KCl, KBr, KJ, RbCl, NH$_4$J (!) mit $T = (101)$, $t = [10\bar{1}]$ [lange Diagonale von (101)]; 2. NaF, NH$_4$Cl, NH$_4$Br mit $T = (101$, $t = [010]$ [kurze Diagonale von (101)]. Die Ergebnisse des schiefen Aufpressens einer Würfelecke von Salmiak stellt Abb. 98 b dar. Der erzielte, einspringende Winkel wechselt mit dem Druck. Die Spaltbarkeit bleibt unverändert.

Da sich aus freier Hand oder mit einer Handpresse erreichbare Drucke zwecks Erzielung einer deutlichen Translation vielfach als zu schwach erwiesen, natürlich gepreßtes Material aber sehr kräftige Spuren von Blattgleitung verrieten, ging man zur Verwendung stärkerer Preßmethoden über.

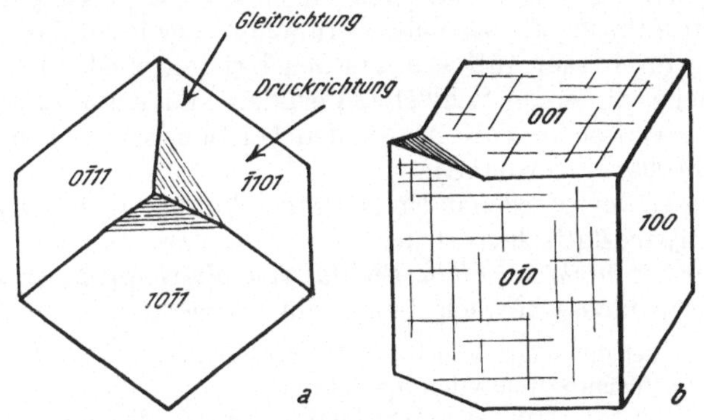

Abb. 98. Translationsversuche nach *Johnsen*. a) Dolomit, b) Salmiak.

Die ersten Versuche dieser Art gehen auf *Tresca* [300] zurück, der Kristalle oder Aggregate in einem starken Hohlzylinder durch Einpressen eines Stempels unter Druck bis zu 30.000 kg setzte. Da der Stempel absichtlich nicht ganz dicht schloß, quoll zwischen Stempel und Zylinderwand die Masse bei Erreichung des Fließdruckes röhrenförmig heraus. Die Ausflußgeschwindigkeit wurde dabei als „Maß der Plastizität" angesehen. Die eingeführten Kristalle müssen dabei genau den Ausmaßen des Hohlzylinders entsprechen.

O. Mügge [151] umgoß Diopsidkristalle mit Blei. Die zylindrisch geformten Stücke wurden dann in einem Schraubstock gepreßt, bis die 20 mm dicken und 15 mm langen Bleizylinder auf die Hälfte verkürzt waren.

Die Einbettungsmasse wurde dann von anderen Forschern in der verschiedensten Weise abgeändert (Öl, Schellack, geschmolzener Alaun, Schwefel, Paraffin oder niedrig schmelzende Legierungen).

A. Johnsen [102] umgoß den zu untersuchenden Kristall in einem kupfernen Hohlzylinder zunächst mit Sublimatpulver und preßte dann einen vollkommen *gut abgedichteten* Stahlstempel bis zu $P = 6000$ kg ein. Für das Lithiumsulfat-Monohydrat erwiesen sich diese Drucke als unzureichend, dagegen wurde der Cu-Zylinder stark verformt bzw. zerrissen. Die weiteren Versuche erfolgten in einem Stahlzylinder (2 cm hoch, 4 cm äußere und 1 cm innere Weite, Stahlstempel 4 cm lang). Als Einbettungsmasse dienten Schwefelblumen, die eingestampft und nach der Pressung mit CS_2 weggelöst wurden. Auch Einschmelzen in *Woodsches* Metall wurde versucht. Die eingebetteten Kristalle von ungefähr 5 mm Durchmesser wurden gegen die Zylinderachse in verschiedener Weise orientiert. Die Verwendung einer hydraulischen Presse gestattete Drucksteigerungen bis zu 23.000 kg/cm² Stirnfläche. Man läßt den Druck mehrere Stunden einwirken, wobei man in kurzen Pausen immer wieder den Druck steigern muß, da die Auswirkung der zunehmenden Verformung immer mit einer kleinen Entspannung verbunden ist.

Als Einbettungsmasse hat sich nach den Erfahrungen von *O. Mügge [172]* Salpeter als besonders brauchbar erwiesen, läßt sich auch sehr einfach in Wasser auflösen, um den Kristall wieder freizubekommen. Versuche, die er an Schwefel, Periklas und Kupferkies anstellte (vgl. die Ergebnisse in Tab. 3) wurden bei Stempeldrucken zwischen 10.000 bis 30.000 at gewonnen.

Trotz diesen verschiedenen Einbettungen kann man *nicht* von einem *allseitigen*, hydrostatischen Druck sprechen, bzw. ist der bestehende allseitige Druck *nicht in allen Richtungen gleich groß*. In der Richtung der Stempelachse herrscht immer ein *Überdruck*.

Wirklich hydrostatischer, allseitiger Druck könnte auch bei den Kristallen nie zu einer Verformung und Gleitung führen.

Eine reinliche Scheidung des Druckteiles, der auf den allseitigen Druck, und jenes, der auf den einseitigen Überdruck zu rechnen ist, kann leider bei keinem dieser Versuche vorgenommen werden, weshalb bei Anwendung dieser Methoden über die Festigkeitsgrenze nichts Bestimmtes ausgesagt werden kann.

Den Einfluß, den eine Temperaturerhöhung auf den Gleitvorgang unter Druck nimmt, verfolgte *F. Heide* [82] bei Baryt, Cölestin und Anglesit. Bei Zimmertemperatur und Drucksteigerung bis auf 17.000 at zeigen alle drei Minerale *nur* Translationen nach $T = (001)$, bzw. $T' = (011)$.

Die Kristalle wurden in lufttrockenem Ton eingebettet und bei 40⁰ bis 430⁰ bis zu 19.000 at gepreßt. Da (s. o.) ein hydrostatischer Druck gar nicht erwünscht ist, wurde zur Erleichterung der Schichtbewegungen im Ton unterhalb des Kristalles ein schmaler Stahlkeil angebracht (ohne den Kristall zu berühren). Durch die Tonmasse erfährt der Kristall eine Beanspruchung auf *Biegung*, und zwar werden die randlichen Teile, entgegen dem Stempeldruck, nach oben gebogen.

Tab. 8. *Translationen an Baryt, Cölestin und Anglesit bei hohen Drucken und Temperaturen.*

	$T_1=(001)$	$T_2=(011)$	$T_3=(010)$	$T_4=(010)$	$T_5=(110)$
Baryt ..	$t_1=[100]$	$t_2=[0\bar{1}1]$	$t_3=[010]$	$t_4=[100]$	$t_5=[001]$ (?)
	$f_1=[010]$	$f_2=[100]$			
Cölestin	,,	,,	,,	—	,,
Anglesit	,,	,,	(?)	—	(?)

In diesem Zusammenhang sei nochmals auf die Bedeutung der Translationen für die Gesteinsbildung und -umbildung hingewiesen (vgl. S. 55). Die Tatsache, daß man in der Natur so vielfach Spuren von Translationen an Kristallen findet, die im Laboratorium nicht, oder nur unter Anwendung hoher Temperaturen und Drucke nachgebildet werden konnten, beweist, daß nicht allein die Kristallbildung, sondern auch deren Umbildung in höchstem Maße von den herrschenden Temperaturen und Drucken, bzw. Bewegungen im Magma oder im verfestigten Gestein abhängt.

Die Fortführung von Verformungsversuchen an einem Kristall muß endlich dazu führen, daß die Translation im Bruch, im Zerreißen, ihr

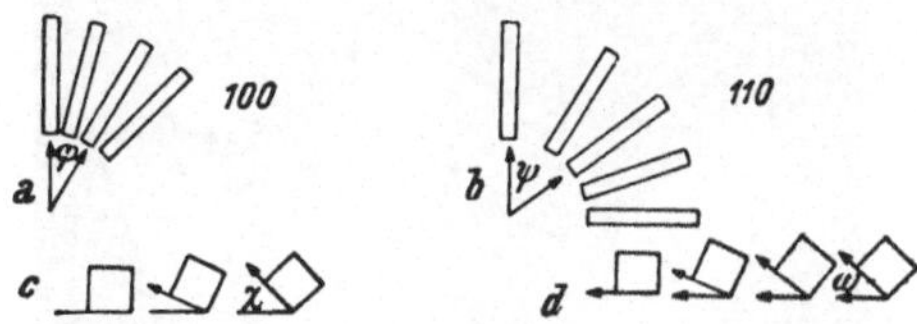

Abb. 99. *Voigts* Zerreißungsversuche an Steinsalzprismen. a) Längs- und Querrichtung in (100), b) Längs- und Querrichtung in (110), c) Längsrichtung $\perp$ (100), beide Querrichtungen in (100), d) Längsrichtung $\perp$ (110), beide Querrichtungen in (110).

natürliches Ende findet. Darum sollen an dieser Stelle die Fragen der Zerreißfähigkeit von Kristallen besprochen werden.

a) *Zerreißungsfestigkeit.* Die ersten Versuche und Messungen wurden von *L. Sohncke* [245] aus Steinsalzkristallen ausgeführt und führten zur Aufstellung des *Sohnckeschen Normalspannungsgesetzes: Der Kristall zerreißt dann, wenn senkrecht zur Reißfläche* (beim Steinsalz immer die Würfelspaltfläche) *eine bestimmte Normalspannung erreicht ist.* Ist N die kritische Normalspannung, so folgt aus den Angaben

S. 99 $Z = \sigma = \dfrac{N}{\sin^2 \chi}$. Es ist also eine starke Abhängigkeit von der Richtung (χ) zu erwarten.

Tab. 9. *Voigts Zerreißungsversuche am Steinsalz* (vgl. Abb. 99).

Längs- und eine Querrichtung in:					
a) (100) φ (gegen [001])	0°	15°	30°	45°	
g/mm²	571	553	737	1150	
b) (110) ψ (gegen [001])	0°	32°	54$^1/_2$°	72°	90°
g/mm²	917	1870	2150	2240	1840
Beide Querrichtungen in, Längsrichtung normal zu:					
c) (100) χ (gegen [010])	0°	22$^1/_2$°	45°		
g/mm²	571	714	917		
d) (110) ω (gegen [1$\bar{1}$0]	0°	19°	38°	45°	
g/mm²	1150	1620	1730	1840	

Die Zerreißversuche wurden an Stäbchen in Form quadratischer Prismen ausgeführt und ergaben für Stäbchen $\perp$ Würfelfläche 35,0 Loth = 545 g/mm², $\perp$ Dodekaederfläche 69,7 Loth = 1085 g/mm² und $\perp$ 111-Fläche 75,2 Loth = 1170 g/mm² an Zerreißfestigkeit. Die Angaben sind Mittelwerte aus recht stark „streuenden“ Einzelmessungen.

W. Voigt [*306*, S. 946 ff.] berichtet von Versuchen, gemeinsam mit *A. Sella* (Wiedemanns Ann. 48, 1893, 636), bei denen die Orientierung

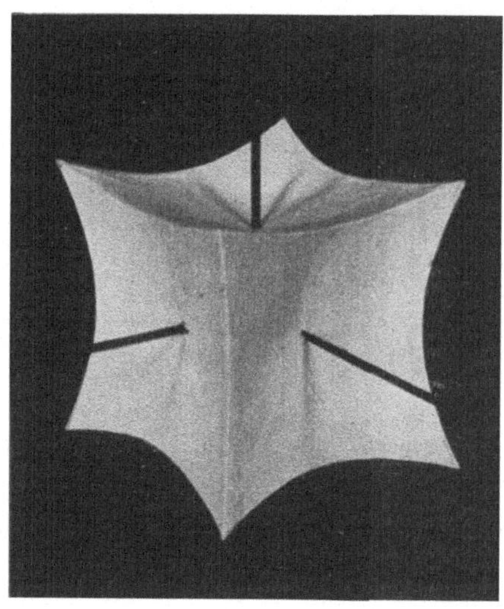

Abb. 100. Reißfestigkeitskörper kubischer Kristalle mit Würfelspaltung (nach *Schmid-Vaupel*).

der Steinsalzstäbchen hinsichtlich Längs- *und* Querrichtungen vielfach abgeändert wurde. Die Zahlenergebnisse sind wieder Mittelwerte.

Aus den in Tab. 9 unter c und d angegebenen Versuchsergebnissen, wonach die Orientierung der *Seitenflächen* einen wesentlichen Einfluß nimmt, glaubte *Voigt* schließen zu müssen, daß das *Sohncke*sche Normalspannungsgesetz die Verhältnisse nicht zutreffend wiedergibt, sondern daß sich noch eine besondere Wirkung der Oberflächenschicht des jeweiligen Stäbchens bemerkbar macht. Es würde demnach die mathematische Darstellung dieser Erscheinungen *mindestens* eine gerichtete Größe *vierter* Ordnung erfordern.

Die seither übliche Verwendung zylindrischer Stäbchen schaltet diesen vermuteten Einfluß der Seitenflächen aus und läßt die Vollgültigkeit des *Sohncke*schen Gesetzes auch für Steinsalz erkennen.

Auch aus den *Voigt*schen Originalversuchen folgt das gleiche Ergebnis, wenn man Versuche vergleicht, bei denen jeweils ein Seitenflächenpaar in den verschiedenen Versuchen übereinstimmt. Außerdem dürfte der „Seitenflächeneinfluß“ wenigstens zum Teil auch auf eine durch die Probenherstellung

(Schleifen, Polieren, geringfügige Verdünnung gegen die Mitte des Stäbchens) bedingte Reißverfestigung (vgl. S. 124) zurückzuführen sein.

Die letzten diesbezüglichen Versuche von *Schmid* und *Vaupel* [*221*] lieferten für die in der Art von *Sohncke* verwendeten Steinsalzstäbchen verschiedener Längsrichtung die Werte: [100] 407 g/mm² (360 bis 456), [110] 916 g/mm² (857 bis 1020), [111] 1429 g/mm² (1335 bis 1515) und [112] 899 g/mm² (777 bis 1092). Zur Vermeidung der möglichen seitlichen Beeinflussung wurden zylindrische Stäbchen mit 3,5 mm Durchmesser benützt. Der von *Sohncke* angegebene, viel niedrigere Wert für die Richtung [111] mag nicht nur durch die große Streuung bei allen solchen Festigkeitsmessungen bedingt sein, sondern auch durch die Tatsache, daß er Kristalle verschiedener Herkunft verwendete, während von *Schmid-Vaupel* die Proben *einem* größeren Kristall entnommen wurden.

Besteht das *Sohncke*sche Normalspannungsgesetz zu Recht, dann muß dem obigen Ausdruck für die Zerreißfestigkeit *(Z)* eine konstante Normalfestigkeit der Würfelfläche zugrunde liegen, die zusammen mit dem Winkel χ zwischen Zugrichtung und der am meisten querliegenden Würfelfläche den tatsächlichen Wert für Z ergeben muß. Das heißt es müssen sich in den Richtungen [100], [110] und [111] (Kante, Flächen- und Raumdiagonale) die Z-Werte wie 1 : 2 : 3 verhalten. Aus den Messungswerten ergibt sich ein Verhältnis von 1 : 2,22 : 3,51. Der Wert für [112] fügt sich allerdings nicht der theoretischen Größe.

In der Abb. 100 ist der auf Grund der Annahme des Normalspannungsgesetzes für kubische Kristalle mit Würfelspaltung konstruierte *Reißfestigkeitskörper* dargestellt. Man erkennt deutlich die geringe Reißfestigkeit in der Würfelflächennormale und die Maxima der Festigkeit in den Richtungen der vier dreizähligen Deckachsen.

Ähnlich wie die Größe der Dehnbarkeit ist auch die Zerreißfestigkeit, abgesehen von der Richtungsabhängigkeit, auch noch durch die *Dicke* der Stäbchen beeinflußt, wenn die Dicke unter 0,8 mm herabsinkt (vgl. S. 115).

Wie schon aus der Abb. 93 ersichtlich ist, üben *Fremdzusätze* einen ganz gleichartigen Einfluß auf die Reißverfestigung, wie auf die Schubverfestigung aus.

Auch die Temperung hat auf die Reißfestigkeit die gleiche Wirkung wie auf die Schubfestigkeit (vgl. Abb. 92). Hier wie dort zeigt sich eine starke individuelle Verschiedenheit der beobachteten Zahlenwerte in Abhängigkeit von der Herkunft der natürlichen Kristalle. Und auch hier bewirkt mehrstündiges Tempern auf etwa 600⁰ C eine außerordentlich starke Angleichung der ursprünglich bedeutend voneinander abweichenden Festigkeitswerte. Das Minimum beträgt etwa 170 g/mm².

Wird die Glühtemperatur der Vorbehandlung weiter gesteigert, dann erfolgt ein allerdings wieder durchaus individueller Anstieg der Reißfestigkeit, was, genau wie in der gleichartigen Erscheinung bei der Bestimmung der Streckgrenze, auf eine erhöhte Löslichkeit der nie fehlenden Beimengungen zurückgeführt wird.

Auch die Frage der *Temperaturabhängigkeit* der Reißfestigkeit wurde am Steinsalz studiert. Es ist dabei wohl zu unterscheiden, ob der Versuch unter rascher oder langsamer (statischer) Belastungssteigerung erfolgt. Im Falle *rascher* Erhöhung der Belastung wird die plastische Verlängerung weitgehend unterdrückt, d. h. auch bei höheren Temperaturen erfolgt praktisch keine Überlagerung der Ergebnisse durch eine nennenswerte Reißverfestigung. Es stellt sich dabei für den Temperaturbereich von —190° C bis +600° C eine angenähert konstante Reißfestigkeit von etwa 450 g/mm² ± 5 bis 10% ein (*Joffé, Kirpitschewa, Lewitzky* [97]).

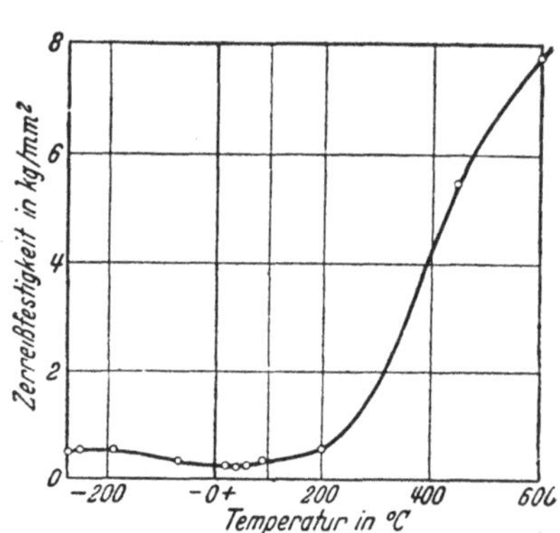

Abb. 101. Temperaturabhängigkeit der statisch bestimmten Reißfestigkeit von Steinsalzkristallen (nach *Burgsmüller*).

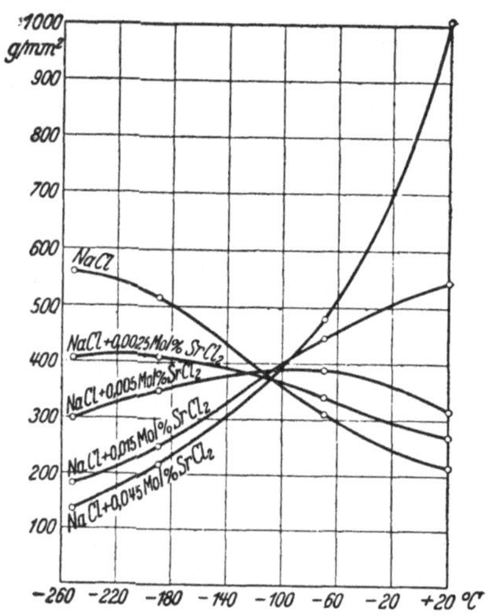

Abb. 102. Einfluß von SrCl₂-Zusätzen auf die Temperaturabhängigkeit der Reißfestigkeit von Steinsalzkristallen (nach *Burgsmüller*).

Bei *langsamer* Zunahme der Belastung können sich dagegen große plastische Verformungen ausbilden, wodurch eine bedeutende *Reißverfestigung* eintritt, die 30mal größer werden kann als jene bei Zimmertemperatur. *W. Theile* [297] konnte bei 600° C für Steinsalz aus Wielicka eine Reißfestigkeit von 10.000 g/mm² gegenüber einer solchen von 260 g/mm² bei 20° C feststellen! Dieses Ergebnis rückt schon bis auf eine Zehnerpotenz an die theoretisch errechnete Gitterfestigkeit von 200.000 bis 400.000 g/mm² heran.

Für Schmelzflußkristalle von Steinsalz wurde hauptsächlich von *W. Burgsmüller* [35 bis 37] die Temperaturabhängigkeit der Reißfestigkeit [Normalspannung auf (100)] zwischen —269° C und +600° C untersucht. Den interessanten Kurvenverlauf stellt Abb. 101 dar, wo die geringfügigen Änderungen bei tiefen Temperaturen nach Durchwandern eines Minimums bei etwa +40° C von einem scharfen Anstieg der Kurve für die höheren Temperaturen abgelöst werden.

Zusätze von SrCl₂ in verschiedenem Ausmaß üben bei tiefen Temperaturen einen ganz merkwürdigen Einfluß auf die Reißfestigkeit (*Burgs müller* [*36*]) aus. Die beigegebene Abb. 102 zeigt, daß sich die verschiedenen Zusatzmengen sehr ungleich auswirken und daß etwa unter −100° C eine Art Durchkreuzung aller Temperaturabhängigkeitskurven besteht.

Als Folgen fremder Beimischungen in Spuren sind wohl auch die Untersuchungsergebnisse zu werten, die *E. Rexer* [*202*] an reinsten Flußspaten verschiedenster Herkunft gewann. Es handelt sich dabei gleichzeitig um ein Beispiel eines kubischen Kristalles mit Oktaederspaltung. Auch hier finden sich die gleichen individuellen Abweichungen wie beim Steinsalz. Am reinsten, wasserklaren Material wurde die Reißfestigkeit senkrecht (111) mit 1320 g/mm² bestimmt. An dunkelviolettem Flußspat wurde dagegen in der gleichen Richtung 4930 g/mm² (!) gemessen.

Bezüglich des *Festigkeitskörpers* bei kubischen Kristallen mit Oktaederspaltung liegen die Verhältnisse gerade verkehrt zu jenen bei Würfelspaltung. Diesmal liegt das Maximum der Reißfestigkeit, das mit dem Minimum wieder im Verhältnis 3 : 1 steht, in der Würfelnormale, das Minimum in der Oktaedernormale. Es entsteht ein oktaedrischer Körper mit stark ausgezogenen Spitzen.

Auf eine ganz eigentümliche Beeinflussungsmöglichkeit der Reißfestigkeit macht *A. W. Stepanow* [*254 bis 256*] aufmerksam. Es wird festgestellt, daß Deformierbarkeit und Zerreißfestigkeit zueinander im umgekehrten Verhältnis stehen; wird die Verformungsmöglichkeit herabgesetzt, so steigt die Reißfestigkeit und umgekehrt. Dadurch kann die Zerreißfestigkeit des Steinsalzes mit ungefähr 500 g/mm² als Normalwert für die Würfelfläche innerhalb 80 bis 2000 g/mm² abgeändert werden.

Wenn die zylindrischen Stäbchen senkrecht zur Achse mit einer *ringförmigen Nut* versehen werden, kann sich je nach den Versuchsbedingungen die Zerreißfestigkeit nach (100) bis zu 2000 g/mm² steigern. Der Bruch tritt meistens in der Ebene der Nut ein, nicht im dickeren Teil, die Bruchfläche ist rauh, Temperungen bleiben ohne Einfluß. Bei konstantem Verhältnis von Tiefe zur Breite der Nut nimmt die Festigkeit zu, wenn das Verhältnis des Querschnittes in der Ebene der Nut zu jenem außerhalb der Ebene der Nut abnimmt.

Wurde dagegen in einem nach (100) orientierten Steinsalzstäbchen ein *schiefer Einschnitt* angebracht, dessen Fläche mit der Gleitfläche zusammenfällt, so daß die plastische Verformbarkeit begünstigt wird, dann kann die ursprüngliche Zerreißfestigkeit von 500 g/mm² bis auf 80 g/mm² sinken. Der Bruch erfolgt *nicht* im Einschnitt, sondern immer im dickeren Teil.

Es sei besonders hervorgehoben, daß *niedrige Reißfestigkeiten* in ihrer besonderen Richtungsabhängigkeit immer nur bei Kristallen beobachtet wurden, die *glatte Reiß- (Spalt-) Ebenen* besitzen. Wenn mangels solcher glatter Spaltflächen der Bruch mehr oder weniger *ungeregelt* quer durch den Kristall hindurchgeht, beobachtet man *höhere Festigkeitswerte* und eine viel *geringere Anisotropie.*

Eine ganz merkwürdige Beeinflussung der Verformbarkeit von Steinsalzkristallen wurde durch *Joffé* und seine Mitarbeiter aufgedeckt [*97*]. Es handelt sich um die *Einwirkung eines Lösungsmittels auf die Festigkeitserscheinungen (Joffé-Effekt).*

Aus Salzbergwerken kannte man schon lange die Tatsache, daß sich die sonst spröde erscheinenden Salzkristalle in warmem Wasser biegen lassen. Nach *L. Milch* soll 1867 der Markscheider *Engelhardt* in Solvayhall zuerst diese Beobachtung gemacht haben. In konzentrierter Salzlösung ist diese gewaltige Erhöhung der Verformbarkeit *nicht* zu beobachten.

E. Hentze [*83*] stellte mit schmalen Steinsalzprismen Durchbiegungsversuche unter Wasser an und beobachtete in der überwiegenden Zahl der Fälle eine bedeutende Herabsetzung der Bruchfestigkeit unter gleichzeitiger Erhöhung der Verformbarkeit.

Es ist bemerkenswert, daß bei *einseitiger* Bewässerung der für die Biegung bestimmten Stäbchen ein deutlicher Unterschied der Druck- und Zugseite festzustellen ist. Die *entfestigende* Wirkung der Benetzung mit Wasser erscheint fast im vollen Ausmaß, wenn die Benetzung auf der *Druck*seite erfolgt, bleibt aber gänzlich aus, wenn die Zugseite (Unterseite) benetzt wurde.

Unter Wasser kann das Ausmaß der Verfestigung sehr beträchtlich sein, was sich an dem Sichtbarwerden von Translationsstreifen auch im gewöhnlichen (nicht nur im polarisierten) Licht erkennen läßt (Abb. 103).

Joffé [*97*] umgab die unter einer bestimmten Zuglast stehenden Kristalle bis zu einer gewissen Höhe mit Wasser, das in dem Augenblick entfernt wurde, wo das Zerreißen erfolgte. Durch Ablösung verringert sich der Querschnitt des Stäbchens, bis das Zerreißen eintritt.

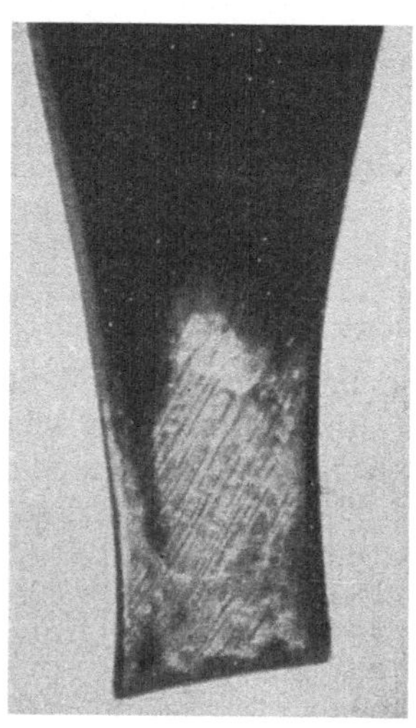

Abb. 103. Oberes Reißstück eines bei 1268 g Belastung abgelösten Heilbronner Steinsalz-Würfel-Spaltstäbchens mit Translationsstreifung (nach *Sperling*).

Bezieht man die Festigkeit auf den Endquerschnitt, dann findet man bei den bewässerten Kristallen eine Erhöhung der nomalen (Trocken-) Festigkeit am Steinsalz bis auf das 25fache, also rund 10 kg/mm². Einmal wurde sogar 160 kg/mm² erreicht!!

Die durch die Ablösung veränderte Form der zylindrischen Stäbchen mit der deutlichen Unterscheidung von oben und unten bereitet der rechnerischen Behandlung Schwierigkeiten und man versuchte, durch Änderung des Wasserspiegels, Rotation des horizontal gelegten Kristalles im Lösungsmittel u. ähnl. diese Schwierigkeit zu beseitigen, freilich bisher ohne wesentlichen Erfolg.

Über die Form der Ablösung im ruhenden Wasser geben die Abb. 104, 105 Auskunft. Die Form dieser Ablösung war immer *gleich*, welche kristallographische Orientierung auch das Stäbchen haben mochte.

Die Versuche ergaben, daß die Erhöhung der Festigkeit *nicht* an eine *Ablösung im belasteten Zustand gebunden* ist. *Un*belastet abgelöste Kristalle zeigten, unmittelbar nach der Trocknung auf ihre Zerreißfestigkeit geprüft, gleichartig hohe Festigkeitswerte, *wenn nur die Ablösung genügend weit* erfolgte. Bei gleichem Anfangsquerschnitt

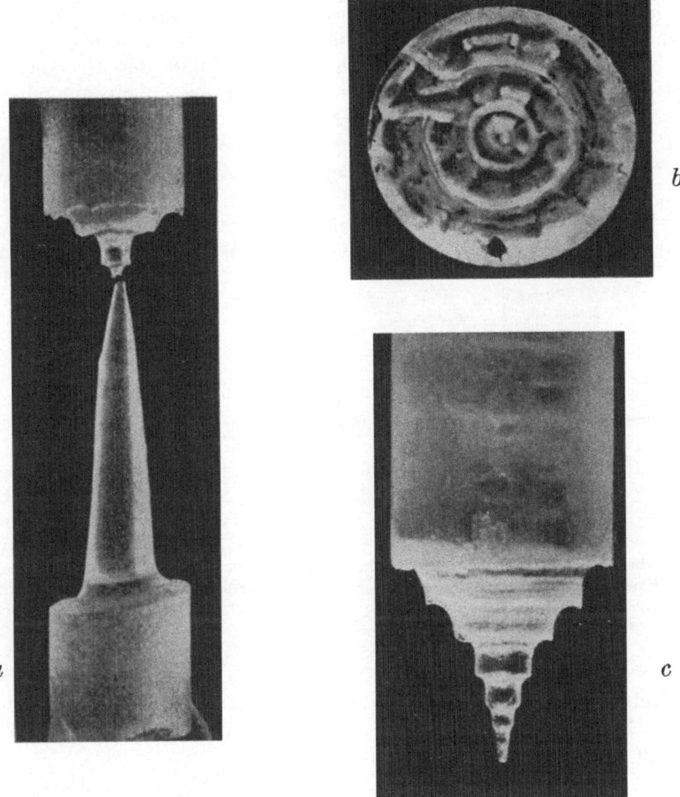

Abb. 104. Ablösung zylindrischer Steinsalzkristalle (nach *Schmid-Vaupel*). a) Gesamtbild eines unter Wasser zerrissenen Stäbchens, b) Aufsicht des oberen Teiles desselben, c) oberer Teil eines in heißem Wasser abgelösten Kristalles.

findet man um so größere Festigkeit, je größer der Grad der Ablösung ist.

Ein wesentlicher Einfluß der kristallographischen Orientierung der Stäbchen konnte *nicht* festgestellt werden (*Schmid-Vaupel* [221]). Das Normalspannungsgesetz behält auch für den abgelösten Kristall seine Gültigkeit.

Vor dem Zerreißen unter Wasser war immer eine plastische Verformung zu beobachten. Diese prägt sich einerseits in meßbarer Dehnung aus, anderseits in einer *Verdrehung* der Würfelreißfläche bis zu 30° (Abb. 106).

Es handelt sich um eine deutliche Biegegleitung nach (110), die aber nicht für alle gleichwertige (110)-Richtungen in der gleichen Weise auftritt. Meist ist bei Verwendung von Spaltprismen nur ein Flächenpaar mit Translationsstreifen bedeckt, das andere nicht. Es ist also ein Translationssystem bevorzugt. Ein bestimmter Zusammenhang zwischen der Würfelfläche geringster Kohäsion und dem am meisten bevorzugten Translationssystem konnte nicht gefunden werden. Daß die Zerreißfestigkeit durch die vorangegangene Gleitung wesentlich beeinflußt wird, zeigt die Tatsache, daß die an den gerissenen Flächen erkennbaren Anrisse stets von jenem Flächenpaar ausgehen, das die Translationsstreifen trägt (*Sperling* [250]).

L. Piatti [188] berichtet über einen Fall, wo ein durch gleichmäßige Ablösung verdünntes Stäbchen sich gegenüber Zugbeanspruchung ausziehbar verhielt.

Bei Verwendung von Spaltstäbchen des Steinsalzes mit quadratischem Querschnitt wird als Gleitwirkung besonders bei höheren Temperaturen „*Ein-*

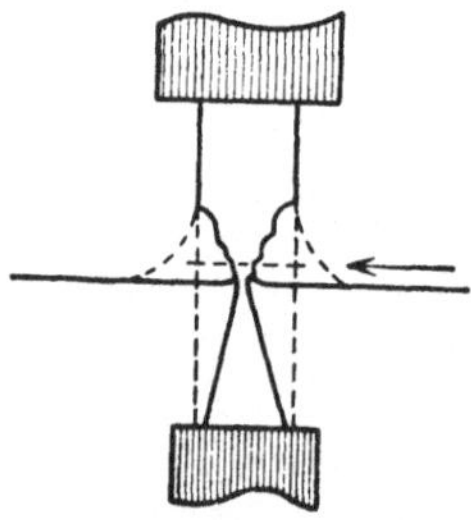

Abb. 105. Ablösung von Steinsalzstäbchen in ruhendem Wasserspiegel (nach *Sperling*). Der Pfeil bezeichnet die Lage des Reißquerschnittes bei vorzeitigem Reißvorgang.

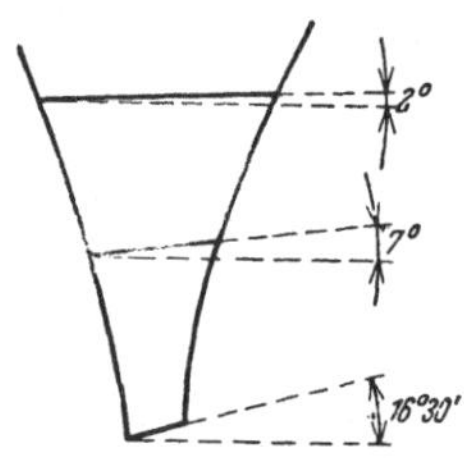

Abb. 106. Drehung der Würfelreißebene gegen die Normalstellung zur Zugrichtung bei belastet abgelösten Würfelspaltstäbchen (nach *Sperling*).

schnürung" und „*Schneidenbildung*" beschrieben, d. h. die Einschnürung geht an der Reißstelle so weit, daß das Stäbchen dort die Form eines scharf zulaufenden Keiles annimmt, dessen Schneide durch die schmale Würfelreißfläche abgeschnitten wird (*W. Theile* [297]).

Während die Trockenfestigkeit durch Glühen (Tempern) bis fast auf die Hälfte vermindert wird, geben getemperte Steinsalzkristalle im *Joffé*-Versuch die gleichen Festigkeitszahlen wie Kristalle, die noch keinerlei Vorbehandlung erfahren haben.

Untersuchungen über den Einfluß verschiedener anderer Lösungsmittel auf die durch Ablösung bedingten Änderungen der Zerreißfestigkeit, wie etwa den verschieden gesättigter Salzlösungen (bis zu 80%), oder der Schwefelsäure (rein, oder mit 25% SO_3-Zusatz), oder auch von Methylalkohol ließen gegenüber den Ergebnissen der Versuche mit Ablösung durch reines Wasser keinen wesentlichen Unterschied erkennen (*E. Rexer* [201]).

Bezüglich der noch viel umstrittenen Deutungsversuche des *Joffé*-Effektes vgl. S. 170.

Die an Steinsalzkristallen zuerst vorgenommenen Zerreißversuche blieben auch in der Folgezeit, soweit es sich um „Ionenkristalle" handelt, fast ausschließlich auf dieses Material beschränkt.

Weit umfassendere Versuche wurden wieder an *Metall*kristallen angestellt, wobei es gelang, einige grundsätzliche Fragen besser zu klären als durch die Versuche an Ionenkristallen.

So gibt z. B. die an Wismut-Kristallen (rhomboedrisch) vorgenommene Reihe von Versuchen, die der Frage der *Richtungs-*

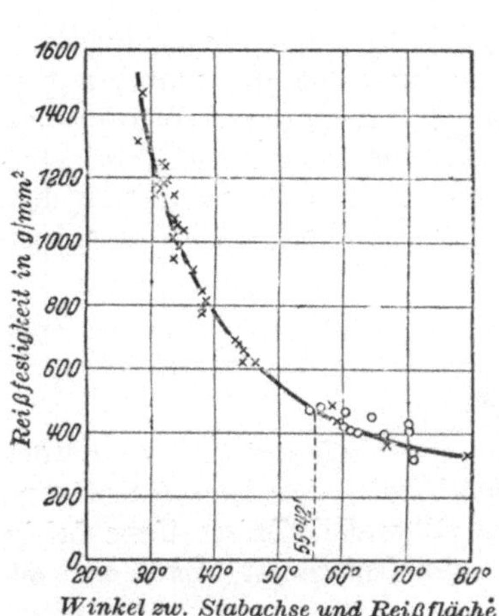

Abb. 107. Abhängigkeit der Reißfestigkeit von Wismutkristallen von der Lage der Spaltfläche gegen die Zugrichtung (nach *Georgieff-Schmid*). χ = Winkel zwischen Spaltfläche und Zugrichtung, × bei -80^0 C, ○ bei 20^0 C. Alle Kristalle mit ∢ $\chi < 50^0$ sind bei gewöhnlicher Temperatur dehnbar, alle übrigen spröde.

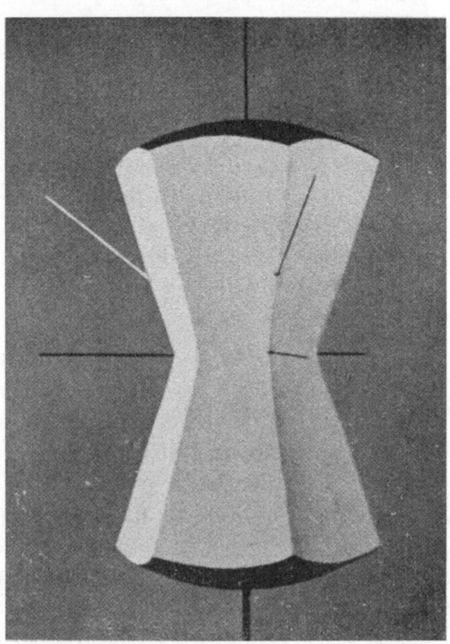

Abb. 108. Festigkeitskörper von Tellurkristallen (nach *Schmid-Wassermann*). Außer der hexagonalen Achse und den zweizähligen Deckachsen erster Art sind auch die Rhomboederachsen ersichtlich gemacht.

abhängigkeit der Reißfestigkeit dienen sollten, einen eindeutigen Beleg für die Gültigkeit des *Sohncke*schen Normalspannungsgesetzes (Abb. 107).

Die eingetragene Kurve ist unter der Annahme einer konstanten Grenznormalspannung zur Spaltfläche (0001) bei Wismut mit 324 g/mm² berechnet. Es ist überraschend, wie ausgezeichnet sich die sowohl bei -80^0 C, wie bei $+20^0$ C ermittelten Werte dieser Kurve einfügen.

Interessant ist die Beziehung zwischen der für die Dehnung maßgebenden Schubspannung zu der für das Reißen geltenden Normalspannung. Es zeigt sich, daß Winkel $\chi < 50^0$ bei gewöhnlicher Temperatur eine starke Dehnung, aber kein Reißen ergeben. Man mußte tiefere Temperaturen verwenden $(-80^0$ C), bei denen wieder ein sprödes Zerreißen beobachtet wurde. Offenbar durchkreuzen einander die Dehnungs- und Reißkurven für χ bei den verschiedenen Temperaturen. Die Grenze muß durch den Wert: $\sigma = \dfrac{S}{\sin \chi \cos \lambda} =$ $= \dfrac{N}{\sin^2 \chi}$ gegeben sein. Daraus erhält man die Beziehung: $\dfrac{\sin \chi}{\cos \lambda} = \dfrac{N}{S}$ und

Tertsch, Festigkeitserscheinungen. 9

für den Fall, daß $\chi = \lambda$, berechnet sich dann der hierfür nötige Winkel χ zu 55⁰ 42′. D. h. für Normaltemperaturen kann man ein sprödes Zerreißen erst bei größeren χ-Werten erreichen. Niedrige χ-Werte gestatten ein sprödes Zerreißen nach der ausgezeichneten Translations- und Spaltebene erst bei tiefen Temperaturen.

Ganz ähnliche Erfolge wurden bei den Tellurkristallen erzielt. Hier dienen die Flächen der Form $<10\bar{1}0>$, die Spaltebenen, als Reißflächen. Dabei gehorchen die Messungen mit $\chi > 29^0$ vorzüglich dem Normalspannungsgesetz, berechnet für $(10\bar{1}0)$, nicht aber für Winkel $< 29^0$. Für solche sehr schiefe Lagen der $(10\bar{1}0)$ erscheinen die Reißfestigkeitswerte angenähert konstant, also richtungsunabhängig. Für diese Zugrichtungen ordnen sich also die Reißfestigkeitswerte in eine Kugelfläche ein. Daraus ergibt sich dann die Form des Reißfestigkeitskörpers für Tellur, wie er in Abb. 108 dargestellt ist und an dem die achsennahen Teile durch eine Kugelkalotte begrenzt erscheinen (*Schmid-Wassermann* [222]).

Das Problem der *Reißverfestigung* wurde eingehender bisher nur an Zinkkristallen untersucht (*E. Schmid* [218]). Es sei darum hier nur kurz auf die noch nicht ganz geklärte Frage hingewiesen.

b) *Zermalmungsfestigkeit.* Gleichwie die Stauchung das Gegenstück zur Dehnung darstellt, so hat *A. Rosiwal* [213] der Zerreißfestigkeit die Zermalmungsfestigkeit gegenübergestellt und definiert diese dahin, daß damit *die Arbeit gegeben ist, die erforderlich ist, um 1 cm³ des Materiales zu Sand und Staub zu zermalmen.* Er sieht darin ein Mittel, die *Zähigkeit* zu messen und zahlenmäßig zu vergleichen (vgl. S. 54). Es wird aber dabei wieder der Begriff der Zähigkeit unterschiedlos für Einzelkristalle und Aggregate (Kristallverbände) angewendet, so daß kein einheitlicher Gesichtspunkt gewonnen werden kann.

Wie zu erwarten, ist die Zermalmungsfestigkeit in hohem Grade durch das Vorhandensein oder Fehlen einer Spaltbarkeit bedingt, wie ja auch die Zerreißfestigkeit vorzugsweise an Spaltflächen geknüpft ist. Mehrfache Spaltbarkeit setzt natürlich die Zermalmungsfestigkeit stark herab, unspaltbare Minerale haben hohe Zermalmungsfestigkeit (große Zähigkeit bzw. Geschmeidigkeit) und zwar die Ionenkristalle viel weniger als die Metalle, wobei die Sprödmetalle eine Art Übergang bilden.

A. Rosiwal unterscheidet bei den Mineralen (Einzelkristallen) drei Gruppen:

Tabelle 10. *Zermalmungsfestigkeit von Mineralen* (nach *Rosiwal*).

1. Nach drei oder mehr Richtungen vollkommen spaltbar:

Steinsalz	0,82	mkg/cm³,
Fluorit	1,09	„
Baryt	1,11	„
Bleiglanz	1,14	„
Zinkblende	1,16	„
Kalkspat	1,28	„

2. Nach einer oder zwei Richtungen vollkommen spaltbar:

Hornblende, basaltisch .. 1,65 bis 1,98 mkg/cm³,
Orthoklas...................... 1,83　　,,
Gips .... 1,88　　,,
Biotit .... 1,94　　,,

3. Spaltbarkeit gering oder fehlend:

Augit .... 2,29 mkg/cm³,
Quarz .... 2,47　　,,
Pyrit .... 2,58　　,,
Granat .... 2,76　　,,
Zinnstein .... 2,87　　,,
Bronzit........................ 3,06　　,,

Aggregate zeigen eine *höhere* Zähigkeit, offenbar weil die einzelnen Körner sich gegenseitig am Ausweichen hindern. Während Kalkspat am Spaltrhomboeder die Zermalmungsfestigkeit 1,28 mkg/cm³ zeigt, findet man an grobkörnigem Marmor 1,70, an feinkörnigem Kalk 2,72 und an dichtem Kalk 3,85.

Jadeit erreicht 13,0 und Nephrit 20,6 mkg/cm³.

Die Sprödmetalle zeigen in grobkörnigem Guß bei Antimon 3,2, bei Wismut 4,9 und bei Arsen (Scherbenkobalt) 7,4 mkg/cm³. Dagegen findet man für weißes Roheisen (Guß) 132,2 mkg/cm³ (!).

Auch hierin zeigen sich die Ionenkristalle sehr viel spröder als die Metalle.

2. **Zwillingsgleitung.** Im Verhältnis zu den umfangreichen Erfahrungen und mannigfaltigen Versuchen, die im Gebiete der Translationen gewonnen bzw. angestellt wurden, sind die Ergebnisse hinsichtlich der Frage der Zwillingsgleitung sehr dürftig. Die Tatsache, daß Gleitzwillingsbildungen in der Metalltechnik nur eine sehr geringe Rolle spielen und überhaupt ihr Auftreten auch in technischen Belangen erst in der letzten Zeit beobachtet wurde, wie die weitere Tatsache, daß die künstliche Herstellung von Gleitzwillingen bisher nur bei einer bescheidenen Zahl von Mineralen und künstlichen Verbindungen anderer Art gelang, bringt es mit sich, daß in diesem Abschnitt nur über weniges berichtet werden kann, das allgemeineres Interesse beanspruchen darf.

Das geringe Interesse, das die Technik an *dieser* Frage der Kristallplastizität nimmt, findet seine Erklärung darin, daß das durch Gleitzwillingsbildungen erzielte Ausmaß der Verformung, vor allem der plastischen Dehnung, recht gering ist. Während man durch Blattgleitung das Vielfache der ursprünglichen Länge durch Dehnung erzielen kann, ist die „Dehnung" durch Gleitzwillingsbildung immer nur auf ganz wenige Prozente beschränkt und findet ihre technische Bedeutung in ganz anderen Belangen (vgl. S. 139).

Von den ersten bezüglichen Erfahrungen am Kalkspat angefangen (vgl. S. 61 ff.) bis heute sind es fast nur kristallographisch-geometrische Fragen, die dabei behandelt wurden, so vor allem die Frage nach der Formulierung des Zwillingsgesetzes und nach Art und Verbreitung seines Auftretens.

Erschwerend selbst für diese Art der Behandlung des Problems war auch der Umstand, daß es nicht immer leicht ist, einen beobachteten Zwilling sicher als *Gleit*zwilling zu erkennen, wenn man nicht in der Lage war, den Zwilling selbst erst künstlich an dem ursprünglich unverformten Kristall zu erzeugen.

Es bleibt dafür fast einzig der Umstand bezeichnend, daß *polysynthetische* Zwillingsbildung, vor allem Zwillingsvergitterung nach mehreren Zwillingsgesetzen gleichzeitig, wie sie in so hervorragendem Maße von den Plagioklasen und von vielen „mimetischen" Mineralen bekannt sind, auf dem Wege des natürlichen Wachstums überhaupt nicht erklärt werden können, da es nicht möglich ist, sich über die Form des „Keimes" eines solchen polysynthetischen Zwillings eine nur einigermaßen befriedigende Vorstellung zu machen.

Besonders die oft bis ins Extrem getriebene Lamellierung mit haarscharfen Grenzen kann nicht als einfache Wachstumsform gedeutet werden, denn kommt die Zufuhr neuer Substanz nur von der Oberfläche her, dann müßte man für den Keimling eines Albitzwillings z. B. das Aussehen einer Art Perlschnur aus winzigsten Zwillingsteilen annehmen, die dann nur senkrecht zu der Erstreckung dieser Zwillingskette auswächst. Denkt man aber auch an eine Zufuhr von Substanz längs der Zwillingsgrenzen, dann bleiben die äußerst feinen Lamellen in ihrer, den ganzen Kristall gleichmäßig durchziehenden Schmalheit gänzlich unverständlich. Alle diese unerklärlichen Erscheinungen lösen sich mit einem Schlag, wenn man sie als *Gleitzwillingsbildungen* auffaßt, wie man sie so vielfach an den Karbonaten und am Kalkspat nachahmen kann.

Da man heute auch schon weiß, daß nicht nur hoher Druck allein, sondern auch hohe Temperatur zu solchen Bildungen Anlaß geben kann (siehe die Erfahrungen am Baryt [S. 133] und am Leucit und anderen mimetischen Mineralen), fällt auch die Schwierigkeit weg, die man darin sah, daß z. B. die schönsten Plagioklaszwillinge in Ergußgesteinen sind, wo kein erkennbarer, gerichteter Druck wirksam war.

Durch diese Schwierigkeit, zu entscheiden, ob man es mit Gleit- oder Wachstumszwillingen zu tun hat, ergibt sich auch noch eine bedeutende Unsicherheit in der Abgrenzung der hier zu behandelnden Versuche und Erfahrungen. Wahrscheinlich gehört eine viel größere, als die bisher bekannt gewordene Zahl von Zwillingsbildungen hierher, nur ist man über deren Zuteilung noch völlig im unklaren.

Methodisch ist dem schon früher Gesagten hinsichtlich der kristallographischen Untersuchung der Gleitzwillinge nichts Neues hinzuzufügen. Die geometrischen Grundlagen wurden eingehend durch *Th. Liebisch, A. Johnsen* und *O. Mügge* geklärt (vgl. S. 87ff.). Die Ergebnisse zahlreicher praktischer Untersuchungen der verschiedensten Forscher (allen voran *O. Mügge*) über „einfache Schiebungen" sind in der Tab. 3 zusammengestellt.

Die älteren Untersuchungen, angefangen von jenen, die *E. Reusch* am Kalkspat anstellte, erfolgten ohne Anwendung höheren Druckes oder höherer Temperatur, denn die angewendeten Pressdrucke hielten sich in den bescheidenen Grenzen, wie sie bei Versuchen aus freier Hand möglich sind.

Erst die Tatsache, daß z. B. bei Dolomit Zwillingslamellierungen beobachtet wurden, die aber auf dem beim Kalkspat beschrittenen Weg nicht nachgebildet werden konnten, veranlaßte die Verwendung immer stärkerer Drucke und immer höherer Temperaturen.

F. Heide [82] stellte Versuche bei höheren Drucken und Temperaturen (400^0 C und darüber) an, um den Einfluß dieser Faktoren auf die Fähigkeit zur Blatt- oder Zwillingsgleitung zu untersuchen (vgl. S. 120). Bei dem Baryt gelang es ihm, eine einfache Schiebung mit $K_1 = (110)$ und $K_2 = (1\bar{1}0)$ zu erzielen, die durch Pressung auch bei Drucken bis 16.000 at aber bei nur

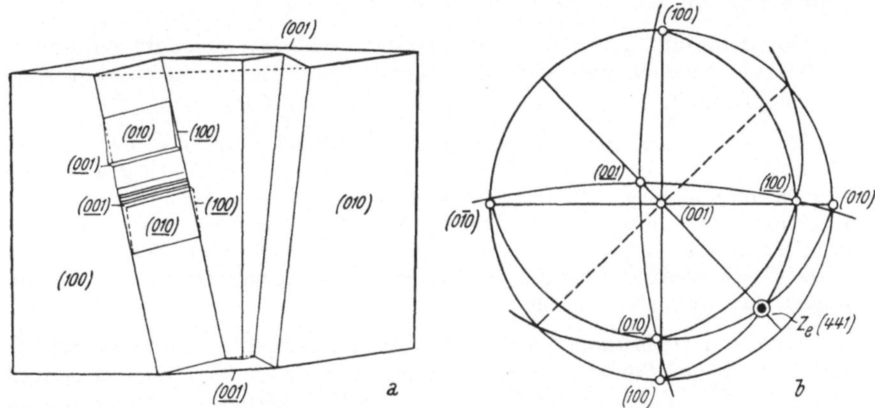

Abb. 109. Spaltwürfel von Bleiglanz mit einer Lamelle nach (441) (nach *H. Seifert*). a) Bilddarstellung, b) stereographische Projektion zu *a*.

300^0 C *nicht* zu erreichen war! Damit ist auch der experimentelle Nachweis erbracht, daß die Zwillingslamellierung am Baryt von Perkins'Mill, Templeton, Canada, nach (110) durch Druck bei erhöhter Temperatur entstand.

Interessant ist es auch, daß trotz der Wichtigkeit, die bei diesen Versuchen der Temperaturhöhe zukam, diese allein bei Atmosphärendruck unter Biegebeanspruchung *nicht* zu einer Schiebung führte, auch wenn die Temperatur bis 1100^0 C gesteigert wurde.

Bezüglich der Methodik der Druckanwendung in Preßzylindern ist auf das bei der Translation Mitgeteilte zu verweisen (S. 119 ff.). Die nicht immer leichte Unterscheidung der erzielten Ergebnisse bezüglich der Frage, ob Blatt- oder Zwillingsgleitung vorliegt, wurde vielfach auf optischem Wege durchgeführt oder nachgeprüft. Hierin erwiesen sich natürlich die Nicht-Erze unter den Mineralen als leichter der Beobachtung zugänglich als die Metalle und Erze.

Ganz eigentümliche Ergebnisse lieferten Versuche, die *A. Grühn* und *A. Johnsen* [78] am Rutil anstellten. Von diesem kennt man eine einfache Schiebung („Gitterschiebung", vgl. auch S. 141 und 153) mit $K_1 = (101)$ und $K_2 = (\bar{3}01)$, $2V = 10^0 51'$, $s = 0{,}190$ also mit verhältnismäßig kleiner Schiebung. Bei den Versuchen wurde Rutil in *S*-Blumen eingebettet und bis zu 30.000 at gepreßt, wodurch eine

Schiebung („*Nicht*-Gitterschiebung“) mit $K_1 = (101)$ und $K_2 = (\bar{1}01)$ erzielt wurde, die ein sehr großes $2V = 48^0\,51'$ und die bisher größte, an Kristallen beobachtete Schiebung $s = 0{,}908$ ergab. Dagegen war es *nicht* gelungen, trotz den hohen, angewendeten Drucken, die in der Natur bisher einzig beobachtete Schiebung mit $K_2 = (\bar{3}01)$ zu erzeugen.

Johnsen ist der Ansicht, daß hierfür der in der Natur sehr langsam erfolgende Druckzuwachs und die gleichmäßige Druckverteilung rings um den Kristall maßgebend sei, demgegenüber das Experiment nur mit sehr kurzen Reaktionszeiten rechnen kann und darum eines viel stärkeren, gröberen Angriffes zum Zwecke des Gelingens bedarf.

Die Aufstellung des Zwillingsgesetzes erfolgt meist durch goniometrische Vermessung des Zwillings bzw. durch mikroskopische Beobachtungen.

Die Behandlung eines etwas komplizierteren Falles kann man der Abb. 109 (*H. Seifert* [232]) entnehmen. Die Eintragung der goniometrisch gewonnenen Winkelwerte in eine stereographische Projektion führte ziemlich rasch zur Bestimmung des herrschenden Zwillingsgesetzes. Verbindet man die Flächen des Hauptteiles und die diesen entsprechenden Flächen des Zwillingsteiles durch Großkreise, so müssen sich diese im Pol der Zwillingsachse bzw. Zwillingsflächen-Normale schneiden.

Eine von *O. Mügge* [171] schon 1917 angegebene Methode wurde auf technischer Seite erst durch Arbeiten von *C. H. Mathewson* und *A. J. Phillips* bekannt bzw. neu aufgestellt, nämlich die Verwendung der Spuren einer Zwillingslamelle auf zwei, ihrer kristallographischen Lage nach bekannten Flächen des Hauptkristalles.

Sind an einem Kristall auf zwei aneinander stoßenden, natürlichen oder künstlichen Flächen a und b bekannter Orientierung *zusammenhängende* Spuren von Zwillingslamellen erkennbar, so sind durch Einmessung der Winkel dieser Spuren gegen die gemeinsame Kante (α, β), zusammen mit der kristallographischen Orientierung der beiden Flächen a und b alle Bedingungen gegeben, die räumliche Lage der Zwillingslamelle gegenüber dem Bezugsachsenkreuz des Hauptkristalles zu bestimmen. Grundbedingung ist allerdings, daß sich die Spur in a sprunglos in b fortsetzt, beide Spuren also wirklich *einer* Lamelle angehören. Alle anderen „Spuren“ sind unbrauchbar (Abb. 110).

Bei Metallen und Erzen sind wohl in erster Linie *röntgenographische* Methoden zur Bestimmung der Zwillingselemente in Anwendung (vgl. S. 100). Verhältnismäßig einfach ist das, wenn man senkrecht zu der durch die Zwillingsstreifung kenntlichen Zwillingsebene eine *Laue*-Aufnahme machen kann. Wenn man die Polfigur der reflektierenden Ebenen in eine stereographische Projektion einträgt, muß sich daraus die Gültigkeit oder Ungültigkeit des vermuteten Zwillingsgesetzes ergeben. Auch hier ist oft der Asterismus der Auswertung hinderlich.

Kann man eine so breite Lamelle erzeugen, daß auch die Orientierung des Zwillingsteiles durch ein *Laue*-Bild oder in einem Röntgengoniometer in bezug auf das gleiche Koordinatensystem ermittelt werden kann, dann ergibt die Eintragung beider Aufnahmen in eine stereographische Projektion die Zwillingsebene K_1 bzw. die Gleitrichtung η_1. Bei einer Schiebung erster Art muß eine Ebene, eben K_1, für beide Teile identisch sein, die Flächenpole der beiden Zwillingsteile liegen spiegelbildlich zu dieser Ebene. Im Falle einer Schiebung zweiter Art ist beiden Polfiguren eine Zonenachse (η_1) gemeinsam, mit deren Hilfe sich die Polfigur des Hauptteiles in jene des Zwillingsteiles überführen läßt.

Mit allen solchen Vermessungen gewinnt man allerdings nur die Lage der *Zwillings- (Gleit-) Ebene*, also K_1, oder der *Zwillingsachse, bzw. Gleitrichtung* η_1. Die anderen noch notwendigen Elemente,

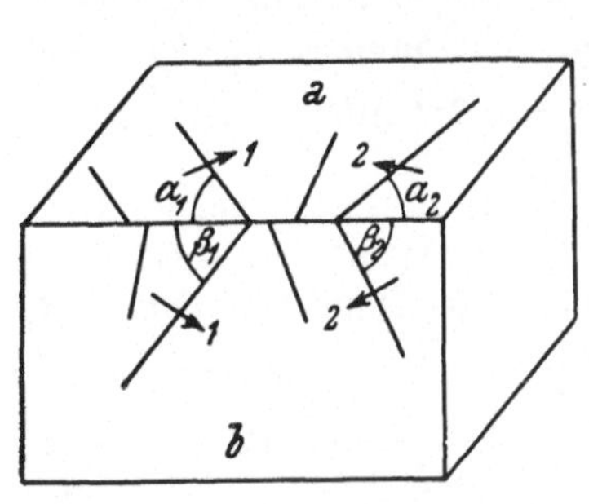

Abb. 110. Verwendung der Spuren von Zwillingslamellen zur Bestimmung des Zwillingsgesetzes (nach *O. Mügge*).

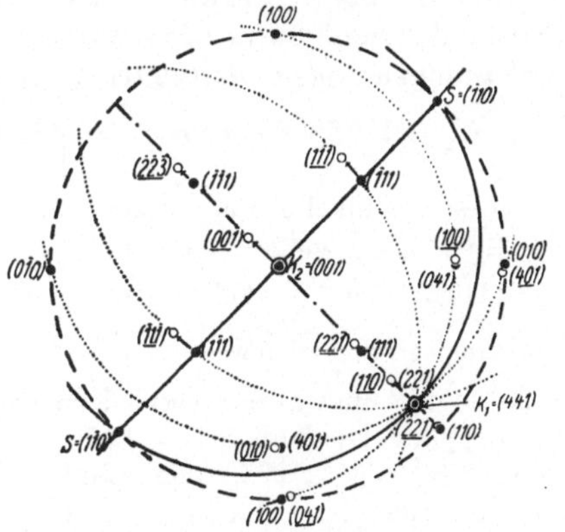

Abb. 111. Stereographische Projektion der wichtigsten Transformationen der einfachen Schiebung $K_1 = (441)$ mit $K_2 = (001)$ am Bleiglanz (nach *H. Seifert*).

also K_2 und η_2, bzw. S müssen sich auf anderem Wege erschließen lassen.

S läßt sich bei höhersymmetrischen Kristallen aus folgender Erwägung bestimmen. Steht senkrecht zu der Gleitzwillingsebene K_1 eine Symmetrieebene, dann muß diese die Ebene der Schiebung sein, denn nur diese behält auch für den Zwilling die Eigenschaft, daß symmetrisch zu ihr gelagerte Richtungen auch im zwillingverzerrten Zustand wieder symmetrisch zu ihr liegen. Bestünde noch eine zweite, zu K_1 normale Symmetrieebene, die aber zu S geneigt ist, so müßte auch für diese die gleiche Verschiebung symmetrisch gleicher Richtungen gelten, was aber mit einer „einfachen Schiebung" ganz unvereinbar ist.

Der Schnitt von K_1 mit S gibt automatisch die Lage von η_1.

Schwieriger wird die Ermittlung der zugehörigen Elemente K_2 und η_2, oder wenigstens eines der beiden Elemente, denn damit ist ja auch das andere schon gegeben. Hier kann die Beachtung der „*Grundzone*" helfen (vgl. Abb. 45 und 68). Es gibt bei einem Gleitzwilling ja nur zwei Zonen, deren Flächen auch nach der Schiebung ihren geometrisch-physikalischen Charakter beibehalten, nämlich die Zonen η_1 und η_2. Gelingt es, im Zwillingsteil jene Zone (η_2) zu finden, deren Flächen trotz Kippung ihre ursprüngliche Bedeutung bewahrten, so ist die Aufgabe gelöst.

Sehr beachtenswert sind umfangreiche Untersuchungen, die *H. Seifert* [232] am Bleiglanz in der Absicht anstellte, die sehr strittige Frage nach dem Auftreten von Gleitzwillingen an diesem Mineral, bzw. nach den mehrfachen Zwillingsgesetzen, die hier in Erscheinung treten können, zu klären. Neben den durch Winkelmessungen sichergestellten Zwillingsgesetzen (vgl. Tab. 3) wurden noch zahlreiche andere Zwillingsmöglichkeiten in Erwägung gezogen, die alle bei dem so hochsymmetrischen Bleiglanz denkbar wären. Darunter sind mehrere „reziproke" Zwillingsschiebungen möglich, z. B. mit Gleitebenen $K = (332)$ und $(11\bar{2})$. Es ist bezeichnend, daß für *alle* als möglich erkannten Zwillingsgesetze immer eine $<110>$ als „Ebene der Schiebung" (S) wirksam ist und daß *für alle am Bleiglanz vorhandenen oder denkbaren, einfachen Schiebungen der Winkel*

$$K_1 \wedge K_2 = 79^0\,58'\,33'' \left(\cos \varphi = \frac{1}{\sqrt{33}}\right) \; \text{mit } s = 0{,}354 \text{ gilt!}$$

Dieser Winkel φ und diese Schiebungsgröße ergeben sich aus dem vollständig sichergestellten Gesetz: $K_1 = (113)$, $K_2 = (11\bar{1})$, oder $\eta_2 = [112]$ mit $S = (1\bar{1}0)$. Der Winkel zwischen den beiden Kreisschnittebenen $K_1 \wedge K_2$ kann auch geschrieben werden: $\varphi = \varepsilon + \left(R - \frac{\omega}{2}\right)$, wo ε den Winkel $(113 \wedge 001) =$ $= 25^0\,14'\,25''$ und ω den Oktaederwinkel $(111 \wedge 11\bar{1})$ bedeutet. Das Maximum der Kippung ist dann $2\,V = 2\,(R - \varphi) = 20^0\,2'\,54''$. Nun ist aber der Winkel $(441 \wedge 110) = 10^0\,1'\,27''$, also Winkel V, d. h. auch für $K_1 = (441)$ gilt die *gleiche* Größe der Schiebung, die gleiche Kippung von K_2, wenn man als zugehöriges K_2 die Fläche (001) nimmt. Und *die gleiche Zahlenbeziehung ist auch bei allen anderen Zwillingsgesetzen des Bleiglanzes zu beobachten.*

Aus der hohen Symmetrie des Bleiglanzes ergeben sich einige Folgerungen: 1. Ist $K_1 = (111)$, also *senkrecht* zu einer dreizähligen Achse, dann liegen in ihr drei gleichwertige Gleitrichtungen und drei gleiche Grundzonen $[11\bar{2}]$, $[1\bar{2}1]$, $[\bar{2}11]$. Ähnliche Fälle liegen bei Magnetit, aber auch bei Eisenglanz und Korund (nach der Basisfläche) vor. 2. Ist eine Grundzone η_2 *parallel* einer dreizähligen Achse, dann muß sie mit drei gleichwertigen Gleitebenen und Ebenen der Schiebung verbunden sein. Z. B. $\eta_2 = [11\bar{1}]$ mit $K_1 = (332)$, (323), (233). Vgl. dazu Millerit und Rotgültigerz. 3. Auch Normalebenen zu vierzähligen und zweizähligen Achsen können Kreisschnittebenen sein $[(001)$ und $(110)]$. Infolge der Parallelität dieser Flächen zu Symmetrieebenen können sie aber nur als K_2 auftreten und gestatten keine reziproke Schiebung.

Das ist z. B. bei der Schiebung mit $K_1 = (441)$, dem verbreitetsten Zwillingsgesetz, der Fall. Zwei Oktaederflächen und eine Würfelfläche behalten dabei ihre kristallographische Bedeutung (Abb. 111). Entsprechend dem Charakter der einfachen Schiebung liegen die durch Kippung erreichten Zwillingsflächenpole auf Großkreisen, die durch $K_1 = (441)$ und die umklappende Fläche gelegt werden.

Es gibt außerdem noch eine sechsmal wiederholte Grundzone η_2 parallel den sechs zweizähligen Achsenrichtungen, die jeweils bei *der gleichen Ebene der Schiebung mit zwei gleichwertigen Gleitebenen* in Verbindung steht. Das hat aber eine eigentümliche Folge. Wenn man z. B. für $\eta_2 = [110]$ die zugehörigen $K_1 = (441)$ und $K'_1 = (44\bar{1})$ *abwechselnd* in Tätigkeit setzt, so erfolgt eine allmähliche Transformation der Formen zu immer höher indizierten Flächen mit immer größerer Annäherung an die *Gleitfläche* (001), die ja als *Translationsfläche* (mit $t = [110]$) schon längst bekannt ist.

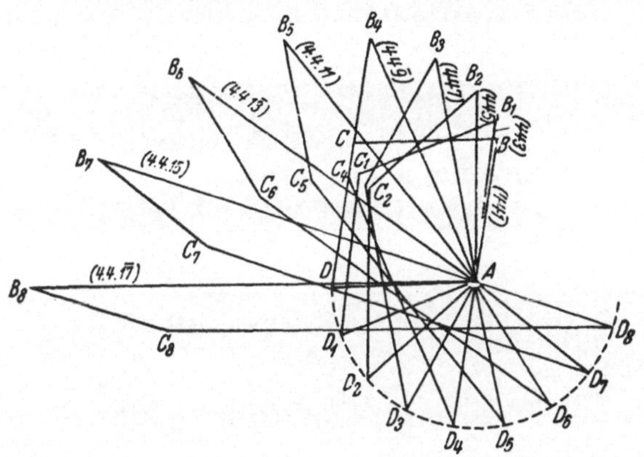

Abb. 112. Das Ergebnis fortlaufender, abwechselnder Gleitzwillingsbildung nach $K_1 = (441)$ und $K_1' = (44\bar{1})$ am Bleiglanz (nach *H. Seifert*); Deformation eines Rhombus mit $K_1' = (441)$ und $K_2 = (001)$ in der Ebene der Schiebung $S = (110)$ gemeinsame „Grundzone" $= [110]$.

Nach den hierfür geltenden Transformationsformeln (vgl. im einzelnen *H. Seifert* [232]) wird, wenn man einer Schiebung nach $K_1 = (441)$ eine solche nach $K'_1 = (44\bar{1})$ folgen läßt und dann wieder eine nach K_1 usw., eine *hkl*-Fläche nacheinander zu $h'\,k'\,l'$, $h''\,k''\,l''$ ... und zu $h^n\,k^n\,l^n$ nach der n-ten Schiebung. Dabei gilt: $h':k':l' = (-4\,k):(-4\,h):(4\,l - h - k); h'':k'':l'' = $ $= (4\,h):(4\,k):(4\,l - 2\,h - 2\,k) \ldots h^n:k^n:l^n = (-1)^n.4\,h:(-1)^n.4\,k: $ $:(4\,l - nh - nk)$, d. h. man erhält die Umwandlungsreihe $(44\bar{1}) \rightarrow (443) \rightarrow $ $\rightarrow (44\bar{5}) \rightarrow (447) \rightarrow [4, 4, (2\,n + 1).(-1)^{n+1}]$. Sehr deutlich wird diese allmähliche Transformation, wenn man von einem Körper ausgeht, der von den beiden Kreisschnitten $K_2 = (001)$ und $K'_1 = (44\bar{1})$ und der Ebene der Schiebung $S = (1\bar{1}0)$ begrenzt wird (Abb. 112).

Hält man dabei eine Kante $[(001) - (44\bar{1})]$ in A fest, so bewegt sich die nächste parallele Kante D bei den fortlaufenden Schiebungen auf einem Kreis, denn (001) erfährt als zweite Kreisschnittebene zwar eine Kippung $D - D_1$, $D_1 - D_2 \ldots$ aber keine Verzerrung. Winkel DAD_1 usw. $= 2\,V$. Man sieht, daß mit zunehmendem Grad der Transformation das zugrunde gelegte Parallelepiped immer mehr „ausgewalzt" wird und sich in zunehmendem Maße der (001)-Fläche nähert. Es kann dadurch theoretisch jedes Kristallstück zu einer Tafel nach (001) umgeformt werden. In der Praxis wird sich dieser Vorgang

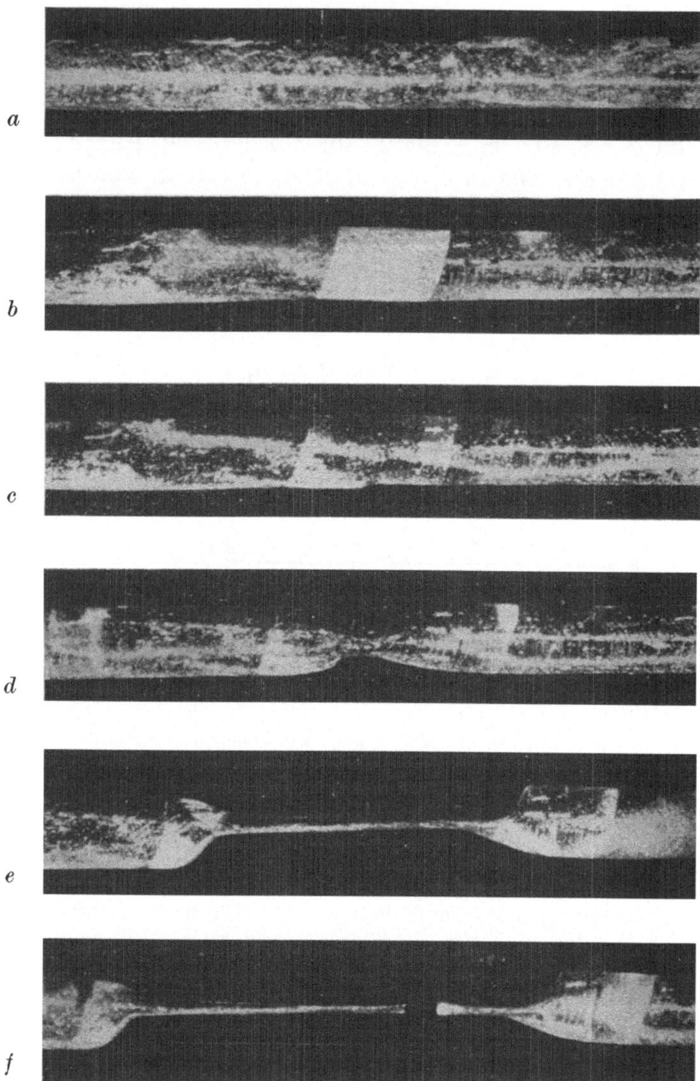

Abb. 113. Nachdehnung eines Zinkkristalles als Basistranslation in einem Zwillingsstreifen (nach *Schmid-Wassermann*). a) Band nach erfolgter Hauptdehnung, Basistranslationsstreifung deutlich erkennbar, b) Auftreten eines Zwillingsstreifens, c) Verbreiterung des Zwillingsstreifens, Beginn der Nachdehnung, d) bis f) Ausbildung sehr erheblicher Nachdehnung im Zwillingsstreifen.

nicht so ideal abspielen, aber es scheinen doch die „*striemigen Bleiglanze*" oder die „*Bleischweife*" auf einem solchen Wege entstanden zu sein. Es konnte nachgewiesen werden, daß die einzelnen „Striemen" und „Schweife" jeweils einzelne, verschieden stark ausgewalzte Kristallkörner darstellen. Größere Körner zeigen dabei auch noch Zwillingsstreifungen, was gleichfalls für die Wirksamkeit einfacher Schiebungen spricht.

Auch zum Verständnis mancher Verzerrungen, die durch entsprechende Wachstumsvorgänge nicht gedeutet werden können, vermögen Bildungen von Gleitzwillingen wesentlich beizutragen. In dieser Hinsicht sind die Untersuchungen von *O. Mügge* [*174*] an gesägt aussehenden Andreasberger Kalkspatkristallen besonders lehrreich. Er fand Kristalle, tafelig nach einer $<01\bar{1}2>$-Fläche mit den schmalen Randflächen $(10\bar{1}0)$, $(40\bar{4}1)$, $(02\bar{2}1)$, die deutlich als Ausheilungsflächen zu erkennen waren. Diese Bildung wird durch die Annahme erklärt, daß die mechanisch nach $(01\bar{1}2)$ verzwillingten Teile von Kalkspatkristallen durch Lösung entfernt wurden und die dazwischenliegenden, übrig gebliebenen und voneinander meist isolierten Teile zu selbständigen Kristallen ausheilten.

Diese Erklärung wird unterstützt durch die wie zersägt aussehenden Skalenoeder $<2\bar{1}\bar{3}1>$ von Auerbach a. d. B., denen Zwillingslamellen nach $(01\bar{1}2)$ in den zersägt aussehenden Teilen ebenso wie bei den Andreasberger Tafeln vollständig fehlen, *während in dem nicht zersägten Kern solche Lamellen noch erhalten sind*, und zwar nach $<01\bar{1}2>$-Flächen, die den „Sägeschnitten" parallel laufen. Besondere Versuche am Doppelspat bestätigten die *größere Angreifbarkeit auf den der Schiebungsrichtung parallelen Spaltflächen* längs den Spuren der Zusammensetzungsflächen seiner (künstlichen) Zwillinge. Ähnliche Erfahrungen wurden auch an anderen Mineralen gemacht.

In der metallverarbeitenden Technik wurde das Auftreten von Gleitzwillingen erst sehr spät beachtet, da, wie schon S. 91 bemerkt, die durch die Verzwilligung bedingte Verformung sich nur in sehr bescheidenen Grenzen bewegt und daher praktisch kaum Einfluß hat. Es war aber aufgefallen, daß in manchen Fällen eine „*Nachdehnung*" zu beobachten war, die zunächst als ein durch die Biegegleitung bedingter Wechsel in der Translationsebene aufgefaßt wurde (vgl. S. 83).

Die „Nachdehnung" wurde zuerst an Zn-Drähten festgestellt, bei denen schon weitgehend verfestigte, zu Bändern ausgezogene Drähte plötzlich eine neuerliche Dehnung zu einem Faden, also mit deutlicher Verlagerung der Translationsebene, erfuhren (vgl. Abb. 53). Da diese neue *T*-Richtung zur Ebene des Bandes ungefähr senkrecht steht, war es naheliegend, zuerst an einen Wechsel der Translationsfläche, und zwar an die Wirksamkeit einer $<10\bar{1}0>$-Fläche zu denken.

Gegen diese Deutung erhoben *C. H. Mathewson* und *A. J. Phillips* Bedenken und vermuteten die Betätigung einer schon von *O. Mügge* angedeuteten Zwillingsbildung nach $<10\bar{1}2>$ *E. Schmid* konnte nun zusammen mit *G. Wassermann* [*223*] den Nachweis erbringen, daß tatsächlich kein Wechsel der Translationsebene für die Nachdehnung des Zinkes maßgebend ist, sondern eine Gleitzwillingsbildung vorliegt (Abb. 113). Durch Anätzen der behandelten Drähte bzw. „Bänder" lassen sich die Zwillingsteile durch die geänderte „Schimmer"-Bildung sehr schön sichtbar machen (Abb. 114).

Aus Abb. 115 ist zu ersehen, daß bei einer Zwillingsbildung die (0001) des Zwillingsteiles ganz in die Nähe der ($10\bar{1}0$) des Hauptteiles kommt. Sie weicht nur um $4^0\,5'$ von der richtigen Lage der Prismenfläche ab. Es ist leicht verständlich, daß die Basistranslation sofort mit erneuter Stärke einsetzt, wenn sie durch die Gleitzwillingsbildung wieder in eine günstige Lage zur Zugrichtung kommt. Das ist aber der Fall, wenn die Zugrichtung sich schon stark der Prismennormale des Hauptteiles nähert.

Durch Aufnahme eines *Laue*-Bildes senkrecht zur Translationsfläche der Nachdehnung eines Zinkkristalles, das eine ausgesprochene, sechsstrahlige Symmetrie zeigt [im Gegensatz zu der Disymmetrie eines ($10\bar{1}0$)-Bildes!], konnten *Schmid* und *Wassermann* den unwiderlegbaren Nachweis erbringen,

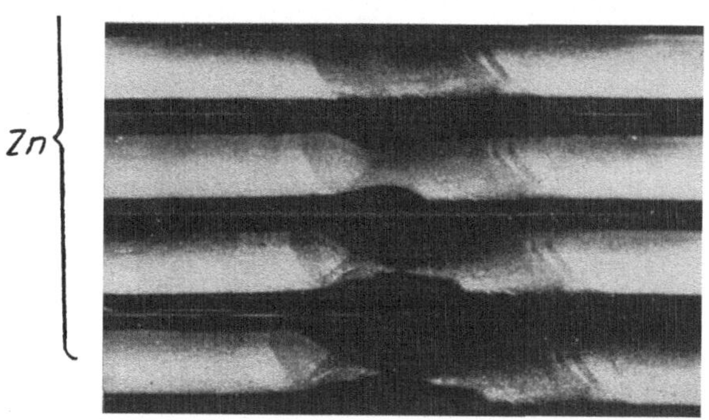

Abb. 114. Zinkkristalldraht mit Gleitzwillingsstreifen (nach *Schmid-Wassermann*). Kristallband geätzt, Blick senkrecht zur Bandfläche, Nachdehnung.

daß eine Nachdehnung bei Zink nicht durch einen Wechsel der Translationsebene [($10\bar{1}0$) statt (0001)], sondern durch das Einsetzen einer Gleitzwillingsbildung bedingt ist, wodurch die singuläre (0001)-Ebene in eine neue, geeignete Lage gebracht wurde.

Da die Frage der Dehnung oder Stauchung für die Metallbearbeitung von besonderer Wichtigkeit ist, dagegen für kristallographische Untersuchungen keine wesentliche Bedeutung hat, ist es verständlich, daß gerade die Auswirkung einer Gleitzwillingsbildung im Sinne einer Dehnung oder Stauchung nur bei Metallkristallen und auch da bisher nur in bescheidenem Maße untersucht wurde (vgl. S. 90 ff.).

Bei den bisnun untersuchten *hexagonalen* und *rhomboedrischen* Kristallen sind nur Pyramiden 1. Art als Zwillingsebenen beobachtet, und zwar bei hexagonalen Kristallen (Be, Mg, Zn, Cd) $K_1 = (10\bar{1}2)$, $K_2 = (10\bar{1}2)$ und bei trigonalen Kristallen (As, Sb, Bi) $K_1 = (\bar{1}012)$, $K_2 = (10\bar{1}1)$.

Für diese grenzen sich die Gebiete jener Richtungen, die bei der Gleitverzwilligung eine Stauchung, bzw. Dehnung erfahren, in ganz bestimmter Weise voneinander ab. Bedeuten in Abb. 116 I—VI die Pole der sechs möglichen Gleitzwillingsebenen K_1 für einen Zink-Einkristall, dann zeigen alle Gebiete mit der Zonenumgrenzung, wie sie für die Felder A und D gelten, durchwegs Stauchung. Für die Felder der Form B gilt: II, III, V und VI führen zu Stauchung, I und IV zu Dehnung. Und endlich gilt für Felder der Form $C:\mathrm{II}$ und V ergeben Stauchung, I, III, IV, VI Dehnung (A^6 = sechszählige Hauptachse, $A_n{}^2$ und $A_z{}^2$ = zweizählige Neben- und Zwischendeckachsen).

Die Gebiete der Stauchung und Dehnung sind ihrer Lage nach von dem Achsenverhältnis c/a abhängig. Die Metalle *Be* und *Mg* mit $c/a \sim 1'63$ ergeben eine Verteilung der Dehnungs- und Stauchungsgebiete, die genau umgekehrt zu jener bei den Zinkkristallen mit $c/a = 1'86$ ist. Die Grenze zwischen diesen beiden Gruppen hexagonaler Kristalle mit entgegengesetztem Verhalten müßten Kristalle mit $c = \sqrt{3}$ bilden. In diesem Falle ergäbe der Schnitt der Ebene der

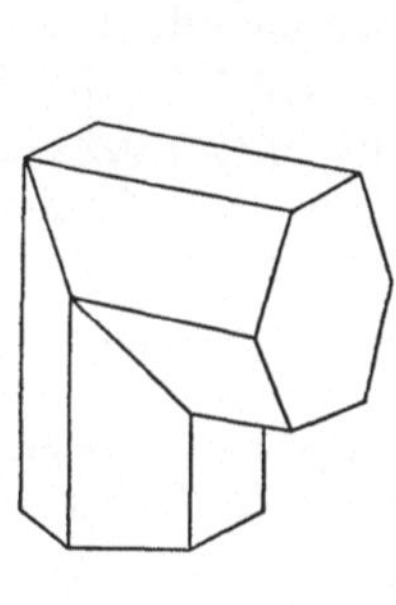

Abb. 115. Zwilling nach (10$\bar{1}$2) an einem Zinkkristall (nach *Schmid-Wassermann*).

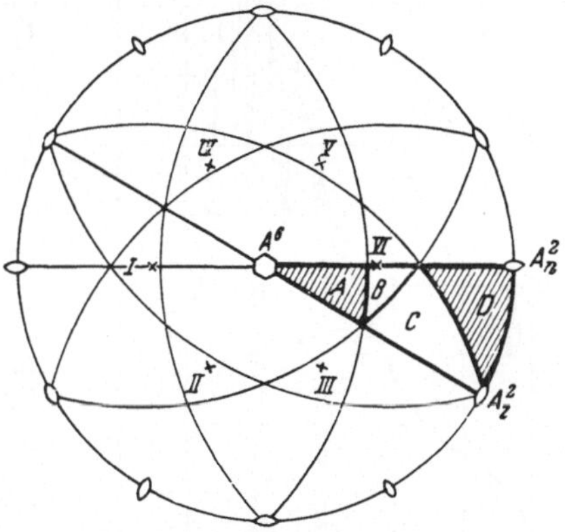

Abb. 116. Orientierungsabhängigkeit der Längenänderung bei der Gleitzwillingsbildung von Zinkkristallen (nach *Schmid-Boas*). *I* bis *VI* Pole der $<$ 10$\bar{1}$2 $>$-Flächen; weitere Erklärung im Text.

Schiebung mit dem hexagonalen Elementarkörper (Prisma 1. Art) ein Quadrat mit der Seitenlänge $c = a \sqrt{3}$. Die Gleitrichtung wäre die Diagonale, eine Schiebung daher überhaupt nicht möglich.

Für das *kubische* System sind bisher nur die Verhältnisse bei dem raumzentrierten α-Eisen bekannt, mit $K_1 = (112)$ und $K_2 = (11\bar{2})$. Bei den flächenzentrierten Kristallen kann $K_1 = (111)$ und $K_2 = (11\bar{1})$ vermutet werden, wobei $\eta_1 = [11\bar{2}]$ und $\eta_2 = [112]$ ist.

Während man bei der Translation in dem Auftreten der „Streckgrenze" mit ihrer kennzeichnenden Größe, bzw. in der Gültigkeit des *Schmid*schen „Schubspannungsgesetzes" eine zahlenmäßige Charakteristik des Vorganges bestimmen kann, ist das für die Gleitzwillingsbildung derzeit noch nicht möglich.

Hier handelt es sich nämlich im Gegensatz zur Translation um *keine allmähliche* Änderung der Orientierung. Das Gitter kommt durch Umkippen, *sprunghaft* unstetig in die neue Lage. Das gilt nicht nur für die Gitterschiebungen, sondern noch in verstärktem Maße für Nicht-Gitterschiebungen, bei denen die einzelnen Bausteine sehr komplizierte und durchaus noch nicht geklärte Bewegungen ausführen müssen.

Diese Unstetigkeit im Verlauf der Gleitverzwilligung ist auch in anderer Weise erkennbar. Bei Dehnungsversuchen macht sich die Ausbildung von Zwillingslamellen, die meist von einem deutlichen Knacken begleitet ist, durch eine unstetige Entlastung auffallend bemerkbar. Gewöhnlich entstehen zunächst nur einzelne Zwillingsstreifen, die sich entweder verbreitern oder von neuen Zwillingsbildungen abgelöst werden. Zur Ausbildung einer solchen Lamelle ist es nicht notwendig, die Belastung zu steigern. Die Unstetigkeit der mehrfach eintretenden Zwillingsbildung ist sehr schön aus dem Spannungs-Dehnungs-Diagramm für Kadmium (Abb. 117) zu ersehen.

Eine bestimmte Spannung für die Einleitung einer solchen Zwillingsbildung ist nicht angebbar, sondern die Zwillingbildung erfolgt immer inner

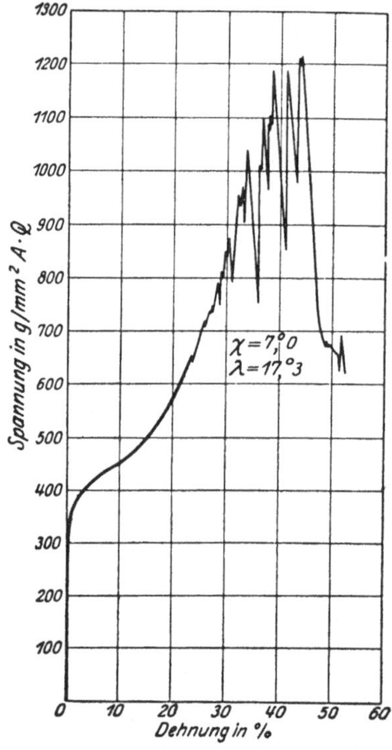

Abb. 117. Dehnungskurven von Kadmiumkristallen (nach *Schmid-Boas*). Zwillingsbildung nach weitgehender Translation.

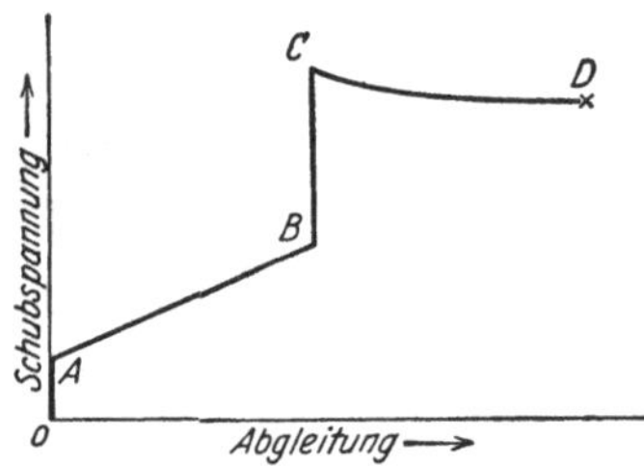

Abb. 118. Schematische Darstellung des Verlaufes der Basisschubfestigkeit bei primärer Translation (*AB*), mechanischer Zwillingsbildung (*BC*) und sekundärer Translation (*CD*) bis zum Zerreißen (*D*) bei Zinkkristallen (nach *E. Schmid*).

halb eines mehr oder minder großen Spannungsbereiches. Das hängt wohl mit der großen Empfindlichkeit der Gleitverzwilligung gegenüber Inhomogenitäten der Kristalle zusammen. Ein weiteres Hindernis für die quantitative Bestimmung der Bedingungen, unter denen ein Gleitzwilling entsteht, liegt darin, daß meist auch Translation zu beobachten ist, d. h. daß man den Kristall gar nicht im ungestörten, sondern in einem schon verformten, verfestigten Zustand beobachtet, wenn die Verzwilligung eintritt.

Eine Orientierungsabhängigkeit bezüglich des Eintrittes, bzw. der Häufigkeit der Zwillingsbildung ist insofern zu bemerken, als nach Beobachtungen an hexagonalen Kristallen mit ihrer singulären Translationsfläche (0001) bei schräger Ausgangslage der Basis, also bei steil ansteigender Dehnungskurve die Zwillingsbildung ziemlich frühzeitig einsetzt (vgl. Abb. 117); jedoch bei querer Lage mit der dadurch bedingten flachen Dehnungskurve auf einen sehr schmalen Bereich unmittelbar vor der Höchstlast (Zerreißen) beschränkt bleibt. Es hat den Anschein, als würde die *Zwillingsbildung durch eine vorausgehende Translation erschwert.* Bei der Gleitverzwilligung wird die Schubfestigkeit der Basis (Translationsfläche der hexagonalen Kristalle) *unstetig* bedeutend *vergrößert.* Die *Schubverfestigung durch Zwillingsbildung* erreicht für die Zimmertemperatur bei Zink etwa 100%, bei Kadmium sogar rund 200%.

Eine schematische Darstellung der Verhältnisse im Schubspannung-Ableitungs-Diagramm bei Zink gibt Abb. 118. *A* ist die Streckgrenze, von *A* bis *B* reicht die stetige Verfestigung durch die Hauptdehnung bei der primären Translation. *B C* bedeutet die starke *unstetige* Verfestigung infolge Zwillingsbildung und *C D* zeigt die geringe Schubentfestigung der Basis, die während der Nachdehnung auf Grund der Zwillingsbildung (sekundäre Translation) eintritt. Bei *D* erfolgt dann das Reißen des Kristalles.

An grobkörnigen Zinkblechen konnte im Wechselbiegungsversuch dieselbe Zwillingslamelle *bis zu 20facher Wiederholung erzeugt und wieder rückgebildet* werden! Es ist dabei insofern eine Entfestigung zu beobachten, als das dazu nötige Biegungsmoment bei jeder Wiederholung des Versuches kleiner wird, was sich in der zunehmenden Breite der wiederholt erzeugten Zwillingslamelle kundtut. Dagegen scheinen die zu wiederholter Rückbildung erforderlichen Momente anzusteigen (*Schmid-Boas* [*219*]).

Bei wiederholter hin- und hergehender Beanspruchung eines festen Körpers kommt es nach vielen Wechseln zum Bruch bei einer Belastung, die *weit unter* der statischen Bruchgrenze liegt (*„Dauerbruch"*). Nach *U. Dehlinger* [44], der für kristalline Stoffe eine geschlossene Theorie der *„Wechselfestigkeit"* aufbaute, verläuft die Bruchgrenze beim Dauerbruch mit steigender Wechselzahl asymptotisch gegen einen bestimmten Wert („Wechselfestigkeit").

IV. Theoretische Deutungsversuche der Kristallplastizität.

Die außerordentliche Mannigfaltigkeit der Erscheinungen der Kristallplastizität, die gleichwohl strenge Gesetzmäßigkeit aufweist, verlangt geradezu darnach, nicht nur experimentell, sondern auch vor allem grundsätzlich-gedanklich geklärt zu werden. Genau wie bei dem Fragenbereich der Spaltbarkeit sind es auch hier zwei Grundfragen, die dringend einer Lösung bedürfen, die aber genau wie dort trotz allen Bemühungen noch nicht vollständig gelöst sind: 1. die Frage nach den Beziehungen der beobachteten und gemessenen Plastizitätserscheinungen zur *Kristallstruktur* und 2. die Frage um die theoretischen Grundlagen, aus denen heraus die in der Kristallplastizität beobachteten *Vorgänge* gedeutet werden können. Es handelt sich also um das Grundsätzliche einerseits in geometrisch-struktureller, anderseits in physikalisch-dynamischer Beziehung.

In beiden Fragenbereichen sind vielversprechende Ansätze zu einer Klärung vorhanden, aber doch sind manche Grundfragen heiß umstritten, so daß noch kein abschließendes Urteil gewagt werden kann, eine Tatsache, die sich bei den Deutungsversuchen *aller* Festigkeitserscheinungen an Kristallen wegen ihrer Komplexität immer wieder findet.

Unzweideutig ergab sich aus der ganzen gewaltigen Summe von Einzeluntersuchungen über Kristallplastizität nur die Erkenntnis, daß die bei der Beschreibung mit Vorteil verwendete Scheidung von Blatt-, Zwillings- und Drehgleitung hier nicht am Platz ist, sondern alle diese Gleitformen letzten Endes ihre Deutung in den *gleichen* Grundlagen finden müssen, mögen sie in formaler Beziehung noch so verschieden voneinander sein.

Diese Vereinheitlichung in der geometrischen und physikalischen Erfassung aller Fragen über Kristallplastizität ist ein sehr wesentlicher Fortschritt gegenüber den älteren Versuchen, das Problem theoretisch zu deuten. Diese waren nur von den äußerlich der Beobachtung zugänglichen Erscheinungen ausgegangen und konnten darum zu keiner allgemeingültigen Erklärung durchdringen. Erst seitdem die Strukturerschließung in so überraschender Weise Einblick in die Fragen des Kristallaufbaues ermöglichte, wurde in zunehmendem Maße die innere Verbundenheit aller hier behandelten Probleme sichtbar und damit auch der Deutung zugänglicher. So wird es verständlich, daß wesentlich neue Gesichtspunkte erst seit der erfolgreichen Bestimmung der Kristallstrukturen mit allen ihren Gesetzmäßigkeiten und Mannigfaltigkeiten gewonnen werden konnten und daß seit den ersten Versuchen einer theoretischen Deutung durch *Th. Liebisch* bis in das zweite Jahrzehnt dieses Jahrhunderts die bezüglichen Untersuchungen fast ausnahmslos beschreibendregistrierend waren, ohne zu dem Kern des Problems vorstoßen zu können.

1. Geometrisch-strukturelle Deutungsversuche. Es ist das besondere Verdienst *P. Nigglis* [178], hier die umfassenden Grundlagen herausgearbeitet zu haben, auf denen alle theoretischen Erklärungsversuche aufbauen müssen. Die folgenden Ausführungen sind im wesentlichen auf dieser hochbedeutsamen Arbeit aufgebaut.

Von einer ausführlichen Wiedergabe der formal-mathematischen Behandlung der Fragen in *Nigglis* Darstellung wurde in dem eng gesteckten Rahmen dieses Buches Abstand genommen, doch sei für ein eingehenderes Befassen mit diesem Problem nachdrücklichst auf *Nigglis* kurze Abhandlung verwiesen.

Das wichtigste und auffallendste Merkmal bei allen Erscheinungen der Blatt- und Zwillingsgleitung jeder Form ist die Erhaltung der beobachtbaren Kristalleigenschaften auch *nach* erfolgter Deformation, wenn auch in neuer Lage. Es muß demnach das zugrunde liegende *Kristallgitter bei der Verformung in sich selbst überführt werden.* Da auch nach der Verformung der Kristallverband erhalten bleibt können nur jene Erscheinungen in Betracht kommen, die einer gesetzmäßigen Verwachsung von Kristallen entsprechen. Bei der natürlichen Verwachsung von Kristallindividuen kann man zwei gesetzmäßige Formen unterscheiden: 1. Parallelverwachsung, 2. Zwillingsverwachsung, die ihrerseits wieder in eine Zwillingsbildung nach einer Ebene (*hkl*), oder nach einer Achse [*uvw*] unterteilt werden kann. Das Kristallgitter wird im ersten Falle durch Gleitung zur Identität gebracht, ohne weitere Umorientierung, im zweiten Falle befinden sich die Gitterpunkte im deformierten Teile in Zwillingsstellung zu jenen des unverformten Teiles. *Niggli* unterscheidet demnach **die** „*Schiebung zur Identität*" *(Translation)* und „*einfache Schiebungen (Gleitzwillingsbildungen) 1. und 2. Art*". Hier kommt nach der Verformung ein bestimmter Gitterpunkt, allenfalls nach Spiegelung oder Drehung, in die Lage, die vor der Verformung einem anderen Gitterpunkt entsprach.

Es handelt sich um die Feststellung jener Bedingungen, unter denen ein Kristallgitter translatierbar, bzw. schiebungsfähig ist, d. h. durch Gleitung in eine der genannten Verformungsarten übergeführt werden kann. Translationen und Schiebungen lassen sich zu einer Einheit der durch Gleitung möglichen, „homogenen Deformationen" zusammenfassen, wenn auch tiefgreifende Unterschiede zwischen beiden Arten der Verformung bestehen. Beiden ist aber mit der Erhaltung des inneren Aufbaues auch die damit verbundene *Erhaltung des Rationalitätsgesetzes* eigentümlich und beide beweisen schon damit die Gleichheit der Grundlagen für alle Probleme der Kristallplastizität.

Die Erhaltung des Rationalitätsgesetzes bei allen Formen der homogenen Deformation fordert, daß das oder die in einer Basisgruppe vereinigten Translationsgitter homogen deformiert und allenfalls zusätzlich gegenseitig verschoben werden. Da alle, eine allgemeine Basisgruppe bildenden Translationsgitter in *gleicher* Weise deformiert und im allgemeinsten Falle gegeneinander verrückt werden, genügt es, die für die homogene Deformation des Translationsgitters notwendigen Gesetzmäßigkeiten festzustellen.

Die Translationsgruppe (Raumgitter) ist zentrosymmetrisch und die Identitätsabstände der Punkte des gleichen Raumgitters sind in parallelen Richtungen Vielfache des Parameters der betreffenden Gittergeraden. Die Schiebungsrichtung (Translations- oder Gleitrichtung) kann nur eine Gittergerade sein und diese liegt in einer Gitterebene. Dann läßt sich zur weiteren geometrischen Behandlung die Lage eines Gitterpunktes auf ein *rechtwinkeliges* Koordinatensystem beziehen, in dem (entsprechend der Darstellung in Abb. 69) die Gleitrichtung t oder η_1 als X-Achse und die Senkrechte auf ihr in der Gleitebene T oder K_1 als Y-Achse (gleichzeitig die mittlere, unverzerrte Achse des Deformationsellipsoides) gewählt wird. Als Z-Achse dient die Richtung senkrecht zur Gleitebene.

Mit Ausnahme der Gleitrichtung X sind im allgemeinen die gewählten Achsen irrational und dienen bloß der geometrischen Festlegung eines Gitterpunktes im Raum ohne Bezugnahme auf kristallographische Forderungen.

Wählen wir einen Punkt des Translationsgitters als Nullpunkt, dann ist ein anderer Punkt dieses Gitters durch die Werte $x_0,\ y_0,\ z_0$ gegeben. Dieser Punkt werde nun durch Schiebung in einen anderen,

Tertsch, Festigkeitserscheinungen. 10

identischen Punkt x_1, y_1, z_1 übergeführt. Die „Größe der Schiebung"
ist s (vgl. Abb. 69), also im Abstand z_0 von der Gleitebene $= sz_0$
(Abb. 119).

Bei der *Translation* behalten Gittergerade auch jenseits der Gleitebene ihren Charakter, d. h. nach der Verformung fällt ein Gitterpunkt
auf einen Ort, der schon vor der Schiebung mit einem Gitterpunkt
besetzt war. Die Koordinaten dieses im *nichtverformten* Teil entsprechenden
Gitterpunktes seien x'_1, y'_1, z'_1. Bei der *Schiebung 1. Art* wird das Raumgitter
in sich selbst übergeführt, wenn jedem Gitterpunkt nach der Deformation in
dem *unverformten* Kristallteil ein Punkt x'_1, y'_1, z'_1 zugeordnet werden
kann, der in Bezug auf K_1 spiegelbild-lich zu dem verschobenen Gitterpunkt
liegt. Im Falle der *Schiebung 2. Art* liegt der entsprechend zugeordnete
Punkt x'_1, y'_1, z'_1 so, daß er durch Dre-

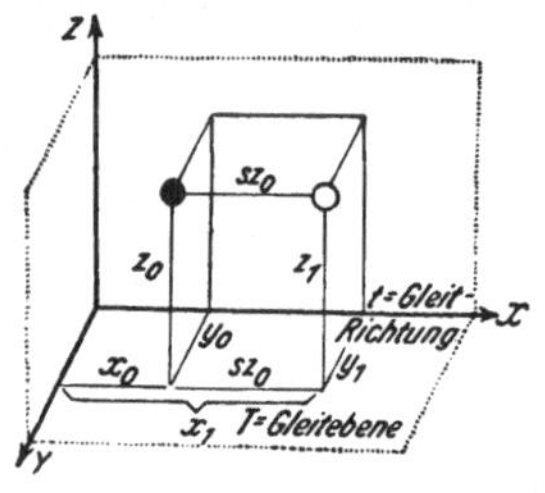

Abb. 119. Schiebung eines Gitterpunktes $(x_0\ y_0\ z_0)$ in der Gleitebene (T oder K_1) und parallel der Gleitrichtung (t oder η_1) in die Lage $(x_1\ y_1\ z_1)$ (nach *Niggli*).

hung um 180^0 um die Achse η_1 aus x_1, y_1, z_1 gewonnen wird. Daraus
ergeben sich folgende, einfache Lagenbeziehungen:

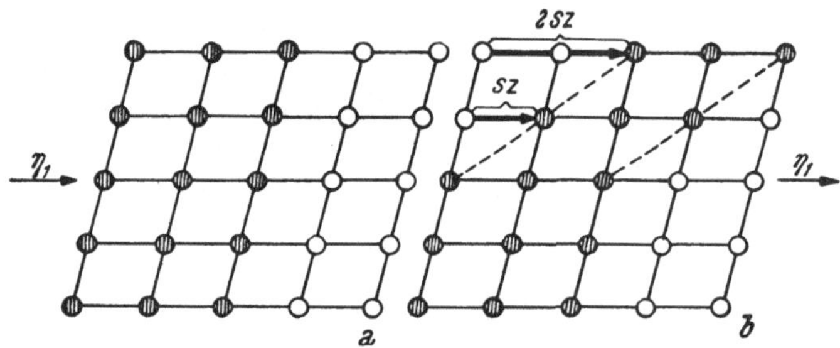

Abb. 120. Translation zur völligen Identität (nach *Niggli*). $\eta_1 =$ Translationsrichtung, Schiebung
des einfachen primitiven Gitters a) *vor*, b) *nach* der Schiebung.

a) *Translation (Schiebung zur Identität)*
$$x_1 = x_0 + sz_0 = x'_1; \quad y_1 = y_0 = y'_1; \quad z_1 = z_0 = z'_1.$$
Einfache Schiebung 1. Art
$$x_1 = x_0 + sz_0 = x'_1; \quad y_1 = y_0 = y'_1; \quad z_1 = z_0 = -z'_1.$$
Einfache Schiebung 2. Art
$$x_1 = x_0 + sz_0 = x'_1; \quad y_1 = y_0 = -y'_1; \quad z_1 = z_0 = -z'_1.$$

Bei der Translation folgt aus der angegebenen Koordinatenbeziehung,
daß die Schiebung entlang einer *Gittergeraden* $[sz_0, 0,0]$ vor sich geht,
wobei $sz_0 = N\tau$ das Ein- oder Vielfache des Parameters dieser Gittergeraden sein muß, d. h. N ist eine beliebige ganze Zahl. Ist $N = \pm 1$,
so spricht man von *Grundschiebung*. Der *Betrag der Schiebung* irgend

eines Gitterpunktes ist dann *gleich dem Identitätsabstand τ auf der Gleitrichtung* (= x-Achse, bzw. t- oder η_1-Richtung). Die *Grundschiebungsgröße* ist $s_0 = \pm \dfrac{\tau}{z}$.

Für die Überführung des Punktes $[[mnp]]$ *vor* der Deformation in die Lage $[[m'\,n'\,p']]$ *nach* der Verformung gelten bei der *Translation (Schiebung zur Identität)* ganz allgemein folgende Transformationsformeln, wenn

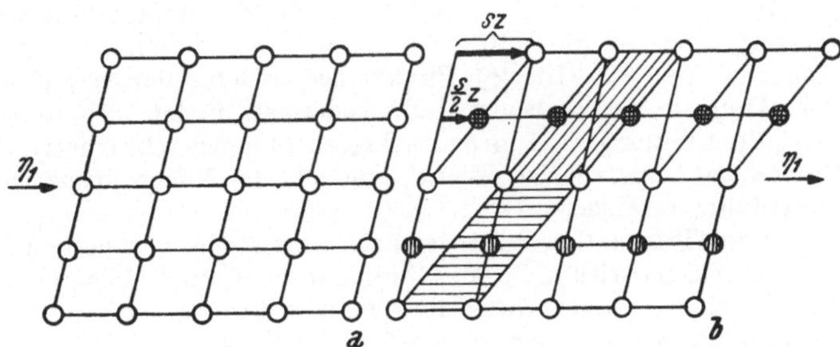

Abb. 121. Translation zur Identität in einem *übergeordneten* Gitter (nach *Niggli*). η_1 = Translationsrichtung, Schiebung eines zweifach primitiven Gitters a) *vor*, b) *nach* der Schiebung.

(HKL) das Symbol der Gleitfläche T und $[UVW]$ jenes der Gleitrichtung t bedeuten:

$$m' = m + U\,(mH + nK + pL)\,.\,N$$
$$n' = n + V\,(mH + nK + pL)\,.\,N$$
$$p' = p + W\,(mH + nK + pL)\,.\,N$$

$[uvw]$ wird in die Gerade $[u'v'w']$ übergeführt durch:

$$u' = u + U\,(uH + vK + wL)\,.\,N$$
$$v' = v + V\,(uH + vK + wL)\,.\,N$$
$$w' = w + W\,(uH + vK + wL)\,.\,N.$$

Die Ebene (hkl) steht mit $(h'k'l')$ nach der Deformation in der Beziehung:

$$h' = h + V\,(hK - Hk)\,N + W\,(hL - Hl)\,N$$
$$k' = k + U\,(kH - Kh)\,N + W\,(kL - Kl)\,N$$
$$l' = l + U\,(lH - Lh)\,N + V\,(lK - Lk)\,N$$

oder nach Einführung des Zonensymbols $[u_0 v_0 w_0]$ aus den beiden Flächen: $[(HKL) - (hkl)]$:

$$h' = h + (Wv_0 - Vw_0)\,.\,N$$
$$k' = k + (Uw_0 - Wu_0)\,.\,N$$
$$l' = l + (Vu_0 - Uv_0)\,.\,N.$$

Das bedeutet, daß alle Flächen der Zone $[UVW]$ ihre Symbole auch nach der Deformation behalten. Die Gleitrichtung ist der geometrische Ort des zur Schiebung invarianten Netzzusammenhanges.

Die angegebenen mathematischen Beziehungen beliebiger Gitterpunkte bzw. Gittergeraden oder Gitterebenen zu der vorgegebenen Gleitrichtung und Gleitebene gelten vor allem für den Fall, daß auch schon die unmittelbar T benachbarten Gitterebenen Schiebungen zur Identität erlauben (Abb. 120). Man erkennt hier den sehr einfachen Zusammenhang zwischen der tatsächlichen Schiebung s und der Größe N *(„einfach-primitive Gitterschiebung")*.

Wenn aber erst eine weiter von T abliegende, parallele Netzebene Schiebungen zur Identität gestattet, kann unter Wahrung des Rationalitätsgesetzes nur ein *übergeordnetes Gitter* übergeführt werden. In der Abb. 121 wird der Fall dargestellt, wo ein *doppelt-primitives* Gitter in sich übergeführt wird, der Schiebungsbetrag also nur die Hälfte jenes aus Abb. 120 erreicht. In diesem Falle bleiben gewisse (schraffierte) Punkte des undeformierten Kristallteiles *ohne Entsprechung* im verschobenen Teil. Anderseits finden sich in dem verformten Kristallteil Gitterpunkte in *neuen* Lagen (doppelt schraffiert). Ist erst die N-te Gitterebene translatierbar, dann kann nur ein N-fach primitives Gitter in sich übergeführt werden.

Während einer Translation wird demnach eine Reihe von besonderen Zuständen durchlaufen. So wird z. B. ein Gitter mit der Grundschiebung s_0 schon bei s_0/N ein N-fach primitives Gitter in sich überführen — bei $s_0/5$ z. B. ein fünffach primitives, bei $s_0/3$ ein dreifach primitives usw., bis endlich die Größe s selbst erreicht wird und dann *alle* Punkte in identische Lagen übergeführt werden. Vor Erlangung der *vollen Identität* wird also eine ganze Reihe bevorzugter Schiebungen eintreten, die sozusagen Annäherungsstufen auf dem Wege zur vollen Identität darstellen. Eine stetige Gleitung scheint daher unwahrscheinlich und in der Tat haben auch mehrfache Beobachtungen den sprunghaften Verlauf entsprechender Versuche erwiesen (vgl. S. 112).

So einfach die Verhältnisse bei den Translationsgittern liegen, so schwierig werden sie, wenn mehrere Raumgitter in einer Basisgruppe vereint sind. Da die einzelnen, ineinander gestellten Translationsgitter sich zu einander im allgemeinen in irrationaler Lage befinden, bedeutet die Schiebung zur Identität für *ein* Translationsgitter *nicht* auch gleichzeitig Schiebung zur Identität der anderen, an der Basisgruppe teilnehmenden Translationsgitter. Das wäre nur denkbar, wenn man die Lage einer ganzen *Punktgruppe* vergleicht, die der Zahl der ineinander gestellten Translationsgitter entspricht (*Sohncke*sche „Punktgruppen"). *Solche Komplexe können ohne die Wirksamkeit eines inneren Zusammenhaltens oder ohne Umorientierung der einzelnen Teile nicht zu identischen Strukturen führen.*

Die *Rekonstruktion* des ursprünglichen Gitters kann demnach mehr oder weniger unvollständig bleiben bzw. sich nur in diskreten Schritten dem stabilsten Zustand der ursprünglichen Gitterform nähern. Wie die bei komplexen Strukturen notwendigen, gegenseitigen Verlagerungen der einzelnen Translationsgitter tatsächlich vor sich gehen, ist eine ungemein schwierige Frage, die auf rein strukturgeometrischem Wege allein nicht gelöst werden kann.

Da bei der Translation der Zusammenhang innerhalb der Translationsebene und hier wieder innerhalb der Translationsrichtung vollkommen erhalten bleibt, müssen diese beiden wohl ganz besonders ausgezeichnete Elemente des Translationsgitters sein. Es muß sich daher um besonders dicht besetzte Ebenen und Richtungen handeln, die sich morphologisch als verhältnismäßig einfache Formen darstellen. Eine streng mathematische Möglichkeit, aus dem Translationsgitter die wahrscheinlichste Lage der Gleitebene und Gleitrichtung zu berechnen bzw. vorauszusagen, ist derzeit noch nicht gegeben. Es dürfte sich diese Aufgabe aus dem Aufbau des *Ideal*kristalles gittermäßig ebensowenig lösen lassen, wie das bezüglich der Spaltbarkeit der Fall war und ist.

Die sonstigen für die Translation geltenden, mathematischen Beziehungen wurden schon S. 81 ff. behandelt, so insbesondere das **Zusammenwirken** *mehrerer* Gleitebenen und -richtungen in einem Kristall.

Vielfach wurde als grundsätzlicher Unterschied der Translation gegenüber der Gleitzwillingsbildung hervorgehoben, daß im Falle der Zwillingsbildung eine strenge Proportionalität zwischen Schiebungsgröße und Abstand des Gitterteiles von der Gleitebene besteht, die bei der Translation fehle. Tatsächlich ist aber auch bei der „Schiebung zur Identität" die Schiebung um so größer, je weiter der Gitterpunkt von der Translationsebene absteht, wenn auch dieser Zusammenhang nicht einfach linear ist wie bei den Gleitzwillingen. Wesentlich ist, daß die Schiebung zur Identität *nicht* an *eine* Gleitebene gebunden ist, sondern nach zahlreichen Gleitebenen erfolgt. Die nach einer solchen *Schar* paralleler Gleitebenen vollzogene Verformung stellt sich als die Summe vieler Schiebungen zur Identität dar, wobei zwischen den verformten Teilen unverformte Gitterschichten bestehen bleiben. Bei der Zwillingsgleitung entspricht das genau der *polysynthetischen Zwillingslamellierung*. Der *einzelnen* Gleitebene bei der Zwillingsbildung steht eine *Schar* paralleler Gleitebenen bei der Translation gegenüber.

Da grundsätzlich über die Vorzeichen der Indizes einzelner Punkte $[[mnp]]$ Gerade $[uvw]$ und Flächen (hkl) keine Voraussetzungen gemacht wurden, muß natürlich auch die Verwendung der gleichen Absolutgrößen, aber mit einzelnen *negativen* Vorzeichen einen strukturgeometrischen Sinn haben. In der Tat ist auch hierin der mathematische Zusammenhang zwischen Translation und Zwillingsgleitung gelegen.

Wenn der Punkt $(1) = x_0 \, y_0 \, z_0$ in dem auf S. 145 aufgestellten Koordinatensystem nach dem gleichwertigen Punkt $(2) = x_1 \, y_1 \, z_1$ verschoben wird, so führt die unveränderte Beibehaltung aller Vorzeichen zu der Tatsache, daß 2 an eine schon im *unverformten* Gitter besetzte Stelle kommt, d. h. daß 2 und der im undeformierten Teil zugehörige Punkt 2′ zusammenfallen; sie sind *identisch*, daher *Nigglis Bezeichnung* der Translation als „Schiebung zur Identität".

Nun fragt es sich, welche Folgen auftreten, wenn die *gleiche* Schiebung nach x hinsichtlich der Lage des Punktes 2′ im *unverformten* Gitterteil mit $(-y, +z)$, oder $(+y, -z)$ oder endlich mit $(-y, -z)$ verbunden wird. Zu den schon auf S. 146 aufgestellten, zusammen mit der Translation gegebenen dreierlei Möglichkeiten der Zuordnung tritt dann noch als vierte Möglichkeit: $x_1 = x_0 + sz_0 = x'_1$; $y_0 = y_0 = -y'_1$; $z_1 = z_0 = z'_1$.

Die Translation ist schon in Abb. 119 dargestellt, die restlichen Fälle mit negativen Koordinaten bringt Abb. 122. Der Fall a mit $y_1 = -y_1'$ ist nur dann gegeben, wenn gleichzeitig die x-z-Ebene, also die „Ebene der Schiebung" eine *Spiegelebene* des Gitters ist, bzw. sich in der Gleitebene K_1 (x-y-Ebene) rechteckige Gittermaschen befinden. Außerdem ist dieser Fall a insofern nicht als selbständiger Fall zu werten, da er sich durch Kombination der Fälle b und c darstellen läßt (siehe unten).

b) *Einfache Schiebung.* Im Falle der Abb. 122 b ($z_1 = -z_1'$) entspricht jedem Punkt der Lage 2 im *nicht*verformten Gitterteil ein Punkt 2', der sich gegenüber 2 in Spiegelstellung, bezogen auf die Gleitebene K_1 als *Spiegelebene*, befindet.

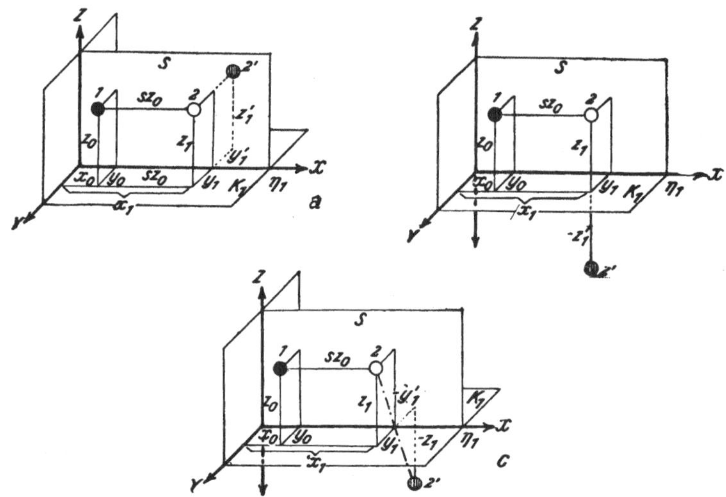

Abb. 122. Verschiedene Schiebungsmöglichkeiten: a) $y_1 = -y_1'$, $z_1 = z_1'$; b) $y_1 = y_1'$, $z_1 = -z_1'$, „einfache Schiebung 1. Art"; c) $y_1 = -y_1'$ und $z_1 = -z_1'$, „einfache Schiebung 2. Art". $S =$ Ebene der Schiebung, $K_1 =$ Gleitebene (1. Kreisschnitt), $\eta_1 =$ Gleitrichtung.

Das ist aber das Verhalten eines *Ebenenzwillings* nach K_1 und stellt demnach die „*einfache Schiebung 1. Art*" dar.

In Abb. 122 c endlich, wo sowohl für s_1' wie für z_1' *negative* Werte eingesetzt werden, befinden sich die einander zugeordneten Punkte 2 und 2' (im unverformten Gitterteil) in einer Lage, wie sie einer Drehung um 180° um die X-Achse $= \eta_1$ (Gleitrichtung) entspricht, d. h. wie sie einer Struktur zukommt, wonach 2 und 2' in Zwillingsstellung gemäß der „*einfachen Schiebung 2. Art*" (Achsenzwilling) sind.

Es ist sofort zu erkennen, daß die gleichzeitige Wirksamkeit der Fälle b und c zu den unter a gekennzeichneten Verhältnissen führen muß, in Wirklichkeit also nicht, wie aus der Verwendungsmöglichkeit von $\pm y$ bzw. $\pm z$ zu erwarten wäre, vier, sondern nur drei voneinander unabhängige Schiebungsformen auftreten, wie sie schon auf S. 146 angeführt wurden.

Gleichzeitig ergibt sich, daß im Falle b die als Spiegelebene dienende K_1 eine Gitterebene sein muß und im Falle c die „Zwillingsachse" η_1 einer Gittergeraden entsprechen muß.

Bezüglich der für die einzelnen Gitterelemente hierbei geltenden Transformationsformeln zur Überführung von (hkl) in $(h'k'l')$ und

$[uvw]$ nach $[u'v'w']$ sei auf S. 91 verwiesen. Es sind nur noch die Transformationsformeln betreffend eines einzelnen Punktes nachzutragen. Für die Überführung des Punktes $[[mnp]]$ in die Zwillingslage $[[m'n'p']]$ bei der „einfachen Schiebung" gilt:

$$m' = m - 2\,U\,\frac{Hm + Kn + Lp}{HU + KV + LW}$$

$$n' = n - 2\,V\,\frac{Hm + Kn + Lp}{HU + KV + LW}$$

$$p' = p - 2\,W\,\frac{Hm + Kn + Lp}{HU + KV + LW}.$$

Die aufmerksame Betrachtung der Abb. 122 b und c zeigt, daß die Zwillingsschiebung sich eigentlich *aus zwei Teilvorgängen zusammensetzt,* aus der Schiebung zur Identität und aus einer Verzwilligung nach K_1 oder η_1. *Niggli* hat in seinen Ausführungen diesen Tatbestand auch mathematisch auszudrücken vermocht und so die Beziehungen zwischen der reinen Translation und der Zwillingsgleitung noch besonders unterstrichen.

So einfach und klar diese mathematischen Beziehungen zwischen den verschiedenen Schiebungsmöglichkeiten der *Baustein-Schwerpunkte* sind, muß doch bei der Zwillingsgleitung nachdrücklichst betont werden, daß die Kenntnis der neuen Schwerpunktslagen noch nicht

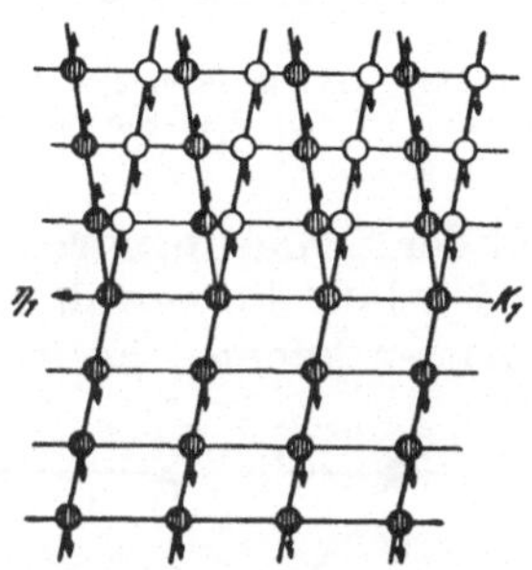

Abb. 123. Drehung der Teilchen vor und nach der Zwillingsschiebung (nach *Niggli*).

die vollkommene Rekonstruktion des Gitters im Zwillingsteil bedeutet. Aus Abb. 123 ergibt sich, daß die *Überführung in die Zwillingslage notgedrungen mit einer Drehung der einzelnen verschobenen Bausteine verbunden sein muß.* Über die Möglichkeiten und den Ablauf dieser Drehung gibt die bisherige formale Behandlung des Problems keine Auskunft, ja sie läßt nicht einmal erkennen, in welcher Richtung die Lösung dieser Frage zu suchen wäre.

Während also bei der Translation diese Fragen erst mit dem Ineinanderstellen mehrerer Translationsgitter innerhalb einer Basisgruppe in Erscheinung treten, ist bei den Gleitzwillingen schon der erste Schritt, schon die Überführung des einfachen Translationsgitters in die Zwillingslage, mit der gleichen Schwierigkeit behaftet.

Auch wenn man ganze Bausteingruppen zusammenfaßt, wie etwa das CO_3-Ion beim Kalkspat (vgl. Abb. 18), kommt man über diese Schwierigkeit nicht hinweg, sie wird im Gegenteil noch besonders unterstrichen, denn zur Überführung in die Zwillingslage muß das in Ebenen parallel (0001) entwickelte CO_3-Ion eine starke Kippung erfahren, da ja durch die Gleitverzwilligung die Lage der z-Achse geändert wird.

Es fragt sich, wieso bei einer so komplizierten Bewegung dann
Zwillingsschiebungen überhaupt zustande kommen können, bzw.
warum sie an Stelle der so einfachen Parallelverschiebung in der
Translation treten können. Ein ziemlich wesentlicher Grund scheint
darin zu liegen, daß hier auf Grund einer Schiebung eine Gitter-
rekonstruktion in Zwillingsstellung möglich ist, die nur einen Bruch-

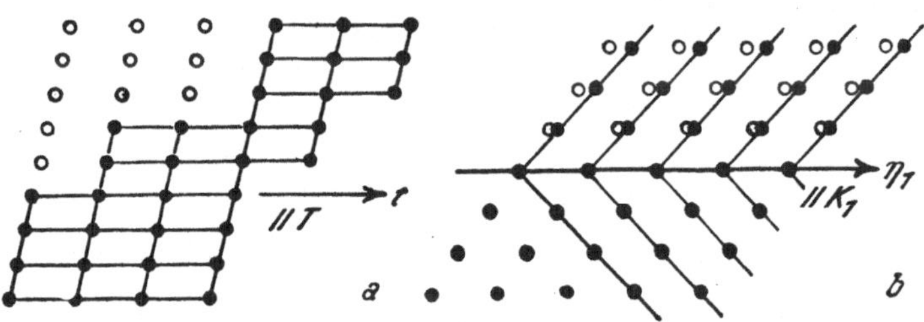

Abb. 124.   Gitterschiebungen (nach *Schmid-Boas*): a) Schiebung zur Identität = Translation,
b) „einfache Schiebung" = Gleitzwilling mit K_1 als Zwillingsebene.

teil der Schiebungsgröße für die Blattgleitung benötigt. Die Abb. 124a
und b läßt die gewaltigen Unterschiede erkennen, die dabei in Frage
kommen können. Es wird sich also darum handeln, wann eine Gitter-

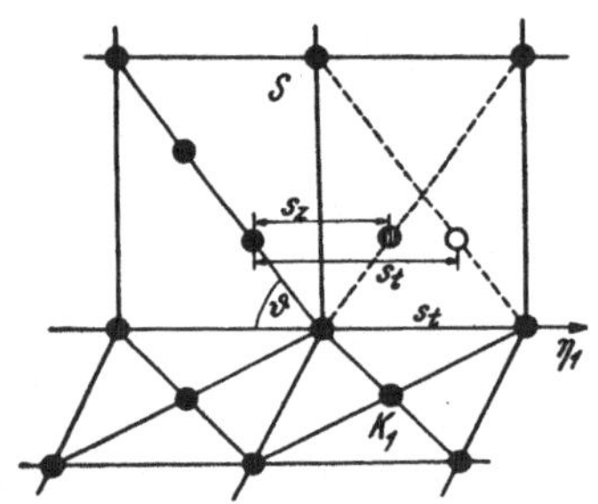

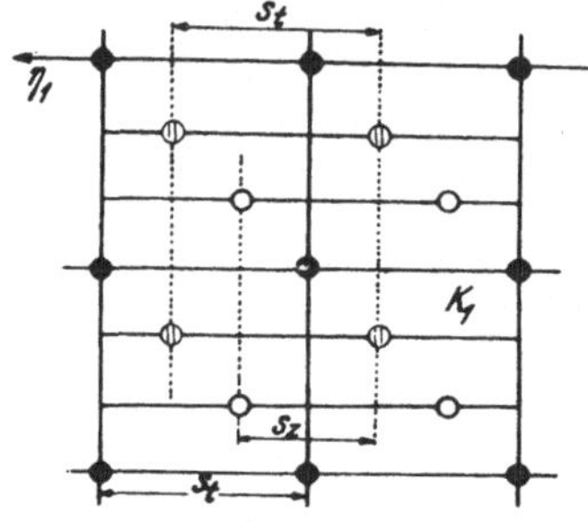

Abb. 125. Schiebungsbeträge in der der
Gleitebene K_1 zunächst liegenden Gitter-
ebene für die Translation = s_t und für die
Zwillingsschiebung = s_z (nach *Niggli*).

Abb. 126. $\bullet = (z = 0)$, $⦶ = (z = ^1/_3)$, $\bigcirc =$
$(z = ^2/_3)$ Projektion auf K_1; $\eta_1 =$ Gleitrichtung,
$s_t =$ Translation, $s_z =$ Zwillingsschiebung für „einfache Schiebungen 2. Art" mit $s_z = ^2/_3 s_t$. Schiebungen 1. Art sind in dem Gitter nicht möglich
(nach *Niggli*).

rekonstruktion einer kleineren Energiemenge bedarf, — ob dann,
wenn diese ausschließlich durch eine (größere) Schiebung zur Identität (Translation) erreicht werden kann, oder dann, wenn eine (kleine)
Zwillingsschiebung mit der notwendigen Drehung dazu benötigt wird.
Diese Überlegung gilt natürlich nur so lange, als die Zwillingsschiebung s_z wesentlich *kleiner* bleibt als die Schiebung zur Identität s_t.
Aus Abb. 125 ist ersichtlich, daß hierfür die Lage des nächstgelegenen
Netzpunktes in der ersten, der Gleitebene folgenden Parallelebene bzw.
der Winkel ϑ maßgebend ist.

Wird $\sphericalangle\,\vartheta\,<45^0$, dann wird $s_z > s_t$ und damit die Schiebung zur Zwillingsstellung unwahrscheinlich. Es ist begreiflich, daß vor allem solche Zwillingsbildungen bevorzugt werden, die einen möglichst kleinen Schiebungsbetrag und damit einen kleinen Energieverbrauch fordern. Abb. 125 gibt ein Beispiel für Schiebungen 1. Art, Abb. 126 ein Beispiel für eine einfache Schiebung 2 Art. Wenn auch die Höhenlage der zu K_1 parallelen Netzebene in beiden Fällen die gleiche ist, liegen die Gitterpunkte im ersten Falle *in* der „Ebene der Schiebung" S, im zweiten Falle in *schräg* zu jener verlaufenden Ebenen.

Genau so wie bei den Translationen werden auch im Falle der Zwillingsschiebungen die Gleichgewichtslagen kaum in einem einzigen Schritt erreicht, sondern es wird auf dem Wege zur völligen Rekonstruktion des (Zwillings-) Gitters eine Reihe *gesonderter*, labiler oder nur wenig stabiler Zustände durchschritten. So zeigt Abb. 127 nebeneinander die Überführung eines übergeordneten (in diesem Falle dreifach primitiven) Gitters in den Zustand der Identität oder in jenen der Zwillingslage. In letzterem Falle ist besonders auffällig, wie klein der dazu nötige Schiebungsbetrag ist.

Falls die Gleitbewegung ihr Ende erreichte, ohne zu einer völligen Rekonstruktion des Gitters gelangt zu sein, gibt es zwei

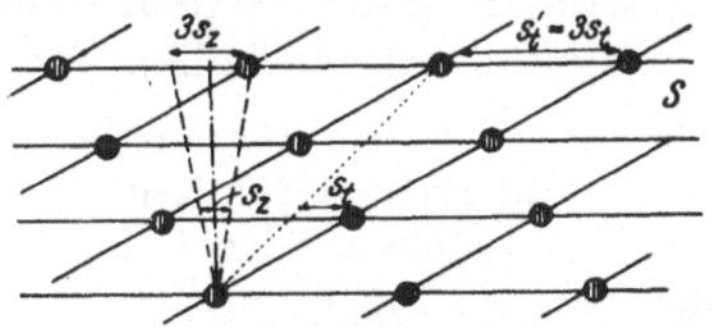

Abb. 127. Ebene der Schiebung (S); Translation mit s_t bringt ein übergeordnetes (dreifach primitives) Gitter zur Deckung. Die viel kleinere Zwillingsschiebung s_z würde das gleiche übergeordnete Gitter in Zwillingsstellung überführen (nach *Niggli*).

Möglichkeiten: Entweder der durch die Deformation entstandene, vom ursprünglichen abweichende Gitterbau bleibt erhalten, so daß damit eine *neue Modifikation* der der Schiebung unterworfenen Substanz aufscheint, oder es findet noch nachträglich in dem geschobenen Kristallteil eine Rekonstruktion des ursprünglichen Gitters statt, das wohl als die stabilste Form angesehen werden muß.

Der Fall einer Modifikationsänderung durch Zwillingsbildung scheint bei den mimetischen Kristallen mit ihrer polysynthetischen Zwillingslamellierung und dem dadurch bedingten Übergang zu einer neuen Modifikation verwirklicht zu sein (vgl. S. 70).

Die Betrachtung der gesamten Schiebungsvorgänge mit Einschluß der Translation ergibt sonach gittergeometrisch folgendes Bild: Die Deformation führt in ihrem Ablauf mit wachsendem Betrag der Schiebung unter Erhaltung eines gittermäßigen Aufbaues, aber unter Veränderung der ursprünglichen Translationsgruppe und des ursprünglichen Bauverbandes zu immer neuen, geordneten, ausgezeichneten Zuständen. Diese bestehen in einer unendlichen, aber diskontinuierlich verteilten Zahl von *völligen* Gitterrekonstruktionen der Translationsgruppe und Struktur und aus einer ebensolchen Mannigfaltigkeit bloß *teilweiser* Rekonstruktionen, die aus dem ursprünglichen Gitter ableitbar sind, sei es, daß die Translationsgruppe, nicht aber der Verband im einzelnen wieder hergestellt wird, sei es, daß nur übergeordnete (Teil-) Gitter rekonstruiert werden.

Jede plastische Verformung, die die Struktur scheinbar unverändert läßt, kann aber trotzdem nur über den Weg einer Strukturzerstörung zustande kommen und es muß eine vollständige Umorientierung stattfinden, soll die Rekonstruktion zur stabilen Struktur vor sich gehen. Es ist begreiflich, daß durch Erwärmung diese Umorientierung begünstigt wird, da es infolge der erhöhten Eigenschwingungen der einzelnen Gitterbestandteile leichter möglich sein wird, die nötigen stabilen Endlagen zu erreichen. Es handelt sich dabei eigentlich um einen Rekristallisationsvorgang, der in mehr oder weniger weitem Ausmaße zur Ausbildung kommt.

Da bei der Schiebung (vorausgesetzt $s_z < s_t$) nacheinander und abwechselnd teilweise und völlige Gitterrekonstruktionen aufeinander folgen, kann in ganz kleinen Schritten die allmähliche Verformung und Umorientierung geschehen.

Mit wachsendem Betrag der Schiebung erhält man nämlich zwei Reihen völliger Gitterrekonstruktionen:

1. Das rekonstruierte Gitter ist in Parallelstellung (Translation) in den Lagen:

$$s_t^{\,1}, \; s_t^{\,2} = 2\,s_t^{\,1}, \; s_t^{\,3} = 3\,s_t^{\,1}, \; s_t^{\,4} = 4\,s_t^{\,1} \ldots s_t^{\,n} = n\,s_t \ldots$$

2. Das rekonstruierte Gitter ist in Zwillingsstellung in den Lagen:

$$s_z^{\,1}, \; s_z^{\,2} = s_z^{\,1} + s_t^{\,1}, \; s_z^{\,3} = s_z^{\,1} + 2\,s_t^{\,1}, \; s_z^{\,4} = s_z^{\,1} + 3\,s_t^{\,1} \ldots s_z^{\,n} = s_z^{\,1} + (n-1)\,s_t^{\,1}$$

Bei höhersymmetrischen Kristallen (besonders im kubischen System), wo durch die Eigensymmetrie Zwillingsschiebungen vielfach ausgeschlossen sind, spielen Translationen eine größere Rolle. So erklärt es sich, daß gerade im kubischen System nur wenige Fälle von Zwillings-Gitterschiebungen, und hier nur mit komplizierteren Gesetzen, bekannt sind, während Translationen nach <110> außerordentlich verbreitet sind, (25⁰/₀ Translationen gegen 7,5⁰/₀ Zwillingsschiebungen). Sowohl bei den Schiebungszwillingen, wie auch zur bloß teilweisen Wiederherstellung der ursprünglichen Translationsgruppe handelt es sich um die Erreichung *isogonaler* Gitterzustände. Es ist aber nicht ganz von der Hand zu weisen, daß auch niedersymmetrische Gitterzustände auf dem Wege zur völligen Rekonstruktion zwischengeschaltet sein könnten.

Diesbezüglich entwickelt *N. J. Seljakow* [234] ganz interessante Anschauungen. Er schließt aus dem Asterismus von *Laue*-Aufnahmen, daß z. B. für Steinsalz in den Gebieten, die an Flächen, in denen Schiebung stattfindet, angrenzen, die Gittersymmetrie verändert wird. Bei Steinsalz sollen sich dabei monokline Zwischenschichten einschalten, wobei eine <110> als monokline Symmetrieebene und gleichzeitig „Ebene der Schiebung" aufscheint. Die dazu senkrechte Ebene ist die Gleitebene (Abb. 128). Dann zerlegen sich die verformten Steinsalzkristalle in eine Reihe von Schichten parallel der Schubfläche, bei der Schichten unveränderter, kubischer Symmetrie mit verformten „monoklinen" Schichten in unregelmäßiger Folge abwechseln. Der Schiebungswinkel α (Winkel der Schubflächennormale *vor* und *nach* der Deformation) kann dabei verschiedene Größen annehmen, geht aber wohl nicht über 1⁰ hinaus.

Darin sieht *Seljakow* eine Hauptursache für den Asterismus der *Laue*-Bilder, betont aber ausdrücklich, daß damit die von *Polanyi* u. a. sicher festgestellte Biegung als weitere Ursache nicht ausgeschlossen ist. Im gegebenen Falle sei aber die Biegung einzelner Lamellen sehr gering gewesen. Zu ähnlichen Folgerungen, wenn auch durch Beobachtung der Druckpolarisation im Steinsalz, kommen auch *Brilliantow* und *V. Startzow* [28].

Wenn auch *Niggli* an vielen Stellen seiner Arbeit [178] über das im Titel versprochene „Geometrische" der plastischen Deformation weit hinausgeht, betont gerade er immer wieder, daß durch alle solche reine Strukturuntersuchungen die *Art* und der *Weg*, wie die einzelnen gesonderten Verformungsschritte gemacht werden, nicht geklärt werden könne. Man kann immer nur den Zustand *vor* der Deformation mit

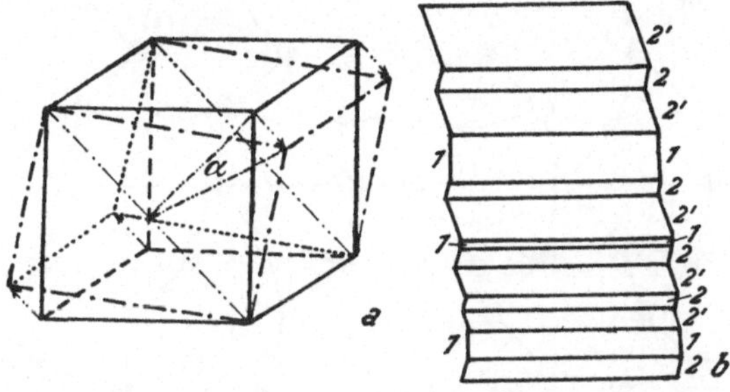

Abb. 128. Verformung eines Würfels in ein monoklines Parallelepiped durch Schiebung nach [011] (nach *Seljakow*). a) Perspektivisches Bild, b) Aufeinanderfolge unverformter (1) und verformter (monokliner) Schichten (2).

jenem *nach* ihr vergleichen, aber nicht die Verformung selbst im einzelnen verfolgen. Bis zu einem gewissen Grade könnte· die eben erwähnte Ansicht *Seljakows* hier zwischengeschaltet werden, doch auch hier fehlt das *Dynamische* des Vorganges und es werden nur Zwischen- und End*zustände* miteinander verglichen. *A. W. Stepanow* [253] stellt nun die Hypothese auf, daß sich die Deformationsenergie bei der Umwandlung in Wärme in einer *engen* Zone neben den Gleitschichten lokalisiert, wobei sie *vorübergehend eine Dissoziation des Gitters* im Bereich dieser Zonen hervorruft und dadurch die Bewegung der Bausteine erst ermöglicht.

Untersuchungen von *Obreimow* und *Brilliantow* ergaben für Steinsalz ungefähr 300 Gleitbänder auf 1 cm. Das fordert für 1 cm³ rund 1 cal Deformationsarbeit, vorausgesetzt, daß der weitaus größte Teil in Wärme umgesetzt wird. Damit käme etwa 10^{-3} cal auf 1 cm² Bandfläche. Werden die Deformationszonen zu etwa 10^{-6} cm angenommen, dann würde das eine Temperaturerhöhung um 2500° bedeuten! Ist nun die Wärmeabfuhr gehemmt, dann muß eine Verzerrung des ursprünglichen Gleitprozesses eintreten, eine Art Schmelzen. Der Nachweis dieser Vorgänge gelang *Stepanow* auf Grund von Messungen der elektrischen Ionenleitfähigkeit, die gegen Temperaturänderungen überaus empfindlich ist, *während* der plastischen Verformung. Die Versuche ergaben, daß tatsächlich im Augenblick der plastischen Verformung

lokal die elektrische Leitfähigkeit beträchtlich wächst, d. h. die Deformationszonen befinden sich während der Gleitzeit in einem Zustand hoher Dissoziation
(geschmolzen oder amorph) und besitzen Eigenschaften, die sich von denen
anderer Teile des Kristalles unterscheiden.

c) *Drehgleitung.* Noch völlig ungeklärt ist die *gitter*geometrische Seite
der Drehgleitung, die von *Schubnikow* und *Zinserling* [227] bei den
Druckfiguren des Quarzes entdeckt wurde (vgl. S. 75). Auffallend ist,
daß jede seitliche Verschiebung, also Gleitung, und jede polysynthetische Zwillingsbildung fehlen und *nur* die Drehung der Gitterpunkte
allein übrigbleibt. Der Mangel einer erkennbaren „Schiebung" deutet
auf eine rein „molekulare" Umstellung, d. h. im wesentlichen auf

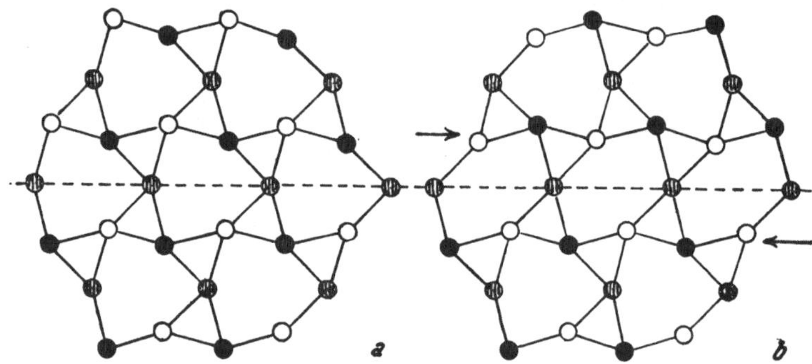

Abb. 129. Quarzstruktur nach *Bragg* und *Gibbs.* a) Ungestörtes Gitter, b) Gitter in Zwillingsstellung
nach dem Dauphineer Gesetz (nach *Schubnikow-Zinserling*).

Drehungen der „Moleküle". Hierbei ist aber nicht einzusehen, wieso
z. B. auf 0001 eine Sextanteneinteilung entsteht, wovon drei scheinbar
ungestört sind, die drei anderen sich in Zwillingsstellung befinden.
Wie aus Abb. 129 ersichtlich ist, bedarf es nur einer verhältnismäßig
geringen Drehung um die zunächst als festliegend gedachten, „schraffierten" Bausteine, um die Gitterteile zueinander in Zwillingsstellung
nach dem Dauphineer Gesetz (Zw. A. = [0001], eine $\langle 10\bar{1}0\rangle$ als Grenzfläche angenommen) zu bringen. Diese Stellung wäre durch Drucke zu
erreichen, die *beiderseits* der Grenzfläche, parallel zu dieser, aber in
entgegengesetzten Richtungen, angreifen, wie das in Abb. 129 b durch
Pfeile schon angedeutet ist. Das wird nun als eine durch den Druck
der Stahlkugel auf die 0001-Fläche veranlaßte *Schraubung* um die optische (Schrauben-) Achse angesehen.

Schubnikow und *Zinserling* denken sich dabei den Kristall entsprechend
der dreizähligen Achse in drei Paare von Zwillingsteilen zerlegt, wobei immer
die eine Hälfte in der Grundlage, die andere in der Dauphineer Zwillingslage
sein sollen. Da jede Verzwilligung eine Drehung um 180° um die *z*-Achse bedeutet, bei dieser Annahme aber drei von den Sextanten je zweimal von der
Verzwilligung getroffen werden, sind diese zweimal gedrehten Anteile genau
in der gleichen Stellung, als wären sie ungestört geblieben. Sei in Abb. 130 a
ABCD der Zwillingsteil zu *ADEF*, *BCDE* jener zu *DEFA* usw., dann erschei

nen die doppelt betroffenen *AOB*, *COD* und *EOF* als ungestörte Grundindividuen.

Aber wenn auch ein Druck in der Richtung der Schraubenachse Schraubung auslösen kann, ist nicht verständlich, warum die eine Hälfte des Schnittes dabei ungestört (bzw. doppelt gestört) sein soll, die andere nur einfach. Eine Schraubung (Drehung) müßte in den *beiden* Teilen Bewegungen, und zwar im entgegengesetzt gerichteten Sinn veranlassen (Abb. 130 b und vgl. 129 b). Trägt man sextantenweise die der jeweiligen „Hälfte" zukommenden Drehrichtungen ein, dann kann man sich leicht überzeugen, daß tatsächlich in bezug auf die Drehrichtungen je zwei gegenüberliegende Sextanten sich in Zwillingsstellung befinden. Ein Blick auf Abb. 129 b zeigt übrigens, daß dann beiderseits der Zwillingsgrenze die Bausteinanordnung so ist, daß die beweglich gedachten „Moleküle" beider Teile (beiderseits der schraffierten Bausteine) sich in genau

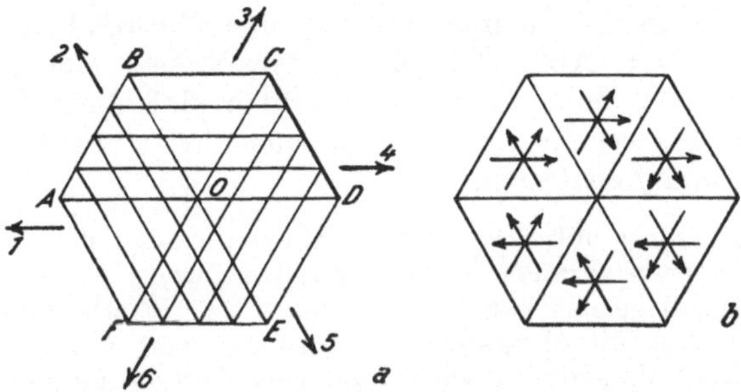

Abb. 130. Zur Deutung der Verzwilligung in den Druckfiguren des Quarzes. a) Nach *Schubnikow-Zinserling*, b) aus der „Schraubung" des Gitters.

zweizähliger (hemitroper) Anordnung gegenüberstehen, durch die Schiebung also sozusagen gleichgerichtet werden. Man sieht auch, daß sich diese durch die Schraubung veranlaßte Gleichgewichtslage sextantenweise ändert, und zwar in dem durch den tatsächlichen Befund gegebenen Sinne. Jedenfalls bedarf aber gerade *diese* Form der Gleitung noch einer sehr gründlichen Durchforschung, ehe sie in das allgemeine Gleitsystem eingebaut werden kann.

Während man über die Geometrie der Gleitvorgänge auch in theoretischer Hinsicht schon in vielen Belangen Klarheit zu erlangen vermochte, kann man aus der Struktur allein noch keinen sicheren Anhalt dafür gewinnen, welche Flächen und welche Richtungen als bevorzugte Gleitelemente zu erwarten wären. Ebenso wie bei der Spaltbarkeit liefert auch hier die Struktur des Idealkristalles nur sehr notdürftige Hinweise, die aber keinesfalls als ganz sicher zu betrachten sind. So erbrachten *H. G. Sossinka*, *B. Schmidt* und *F. Sauerwald* [246] in eingehender Studie den Nachweis, daß, wie auch schon von anderer Seite betont, die Gleitflächen *nicht* durch die *Besetzungsdichte* allein bestimmt werden. Auch die genauere Verfolgung der geometrischen Lagerung der Bausteine im Gitter lassen keinen Grund erkennen, warum bestimmte Netzebenen als Translationsflächen bevorzugt sind. Außer der geometrischen Schwerpunktsverteilung scheinen da noch sehr maßgebende andere Faktoren mitbestimmend zu wirken, die dem Gebiet der Atomphysik angehören.

Auch verhalten sich Ebene und Richtung der Gleitung hinsichtlich ihrer Bedeutung betreffend die Schiebung durchaus *verschieden*. Es wurde schon mehrfach beobachtet, daß zwar die *Glei*t*richtung* den strengen Anforderungen kristallographischer Orientierung genüge, die *Gleitebenen* aber ein wenig um die genaue Winkellage schwanken können. Es sind also *Gittergerade* im Vorzug gegenüber Gitterebenen.

Alles deutet darauf hin, daß die geometrischen Verhältnisse des Idealkristalles die Fülle der beobachteten Erscheinungen *nicht* zu klären vermögen, sondern daß auch hier der *Real*kristall mit seinen verschiedenen Baufehlern zur Grundlage genommen werden muß.

2. Die Grundlagen der physikalisch-dynamischen Vorgänge. Die Frage um die Realkristalle mit ihren Baufehlern spitzte sich immer mehr in dem Sinn zu, ob und wieweit eine *Mosaik*struktur der Kristalle vorliegt (vgl. Abb. 22), bzw. wieweit sich eine solche nachweisen läßt. Es ist dabei wohl zu beachten, daß diese Frage grundsätzlich *nicht* am *verformten* Kristall entschieden werden kann, sondern *nur* am *undeformierten*.

Man könnte sonst mit Recht darauf hinweisen, daß der Nachweis einer Mosaikstruktur im verformten Kristall nur den Beweis erbrächte, daß durch die an den Kristall gelegte äußere Spannung dieser in eine Menge getrennter Gitterblöcke zerfällt, die Mosaikstruktur also erst eine Folge, nicht aber die Ursache der Kristallplastizität wäre. Läßt sich dagegen eine solche Struktur am *ungestörten* Kristall nachweisen, dann ist damit die Gültigkeit der Anschauungen über den Aufbau der *Realkristalle* aus Gitterblöcken oder im Sinne einer „Verzweigung" erwiesen (vgl. S. 35).

Diesbezüglich liegen sehr aufschlußreiche Messungen von *E. Zehender* und *A. Kochendörfer* [315] vor, die mit *Debye-Scherrer*-Aufnahmen unverformte Metallkristalle untersuchten. Aus der Breite der Röntgenlinien ergab sich für Zink: Größe der Mosaikteilchen in der Richtung der z-Achse $3,2 \cdot 10^{-5}$ cm bei *rekristallisiertem* Zink und $3,6 \cdot 10^{-5}$ bis mindestens $9 \cdot 10^{-5}$ cm (auch mehr) für *gegossenes* Zink. In den Richtungen parallel der Basis waren für *beide* Formen des Zinkes die Größen der Mosaikteilchen $5 \cdot 10^{-5}$ bis $9 \cdot 10^{-5}$ cm. Die Mosaikteilchen erscheinen also als dicke Platten oder sehr kurze Säulen nach der Hauptachse mit einer Mindestdicke von $3 \cdot 10^{-5}$ cm, wodurch eine Art Lamellenstruktur angedeutet wird. Außerdem zeigten sich dabei die Mosaikteilchen für gegossenes Zink durchwegs größer als jene für rekristallisiertes.

Auch *L. Graf* [74] kam schon früher zu einem ähnlichen Ergebnis, wies aber damals darauf hin, daß bis dahin noch kein sicherer, röntgenographischer Nachweis der Mosaikstruktur an *ungestörten* Kristallen erbracht worden sei, wohl aber lasse sich auf eine Wachstumslamellierung schließen und es wären danach zu unterscheiden: 1. *Wachstumsmosaikstruktur* (Lamellenbau), 2. *Verformungsmosaikstruktur*, 3. *Rekristallisationsmosaikstruktur*.

An besonders sorgfältig aus dem Schmelzfluß gezogenen Kristallen von Natronsalpeter studierten *I. Leonhardt* und *R. Tiemeyer* [126] das

„Aufreihungsgesetz" der Gitterblöcke im Mosaikkristall. Sie fanden eine Aufreihung von Gitterblöcken entsprechend einer Drehungsachse [10$\bar{1}$1]. Da die Drehachse immer senkrecht zur Gleitrichtung stehen muß (Fältelungsachse!), hier aber mit der Gleitrichtung der am Natronsalpeter bekannten Gleitzwillingsbildung zusammenfällt, kann es sich *nicht* um die Folgen einer versteckten Verzwilligung handeln.

Diese Blockaufreihung ist aber *nicht* in Übereinstimmung mit der „lineage structure" *Buergers* (vgl. [32], S. 35), denn sie erfolgt in diskontinuierlichen

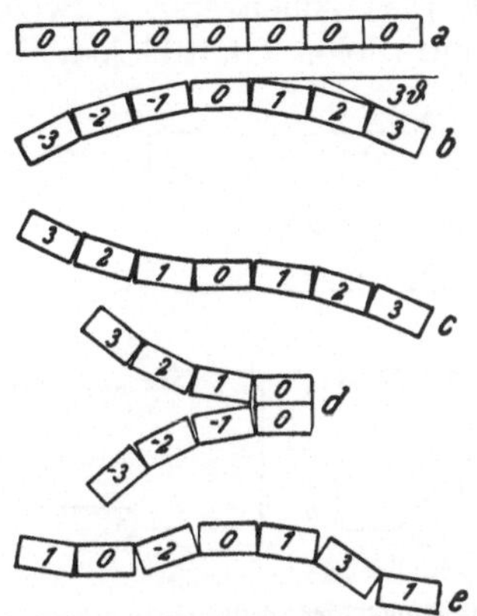

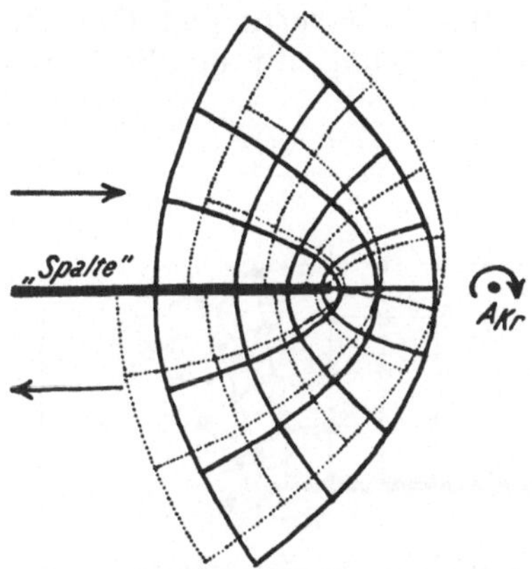

Abb. 131. Schematische Darstellung von geregelten Blockaufreihungen (nach *Leonhardt-Tiemeyer*), Drehachse senkrecht zur Zeichenebene; die eingeschriebenen Zahlen geben den Grad der Drehung an ($n \nless \vartheta$), $\nless \vartheta$ ist der einfache Drehwinkel, d) Beispiel einer Verzweigung, e) völlig diskontinuierlicher Fall.

Abb. 132. Zerrungsverhältnisse bei Schiebung entlang einer Spalte in einem elastischen Material (nach *Buergers-Louwerse*); Krümmungsachse am Ende der Spalte senkrecht zur Zeichenebene in dem seitlich angegebenen Drehungssinn (A_{Kr}).

Lagensprüngen um „Scharniere", nicht aber kontinuierlich ineinander übergehend, wie es die Verzweigungsstruktur fordern würde (Abb. 131). Die sprunghafte Drehung vollzieht sich nach einem Winkel ϑ und dessen Vielfachen; dadurch werden Rutenbildungen vorgetäuscht.

Für den Asterismus der *Laue*-Bilder kommt wohl in erster Linie die *Verformung* als Ursache in Frage. *I. Manteuffel* [133] konnte die Aufspaltung und Streifenbildung der Flecken des *Laue*-Bildes vom unverformten Zustand des Steinsalzes bis zu hohen Verformungszuständen verfolgen. Die Entwicklung des Asterismus schreitet dabei kontinuierlich fort. Zunächst ergibt sich bei steigender Belastung eine Aufspaltung der Flecken in zwei oder mehrere Teile, dann eine zunehmende Verbreiterung dieser hauptsächlich in der Richtung des Primärfleckes, so daß ganze Streifen entstehen, d. h. der ursprünglich homogene Kristall hat sich in ein Mosaik kleiner Kristallblöcke umgewandelt.

Bei einer bestimmten Belastung beginnen kleine Kristallteile zu gleiten und sich zu drehen, bei etwas höherer Belastung erfolgt dann plötzlich ein Drehen größerer Kristallgruppen. Dazwischen schalten sich Gitterblöcke mit geringerer Drehung und endlich zerfallen auch die größeren, gedrehten Blöcke, wodurch eine gleichmäßige Schwärzung der in die Länge gezogenen Flecken entsteht.

Eine Aufspaltung der *Laue*-Flecken erzielte auch *Terminasow [271]*. Steinsalzplatten von wenigen Millimeter Dicke wurden gebogen und durch Druck wieder geebnet. Die Untersuchung mit *Laue*-Bildern und im polarisierten Licht ergab jeweils drei Zonen, die jede für sich ein ungestörtes *Laue*-Bild lieferten, alle zusammen aber eine Aufspaltung der Flecken zeigten. Die Mittelschichte erwies sich dabei als praktisch *unverformt*.

W. G. Burgers und *P. C. Louwerse [33]* sehen eine notwendige Vorbedingung für die Betätigung von parallelen Gleitflächen darin,

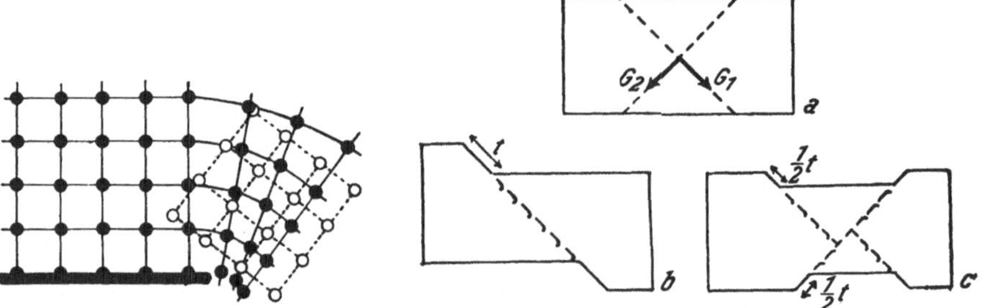

<table>
<tr><td>Abb. 133. Keimbildung bei der Rekristallisation in einer örtlichen Gitterkrümmung am Ende einer „Spalte" (nach *Burgers-Ploss van Amstel*).</td><td>Abb. 134. „Verteilung" der örtlichen Gitterkrümmung bei mehrfacher Gleitung (nach *Burgers-Ploss van Amstel*). a) Die Gleitsysteme, b) einfache Abgleitung, c) Abgleitung nach beiden Systemen zugleich.</td></tr>
</table>

daß die Deformation über verhältnismäßig große Gebiete des Probestückes gleichmäßig verlaufen kann. Der Unterschied in der Homogenität der Deformation sei es, der in erster Linie für das verschiedene Verhalten von Ein- und Vielkristallen bei der Rekristallisation verantwortlich gemacht werden müsse. Die Grenzen der Gleitlamellen (durch *Obreimow* und *Schubnikow [180]* optisch nachgewiesen) sind für die Rekristallisation geradezu Zonen der Keimbildung.

Ist eine Inhomogenität (Lockerstelle, „Spalte") vorhanden, so ergeben sich an den Enden dieser Spalte starke Änderungen in der Spannungsverteilung, wodurch eine „Krümmung" des Materials um eine Achse bedingt wird (A_{Kr} in Abb. 132), die senkrecht zur Schubrichtung verläuft und den angegebenen Drehungssinn besitzt. Wie zu erwarten war, liegen in einem äußerlich homogen deformierten Aluminium-Einkristall derartige Möglichkeiten von Keimbildungen für die Rekristallisation vor. Es sind das Gitterlagen, die aus dem unverformten Gitter des Al-Kristalles durch Drehung um jene Achse hervorgehen, die senkrecht zu den bei der seinerzeitigen Deformation wirksam gewesenen Gleitrichtungen liegen. Die Hauptlage der Kristallite nach der Rekristallisation entspricht dabei den am meisten beanspruchten Gleitsystemen (Abb. 133) (*W. G. Burgers* und *J. J. A. Ploss van Amstel [34]*).

Das Gleiten einzelner Gitterteile aneinander und die damit verbundene „Krümmung" werden wesentlich durch den Umstand bedingt, ob ein oder mehrere Gleitsysteme gleichzeitig wirken. Wenn sich eine „gesamte Abgleitung" über mehrere, einander durchkreuzende Gleitebenen „verteilt", gibt sie zu örtlichen Gitterstörungen Anlaß, die im Mittel eine schwächere Krümmung ergeben als dann, wenn die ganze Gleitung nur nach *einem* System stattgefunden hätte (Abb. 134). Es müßten sich demnach bei der Rekristallisation in solchen Fällen (z. B. bei kubischer Symmetrie) weniger Kristallite bilden, was sich auch tatsächlich bestätigt hat.

Mit Recht betont *A. Smekal* [*239*]: „Die Betätigung der Plastizitätseigenschaften bedeutet das Ende der Einkristallnatur und einen Übergang des Stoffes in ein immer weniger geordnetes, vielkristallines

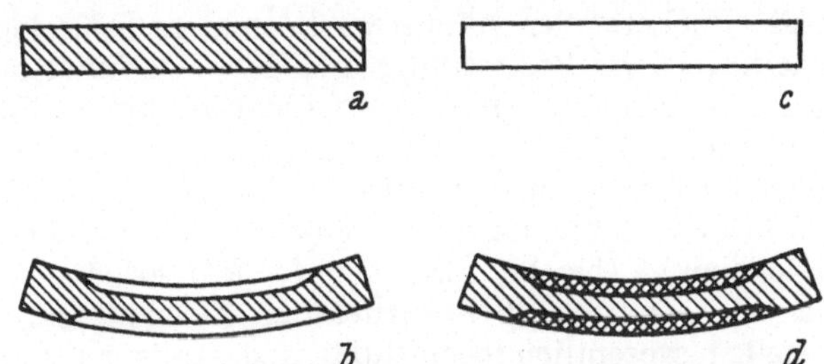

Abb. 135. Sichtbarmachung der Lockerstellengebiete im Steinsalz durch Bestrahlung (nach *A. Smekal*). a) Unverformt, strahlungsgefärbt, b) strahlungsgefärbt und dann gebogen, c) unverformt, ungefärbt, d) ungefärbt gebogen und dann strahlungsgefärbt.

Aggregat." Das läßt sich schon für sehr geringe Verformungsgrade mit genügend feinen Hilfsmitteln (lichtelektrischer Effekt) feststellen.

Die Lockerstellen werden besonders geeignet sein, Fremdatome aufzunehmen oder durch geeignete Einwirkung eine Abspaltung nur locker gebundener Elementarladungen (Elektronen) von diesen zu veranlassen („Lockeratome"). Nach Messungen der lichtelektrischen Absorptionsverhältnisse kommen auf ein solches Lockeratom etwa 10.000 andere Bausteine, die eine, schon mit den energieärmeren, langwelligen Lichtarten zu erzielende Elektronenabspaltung nicht mehr gestatten. Es läßt sich also aus dem Vorhandensein oder Fehlen von Lockerionen, die als Baufehler bewertet werden müssen, ein sicherer Schluß auf Real- oder Idealstruktur des Kristalles ziehen. Das wird nun besonders deutlich, wenn in den vermuteten Lockerstellen des Realkristalles gefärbte oder leuchtfähige, phosphoreszenzerzeugende Fremdatome eingelagert sind.

Um dem Einwand zu begegnen, es sei durch das Mitkristallisieren solcher Fremdzusätze in dem Wirtkristall die Lockerstellenbildung erst veranlaßt worden, wird man solche Einlagerungen in dem *schon fertigen* Kristall vornehmen, sei es durch hineindiffundierende Fremdstoffe oder dadurch, daß in den bestehenden Lockerstellen durch lichtelektrische Einwirkung gefärbte Atome ausgeschieden werden.

Bestrahlt man unbeanspruchtes Steinsalz mit Ultraviolett-, Röntgen- oder Gammastrahlen, so erhält man eine Gelbfärbung, die sich mit der Bestrahlungsdauer verstärkt, am Tageslicht aber, nach Aufhören der Bestrahlung wieder verschwindet. Diese Färbung wird durch unelektrische, gefärbte Natriumatome veranlaßt. Durch die Wärmeschwingungen der unter Tageslicht stehenden, gefärbten Atome wird diese Verfärbung langsam wieder rückgängig gemacht. Diese gefärbten Atome dienen zur Sichtbarmachung der Lockerstellen.

Aus der Gleichmäßigkeit der Verfärbung in völlig „fehlerfreien" Steinsalzkristallen durch verschiedene Strahlungen muß zunächst geschlossen werden, daß die räumliche Verteilung der sonst unsichtbaren Lockerstellen durchaus gleichmäßig ist. Wird nun ein durch Bestrahlung gefärbter Steinsalzkristall (Abb. 135 a) plastisch beansprucht (z. B. durch Biegung), so entfärben sich die plastisch verformten Teile ziemlich rasch, während der „neutrale" Mittelteil, der nur elastisch angespannt war, die Färbung noch behält (Abb. 135 b). Es wurden demnach durch den Gleitvorgang die Lockerstellen verändert, d. h. die Gleitung geht durch die Lockerstellen hindurch. Besonders bemerkenswert ist nun, daß eine *neuerliche* Bestrahlung und damit verbundene Färbung des vorbehandelten Kristalles nun eine wesentlich *tiefere* Färbung der *plastisch verformten* Teile hervorbringt, genau so, wie sich ein im farblosen Zustand gebogener Kristall verhält (Abb. 135 c, d). Die Vertiefung der Färbung kann nur durch eine wesentliche Vergrößerung der Lockerstellenzahl (bis auf das Zehnfache!) erklärt werden und beweist, daß jede plastische Beanspruchung die Zahl und Verteilung der Lockerstellen wesentlich beeinflußt. Jedenfalls ist durch solche Bestrahlungsversuche das Vorhandensein von Fehlstellen im Realkristall eindeutig bewiesen.

Z. Gyulai und *D. Hartly* [79] konnten die *Smekal*schen Versuche und Folgerungen bestätigen und durch *Leitfähigkeits*messungen nachweisen, daß durch plastische Verformung die Lockerstellen künstlich vergrößert werden und damit die Zahl der Lockerionen steigt, was ein Anwachsen der Leitfähigkeit zur Folge hat.

Diese empfindlichen Nachweise von Baufehlern auch in den reinsten und vollkommensten Kristallen lassen unzweideutig erkennen, daß der Idealgitterbau nirgends verwirklicht erscheint, sondern jeder Kristall zahlreiche Baufehler enthält. Hierbei unterscheidet *A. Smekal* zwei Baufehlertypen. Die einen haben *übermolekulare* Abmessungen und verhalten sich wie innere Risse und Spalten, die mit fehlorientierten Gitterbereichen im Zusammenhang stehen und in ihrer Gesamtheit als *Mosaikstruktur* bezeichnet werden können. Andere Baufehler von nur *molekularer* Größenordnung werden mit dem Kennwort „*Lückenbildung*" belegt. Hier handelt es sich um Gitterplätze, die entweder leer bleiben, oder mit eingebauten Fremdatomen besetzt sind. Die *Mosaikstruktur* läßt sich röntgenographisch oder auch auf ultramikroskopischem Wege verfolgen, die *Lückenbildung* mit Hilfe der feineren Methoden der lichtelektrischen Empfindlichkeit und der Änderung der Ionenleitfähigkeit.

Von Bedeutung ist nun die Frage nach den physikalischen Gründen für den Fehlbau der Realkristalle, da sich daraus dann die verschiedenen Fehlbautypen verstehen lassen müssen. Die Untersuchungen der letzten Jahre zeigten, daß viele Gitter, besonders in den Hochtemperaturformen polymorpher Stoffe, gesetzmäßig Lückenbildung aufweisen. *W. Schottky* nimmt für beliebige Arten von Gittern bei Hochtemperaturmodifikationen eine spontane, nur *durch die Wärmebewegung der Gitterbausteine verursachte Lückenbildung* an. Die von einzelnen Gitterstellen abwandernden Bausteine können in Zwischengitterräumen Platz finden oder an *äußeren oder inneren Oberflächen* des Kristalles angelagert werden. Die Zahl der bei genügend hoher Temperatur gleichmäßig über das ganze Gitter verteilten Leerstellen muß sodann mit fallender Temperatur stark abnehmen und bei der angenommenen Fehlordnung an äußeren oder inneren Oberflächen müssen dann auch im vollkommensten Kristalle Orientierungsstörungen und damit Mosaikstrukturen auftreten.

Daraus wäre zu schließen, daß Kristalle, die aus der Schmelze gezogen wurden, immer eine gewisse Menge von Gitterlücken aufweisen, wogegen solche, die bei tiefen Temperaturen gebildet wurden, ziemlich frei von Lücken sind. Solche würden erst durch Erwärmung auf höhere Temperaturen Lückenbildungen zeigen. Da nach *Schottky-Smekal* Lückenbildung durch Auswanderung von Bausteinen aus dem Kristallgitter an die äußere oder innere Oberfläche entsteht, sollte diese bei Tieftemperaturkristallen mit Mosaikstruktur von deren zahlreichen inneren Oberflächen ausgehen und zeigt sich demnach von der Mosaikstruktur abhängig. Nach *Smekal* erweisen sich an Tieftemperaturkristallen von Steinsalz die *Schottky*schen Annahmen als zutreffend.

Nun ergibt sich die Frage, wie sich die auf den verschiedensten Wegen festgestellte Mosaikstruktur der Kristalle hinsichtlich der Erscheinungen der Kristallplastizität auswirkt. Es ist verständlich, daß die gewaltigen Unterschiede zwischen der theoretischen Festigkeit des Idealkristalles und der technischen Festigkeit des Realkristalles, ein Unterschied, der vier Zehnerpotenzen umfaßt, irgendwie mit den Baufehlern im Realkristall, mögen sie wie immer veranlaßt sein und bezeichnet werden, zusammenhängen müssen. Die schon bei der Spaltbarkeit im gleichen Zusammenhange angestellten Erwägungen müssen auch hier gültig bleiben. Man muß wohl annehmen, daß die Oberfläche der Gitterblöcke bzw. die zahlreichen inneren Oberflächen bei der Mosaikstruktur in überwiegendem Maße einfachen Gitterebenen entsprechen, wodurch sich ein, allerdings sehr loser Zusammenhang mit der Beobachtung ergibt, daß die Gleitebenen und Gleitrichtungen im allgemeinen kristallographisch einfach orientierte Elemente sind. Mag man nun die übliche Auffassung der Mosaikstruktur zugrunde legen, oder auch die weniger wahrscheinliche Verzweigungsstruktur (vgl. S. 159), immer finden sich die einzelnen, in sich noch ideal gebauten Kristallteile gegeneinander um außerordentlich kleine, aber nicht zu vernachlässigende Winkel gedreht. Es bleiben also gewisse Gitter*richtungen* erhalten, während die Gitter*ebenen* gegeneinander mehr oder weniger stark geneigt erscheinen. In der Tat sieht sich auch bei allen Erscheinungen der Plastizität an Kristallen die *Gittergerade gegenüber der Gitterebene* hinsichtlich der Lage *bevorzugt*, eine Erscheinung, die aus der rein geometrischen Betrachtungsweise nicht ohneweiters hervorgeht.

Nachdem aber alle Baufehler nur an örtlich sehr beschränkte Teile des Gitters gebunden sind und bestimmt im unbeanspruchten Kristall nicht als geschlossene Ebenen oder Richtungen verminderter Kohäsion durchlaufen, sondern sozusagen erst bei der Verformung vergrößert und neu aufgerissen werden, fragt es sich, wie die plastische Verformung eigentlich vor sich geht.

Zunächst erscheinen nach *Orowan* [182] nur zwei Möglichkeiten gegeben: 1. Die Rißbildung erfolgt *zwischenkristallin* („*inter*kristallin"), d. h. an der Grenze zwischen den Gitterblöcken, oder 2. *innerkristallin* („*intra*kristallin"), d. h. innerhalb der einzelnen Gitterblöcke. *Smekals* Nachweis, daß der lichtelektrische Effekt durch die Lockerstellen hindurchgeht, scheint auf die erste Möglichkeit hinzuweisen. Es ist aber nicht zu leugnen, daß am Ende des „Risses" (Lockerstelle) die begonnene Translation gehemmt, blockiert werden müßte, wenn sie auf den etwas anders orientierten Nachbarkristallit stößt. Ein durchlaufendes Aufreißen scheint damit ausgeschlossen. Es ist auch wenig wahrscheinlich, daß die einzelnen Mosaikblöcke mit glatten Flächen aneinanderstoßen. Diese werden vielmehr durch Stufenbildungen mehr oder weniger rauh sein und darum wenig geeignet, als Gleitebenen zu dienen. Außerdem ist die Tatsache sehr auffällig, daß Kristalle mit kleinen Mosaikblöcken bis zu ihrem Knickwert praktisch keine Gleitung zeigen, dagegen solche mit großen Mosaikkristalliten schon bei sehr kleinen Schubspannungen gleiten, wo doch zunächst das Gegenteil zu erwarten wäre, da bei kleinen Kristalliten die Zahl der Lockerstellen größer sein muß als bei großen.

Alle diese Erwägungen sind allerdings nur geometrisch fundiert und lassen den ganz gewaltigen Einfluß von Fremdzusätzen der verschiedensten Art, wenn auch in allergeringsten Mengen, gänzlich außer acht.

Nach allen bisherigen Erfahrungen verläuft der Gleitvorgang viel komplizierter, als dies durch die beiden, von *Orowan* angeführten Möglichkeiten angedeutet wird.

Fragt man nach den äußeren Ursachen der plastischen Verformbarkeit, so können die thermischen Schwingungen der Einzelbausteine und deren Schwankungen hinsichtlich der Amplituden dieser Schwingungen nicht dafür in Anspruch genommen werden, denn dazu sind sie viel zu schwach. Außerdem spricht die Tatsache, daß die Streckgrenze bis zu Temperaturen nahe dem absoluten Nullpunkt in derselben Größenordnung bleibt, gegen eine grundlegende Bedeutung der Wärmeschwingungen für die Verformbarkeit. Hier müssen ganz andere Ursachen zugrunde liegen. Es ist *A. Kochendörfers* Verdienst ([*113*] und besonders [*115*]), auf Grund der zahlreichen Erfahrungen, die bisher in diesem Belange gewonnen wurden, eine geschlossene Theorie der Kristallplastizität aufgestellt zu haben, die in ihrer ausführlichen mathematischen Durcharbeitung eine vorzügliche Grundlage für die Deutung des plastischen Verhaltens der Kristalle bietet.

Wird an einen Kristall eine äußere Spannung gelegt, so wird diese durch die im Kristall befindlichen Inhomogenitäten (Baufehler) gestört, die Spannungsverteilung wird inhomogen und jede Fehlstelle wird zu einer „*Kerbstelle*", an der die Kohäsion gewaltig herabgesetzt wird (vgl. den ungeheuer schädlichen Einfluß, den z. B. Gußfehler bei metallischen Werkstücken nehmen). Diese Locker- (Kerb-) Stellen sind Stellen mit meist linearer oder flächiger Anisotropie. Jede solche Kerbstelle ist von einem *Spannungshof* umgeben, der einen 5- bis 10mal größeren Durchmesser hat als die Kerbstelle selbst. Wenn die Baufehler einander so nahe liegen, daß sich die Spannungshöfe gegenseitig beeinflussen, spricht man von großer *Kerbstellendichte* (*Smekal* [*242*]). Zwei benachbarte „Kerben" setzen gegenseitig ihre Wirkung herab.

Die Fehlstellen müssen demnach einen gewissen Mindestabstand besitzen, daher kann auch *nicht in jeder* Parallelebene ein Gleitschritt erfolgen und muß ihr mittlerer Abstand größer sein als der Mindestabstand, bei dem sie sich noch gegenseitig beeinflussen können, also etwa 100 Atomabstände. Damit erreicht man ungefähr die gleiche Größenordnung, die auch für die Mosaikblöcke angenommen werden muß. Man kann daraus schließen, daß die *plastisch wirksamen Fehlstellen an den Mosaikgrenzen sitzen.*

Wenn nun die äußerlich angelegte Schubspannung in einem genügend großen Volumen hinreichend hohe Werte annimmt, sind damit die Vorbedingungen für eine *bleibende* Verschiebung einzelner Atome um einen Gitterschritt gegeben (*Kochendörfer* [*113*] und [*115*], vgl. auch *Orowan* [*183*]). Die Mosaikgrenzen umfassen nur wenige Atomschichten, an die sich ideale Strukturgebiete anschließen. Infolge der außerordentlich hohen Kerbwirkung müssen die Schubspannung und die Atomverschiebungen in der Umgebung der Fehlstelle sehr rasch abnehmen. Es kann sich also immer nur um ganz wenige Atompaare handeln, in deren Bereich mit steigender Schubspannung die theoretische Schubfestigkeit überwunden wird, denn dazu ist das 100- bis 1000fache der äußeren Schubspannung nötig. Die hiefür nötige Bildungsarbeit ergibt sich aus Messungen und Berechnung zu $50.000/6 . 10^{25}$ cal., das ist $3,5 . 10^{-17}$ mm . kg (*Kochendörfer* [*115*]). Die dabei entstehende Atomanordnung heißt „*Versetzung*" („*Verhakung*", „*dislocation*"). Sie ist dadurch gekennzeichnet, daß n Atomen in der Gleitrichtung einer Gleitebene in der Nachbargleitebene („am anderen Ufer") $(n + 1)$ Atome gegenüberstehen.

Diese „Versetzungen" *wandern* nun durch die Gitterblöcke hindurch, bis sie wieder an den Rand treffen, wo sie „*gebunden*" werden. Die Abb. 136 soll diese Wanderung in einem *zwei*dimensionalen Gitter zur Anschauung bringen (*Kochendörfer* [*115*]). In Abb. 136b sind an dem linken Rand des Mosaikblockes entsprechend den durch Pfeile gekennzeichneten Schubrichtungen zwei Atome je um ihren halben Grundabstand gegen ihre Ruhelage, also gegeneinander um einen ganzen Atomabstand verschoben. Durch elastische Beeinflussung werden auch einzelne andere, in der gleichen Schubrichtung liegende Bausteine in Mitleidenschaft gezogen, bis in einiger Entfernung diese Einwirkung abgeklungen ist. In der Abb. 136b sind es die in dem eingerahmten Feld liegenden 7 + 6-Atome, die eine solche Einwirkung erfahren haben. Man ersieht daraus, daß im weiteren Verlauf der Versetzung die Verschiebung der Atome um einen Gitterschritt nicht auf einmal, sondern in kleinen Schritten erfolgt. Die Versetzung bewirkt also eine räumliche und zeitliche Auflösung des notwendigen großen

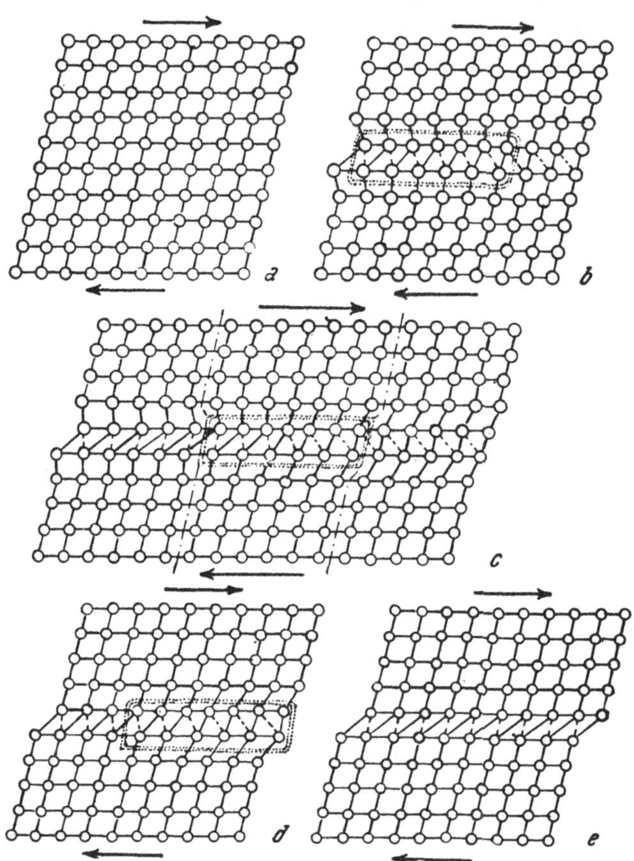

Abb. 136. Bildung, Wanderung und Auflösung einer „Versetzung" in einem zweidimensionalen Gitter (nach *Kochendörfer*). a) Idealer Gitterbereich, b) Beginn einer Versetzung von 6 + 7 Bausteinen, c) die Versetzung ist bis zur Mitte gewandert, d) die Versetzung ist an den rechten Rand gelangt, e) sie ist aufgelöst, die Gitterhälften sind gegenseitig um einen Bausteinabstand verschoben. Der Versetzungsbereich ist eingerahmt.

Energiebetrages, der für die homogene Verformung aufgebracht werden müßte. Damit wird es ermöglicht, daß bei Schubspannungen, die viel kleiner als die theoretische Schubspannung sind, schon eine plastische Verformung einsetzen kann.

Die Abb. 136 c, d soll das *Wandern* solcher Versetzungen zur Anschauung bringen, wie es durch den umrahmten Gitterbereich anschaulich gekennzeichnet wird. Die Geschwindigkeit, mit der die Versetzung durch den Mosaikkristallit wandert, ist außerordentlich groß, so daß sie für die übliche Meßgenauigkeit praktisch als unendlich angesehen werden kann. Die bei der Bildung einer Versetzung aufgewendete Energie wird während der Wanderung der Reihe nach auf alle Atome einer Bausteinkette übertragen, etwa so wie ein Stoß in einer Reihe elastischer Kugeln. Hierfür ist *keine* wesentliche weitere Energiezufuhr nötig. *Kochendörfer* spricht von einer Art „Kettenreaktion“. Das gilt aber natürlich nur innerhalb des Kristallites. An der Grenze des Mosaikblockes wird diese Kettenreaktion unterbrochen und damit die Versetzung *„gebunden“*, bis sie durch thermische Energiezufuhr *aufgelöst* wird. Bei Erreichung der Mosaikgrenze ist ja wieder eine große Energieschwelle zu überschreiten. Dann ist, bis auf die erfolgte Verschiebung der beiden Gleitebenen um einen Gitterschritt, die ursprüngliche Ordnung wieder hergestellt und damit die Auflösung der Versetzung erreicht, der innere Spannungszustand verschwindet.

Damit im Zusammenhang steht auch die Erscheinung der *„Erholung“* von Kristallen bei Verformungsversuchen (vgl. S. 109 und 116). Als wesentlich muß wohl dabei angesehen werden, daß die *Erholung* die Festigkeitseigenschaften verfestigter Kristalle *ohne* Änderung der Gitterlage und im Verhältnis zur allfälligen thermischen Behandlung (Glühen, Tempern) den Ausgangswerten *stetig* näherbringt und sich bis zur völligen Entfestigung steigern kann. Dadurch unterscheidet sich die Erholung grundsätzlich von der mit einer *Keimneubildung* verbundenen *Rekristallisation*, durch die unter Änderung der Gitterlage die Eigenschaften verfestigter Kristalle *sprunghaft* auf den Ausgangswert erniedrigt werden. In beiden Fällen spielen die thermischen Eigenschwingungen der Atome eine maßgebende Rolle und beide Fälle hängen wohl mit dem Auflösen von Versetzungen in engster Weise zusammen, lassen sich aber nicht aufeinander beziehen.

Da die Erholung *ohne* Gitteränderung vor sich geht, ist sofort zu erkennen, daß es *bei Gleitzwillingsbildungen keine Erholung* geben kann.

Schon die Tatsache der „Kettenreaktion“ bedingt es, daß die Wanderung der Versetzungen *nur* längs *Gittergeraden* erfolgen kann. Wenn demnach ein Kristall plastisch verformbar ist, erscheint die Verformung *an bestimmte kristallographische Gleitrichtungen gebunden*. Die maximale Wanderungs-Schubspannung einer Versetzung nimmt mit deren Größe (n) ab. Nach *Polanyi* [192] wird bei einer Gitterversetzung, wo n-Atome des einen Ufers ($n + 1$)-Atomen des anderen Ufers gegenüberstehen, der Schubwiderstand entlang den Gleitflächen ungefähr auf den n-ten Teil herabgesetzt. n wird aber um so größer, je tiefer an den Bildungsstellen die Atomverschiebungen in das angrenzende Gitter hineinwirken, je *dichter* also die Bausteine längs einer Gittergeraden aufgereiht sind. Für eine gegebene Struktur wird daher *die dichtest besetzte Gerade eines Translationsgitters die Gleitrichtung* sein, wie es ja auch den beobachteten Tatsachen entspricht. Bei hoch indizierten, also dünnbesetzten Netzgeraden, stehen die einzelnen Bausteine untereinander nicht mehr in unmittelbarer Wechselwirkung, kommen also für eine solche Wanderung gar nicht in Frage.

Die *Dichte* einer Strukturpackung prägt sich auch in der *Koordinationszahl* aus, also in der Zahl der einander unmittelbar benachbarten Bausteine. Je größer diese, desto zahlreicher sind dichtest besetzte Gittergerade und damit ist desto größer die Wahrscheinlichkeit einer plastischen Verformbarkeit durch das Wandern von Versetzungen. Tatsächlich ist die Verformbarkeit kubischer Kristalle mit den Koordinationszahlen 12 und 8 bei allen Temperaturen sehr gut, während sie bei Kristallen mit der Koordinationszahl 4 (Diamant und Silikate) fast verschwindet. Im gleichen Sinne versteht sich auch die Tatsache, daß weißes Zinn mit der Koordinationszahl 6 gut deformierbar ist im Vergleich mit grauem Zinn mit der Zahl 4.

Auffallend, aber in dem gegebenen Zusammenhange leicht verständlich, ist dann auch die Tatsache, daß alle kubisch flächenzentrierten Kristalle sich in ihrem plastischen Verhalten außerordentlich ähnlich sind, wie auch alle hexagonalen ihrerseits, daß aber diese beiden Strukturformen sich auch in der Verformbarkeit deutlich voneinander absetzen.

Für eine gute, plastische Verformbarkeit ist die Wanderungsfähigkeit von Versetzungen entscheidend. Die stärksten elastischen Koppelungen von Versetzungen und ihren Wanderungen werden dort zu finden sein, wo die geeigneten Gleitrichtungen möglichst dicht gelagert sind, das sind aber die *Ebenen mit der dichtesten Bausteinbesetzung*. Auch hier zeigt sich die Gleit*gerade* als das Primäre, die Gleit*ebene* als das Sekundäre.

Bei der Versetzung und ihren Folgen wird die *Bildung* durch die *Größe der äußeren Kräfte* bedingt, ihre *Wanderung* stellt dagegen den eigentlichen Gleit*vorgang* dar und bestimmt die Bedingungen, unter denen ein Kristall plastisch verformt werden kann.

Es lassen sich demnach für die Translation aus den bisherigen Erfahrungen *bei völliger Gültigkeit des Schubspannungsgesetzes* folgende Gesetzmäßigkeiten angeben (*Smekal* [241]):

1. Die *Gleitrichtungen* entsprechen den mit gleichartigen Bausteinen dichtest besetzten Richtungen des Idealgitters.

2. *Gleitebenen* sind Ebenen relativ kleinster, molekularer Trennungsenergie (zum Teil dichtest besetzte Netzebenen).

3. Die Hauptgleitrichtungen fallen für verschiedene Gleitebenen im allgemeinen zusammen.

4. Für die makroskopische Verformung haben die kristallographischen Gleitrichtungen und -ebenen die Bedeutung statistischer Vorzugsrichtungen.

5. Unter zwei oder mehreren, vom Schubspannungsgesetz zugelassenen Gleitsystemen ist bezüglich der Bildung sichtbarer Gleitspuren durch große Einzelabgleitung jene Gleitebenenart bevorzugt, der die „kürzeste" wirksame Gleitrichtung zukommt.

Für die zuletzt angegebene Gesetzmäßigkeit erbrachte *H. Wolff* [313] gute Nachweise am Steinsalz. Er fand drei Gleitebenen: <100>, <110> und <111> mit der gemeinsamen Gleitrichtung [110]. Es erscheint nun jene Gleitrichtung bevorzugt, die in der Gleitebene sich als die kürzeste Strecke projiziert.

Die bei der plastischen Verformung zu beobachtende *Verfestigung* ist durch die Zahl der gebundenen Versetzungen bestimmt. Ihre Abhängigkeit von Temperatur und Gleitgeschwindigkeit kommt dadurch zustande, daß dabei zwei Vorgänge zusammenwirken: einerseits ein völlig *athermischer* Vorgang, der in der Bindung aller gebildeten Versetzungen besteht, und anderseits ein *Entfestigungs*vorgang, die Auflösung der gebundenen Versetzungen, der sowohl *thermisch* wie auch durch die *Gleitgeschwindigkeit* bedingt und beeinflußt wird.

Wie schon S. 110 erwähnt wurde, ist nach *Polanyi* und *Schmid* [193] die *Plastizität an Kristallen* demnach in der Hauptsache *athermisch*, während bei amorphen Körpern eine thermische Plastizität festzustellen ist (vgl. auch *H. Eckstein* [47]). Für die Kristalle gilt im Gebiet oberhalb der tiefsten Temperaturen allerdings ein Zusammenwirken beider Arten der Plastizität. Die eigentliche athermische Plastizität der Kristalle wird mit steigender Temperatur zunehmend von einer thermischen Entfestigung überlagert.

Nach Überschreiten der Streckgrenze erfolgt bei tiefen Temperaturen ein erheblich steilerer Spannungsanstieg als bei gewöhnlichen Temperaturen (vgl. Abb. 84). Die Ursache liegt wohl darin, daß bei tiefen Temperaturen die „Erholung" fehlt, d. h. in diesen Temperaturbereichen zeigt sich *nur* die athermische, temperatur*un*abhängige Dehnungskurve und Abgleitung (vgl. S. 106 bis 110).

Auch bei Ermittlung der *Fließgeschwindigkeit* (plastische Dehnung unter konstanter Last) konnte von *Boas* und *Schmid* [219] die nach der *Becker-Orowan*schen Theorie geforderte starke Temperaturabhängigkeit für *tiefe* Temperaturen *nicht* bestätigt werden. Auch dieser Vorgang erscheint also in den Grundlagen athermisch.

Smekal [239] betont, daß *alle Arten von Kristallbaufehlern eine Erniedrigung der theoretischen Kristallfestigkeit* bedingen müssen, auch die *Fremdzusätze!* Dem scheint die Tatsache zu widersprechen, daß durch Fremdzusätze die Verfestigung erhöht wird. In diesen Belangen ist die Darstellung in Abb. 102 sehr aufschlußreich. Bei der gewöhnlich beobachteten Zunahme der Reißfestigkeit (vgl. S. 125) handelt es sich gar nicht mehr um eine Einwirkung auf die Festigkeitsverhältnisse des *ungestörten* Einkristalles, sondern um den *plastischen Zustand* des Kristallmateriales. Alle Metallversuche und Steinsalzversuche bei Zimmertemperatur verhalten sich *plastisch* (vgl. dazu *Burgsmüller* [36]).

Bei sehr tiefen Temperaturen zeigt sich Steinsalz *spröde* und dann erweisen sich Fremdzusätze auch als *schädlich für die Verfestigung.* Während $SrCl_2$ (vgl. Abb. 102) bei Zimmertemperatur stark verfestigend auf Steinsalz einwirkt, ist das im spröden Tieftemperaturzustand genau umgekehrt und darum gilt auch hier der Satz: „*Je mehr Kristallbaufehler, desto geringer die Kristallfestigkeit.*" Der reinste Steinsalzkristall besitzt bei tiefen Temperaturen die größte Festigkeit und das geringste Verformungsvermögen.

Demnach gibt auch *A. Smekal* [242] folgende Definition für „*Sprödigkeit*": „Unter einem *ideal spröden Körper* soll ein Körperzustand verstanden werden, in dem selbst molekulare, thermische Ortsveränderungen ausgeschlossen bleiben und *der Bruchvorgang streng athermisch vor sich geht.*"

Das bedeutet aber durchaus nicht, daß deshalb die Elastizitätsgrenze und Bruchgrenze als gleichbedeutend miteinander anzusehen sind. Es gibt auch eine „Plastizität" spröder Körper für sehr langsame, oder lang andauernde Beanspruchungen, wo Beiträge von molekularem Ausmaß (z. B. thermisch ausgelöste molekulare Ortsveränderungen als Folgen elastischer Beanspruchung) zur makroskopisch-plastischen Formänderung summiert werden können.

Trotz allen Bemühungen war in der Frage des *Einflusses von Bewässerung* auf die Festigkeitsverhältnisse bisher noch keine Klärung zu erzielen. Immerhin mehren sich die Anzeichen, daß es sich bei der Erhöhung der Plastizität und Zerreißfestigkeit von Steinsalzkristallen durch kurzes Eintauchen in Wasser nicht um einen von *Joffé* vermuteten Oberflächeneffekt handelt, sondern um einen Volumseffekt, wie dies *Ewald* und *Polanyi* vermuten [59]. Im ersten Falle denkt man sich als eine Folge der Ablösung der Oberflächenschicht die Erhöhung der Festigkeit durch Beseitigung der Oberflächenrisse, die als Kerbstellen dienen könnten, veranlaßt, im anderen Falle denkt man an eine Verminderung der offenen Baufehler im Inneren des Kristalles durch Eindringen von Flüssigkeitsmolekeln.

Zugunsten dieser Ansicht sprechen Messungen von *R. B. Barnes* |6| über die Ultrarotdurchlässigkeit an Steinsalzstücken vor und nach deren Plastischwerden durch Bewässerung. Plastisch gemachte Stücke zeigen starke Absorption. Wenn man sie aber bei 150⁰ trocknet und neuerlich auf ihre Durchlässigkeit prüft, sind sie wieder spröde und durchlässig. Daraus schloß *Barnes*, daß das Plastischwerden mit einem *Eindringen* von Wasser in das Innere des Kristalles verbunden sei.

Auch *K. Wendenburg*s Versuche [*310*], die sich mit der zeitlichen Nachwirkung der Ablösung unter Anwendung verschiedenster Lösungsmittel beschäftigten, führen zur gleichen Deutung. Man kann nämlich ausnahmslos eine mit der Zeit abklingende Nachwirkung der „Bewässerung" feststellen; nach zwei Stunden bleibt dann ein unveränderlich bestehender Resteffekt. Dieses zeitliche Abklingen ist nun je nach dem angewendeten Lösungsmittel *verschieden*, woraus auf eine Volumswirkung der jeweiligen Lösungsmittel geschlossen wird, die sich allerdings wahrscheinlich auf oberflächennahe Schichten beschränkt. Die zeitliche Abstufung der Lösungsmittel-Nachwirkung entspricht jener der Adsorbierbarkeit, bzw. der Dipolmomente der vermutlich in den Kristall eindringenden Fremdmoleküle (H_2O, SO_2, NH_3). Bemerkenswert ist, daß ein Eindringen von Lösungsmittelmolekülen aus *gesättigten* Lösungen in das Kristallinnere bisher *noch nie* nachgewiesen werden konnte.

Smekal [*237*] macht in diesem Zusammenhange allerdings aufmerksam, daß damit noch kein ursächlicher Zusammenhang zwischen dem Eindringen des Wassers und der Bewässerungsplastizität sichergestellt ist. Die Bildung von

Reißflächen geht immer von oberflächlichen Störungen aus, die infolge der *vorangegangenen* plastischen Deformation durch Gleitung zustande kommen. Durch Ablösung der verletzten Oberflächenschicht könnten nun derartige Störungen beseitigt werden, was sich in einer wesentlichen Erhöhung der zum Zerreißen benötigten Spannungsgröße zeigen müßte.

So eingehend und vielversprechend die Deutungsversuche für den einfachen *Gleitvorgang* sind, so dürftig sind die Versuche, sich theoretisch mit der Bildung von *Gleitzwillingen* auseinanderzusetzen. Schon die Tatsache, daß man hierbei nicht mit einer einfachen Platzwechselvorstellung auskommt, sondern noch mehr oder weniger verwickelte Drehungen der Bausteine mit in die Berechnung ziehen muß, wie auch die weitere Tatsache, daß durchaus nicht alle Gleitzwillinge „einfachen Gitterschiebungen" entsprechen, sondern vielfach zu den „Nicht-Gitterschiebungen" gehören (vgl. S. 134), läßt verstehen, daß hier noch nicht einmal die einfachsten Grundlagen für eine Deutung der *Verzwilligung* vorliegen. Das einzige, das vielleicht hier in Betracht käme, ist die schon S. 153 erwähnte Tatsache, daß gerade hinsichtlich der notwendigen *Größe* der Schiebung die Zwillingsbildung vielfach bedeutend geringere Anforderungen stellt als die Blattgleitung. Auf der anderen Seite kann aber nicht oft genug betont werden, daß man sich derzeit selbst in so verhältnismäßig einfachen und wohl untersuchten Fällen, wie bei der Gleitverzwilligung am Kalkspat, noch keinerlei Bild über den tatsächlichen *Vorgang* der Verzwilligung, über das Ausmaß und die Durchführung der notwendigen Drehungen und über den von den gleitenden Bausteinen dabei zurückzulegenden Weg machen kann. Auffallend ist auch die Plötzlichkeit, mit der die Verzwilligung eintritt und sich damit als gänzlich unabhängig von der Gleitgeschwindigkeit erweist. Daß hierbei auch jede „Erholung" oder „Rekristallisation" ausgeschlossen bleibt, wurde schon S. 167 erwähnt. Zur Klärung aller dieser Fragen ist noch nicht einmal ein allgemeingültiger Ansatz vorhanden und es wird immer wieder hervorgehoben, daß dazu noch alle Grundlagen fehlen.

Vielleicht könnte der Weg, den *Schubnikow* und *Zinserling* bei der Deutung der Drehgleitung am Quarz beschritten, nämlich die Drehung in die einzelnen Moleküle zu verlegen, in allmählichem Ausbau zu einem besseren Verständnis des *Vorganges* der Gleitzwillingsbildung führen. So einleuchtend und umfassend die Geometrie der Gitter*punkte* hinsichtlich der Zwillingsgleitung ist, so völlig undurchsichtig ist bisher das Verhalten der *ganzen* Bausteine, nicht nur deren Schwerpunkte.

C. Die Härte.

I. Allgemeines und Historisches.

Zu den am längsten bekannten Eigenschaften der Minerale gehört die *Härte* und es wird wohl niemanden geben, der einen Zweifel über den Sinn des Wortes „Härte" bei den Mineralen hegt. Gleichwohl ist

gerade die Härte jene Eigenschaft der Kristalle, die bis heute einer
klaren Definition des zugrunde liegenden Begriffes den hartnäckigsten
Widerstand entgegensetzte. Wenn man von der einfachen, qualitativen
Sinneswahrnehmung zu messender, quantitativer Beobachtung vor-
schreitet, stellt sich das Bedürfnis nach einer einwandfreien Klärung
und Abgrenzung des Begriffes ein und damit stößt man auch schon
für den Fall der Härte auf fast unüberwindliche Schwierigkeiten,
denn es wird kaum eine Kristalleigenschaft geben, die so schillernd
ist, so sehr von jedem Forscher anders umrissen und gedeutet wird,
wie gerade die Härte.

In diesem Zusammenhang ist es bemerkenswert, daß Spaltbarkeit und
Härte auch die einzigen Kristalleigenschaften sind, für deren Untersuchung
und exakte Erforschung die Mineralogie seitens der Physik nicht die geringste
Unterstützung fand. Selbst von der Seite der Technik her ist in diesen Belangen kaum eine nennenswerte Hilfe geleistet worden. Während sonst die
Entwicklung der beschreibenden Naturwissenschaften, wie auch die ältere
Epoche der Mineralogie, sich auf gut begründete Begriffsbestimmungen und
Grundsätze der Physik und Chemie stützen konnte und dadurch aus einer rein
beschreibenden zu einer exakt nomothetischen Wissenschaft emporwuchs, blieb
sie in dieser Beziehung, vor allem hinsichtlich des Härtebegriffes, völlig auf
sich allein angewiesen.

Das prägt sich auch darin aus, daß hier wie auch sonst bei rein
qualitativer Beschreibung immer noch ein Begriffs*paar*, nämlich: „hart
und weich“ Verwendung findet, ebenso wie man „warm und kalt“,
„hell und dunkel“ gebraucht. Während aber in allen anderen Fällen
schon längst durch Einführung entsprechender Meßmethoden diese
Begriffspaare als bloß graduelll verschieden erkannt und darnach
bewertet wurden, ist das bei der Härte noch immer nicht im gleichen
Maße erfolgt. Es ist dabei interessant, daß in neuester Zeit *W. Späth*
[248] den vielversprechenden Versuch macht, nicht nur den Begriff
der *Härte*, sonderen auch den ihres Widerspieles, den Begriff der
„*Weiche*“ exakt zu fassen und der mathematischen und messenden
Behandlung zugänglich zu machen.

Hier handelt es sich vor allem darum, den Standpunkt des Mineralogen zu dem Härteproblem zu kennzeichnen, wobei die technische
Seite der Angelegenheit, die in den letzten Jahrzehnten in steigendem
Maße zur Untersuchung und Ausbildung kam, bewußt in den Hinter-
grund geschoben wird. Das darf mit um so mehr Berechtigung
geschehen, als die technischen Härteprüfmethoden und bezüglichen
Angaben sich fast ausschließlich auf vielkristalline Werkstoffe, *nicht*
aber auf den Einzelkristall beziehen. Für den Mineralogen sind es
aber gerade die Einzelkristalle, deren Härteverhalten von Bedeutung
ist und worüber uns die Technik keine Angaben zur Verfügung stellt.
*Die Härte ist das Maß des Widerstandes, den ein Kristall je nach
Fläche und Richtung der mechanischen Verletzung seiner Oberflächenschichten entgegensetzt.*

Zur Überwindung dieses Widerstandes muß ein bestimmtes Maß von Arbeit geleistet werden und damit ist die Möglichkeit einer messenden Behandlung des Härteproblems gegeben. Alle Versuche, zu dem Begriff der „*absoluten Härte*" vorzustoßen, münden letzten Endes in Bestrebungen und Vorschläge ein, diese „Arbeit" in irgend einer Form der Messung zugänglich zu machen.

Da es sehr viele Arten der „mechanischen Verletzung der Oberflächenschichten" gibt und diese alle durchaus komplexe Erscheinungen darstellen, aus deren Vielfalt dann noch je nach dem Standpunkt des Beobachters die eine oder andere Teilerscheinung als das „Wesen der Härte" herausgehoben wird, gibt es auch eine verwirrende Menge von Härte-Prüfungsmethoden, die vielfach untereinander keinerlei Vergleichsmöglichkeiten geben, ja einander geradezu widersprechen. Dabei sind alle gegebenen Umgrenzungen des Begriffes „Härte" einander ziemlich gleichwertig, so daß die Festlegung auf eine ganz besondere, mehr ins einzelne gehende Definition dem Problem weder entspräche noch förderlich wäre.

Der älteste Versuch, sich mit dieser Frage auseinanderzusetzen, stammt schon aus dem Altertum von *Aristoteles*. Dieser sieht das Wesen der Härte eines festen Körpers in dessen *Tönungsfähigkeit*. Je länger der akustische Ton eines angeschlagenen Werkstückes anhält, je größer also dessen elastische Schwingungsfähigkeit und je geringer die innere Dämpfung des Werkstoffes ist, desto härter soll er sein. Es ist erstaunlich, wie feinbeobachtend und scharfsinnig damals schon *Aristoteles* den bestehenden Zusammenhang zwischen Härte und Dämpfung erfaßt hatte, und man muß sich wundern, daß es erst der allerletzten Zeit vorbehalten blieb, die Wichtigkeit dieses Zusammenhanges neu zu entdecken und nunmehr wissenschaftlich auszuwerten (vgl. S. 255).

Die Härtebestimmung aus der Tönungsfähigkeit findet ihre modernere Form in der Härtebestimmung mit Hilfe einer Feile, wobei auch aus der Höhe und Schärfe des Tones, den man beim Streichen einer Feile mit dem zu untersuchenden Mineral erhält, Rückschlüsse auf dessen Härte ziehen kann. Diese, allerdings nur qualitative Methode war in der ersten Hälfte des 19. Jahrhunderts besonders im Schwung.

Der erste Versuch, dem Härteproblem wissenschaftlich beizukommen, stammt von dem genialen Physiker *Chr. Huyghens* [93], der in einem Anhang zu seinem klassischen Werke über die Natur des Lichtes eine „wahrscheinliche Vermutung über den Innenbau des isländischen Spates und die Gestalt seiner Teilchen" gibt und sich hierbei mit der Frage der Spaltbarkeit und der Härte des Kalkspates auseinandersetzt. *Huyghens* erkannte als erster die *Ungleichheit* der Härte in der kurzen Diagonale der Spaltfläche je nachdem man (unserem heutigen Sprachgebrauch entsprechend) in der Richtung *von* oder *zur* Polecke ritzt. Er sah den Grund für diese Härteanisotropie in der Lagerung der einzelnen Kalkspatmolekel, denen er, ähnlich wie die Form der Lichtausbreitungswelle des außerordentlichen Strahles, eine linsenförmig-ellipsoidische Gestalt zuschrieb und die in der Richtung der kurzen Rhomboederdiagonale fischschuppenartig übereinandergreifen. Die Tatsache, daß die *Ritzhärte* in der Richtung *von* der Pol- zur Randecke *bedeutend* größer ist als in der umgekehrten Richtung, verglich *Huyghens* mit der Möglichkeit, einen Fisch abzuschuppen, je nachdem man das Messer vom Kopf zum Schwanz führt oder umgekehrt. Im ersten Falle werden kaum einige Schuppen entfernt, im anderen Falle erfolgt das Abschuppen leicht und gründlich (Abb. 137).

Wie schon der *Huyghens*sche Ritzversuch eindeutig beweist, ist die Härte im Gegensatz zur Spaltbarkeit eine ausgesprochen *vektorielle* Eigenschaft. Das ist nicht nur aus dem sehr verschieden großen Druck erkennbar, der zur Erzielung eines „gerade noch sichtbaren" Ritzes benötigt wird, sondern auch aus dem Aussehen der Ritzfurchen, die man bei Anwendung eines gleichgehaltenen Druckes in verschiedenen Richtungen erzielt (Abb. 138). Der gleiche Druck, der für die Richtung *von* der Polecke nur einen feinen, scharfen Ritz liefert,

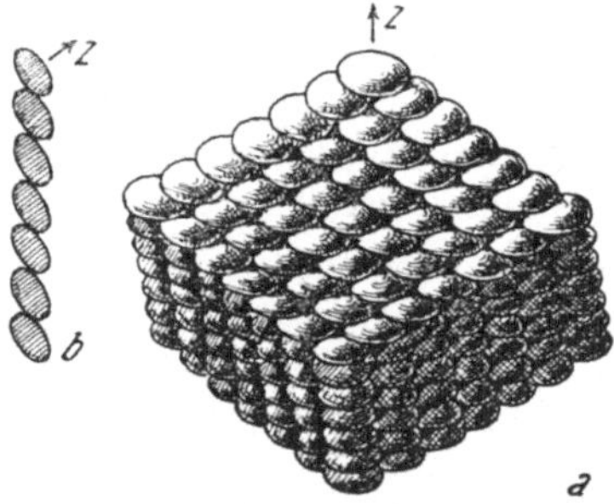

Abb. 137. *Huyghens'* Ansicht vom Aufbau des Kalkspates aus linsenförmigen Bausteinen. a) Aufbau des Spaltrhomboeders, b) die „Fischschuppenanordnung" der Bausteine in der kurzen Diagonale der Spaltfläche.

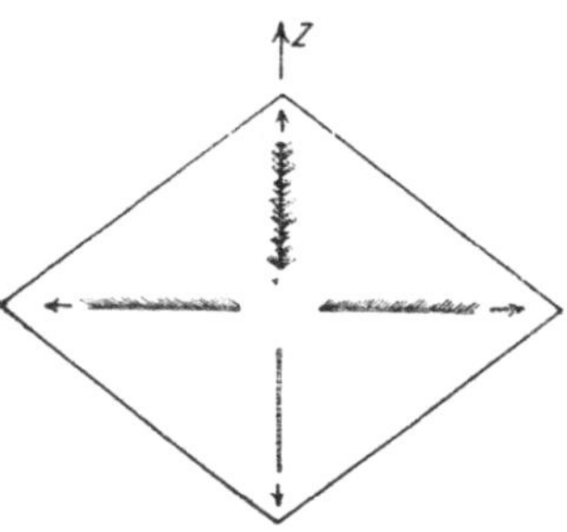

Abb. 138. Das Aussehen der Ritzfurchen auf der Rhomboederfläche des Kalkspates in verschiedenen Richtungen.

bringt in der Richtung *zur* Polecke in breiter Rinne größere und kleinere Spaltblättchen zur Absplitterung und erzeugt in den Richtungen der langen Diagonale Ritzfurchen, die einseitig, gegen die Polecke hin, ausgefranst sind.

Es darf nicht verschwiegen werden, daß die einseitige Richtungsabhängigkeit der Härte *nur* bei spaltbaren Mineralien deutlich in Erscheinung tritt, so daß schon *Huyghens* die „Härte-Anisotropie" aus einem *ursächlichen* Zusammenhang mit der Spaltbarkeit zu erklären suchte. Wenn auch ein solcher Zusammenhang sicher besteht, ist er leider nicht von jener Einfachheit und Eindeutigkeit, daß eine einwandfreie Bezugnahme des Härteproblems auf jenes der Spaltbarkeit gewährleistet wäre (vgl. dazu S. 214).

Eine erste Andeutung vektorieller Ausbildung von Festigkeitserscheinungen erkennt man schon in den verschiedenen Gleitvorgängen (Kristallplastizität), die unter Umständen durchaus *einseitig* erfolgen. Vgl. hierzu die Biegegleitung (S. 52) und die Wirksamkeit der Gleit*richtung* bei der Bildung von Gleitzwillingen.

Es ist darum verständlich, wenn in der Kristallographie jene Untersuchungsmethoden der Härte bevorzugt werden, die eine allfällige vektorielle Verschiedenheit der Härte erkennen lassen. In zweiter

Linie stehen dann Methoden, bei denen zwar Richtungsunterschiede erkennbar sind, aber nicht im Sinne von Vektoren, sondern nur von Tensoren (zweiseitig). Noch weniger bedeutungsvoll für die Natur des Einzelkristalles sind jene Untersuchungsarten, die nur Flächenhärten unterscheiden lassen und kristallographisch uninteressant jene Methoden, die nur ein Bild der Gesamthärte geben, wie etwa bei der Tönungsfähigkeit oder der Feilenmethode.

Die Arbeitsmethoden lassen sich demnach in drei Gruppen gliedern:

1. *Bestimmung vektorieller Härteunterschiede:*

a) Ritzmethode, b) Hobelmethode, c) Schleifmethode, d) Rädchenmethode.

2. *Bestimmung tensorieller Härteunterschiede, bzw. von Flächenhärten:*

a) Mesosklerometer- oder Bohrmethoden, b) Schleifmethoden, c) Schneidemethode, d) Pendelmethode, e) Kugel-, Kegel- und Pyramiden-Druckmethoden, f) Rückprallmethode, g) mechanische Korrosionshärteprüfung.

3. *Härtebestimmungen ohne Unterscheidung nach Richtung und Fläche:*

a) Verwendung von Feilen, b) piezoelektrische Methode.

Während die unter 1. angegebenen Methoden fast ausschließlich seitens der **Kristallographen** in Anwendung gebracht wurden und werden, finden sich unter 2. und 3. die hauptsächlichsten technischen Untersuchungsmethoden, die zur Werkstoffprüfung dienen. Da die Werkstoffe, vor allem die Metalle, zumeist in Form vielkristalliner Aggregate verarbeitet und gebraucht werden, genügt es, eine mittlere Härtezahl zu gewinnen. Die technisch bevorzugten Methoden verzichten darum auf die Beachtung der Härte-*Anisotropie.*

Mehr vom praktisch-technischen Standpunkt aus werden die Härtebestimmungsmethoden zumeist eingeteilt in: 1. *dynamische* Methoden (Druck unter gleichzeitiger Bewegung über die Kristallfläche): Ritzen, Hobeln, Schleifen, Schneiden, Bohren, 2. *statische* Methoden (ausschließlich Messung des *Eindringungs*widerstandes): Pendelmethode, Kugel-, Kegel- und Pyramidendruck mit oder ohne Vorlast, und 3. andersartige Härtebeanspruchung (Rückprall, mechanische Korrosionshärte, Feilen, piezoelektrische Methode).

Die Härte der Minerale zueinander in Beziehung zu setzen, versuchte als erster *R. J. Haüy* [81], der gegenseitige Ritzversuche an Mineralen ausführte und so zunächst feststellte, welches von den beiden verglichenen Mineralen härter und welches weicher ist. Und von *A. Werner* [311] stammt die erste Definition des Begriffes: „Härte ist der Widerstand, den die Körperteile einer in sie eindringen wollenden Kraft entgegensetzen."

Wie ersichtlich, sind wir in der Definition nicht wesentlich über den Standpunkt von 1774 hinausgekommen. Die von *Breithaupt* [26] (1836) stammende Begriffsumgrenzung: „Härte ist der Widerstand, den ein Körper bei der Trennung einzelner Teile an der Oberfläche leistet", deckt sich fast zur Gänze mit der jetzt gültigen **Definition**.

Werner stellte eine sechsgliedrige Skala auf: 1. *Diamantharte Minerale;* solche greifen die Feile an, geben Funken (Diamant, Saphir), 2. *quarzharte Minerale,* solche lassen sich kaum oder wenig feilen (Quarz, Granat), 3. *feldspatharte Minerale* lassen sich feilen, aber mit dem Messer nicht schaben, geben mit Stahl Funken (Feldspat, Schwefelkies), 4. *halbharte Minerale* lassen sich mit dem Messer ein wenig schaben, keine Funken (Zinkblende, Flußspat), 5. *weiche Minerale* lassen sich leicht mit dem Messer schaben, widerstehen aber dem Fingernagel (Kupferkies, Bleiglanz), 6. *sehr weiche Minreale* lassen sich sehr leicht schaben, gestatten auch Eindrücke mit dem Fingernagel (Gips, Kreide) — Als Prüfungsmittel benützte er hauptsächlich Messer und Feile. Das „Funkenschlagen" hat allerdings mit der ganzen Einteilung nichts zu tun.

F. Mohs [142] bemühte sich um eine schärfere Bestimmung der einzelnen Härtestufen unter gleichzeitiger Benützung des Dezimalsystems für die Haupteinteilung und die Unterteilungen. Dabei sollten die Stufenvertreter möglichst leicht zu beschaffende und bekannte Minerale sein, wenigstens soweit es sich nicht um Edelsteinhärten handelt. Er gab 1822 die trotz ihren vielfachen Mängeln noch immer allgemein verbreitete und gebrauchte *zehngliedrige Härteskala: 1. Talk, 2. Gips oder Steinsalz, 3. Kalkspat, 4. Flußspat, 5. Apatit, 6. Feldspat, 7. Quarz, 8. Topas, 9. Korund, 10. Diamant.*

Zunächst ist festzustellen, welches Mineral der Härteskala den zu untersuchenden Kristall ritzt, bzw. welche Härtestufe keinen Kratzer mehr zu erzeugen vermag, sondern selbst von dem Versuchskörper geritzt wird. *Zwischen diesen beiden Skalengliedern* muß dann die Härte des zu prüfenden Kristalles liegen. Je nach der geschätzten Größe dieses Unterschiedes kann man dann in Dezimalen eine weitere, feinere Angabe machen. So gibt z. B. *Mohs* an: Schrifterz 5,7 bis 5,8. Zumeist begnügt man sich aber, die Tatsache, daß die Härte des Probekörpers zwischen zwei Härtestufen liegt, durch den Zusatz $\frac{1}{2}$ auszudrücken, z. B. Bleiglanz 2,5.

Zwecks feinerer Abstufung bediente sich *Mohs* der Feile. Hierbei wird nicht die Härte des Minerales mit jener der Feile verglichen, sondern es werden die beiden Skalenglieder, zwischen denen der Kristall liegt, und dieser selbst unter gleichem Druck angefeilt. Aus der Verschiedenheit des Widerstandes und dem dabei hörbaren Geräusch (Tonhöhe) kann dann ein Rückschluß auf die Härte des fraglichen Materials gezogen werden.

Ist das zu prüfende Mineral *gleich hart* mit einer Stufe der Härteskala, dann ritzen die beiden Körper einander gegenseitig. Das hängt damit zusammen, daß bei Ritzversuchen immer eine *Spitze* benötigt wird, die man in die Fläche hineindrücken kann, um einen entsprechenden Kratzer auf ihr zu erzeugen. Die Ecke erweist sich gegenüber der Fläche des gleichen oder gleich harten Kristalles scheinbar als „härter".

Sehr bald war zu bemerken, daß die Absicht, möglichst *gleichmäßige Härteunterschiede* in den Skalenmineralen festzuhalten, in *keiner Weise erfüllt* wurde. Außerdem war zu beobachten, daß bei den meisten Mineralen der Härteskala die Härte allzusehr je nach der Fläche, auf der, bzw. nach der Richtung, in der die Härte geprüft wird, wechselt, also in den Skalengliedern gar *keine bestimmten* Härtewerte festgelegt sind.

Das hängt mit der Tatsache zusammen, daß fast alle Glieder der Härte-skala vorzüglich *spaltende* Minerale sind und dadurch die stärkste Auswirkung der Härteanisotropie bedingen. So war es schon längst bekannt, daß man nicht nur beachten sollte, auf welcher Fläche des Skalengliedes die Härte geprüft wird, sondern auch in welcher Richtung, da sonst überhaupt kein „Vergleich" möglich ist (siehe die starken Härteunterschiede in der Fläche des Spalt-rhomboeders vom Kalkspat, Abb. 138). *M. L. Frankenheim* [67] machte darum schon 1829 eingehende Versuche zur Härteprüfung nach verschiedenen Rich-tungen in der gleichen Fläche eines Kristalles und verwendete dazu Nadeln aus verschiedenen Metallen.

Die tatsächlichen Ungleichmäßigkeiten der Härtestufen in der Skala von *Mohs* versuchte man auf verschiedene Weise zu beheben. *Breithaupt* schlug dazu die Einschaltung zweier weiterer Stufen zwischen 2 und 3, bzw. 5 und 6 vor, doch drang dieser Vorschlag in der Praxis nicht durch. Man zog es im Gegenteil vor, die Zahl der Stufen zu verringern und nur etwa 5 Stufen zu unterscheiden: *sehr weich* (1), *weich* (2, 3), *halbhart* (4, 5), *hart* (6, 7), *sehr hart* (über 7), eine Einteilung, die sich zum Teil mit der *Wernerschen* Skala deckt.

Die Ungleichwertigkeit und Unsicherheit in den *Mohsschen* Härte-stufen führte rasch zu Versuchen, *physikalisch fundierte Zahlen-werte* für die Härte zu gewinnen, d. h. *Messungen* zu ermöglichen. So stammt von *A. Seebeck* [231] der erste *Härtemeßapparat* = „Sklero-meter" (1833), das für alle folgenden, *dynamischen* Härtebestimmungen in seinen Grundlagen erhalten blieb. Ein auf einem drehbaren Tisch aufgekitteter Kristall wird mit Hilfe einer Schlitteneinrichtung unter einer belasteten Spitze weggezogen und das Gewicht bestimmt, bei dem ein noch erkennbarer Ritz in der horizontal verschobenen Kristallfläche zu erzielen ist.

Von *D. R. Franz* [68] (vgl. dazu S. 191) wurde *Seebecks* Apparat durch Kurbelantrieb des Schlittens verbessert, und *Grailich* und *Pekarek* [75] wählten zur Schlittenbewegung die Wirkung eines Zuggewichtes, wodurch auch noch eine andere Art der Härteprüfung nach *Franz* erleichtert wurde (vgl. S. 190). Auf dieser Grundlage baute *F. Exner* [61] seine klassischen Ritz-härteuntersuchungen auf, die dann von *F. Pfaff* [186] neu aufgegriffen wurden.

Die bedeutenden und nicht zu erklärenden Verschiedenheiten, die sich in den Messungsergebnissen der verschiedenen Forscher zeigten, ließen es zweckmäßig erscheinen, die bis dahin ausschließlich ver-wendete Ritzmethode durch andere Untersuchungsarten zu ersetzen, bzw. nach einer anderen, physikalisch einwandfreien Definition des Härtebegriffes zu suchen. Den ersten Weg schlug *F. Pfaff* [187] mit seinem „*Mesosklerometer*" ein (1884), den anderen *H. Hertz* [86], der 1882 die Definition gab: „Die Härte ist die Elastizitätsgrenze eines Körpers bei Berührung einer ebenen Fläche desselben mit einer Kugelfläche eines anderen Körpers", oder praktisch ausgedrückt: „Die Härte ist der Grenzwert des im Mittelpunkt der Druckfläche in normaler Richtung herrschenden Einheitsdruckes" Dieser Gedanke wurde hauptsächlich von *Auerbach* [1, 2, 4] ausgebaut.

Seit dieser Zeit häuften sich die Versuche, eine praktisch und theoretisch zuverlässige Methode zur Härtebestimmung aufzustellen und auszuwerten. Leider wurde damit aber keine Verbesserung in der Behandlung des Härteproblems gewonnen, sondern eher eine Verschlechterung, da die verschiedenartigsten Beanspruchungsmöglichkeiten herangezogen wurden, die zu der Frage der Kristallhärte oft nur in sehr loser Beziehung standen.

Wie wenig befriedigend die Anwendung immer neuer Methoden ist, zeigt schon Abb. 139, in der die Zahlenergebnisse der Härteprüfung für die Minerale der *Mohs*schen Härteskala in vergleichbarem Maßstabe zusammengestellt sind. Alle Zahlenangaben wurden nach einem Vorschlag *A. Rosiwal*s [*211, 212, 214*] auf die *Korundhärte = 1000* umgerechnet. Der Vergleich der Ergebnisse von *Franz* (Ritzmethode), *Pfaff* (Mesosklerometermethode), *Rosiwal* (Schleifmethode) und *Auerbach* (Kugeldruckmethode) läßt gerade nur ein gleichartiges Ansteigen der Härte mit der *Mohs*schen Skala erkennen. Im übrigen aber sind keinerlei Zahlenbeziehungen oder sonstige Vergleichsmöglichkeiten der Messungsreihen untereinander sichtbar. Die Intervallsprünge sind nach den verschiedenen Methoden durchaus *ungleichartig* verteilt und lassen nur die Unregelmäßigkeiten der *Mohs*schen Härteskala erkennen, ohne aber untereinander vergleichbare Zahlen zu liefern. Aus der Abb. 139 ist auch ersichtlich, daß wir weiter denn je von einer einheitlichen Erfassung des Härteproblems entfernt sind und daß jede der heute bekannten Bestimmungsmethoden von wesentlich anderen physikalischen Gesichtspunkten ausgeht.

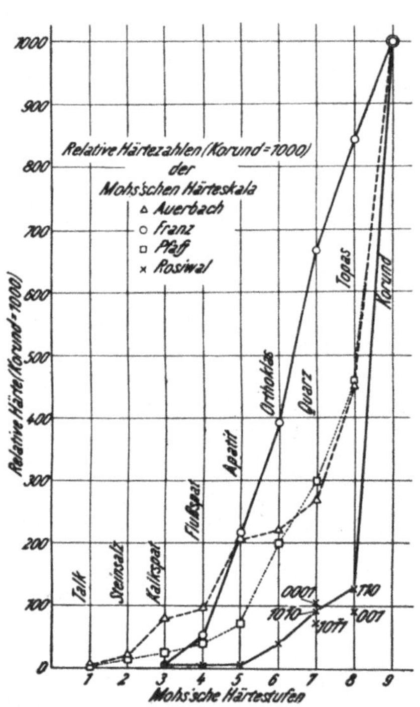

Abb. 139. Mittlere Härtezahlen für die Glieder der *Mohs*schen Härteskala nach verschiedenen Messungsmethoden.

Aus allen Messungsversuchen geht aber übereinstimmend hervor, daß die Härte*unterschiede* im gesamten Mineralbereich außerordentlich hoch sind, wenn auch die Zahlengrößen für die Härte des weichsten und des härtesten Minerales (Talk und Diamant) sehr verschieden angegeben werden. Aus *Rosiwal*s Schleifversuchen [*212*] ergibt sich das Härteverhältnis Talk : Diamant = 0,03 : 140.000 = = 1 : 4,600.000 (!!). Auch die anderen Beobachter erhalten bei ihren nach den verschiedensten Methoden vorgenommenen Messungen Verhältnisse, die sich mindestens im Vieltausendfachen (meist in den

Hunderttausenden) bewegen, also angenähert der gleichen Größenordnung angehören.

Da nach *Rosiwal* die Korundhärte als Vergleichsgrundlage mit 1000 angenommen wurde und der Diamant dann die Zahl 140.000 erhält, ergibt sich, daß besonders im Bereich der Edelsteinhärten die *Mohs*sche Skala große Lücken aufweist, bzw. unvermittelt sprunghaft ansteigt. Nach seinen Messungen schlägt *Rosiwal* folgende Unterteilung der Stufen 7 bis 10 vor:

Tab. 11. *Edelsteinhärten nach Rosiwal* (Korundhärte = 1000).

relative Härte		relative Härte	
Quarz	120	Schmirgel (bester)	800
Topas	175	Korund (Mittel)	1.000
Beryll	210	Saphir	1.600
Granat	240	Karborundum	4.000
Spinell	450	Kristall. Bor	10.000
Chrysoberyll	640	Diamant	140.000

Die nur ganz groben Unterscheidungsmöglichkeiten, die durch die *Mohs*sche Härteskala gegeben sind, ließen umfassendere Untersuchungen über die in einzelnen Fällen besonders auffallende *Richtungsabhängigkeit der Härte*, die „*Härteanisotropie*", nicht zu. Der Natur der Sache entsprechend lassen sich nur von Ritz-, Hobel- und Schleifuntersuchungen Erfolge bezüglich der Bestimmung der Härteanisotropie erwarten, während alle statischen Methoden hierfür unbrauchbar sind.

Ein weiterer, sehr hinderlicher Umstand ist die große Empfindlichkeit der Härteanisotropie gegen die „mechanische Vergangenheit", bzw. „Vorbehandlung" des untersuchten Kristalles. *F. Exner* [61] mußte bei seinen überaus sorgfältigen Ritzversuchen an mehreren Beispielen (besonders eingehend bei Steinsalz) beobachten, daß Pressungen natürlicher oder künstlicher Art die Härteanisotropie sehr stark zu fälschen vermag. Gleichwohl ergaben sorgsame Untersuchungen an reinsten und ungestörten Kristallen, daß in allen Fällen, in denen überhaupt meßbare Härteunterschiede an einem Kristall festgestellt wurden, *die Härtezahlen in den verschiedenen Richtungen deutlich einseitig richtungsabhängig (vektoriell) sind.*

Das prägt sich am schönsten in den „*Härtekurven*" aus, die man dadurch erhält, daß man von einem Punkt der untersuchten Kristallfläche aus die Härtezahlen, die man in den verschiedenen Ritz-, Hobel- oder Schleifrichtungen erhielt (Vektoren), in einem beliebigen Maßstab als Strecken aufträgt und deren freie Endpunkte durch eine geschlossene Linie verbindet.

Je größer die Zahl der Richtungen ist, die man innerhalb einer Fläche in dieser Weise auf ihre Härte prüft, desto klarer kommt zum Ausdruck, daß die Härte*änderung* in ihrer Richtungsabhängigkeit durchaus *stetig* erfolgt, also im Verlauf der Kurve keine sprunghaften Maxima oder Minima auftreten.

Im allgemeinen sind die so eingetragenen Härteunterschiede recht gering, so daß sich in vielen Fällen die Härtekurve stark einem Kreis nähert. Damit wäre natürlich eine gesicherte Feststellung der Härteanisotropie unmöglich. So gibt z. B. das chlorsaure Natrium, das kubisch, aber ohne jede Spaltbarkeit kristallisiert, auf der Würfelfläche Härtewerte, die sich in den verschiedenen Richtungen voneinander kaum unterscheiden lassen und deren Zahlenunterschiede sich innerhalb der Fehlergrenzen der Bestimmungen halten (*Exner* [61]). Dem steht aber doch eine beträchtliche Anzahl von Kristallen gegenüber, bei denen diese Anisotropie der Härte in aller Schärfe zum

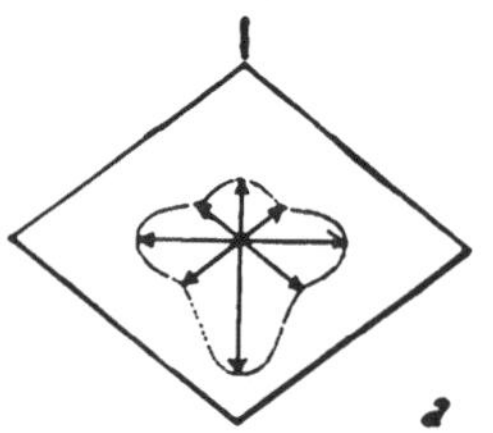
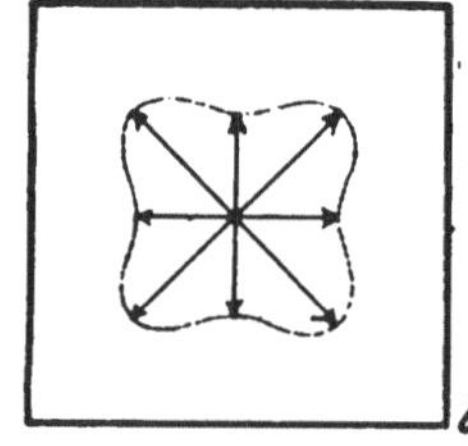
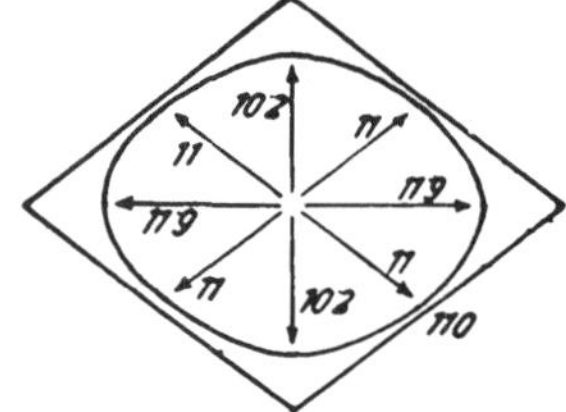

Abb. 140. Die Symmetrie der Härtekurven. a) Monosymmetrisch: Kalkspat-Spaltfläche (10$\bar{1}$1), b) tetrasymmetrisch; Steinsalz, Würfelfläche (100).

Abb. 141. Härtekurve auf der Dodekaederfläche der Zinkblende (nach *F. Pfaff*).

Ausdruck kommt. Es handelt sich dabei durchwegs um spaltbare Minerale (vgl. S. 174).

Die allenfalls meßbaren Härteunterschiede innerhalb einer Kristallfläche müssen der Symmetrie der untersuchten Fläche entsprechen. Steht die untersuchte Fläche senkrecht auf einer oder mehreren Symmetrieebenen, so muß auch die Härtekurve die gleiche Zahl und Anordnung von Symmetralen zeigen. Ist die Fläche senkrecht zu einer n-zähligen Deckachse, dann ist auch die Härtekurve di-, tri-, tetra- oder hexametrisch. Sind Richtung und Gegenrichtung innerhalb der Fläche kristallographisch ungleich, dann ist das auch im Härteverhalten der Fall. Gleichwertige Richtungen in der gleichen Fläche ergeben gleiche Härtewerte.

Es ist bemerkenswert, daß noch kein Beispiel einer echt hexametrischen oder hexasymmetrischen Härtekurve bekannt ist. Die in *Exners* Arbeit [61] mitgeteilten „hexasymmetrischen" Härtekurven von Oktaederebenen des Steinsalzes („Fig. 12 und 14") sind *konstruktiv* durch Vereinigung der *verschiedenen* Härtezahlen in Richtung und Gegenrichtung zu *Mittelwerten* gewonnen, entsprechen also *nicht* den in „Fig. 11 und 13" dargestellten *tatsächlichen* Beobachtungen. Interessanterweise zeigen auch alle Versuche, das *elastische* Verhalten rund um eine sechszählige Achse zu ermitteln, als Schnitte der zugehörigen Dehnungs- oder Drillungsoberfläche immer einen einfachen Kreis, d. h. die sechszählige Achse verhält sich so, als wäre sie ∞-zählig. In dieser Übereinstimmung des Verhaltens prägt sich ein engerer Zusammenhang zwischen dem elastischen und dem Härteverhalten aus.

In Abb. 140 ist die Härtekurve für die Spaltfläche des Kalkspates (monosymmetrisch), jener für die Spaltfläche des Steinsalzes (tetrasymmetrisch)
gegenübergestellt. Die Abb. 141 gibt das Bild der Härtekurve auf der Dodekaederfläche der Zinkblende (disymmetrisch) und endlich ist in Abb. 142
nach *Exners* Angaben die Härtekurve für die Spaltfläche des Gipses gezeichnet
als ausgezeichnetes Beispiel einer *dimetrischen* Kurve (⊥ zweizählige Achse)
(vgl. dazu auch die Abb. 150, 151).

Außer dieser Beziehung zu der Symmetrie der untersuchten Fläche
besteht aber *kein* weiterer Zusammenhang mit der Form der Fläche

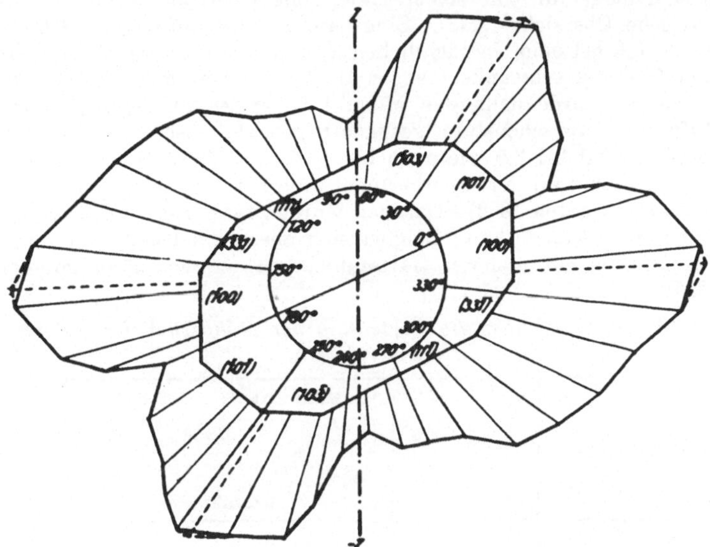

Abb. 142. Die *Exnersche* Härtekurve auf der Hauptspaltfläche des Gipses (Nr. 80) in der Darstellung
von *Mügge*.

oder mit der Zugehörigkeit des Kristalles zu einer bestimmten
Symmetrieklasse. Umgekehrt ist die *Form* der Härtekurve auch aus
der bekannten Symmetrie einer Fläche *nicht* gegeben, wie das der
Vergleich der beiden kubischen Minerale Steinsalz und Flußspat
deutlich erkennen läßt, die zwar die gleiche Flächensymmetrie, aber
verschieden gestaltete Härtekurven besitzen.

Verteilung der Härtestufen im Mineralreich. Diese ist wegen der
großen Rolle, die die Härteangabe bei der Bestimmung von Mineralien
spielt, von Interesse. Für diese Zwecke kann allerdings nur die Verbreitung der *Ritzhärte* herangezogen werden, denn *nur* für diese liegen
bei fast allen Mineralarten auch Angaben vor. allerdings nur in bezug
auf die *Mohs*schen Härtestufen und ohne jede eingehendere Rücksichtnahme auf allfällige Unterschiede nach Fläche und Richtung an dem
gleichen Mineral.

Für solche Zwecke wäre auch, abgesehen von ganz wenigen, besonders ausgeprägten Fällen (z. B. Kalkspat, Disthen usw.) die Prüfung mit der *Mohs*schen Härteskala viel zu grob, zu unempfindlich. Außerdem sind derartige feinere und eingehendere Härtebestimmungen, die sich kristallographisch auswerten ließen, bisher nur an sehr wenigen Mineralen vorgenommen worden. Es kann also die Frage nach der Verbreitung und Verteilung der Härtestufen unter den Mineralen nur in sehr summarischer Weise beantwortet werden.

Damit entfällt in einer solchen Übersicht auch die Möglichkeit, auf den unleugbar bestehenden, ja grundlegenden Zusammenhang mit dem inneren Aufbau (Struktur) einzugehen.

Als Grundlage für eine solche erste, rohe Übersicht diente *R. Koechlin*s „Tabellarische Übersicht" [116]. Eine häufig dabei auftretende Schwierigkeit liegt darin, daß bei einer beträchtlichen Zahl von Mineralen die Härteangaben in weiten Grenzen schwanken, wie z. B. bei Disthen $H = 4$—7 (!). In allen solchen Fällen wurde dann das Mineral bei *jeder* in Betracht kommenden Härtestufe und Zwischenstufe gesondert gezählt, also z. B. Aragonit mit $H = 3{,}5$—4 sowohl bei 3,5 wie auch bei 4. Durch diese Mehrfachzählung erscheint die Gesamtzahl der untersuchten Mineralarten höher, als sie in Wirklichkeit ist (1512 gegen 1002). Dagegen wurden isomorphe Reihen mit *gleicher* Ritzhärte nur einmal gezählt. Zeigten sich aber in solchen nahe verwandten Familien Glieder mit anderen Härtezahlen, so wurden diese gesondert gezählt [295].

Tab. 12. *Übersicht über die Verteilung der Mohsschen Härtestufen im Mineralreich.*

Härtestufe	Mineralarten		
		davon	
	im ganzen	mit	ohne
		Kristallwasser	
1	30	$11 = 36{,}7\%$	19
1,5	53	$23 = 43{,}5\%$	30
2	136	$68 = 50{,}0\%$	68
2,5	182	$77 = 42{,}3\%$	105
3	187	$68 = 36{,}4\%$	119
3,5	146	$56 = 38{,}4\%$	90
4	132	$51 = 38{,}6\%$	81
4,5	105	$46 = 43{,}8\%$	59
5	147	$32 = 21{,}8\%$	115
5,5	129	$15 = 11{,}6\%$	114
6	126	$8 = 6{,}3\%$	118
6,5	73	$4 = 5{,}5\%$	69
7	37	— —	37
7,5	15	— —	15
8	10	— —	10
8,5	1	— —	1
9	2	— —	2
9,5	—	— —	—
10	1	— —	1
	1512		1053

In dieser Übersichtstabelle fällt auf, daß die höheren Härtestufen von 7 an sprunghaft abnehmen. Außerdem sind zwei Maxima zu erkennen. Das eine liegt bei 2,5 bis 3, das andere bei 5 bis 6.

Besonders bezeichnend ist die Tatsache, daß die Minerale *mit Kristallwasser* sich nur bei den *niederen* Härtestufen finden und über 6,5 nicht hinausgehen.[1] Die kristallwasserhaltigen Minerale steigen im Bereich der Stufen 2 bis 3 rasch zu einem Maximum der Verteilung an und nehmen dann allmählich bis zu $H = 6,5$ ab. Bezüglich des Prozentanteiles der Verbindungen mit Kristallwasser innerhalb einer jeden Härtestufe und Zwischenstufe findet sich ein Maximum bei Stufe 2 und ein weniger ausgeprägtes bei Stufe 4,5. Der Gesamtanteil der kristallwasserhaltigen Minerale ist ungefähr $^1/_3$.

Bei Betrachtung der Minerale *ohne* Kristallwasser wiederholt sich die Verteilung der Maxima wie bei der Gesamtübersicht, ja die Maxima heben sich noch kräftiger heraus.

Wenn schon aus Mangel an den nötigen Unterlagen die Frage des Zusammenhanges zwischen Härte und Struktur hinsichtlich der Verteilung im Mineralreich nicht behandelt werden kann, so gestatten die Härtebestimmungen nach *Mohs* doch einen gewissen Einblick in den *Zusammenhang zwischen Härte und Stoff* bzw. dessen Aufteilung auf die einzelnen Härtestufen.

Um über die Verteilung der *chemischen Elemente* hinsichtlich ihres Anteiles an den verschiedenen Härtestufen eine gewisse Übersicht zu gewinnen, wurde deren Anteilnahme an der chemischen Zusammensetzung eines Minerals auf Grund der *Koechlinschen* „Übersicht" gesondert behandelt. Dazu wurde in den Verbindungen jedes darin auftretende Element, auch wo es sich nur um Ersatzmöglichkeiten handelt, gezählt, aber für eine einzelne Verbindung nur einmal, also z. B. bei Fermorit $= 3[(Ca, Sr)_3(As, P)_2O_8] . (Ca, Sr)(OH, F)_2$ die Elemente Ca, Sr, As, P, O, F und OH. Die Gruppe OH wie auch NH_4 und das Kristallwasser wurden dabei *nicht* in die Elemente aufgelöst. Für CO_3 und SiO_4 fehlten leider die dazu erforderlichen *sicheren* Grundlagen.

Es wurde damit eine Übersicht gewonnen, in wie vielen Mineralen der gleichen Härtestufe das fragliche Element am Aufbau beteiligt ist, ohne daß über die strukturell-geometrische Anordnung irgend eine Aussage gemacht wird.

In dieser (auszugsweisen) Tab. 13 der Härteverteilung der Elemente in den verschiedenen Mineralen *ohne* Kristallwasser fällt trotz der großen Lückenhaftigkeit auf, daß sich die *härtesten* Minerale aus den leichtesten und gleichzeitig hinsichtlich des Atomvolumens kleinsten Elementen aufbauen und daß *mit wachsendem Atomgewicht und -volumen die Härte ständig abnimmt*. Für die Elemente der 1. kleinen Periode liegen die Maxima der beobachteten Mineralhärten bei 9 bis 10, für die 2. kleine Periode bei 8 bis 9, für die 1. große Periode bei 7,5 bis 8, für die 2. große Periode bei 7,5, für die Periode der seltenen Erden bei 6,5 bis 7 und für die unvollständige letzte Periode bei 6,5.

---

[1] Nur bei Melanophlogit, dessen Zusammensetzung durchaus nicht sicher ist, wird eine Härte zwischen 6,5 und 7 angegeben.

Tab. 13. *Die Verteilung der wichtigsten Elemente auf die einzelnen Härtestufen in Mineralen ohne Kristallwasser (Auszug aus [295])*

	1	1,5	2	2,5	3	3,5	4	4,5	5	5,5	6	6,5	7	7,5	8	8,5	9	9,5	10
H	1	2	6	8	10	6	8	5	11	13	18	9	9	4	1	—	—	—	—
C	2	2	2	3	5	16	18	7	4	2	1	—	—	—	—	—	—	—	1
N¹	—	1	8	—	—	1	—	—	—	—	—	—	—	—	—	—	—	—	—
O	5	8	23	37	54	55	71	48	94	98	109	64	33	13	10	1	2	—	—
Na	—	1	3	4	7	4	5	3	16	22	21	8	5	1	1	—	—	—	—
Mg	1	1	4	5	8	12	11	4	20	11	19	12	7	4	1	—	—	—	—
Al	1	1	4	7	4	3	5	8	21	28	28	22	16	10	8	1	1	—	—
Si	2	2	5	8	14	8	16	11	45	57	64	47	30	12	5	—	—	—	—
P	—	—	—	—	2	7	7	11	20	4	4	—	—	—	—	—	—	—	—
S	6	13	33	48	58	37	17	8	8	12	6	3	—	1	—	—	—	—	—
Cl	4	5	9	28	13	10	8	5	4	4	2	—	2	—	—	—	—	—	—
K	—	—	1	3	6	2	1	—	1	5	7	1	1	1	1	—	—	—	—
Ca	2	2	3	3	9	14	18	16	53	55	42	15	6	2	2	—	—	—	—
Mn	—	—	1	4	5	5	15	13	20	20	81	17	7	2	—	—	—	—	—
Fe	2	1	5	7	12	18	17	13	36	41	47	31	10	5	1	—	—	—	—
Cu	1	2	7	16	24	19	12	7	6	1	—	—	—	—	—	—	—	—	—
Zn	—	—	3	1	2	7	6	3	3	5	6	3	—	1	1	—	—	—	—
As	2	7	10	8	20	14	11	14	15	7	6	1	1	—	—	—	—	—	—
Ag	6	10	15	25	18	5	2	—	1	—	—	—	—	—	—	—	—	—	—
Sn	1	1	2	3	4	—	1	—	—	1	3	1	1	—	—	—	—	—	—
Sb	2	2	12	20	17	10	4	2	7	9	5	3	—	—	1	—	—	—	—
Ba	—	—	—	1	1	3	3	3	2	2	5	4	1	—	—	—	—	—	—
Au	1	2	2	5	5	—	—	—	—	—	—	—	—	—	—	—	—	—	—
Hg	1	1	8	7	7	4	—	—	—	—	—	—	—	—	—	—	—	—	—
Pb	3	4	14	37	50	20	8	6	6	4	5	2	—	—	—	—	—	—	—
Bi	1	3	9	11	18	6	4	2	3	1	—	—	—	—	—	—	—	—	—
U	—	—	—	—	1	1	1	6	5	4	1	—	—	—	—	—	—	—	—
OH	3	2	5	8	12	13	14	20	19	5	6	4	2	1	—	—	—	—	—
NH₄	—	2	2	1	—	—	—	—	—	—	—	—	—	—	—	—	—	—	—

(Die einzelnen Perioden im Bereich des „periodischen" Systems der Elemente sind gestrichelt abgegrenzt, die jeweiligen Maxima fett gedruckt.)

---

¹ Hier handelt es sich um kristallwasserfreie N-Verbindungen, *nicht* um Verbindungen mit NH_4. Alle anderen in der Übersicht angegebenen Verbindungen enthalten entweder NH -Gruppen oder führen Kristallwasser.

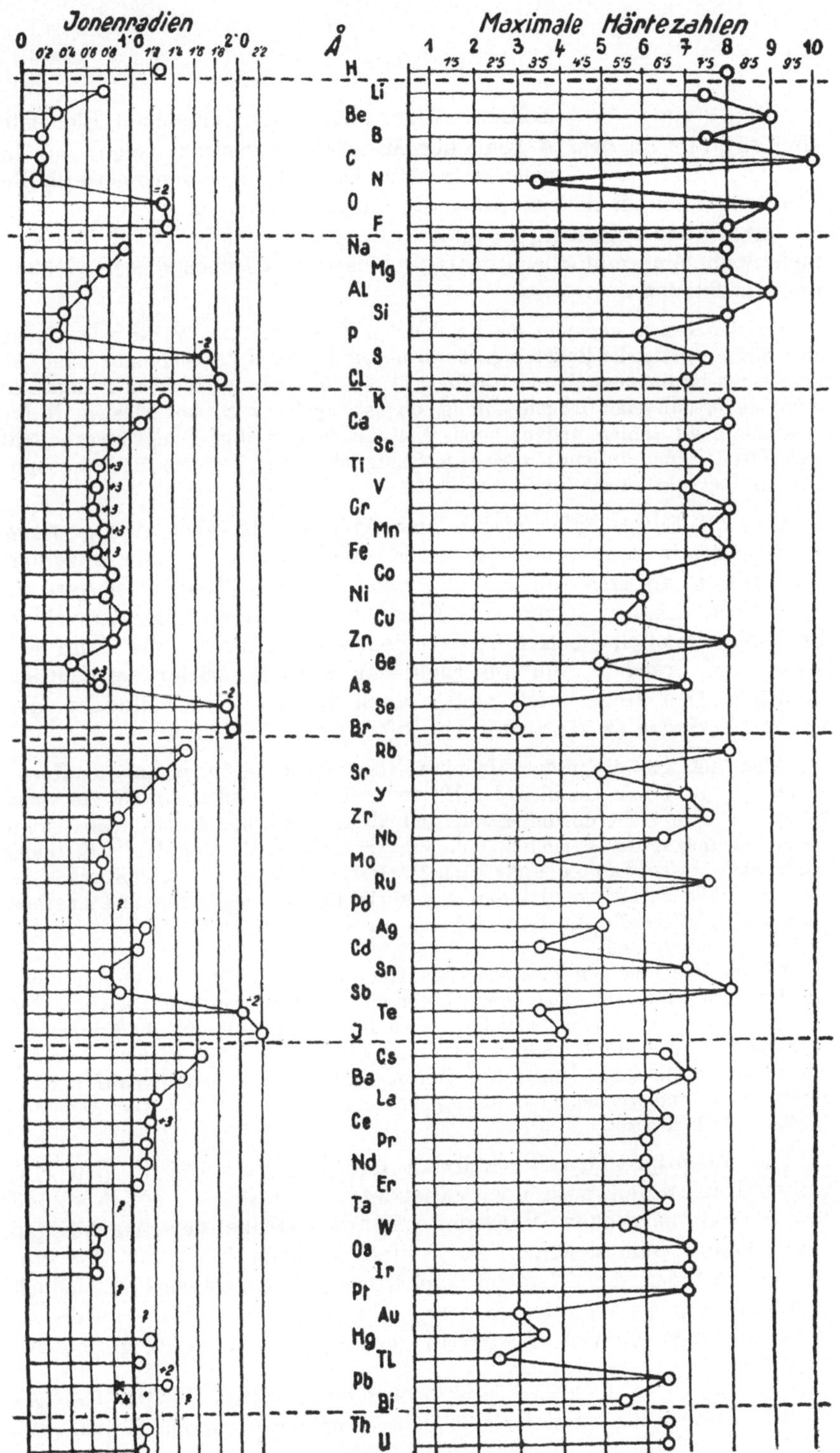

Abb. 143. Die Verteilung der Ritzhärte nach *Mohs* im Mineralreich.

Die Maxima der jeweiligen Mineralhärten der einzelnen Elemente sind für alle an dem Aufbau der Minerale wesentlich (nicht nur in Spuren) beteiligten Elemente in der Abb. 143 zusammengestellt. So eindeutig auch in diesem Bilde die Gegensätzlichkeit zwischen Bausteingröße und zugehöriger Maximal-Härtezahl sichtbar wird, läßt sich gleichwohl eine einfache, lineare Beziehung zwischen diesen Größen nicht aufstellen.

Die im System einander entsprechenden Elemente N, P, V, Nb z. B. finden sich mit zunehmender Bausteingröße in immer härteren Verbindungen, ohne daß man einen bestimmten Grund für diese Ausnahmsstellung angeben könnte Es wäre denn, daß man fragen könnte, ob es angehe, z. B. das Element N für sich allein zu zählen und ob nicht NH_4 als selbständige Baugruppe auftritt (wie OH). Eine ähnliche Frage läge bezüglich P vor, bei dem die Baugruppe PO_4 in Betracht käme.

Das auffälligste Merkmal in der Abb. 143 ist aber eine gewisse *Periodizität* in der Verteilung der Element-Maxima auf die einzelnen Härtestufen, *die sich eng an die Periodizität des chemischen Systems anschließt.* Immer zeigen die Elemente am Beginn der einzelnen Perioden ziemlich hoch hinaufreichende Härtezahlen, die dann ein Maximum erreichen und am Ende der Periode wieder beträchtlich abfallen. Das findet sich sogar auch in den Unterteilungen der großen Perioden (z. B. Ni und Cu-Br).

Allerdings gibt die in der Abbildung vorgenommene Eintragung der Härtestufen für die Maximalzahlen der Elemente in ihrem Anteil an den einzelnen Mineralen eine recht unruhige, auf und ab schwankende Kurve. Gleichwohl ist der Grundzug der Periodizität unleugbar ausgeprägt. Man darf dabei nicht außer acht lassen, daß die *Mohs*schen Härtestufen nur sehr rohe und ungleichwertige Maße darstellen und daß vor allem für die selteneren und unschön entwickelten Minerale die Härteangaben an sich nicht ganz gleichwertig und gleich verläßlich sind.

In der vollständigen tabellarischen Übersicht, aus der Tab. 13 nur einen Auszug gibt, erscheint diese Periodizität noch viel ausgeprägter, auch in den Unterteilungen der großen Perioden, als in der Abb. 143, die nur die Zahlen der Maxima der Verteilung enthält. Bei der Unterteilung der großen Perioden weist immer die erste Hälfte der Periode größere Härtezahlen auf als die zweite, ganz entsprechend der oben gegebenen Beziehung zwischen Bausteingröße und Härtezahl.

Die ausgesprochene Periodizität der Element-Härte in den einzelnen Härtestufen wird noch besonders durch den in der Abb. 143 unmittelbar möglichen Vergleich mit der Größe der zugehörigen Ionenradien[1] unterstrichen. Auch diese ergeben innerhalb der einzelnen Perioden den gleichen *bogenförmigen* Kurvenverlauf, jedoch *in genau entgegengesetzter Richtung.* Das ist deutlich daran zu erkennen, daß beide Kurven, obwohl für *beide* ein nach rechts gerichteter

---

[1] Da es sich in der überwiegenden Mehrzahl der Fälle um Verbindungen handelt, wurden die *Ionen-* und nicht die Atomradien gewählt, obwohl auch deren Verwendung ganz ähnliche Beziehungen ergäbe.

Maßstab in Anwendung steht, doch einen sozusagen *spiegelbildlichen* Verlauf aufweisen. Das gilt nicht nur innerhalb der einzelnen Perioden, sondern auch für das Gesamtbild der in den Härtemaxima und in den Ionengrößen sichtbaren Größenänderungen der einzelnen Elemente.

Gleichwohl ist das „Streufeld" für die Elemente von unangenehmer Breite, wenn auch die Hauptfälschungsmöglichkeit der Härtezahlen, nämlich jene durch den Gehalt an Kristallwasser, bei dieser Übersicht von vornherein ausgeschaltet blieb. Was aber nicht berücksichtigt werden konnte, offenkundig aber auf die Regelmäßigkeit des Kurvenverlaufes einen sehr erheblichen und schädlichen Einfluß nimmt, das ist der so häufig auftretende *Valenzwechsel* mit den dadurch bedingten *großen* Verschiedenheiten in der Größe der in Betracht kommenden Ionenradien. Wenn man bedenkt, daß die Ionenradien für Fe^{+2} nahe bei 0,9 Å, für Fe^{+3} dagegen bei 0,7 Å liegen, oder daß die entsprechenden Größen für Mn^{+2} rund 0,95 Å, für Mn^{+3} etwas über 0,7 Å und für Mn^{+4} nur mehr etwa 0,5 Å betragen, oder gar bei Pb^{+2} über 1,3 Å, dagegen bei Pb^{+4} etwa 0,85 Å erreichen, dann werden die bestehenden kleinen Unstimmigkeiten im Verlauf beider Kurven leichter verständlich. Der Mangel jeder Möglichkeit, bei allen valenzwechselnden Elementen eine reinliche Scheidung der Anteile mit verschiedenen Ionenradien (Valenzen) vorzunehmen, verhindert es, dieser interessanten Frage weiter nachzugehen.

Die gegenläufige Beziehung zwischen Bausteingröße und Maximalzahl der Härteverteilung für die einzelnen Elemente wird noch besonders deutlich, wenn nur die reinen Elemente, oder einfache, binäre Verbindungen, an denen jeweils nur *ein* Metall beteiligt ist, überprüft werden. Für solche Verbindungen aus nur zwei Elementen kommen in Betracht: *Oxyde, Sulfide* im weiteren Sinne (also außer den S-Verbindungen noch solche mit Te, As bzw. Sb) und endlich die *Haloide* (Verbindungen mit F, Cl, Br, J). Es zeigt sich (vgl. [295]), daß die *Halogen*verbindungen nicht über $H = 4$ hinausgehen, während die *Sulfide* noch $H = 6{,}5$ erreichen und noch *härtere* einfache Verbindungen nur (neben den Elementen) als *Oxyde* bekannt sind. Diese Tatsache fügt sich ausgezeichnet in die Regel, daß die Minerale um so härter sind, je kleiner ihre Bausteine sind ($O^{-2} < S^{-2} < Cl^{-1}$).

Bei Kupfer z. B. reichen die Halogenide bis $H = 2{,}5$, die Sulfide bis $H = 3$ und die Oxyde bis $H = 3{,}5$. Ganz ähnlich liegen die Verhältnisse bei Ag oder Hg und bei manchem anderen Element.

Das viel regelmäßigere Verhalten so einfacher, binärer Verbindungen läßt auch erkennen, daß das Zusammenwirken mehrerer Elemente in der gleichen Verbindung oder gar in einer Summe von Verbindungen, wie sie in manchen Mineralen vorliegen, sehr störend auf die Ausbildung bestimmter Härtegrößen einwirkt, ganz zu schweigen von dem gänzlich undurchsichtigen Verhalten ganzer Bausteingruppen, wie etwa CO_3, SiO_4, NH_4 usw.

II. Untersuchungsmethoden und Messungen.

Entsprechend der Bedeutung für kristallographisch-strukturelle Fragen sind von den zahlreichen Arten der Härteuntersuchung an Kristallen in erster Linie natürlich jene Methoden zu besprechen, die eine allfällige Anisotropie deutlich erkennen lassen. Das sind vor allem die dynamischen Methoden, die sich auch unter dem Begriff der „*Abnutzungsmethoden*" zusammenfassen lassen, da in irgend einer Form dabei Teile des Kristalles abgetragen werden, sei es nun durch Ritzen, Hobeln, Bohren oder Schleifen oder durch mechanische Korrosion. Die in der Technik viel mehr, ja fast ausschließlich angewendeten statischen Methoden kann man unter den Begriff „*Pressungsmethoden*" vereinigen und daran schließen sich noch die schon S. 175 erwähnten weiteren physikalischen Untersuchungsmethoden, die kristallographisch kaum irgend eine Bedeutung haben und hier nur der Vollständigkeit wegen kurz erwähnt werden sollen.

1. **Die Ritzmethode.** Bei dieser ältesten und lange Zeit einzigen Art, in der das Härteproblem eingehender, vor allem messend verfolgt wurde, gilt als *Maß für die Härte die Größe des Druckes (Gewichtes)*, mit dem die ritzende Spitze in die Kristallfläche hineingepreßt wird, oder es wird die Härte auch proportional der *Breite, bzw. Tiefe des unter bestimmtem Druck erzielten Ritzgrabens* angenommen.

Die *Freihand-Ritzversuche* sind seit dem Bekanntwerden der Härteanisotropie auf (100) des Disthen durch *Haüy* (vgl. dazu auch S. 192) besonders häufig bei stengeligen Kristallen auf den Prismenflächen vorgenommen worden und ergaben in den bekannt gewordenen Fällen übereinstimmend die *kleinere Härte in der Richtung einer Spaltflächenspur* auf der untersuchten Fläche (vgl. S. 194, Punkt 5).

So sind, um einige Beispiele zu nennen, neben dem Disthen die (010)-Flächen von Antimonglanz und Vivianit, die (100)-Fläche des Syngenit und (110) von Phosgenit parallel der z-Achse weicher als senkrecht dazu. Umgekehrt ist im Falle einer Spaltbarkeit nach (001) bei den Mineralen Anhydrit (auf 010 und 100) und Descloizit die Härte parallel z größer als normal z.

Wie aus den zahlreichen und sehr sorgfältigen Versuchen *O. Mügges* hervorgeht (besonders [147] und [157]), finden sich oft vom eigentlichen Ritzgraben ausgehend fedrige Risse. Wenn diese Risse einen spitzen Winkel mit der Ritzrichtung bilden, also nicht angenähert senkrecht zu ihr verlaufen, blättern sich häufig dreieckige Schüppchen ab, deren Dreieckspitze der Richtung zugekehrt ist, *von* der aus der Ritzversuch geführt wurde, während die Dreiecksbasis quer zur Ritzfurche auf der Seite der *Ziel*richtung des Ritzes liegt. *Mügge* konnte den Zusammenhang dieser Nebenerscheinung beim Ritzen mit den an den betreffenden Kristallen gefundenen Translationen einwandfrei klarstellen.

Besonders schön ist das an Kristallen von Antimonglanz zu erkennen. Auf 010 entsteht beim Ritzen parallel z ziemlich viel Pulver. Es werden gleichschenklig dreieckige Blättchen, deren Spitze bei der ritzenden Nadel liegt, durch diese zunächst um die x-Achse als Fältelungsachse gebogen und dann abgerissen (Abb. 144). Das Ritzen normal z gibt auf 010 eine glatte Rinne ohne Pulverbildung. Auch Anhydrit zeigt beim Ritzen normal z auf 010 und 100 die gleichen Erscheinungen. Im letzteren Falle erscheinen außerdem noch quer zum Ritz feine, etwas gebogene Linien ungefähr parallel 010, die aber auch während des Ritzens schon *vor* der Spitze der Nadel entstehen.

Auch *Mügge*s Ritzversuche am Gips [157] lassen diese fedrigen Ausstrahlungen erkennen. Auf (010) sind sie vielfach angenähert in der Richtung des „Faserbruches" ($\bar{1}$11) oder nach (100), beide neben 010 untergeordnete Spaltflächen. Auf (110) sind es hauptsächlich Fiederrisse ungefähr nach (100), wenn der Ritz senkrecht zu *z* geführt wird. Parallel *z* erhält man meist eine ganze Schar paralleler Risse in der *z*-Richtung selbst. Auf der Prismenfläche macht sich in der Ausbildung des Ritzes auch schon sehr deutlich die Tatsache bemerkbar, daß die ausgezeichnete Spaltfläche (010) zur (110) *schief* steht, was sich sofort in der Verschiedenheit des Kratzers je nach der Rich-

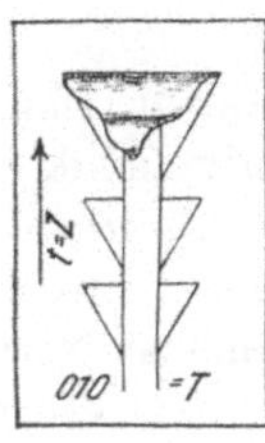

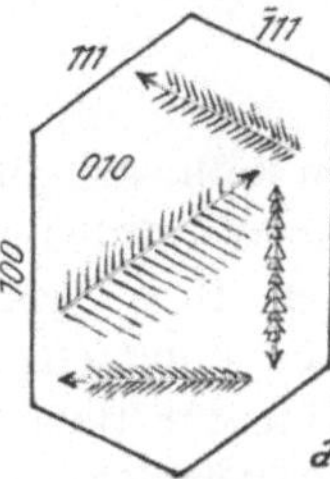

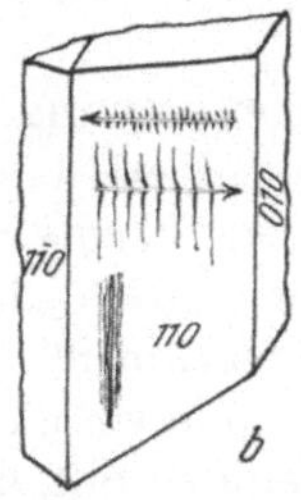

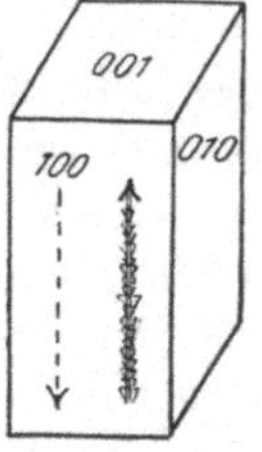

Abb. 144. Abheben dreieckiger Schüppchen beim Ritzhärteversuch auf (010) eines Antimonglanzes (nach *Mügge*, etwas geändert).

Abb. 145. Ritzhärteversuche am Gips (nach *Mügge*). a) Ritzformen auf (010), b) auf (110).

Abb. 143. Ritzhärteversuch auf (100) eines Pyroxens (Diopsides) (nach *Mügge*).

tung, in der er geführt wird, kundtut (Abb. 145). Bei der Ritzführung gegen die (010) hin „hakt die Nadel geradezu fest"

An Pyroxenen, besonders Diopsiden, beobachtete *Mügge* [157] auf der (100) beim Ritzen parallel *z nach aufwärts die Härte 5 bis 6, nach abwärts aber 7.* Die erste Art von Ritzen läßt sich mit einer Präpariernadel ausführen, das Ritzen nach abwärts dagegen nur mit einer Diamantspitze. Dadurch lassen sich an dem pseudorhombischen Diopsid von Nordmarken (001) und ($10\bar{1}$) sehr deutlich auseinanderhalten (Abb. 146).

Alle Freihand-Ritzversuche ergaben, ebenso wie die folgenden Messungen eine starke Verschiedenheit im Verhalten *spröder* (nicht plastischer) und *plastischer* Stoffe. Bei spröden Körpern (die Mehrzahl der nichtmetallischen Kristalle) ändert sich die Breite des Ritzgrabens auf verschiedenen Flächen und auch innerhalb der gleichen Fläche beim Ritzen in verschiedenen Richtungen. Die Ritznadel bricht Teilchen aus der Ritzfurche heraus, wodurch seitliche Risse entstehen. Die ausgebrochenen Teile werden als Pulver im Ritzgraben sichtbar. Bei plastischen Stoffen schiebt dagegen die Ritznadel den Stoff beiseite, so daß eine ganz glatte Ritzfurche ohne seitliche Risse entsteht und ohne jede Entwicklung von Pulver im Ritzgraben (*Tammann* und *Tampke* [262]).

Von eigentlichen Messungen konnte erst die Rede sein, seitdem man eine mit Gewichten belastete Spitze (Stahl oder Diamant) in der be-

absichtigten Richtung über den Kristall hinführte und das Gewicht
feststellte, bei dem auf der Kristallfläche ein sichtbarer Kratzer erzielt
werden konnte. Dabei konnte entweder a) die Spitze feststehen und
der Kristall unter ihr in bestimmter Richtung weggezogen werden,
oder b) der Kristall festliegen und dafür die Spitze bewegt werden. Die
zweite Versuchsanordnung wurde praktisch kaum verwendet. Seit *Seebeck* [231] bediente man sich mit Vorliebe einer als *„Sklerometer“* be-
zeichneten Einrichtung, wobei der Kristall auf einem drehbaren Tisch
an einem Schlitten befestigt und so unter der belasteten Spitze weggezogen wird. *Seebeck* bewegt den Schlitten noch aus freier Hand,
R. Franz [68] führte den Schlitten durch Kurbelantrieb unter der
Spitze hin.

Für *alle* Sklerometermessungen, mögen die verwendeten Instrumente noch so sehr verbessert worden sein, gilt übereinstimmend, daß
die erhaltenen Werte *nur Vergleichswerte* sind und *nicht* als *absolute*
Härtezahlen angesehen werden können. Ihre Größe wechselt mit dem
jeweils verwendeten Instrument, ja es kommen auch andere Neben-
umstände in Betracht, wie etwa die Güte der Beleuchtung, oder die Ermüdung des Auges, wenn es gilt, das Auftreten eines „eben noch sichtbaren“ Kratzers zu bestimmen. Man hat darum bei allen solchen Versuchen immer ein Mineral, eine Härtezahl als Einheit genommen und
darauf die anderen Härtewerte bezogen. Zunächst wurde die Härtezahl von Talk als Einheitsgrundlage gewählt, später wurde in zunehmendem Maße die Härte für Korund willkürlich mit 1000 angesetzt oder jene des Quarzes mit 100 und darauf die anderen gemessenen Härtewerte umgerechnet.

Von *R. Franz* stammt die erste, folgerichtig durchgeführte Untersuchung
über Härteanisotropie zunächst an den Mineralen der *Mohs*schen Härteskala,
aber auch an anderen Kristallen. Gleich bei diesen Versuchen ergaben sich
einerseits die seither immer wieder bestätigten Härteanisotropien am Kalkspat,
Gips, Flußspat usw., aber auch die beträchtliche Größe des Streufeldes hinsichtlich der dabei gewonnenen Zahlenwerte. *Franz* sieht in der „Härte die
Kraft des Minerales, welche das Eindringen eines Körpers in das Mineral verhindert und gleichzeitig der Fortbewegung einer in die Oberfläche eingedrückten Spitze sich entgegenstellt“. Demgemäß arbeitet er nach zwei Methoden:
1. Messung des Gewichtes, das einen sichtbaren Kratzer erzeugt, 2. Messung
der Kraft, die notwendig ist, den Schlitten mit dem Mineral unter der Last
dieser auf die Spitze (Stahl oder Diamant) drückenden Gewichte fortzuziehen.
Je weicher ein Mineral ist, desto tiefer drückt sich die belastete Spitze ein und
desto mehr Gewichte muß man auf die Waagschale des Schlittens legen, um das
Fortziehen des Kristalles unter der Spitze zu erreichen (Reibung!). Diese
Methode erwies sich als empfindlicher, besonders wenn es gilt, *weiche* Kristalle
messend zu prüfen. Sie gab aber auch um so stärkere „individuelle“ Verschiedenheiten in den Zahlengrößen und in gewisser Hinsicht auch in deren Größen-
verhältnis, das nur ganz im Groben eingehalten wird. Besonders eingehend
untersuchte er den *Kalkspat* mit Rücksicht auf die schon vorliegenden Angaben von *Frankenheim* [67].

Tab. 14. *Härtemessungen auf der Spaltfläche des Kalkspates nach R. Franz*
(1. Methode).

	Island I	Island II	Brilon, Westphalen
Kurze Diagonale, zur Randecke....	12,87 Gran (3,68)	15,2 Gran (2,17)	13,5 Gran (2,46)
Lange Diagonale	7,50 (2,14)	10,5 (1,50)	8,0 (1,46)
Kurze Diagonale, zur Polecke	3,50 (1)	7,0 (1)	5,5 (1)

In der vorstehenden Tab. 14 sind die von *Franz* an Kalkspaten von drei verschiedenen Fundorten erhaltenen Ritzgewichte eingetragen und in Klammer die Verhältniszahlen angegeben, bezogen auf die Härtezahl der weichsten Richtung als Einheit. Da die von ihm gemessenen Werte den *Frankenheim*schen Er-
gebnissen stark widersprechen, gab *Franz*
noch einen sehr lehrreichen Versuch an,
der die außerordentlichen Härteunterschiede
auf der Spaltfläche des Kalkspates qualitativ überaus eindrucksvoll vergleichen
läßt. Der drehbare Tisch wird so ein-
gestellt, daß seine Drehachse nicht mit
der Druckrichtung der belasteten Spitze
zusammenfällt und dann wird der Kristall
unter dieser exzentrisch wirkenden Spitze
einmal auf dem Tisch völlig herumge-
dreht. Es bildet sich ein *kreis*förmiger
Kratzer, der aber je nach der Richtung
des Ritzens (Tangente im jeweiligen Punkt
des Kreisumfanges) sehr verschiedenes Aus-

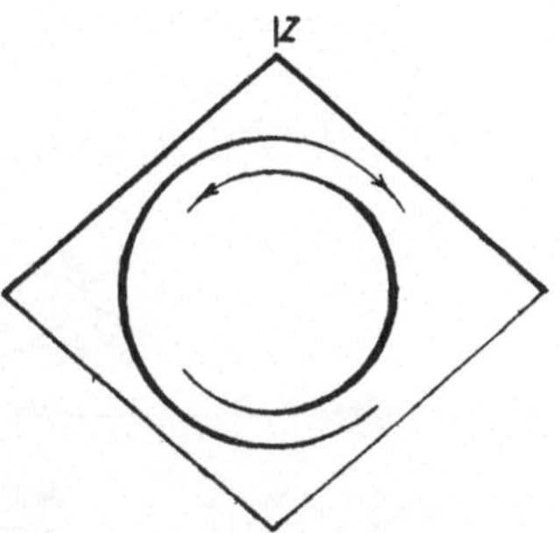

Abb. 147. Der Kreisritzversuch von *R. Franz* auf der Spaltfläche des Kalkspates.

sehen hat. Läuft die Ritzrichtung auf die Polecke zu, entsteht ein tiefer und breiter Graben, im entgegengesetzten Fall ist der Ritz nur ganz zart, oder bleibt bei geeigneter Wahl des drückenden Gewichtes ganz aus. Liegt die Tangente an den Kreis parallel der langen Diagonale der Spaltfläche, dann ist nach beiden Seiten bzw. Richtungen der Kratzer von geringerer, aber gleicher Breite und Tiefe (Abb. 147). Bei Umkehrung des Drehungssinnes ist natürlich das Aussehen des Ritzkreises spiegelbildlich.

Für *Gips* gibt *Franz* an, daß die Richtung größter Härte auf (010) etwa 20⁰ von der Richtung der „kürzeren Diagonale" (gemeint ist wohl die Richtung des „Faserbruches") abweicht und die geringste Härte etwa 14⁰ gegen die Richtung der dritten Spaltbarkeit (100) geneigt ist. Ein Blick auf die Abb. 142 mit den viel genaueren Messungsangaben *Exners* zeigt, daß sich die Daten von *Franz* qualitativ bestätigen. Auch bei Gips waren Kristalle verschiedener Herkunft verschieden hart. So ist Gips von Montmartre, Paris, deutlich weicher als jener von Gotha.

Franz untersuchte auch zahlenmäßig die schon von *Haüy* erkannte Härteanisotropie bei dem *Disthen*, der gerade wegen seiner Härteunterschiede seinen Namen erhielt, auf der vollkommensten Spaltfläche (100) und auf (010).

Tab. 15. *Härteunterschiede am Disthen von St. Gotthardt (nach Franz).*
(Als Nullrichtung dient die z-Richtung.)

	0°	15°	30°	45°	60°	75°	90°
(100)	6,87	8,16	9,33	10,02	11,17	12,02	13,10
(010)	12,13	14,33	16,14	19,35	22,20	24,17	26,30

Der Zahlenvergleich gibt nicht nur die bedeutenden Härteunterschiede innerhalb der gleichen Fläche, sondern auch jene zwischen *verschiedenen* Flächen des gleichen Kristalles.

Sehr interessant ist eine Bemerkung von *Franz* anläßlich der Untersuchung an Prismenflächen des *Quarzes:* „Die Härte schien eine andere zu sein in der

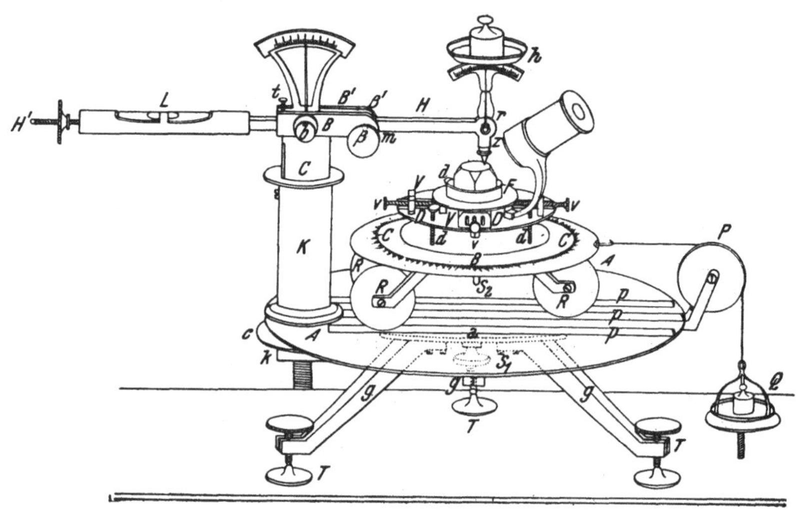

Abb. 148. Verkleinerte Wiedergabe der Originaltafel aus: *Grailich* und *Pekarek*, Das Härtemeß-
instrument.

Richtung der Seitenfläche, die zu einer oberen Rhomboederfläche gehört, von oben nach unten als von dem unteren Ende zur Rhomboederfläche hin, *welcher Unterschied in der folgenden Seitenfläche umgekehrt zu sein scheint.“* Das entspräche genau dem Auftreten einer zweizähligen horizontalen Deckachse *zwischen* zwei benachbarten Prismenflächen, wie sie der Quarzsymmetrie zukommt.

Die Verwendung verschiedener Spitzen gibt natürlich starke Zahlenunterschiede. So maß *Franz* für Diopsid (nach *Mohs* 5 bis 6) bei Verwendung einer Stahlspitze die notwendige Belastung zu 205 Gran, für Pistazit (nach *Mohs* 6 bis 7) mit Diamantspitze nur 24 Gran.

Eine instrumentelle Verfeinerung des Sklerometers stammt von *Grailich* und *Pekarek* [15], die mit dem neuen Instrument umfangreiche Messungen anstellten (Abb. 148). Obwohl in den Zahlenwerten, sogar in der Verteilung der Maxima und Minima die Messungen von den älteren Bestimmungen beträchtlich abweichen, ist doch die *Anisotropie* der Härte in den Hauptzügen auch durch *Grailich* und *Pekarek* bestätigt worden. Die Hauptschwierigkeiten fanden sich bei *Kalkspat,*

weil dieser überaus empfindlich gegen mechanische Beeinflussung ist
und dadurch beträchtliche Verfälschungsmöglichkeiten erleidet.

Die von den beiden Forschern erhaltenen Messungswerte in cgr
sind in den Flächen in den zugehörigen Richtungen eingetragen
(Abb. 149) und lassen die überaus starken Härteunterschiede in den
einzelnen Richtungen erkennen.

Gleichzeitig sind auch die Streuwerte bezüglich kristallographisch gleichwertiger Richtungen erkennbar. So gehören z. B. in der Basis die Werte 376
und 350, dann 450, 445 und 432 zusammen (alle parallel einer Kante) und
endlich 487 und 492. Es handelt sich durchwegs um Richtungen, die jeweils
120⁰ miteinander einschließen. In der Abb. 149 b ist besonders auffallend, daß
die Ritzhärte *zur* Polecke in der Spaltfläche, gleichzeitig das absolute Minimum
aller untersuchter Richtungen, zahlenmäßig bloß $^1/_{10}$ (!!) der Härte auf $10\bar{1}0$

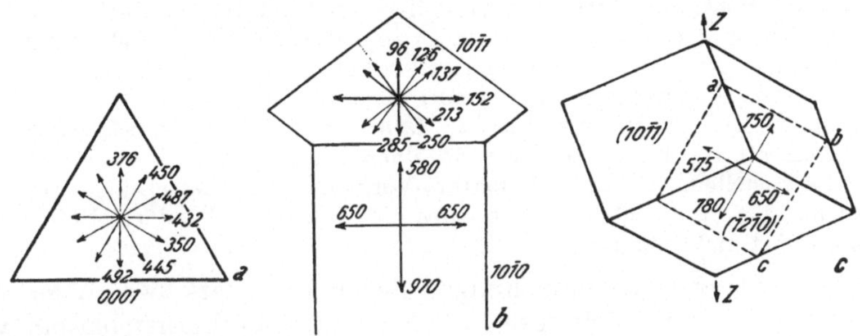

Abb. 149. Sklerometermessungen an verschiedenen Flächen des Kalkspates (z. T. nach *Grailich-
Pekarek*). a) Basis, b) Spaltrhomboeder und Prisma 1. Art, c) Prisma 2. Art. Die Ritzrichtungen und
zugehörigen Messungswerte sind eingezeichnet.

in der Richtung nach abwärts darstellt. Die Monosymmetrie der Härteverteilung
ist in der $(10\bar{1}0)$-Fläche wie in der Spaltfläche unverkennbar, ebenso die Tri-
symmetrie in der Basis. Auf $(\bar{1}2\bar{1}0)$ ist dagegen die Verteilung nicht ganz verständlich. Die Härteverteilung sollte hier dimetrisch sein (Fläche senkrecht
zu einer zweizähligen Achse), sie ist aber asymmetrisch oder angenähert monosymmetrisch nach *a—b*.

Die überaus großen Verfälschungsmöglichkeiten bei dem Härteverhalten
des Kalkspates werden von allen Beobachtern übereinstimmend betont und
lassen es verstehen, daß man bis heute noch immer keine ganz einwandfreie
Messung der Ritzhärteunterschiede der verschiedenen Richtungen innerhalb
der Spaltfläche besitzt.

Die weitaus eingehendsten, kristallographisch festgelegten Ritzhärtebestimmungen stammen von *F. Exner* [61], der in 116 Beobach-
tungsreihen, ausgeführt an 17 verschiedenen Substanzen, eine breite
Grundlage für theoretische Folgerungen schuf. Er beachtete besonders
scharf die Grenzen der erzielbaren Genauigkeit und gab die zahlreichen Fehlermöglichkeiten an.

Nach *Exner*s Angaben gibt es drei Möglichkeiten, die Härte mit dem ver-
besserten *Seebeck*schen Sklerometer zu messen: 1. Eine mit konstantem Ge-

wicht belastete Spitze drückt auf die Kristallfläche; wie oft muß diese unter der Spitze in der gleichen Linie fortgezogen werden, um eine deutliche Strichlinie zu erzeugen? 2. Angabe der Spannung des Zugfadens, mit dem die Kristallfläche unter der mit konstantem Gewicht belasteten Spitze weggezogen werden kann. 3. Angabe des kleinsten Gewichtes, durch dessen Belastung die Spitze eben noch imstande ist, die darunter weggezogene Fläche zu ritzen. Die Geschwindigkeit der Schlittenbewegung ist ohne Einfluß auf die Messung.

Von den drei angegebenen Methoden ist die dritte die verläßlichste. Die erste Methode ist allzusehr von der Glätte der Fläche (Güte der Politur) abhängig. Im zweiten Fall ist die Rollenbeweglichkeit, die zur Spannung des Fadens nötig ist, von bedeutendem und vielfach störendem Einfluß.

Besonders wichtig ist die Beschaffenheit der untersuchten Fläche. Natürliche Flächen sind fast nie verwendbar, denn, um Fälschungen zu vermeiden, muß die Fläche vollständig glatt, frei von Riefen oder sonstigen Unebenheiten sein, d. h. sie muß in sorgfältigster Art geschliffen werden. Allerdings wird dadurch die äußerste Schicht des Kristalles verändert (vgl. S. 218), was darin zum Ausdruck kommt, daß z. B. eine zweimal geschliffene und untersuchte Fläche in den gleichen Richtungen Härtezahlen ergab, die im Verhältnis 1 : 2 standen. Was aber trotzdem *unverändert* blieb, war das *Verhältnis* der Zahlenwerte innerhalb der gleichen Fläche. *Exner* mußte sich deshalb darauf beschränken, die Härtekurve auf den einzelnen Flächen ihrer Gestalt und Lage nach festzustellen. Ein unmittelbarer Vergleich der Härtezahlen für *verschiedene* Flächen des gleichen Kristalles ist dagegen nach seinen Erfahrungen auf diese Art *nicht* möglich.

Die *Exner*schen Untersuchungen ließen besonders zwei Arten von Beeinflussung der Härtewerte erkennen: 1. das Vorhandensein von Spaltebenen, die die untersuchte Fläche durchsetzen, 2. Pressung in einer bestimmten Richtung.

Bezüglich der Einflußnahme der *Spaltbarkeit* auf das Aussehen der Härtekurve gibt *Exner* folgende Erfahrungssätze an:

1. Flächen, die von Spaltebenen senkrecht durchsetzt werden, ergaben für keine ihrer Richtungen im positiven und negativen Sinn derselben Unterschiede der Härte.

2. Wenn Flächen von Spaltebenen schief durchschnitten werden, treten Unterschiede im positiven und negativen Richtungssinn ein, außer wenn zwei schief einfallende Spaltebenen unter gleichen Winkeln und in gleicher Güte die Fläche durchsetzen. Dann wirken sie so wie eine senkrecht einfallende Ebene.

3. Flächen, die von keiner Spaltebene durchschnitten werden, zeigen eine kreisförmige Härtekurve.

4. Jede Fläche zeigt doppelt so viele Maxima der Härtekurve und doppelt so viele Minima, von denen je zwei in die gleiche Gerade fallen (entgegengesetzte Richtungen), als sie Schnittkurven mit Spaltebenen hat.

5. Auf jeder Fläche liegen die Minima parallel den Schnittkanten mit Spaltebenen.

6. Bei gleich guten Spaltebenen, die eine Fläche schneiden, sind auch die Minima der Härte gleich und die Maxima liegen in der Winkelhalbierenden der Minima.

7. Bei ungleicher Güte der Spaltebenen sind auch die zugehörigen Minima ungleich und das kleinste liegt parallel der besten Spaltbarkeit.

8. Gleich gute Spaltebenen, die aufeinander senkrecht stehen, veranlassen gleich große, aufeinander senkrechte Maxima unter 45° gegen die Minima (Spaltspuren).

9. Aufeinander senkrechte, aber ungleiche Spaltebenen ergeben auch ungleiche Minima. Die Maxima bleiben dagegen gleich, nur rücken sie dem größeren Minimum des zugehörigen Quadranten näher.

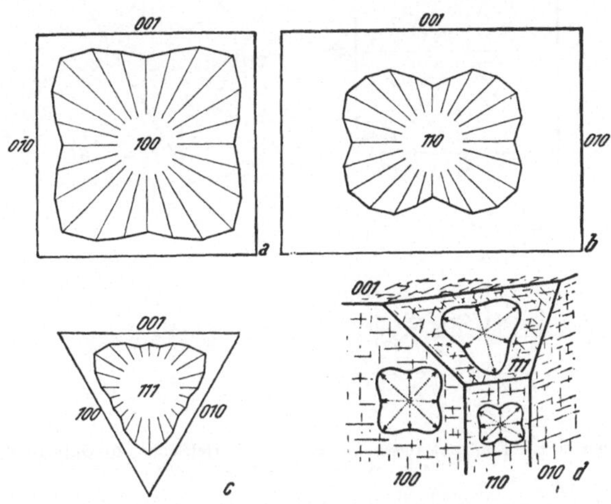

Abb. 150. Härtekurven am Steinsalz (nach *Exner*). a) Würfelfläche, b) Dodekaederfläche, c) Oktaederfläche, d) Übersicht an einer Würfelecke.

10. Spitzwinklig sich schneidende Spaltebenen gleicher Güte veranlassen auch spitzwinklig sich schneidende Minima gleicher Güte. Die in den Winkelhalbierenden liegenden Maxima sind ungleich; das größere liegt in der Richtung der kürzeren Diagonale.

11. Ungleiche, spitzwinklig einander schneidende Spaltebenen ergeben auch ungleiche Minima, die Maxima sind aus der Diagonalstellung herausgerückt.

Als weiterer Erfahrungssatz gibt *Exner* noch an: Die mittlere Härte einer Fläche ist unter sonst gleichen Umständen um so größer, je mehr und je bessere Spaltebenen diese durchschneiden und je größer deren Einfallswinkel ist.

Endlich ist noch eine wichtige Erfahrung: Bei *Pressung* erfährt ein Kristall eine verhältnismäßige *Vergrößerung seiner Härte in der Richtung der Pressung.*

Die Mehrzahl der von *Exner* angeführten Erfahrungsgesetze sind bei aufmerksamer Betrachtung schon aus dem Aussehen der Härtekurven auf den Hauptflächen des Steinsalzes und Flußspates zu entnehmen (Abb. 150 und 151). Besonders lehrreich ist in dieser Hinsicht

13*

der Vergleich im Aussehen und in der Lage der Härtekurven auf den einander entsprechenden Flächen beider Minerale.

In der Würfelfläche des Steinsalzes liegt eine Fläche vor mit zwei die Fläche senkrecht durchsetzenden, gleichen Spaltebenen parallel den Würfelkanten. Dementsprechend verlaufen auch die beiden doppelseitigen (also eigentlich vier) Minima der Härtekurve. Die Würfelfläche des Flußspates wird aber

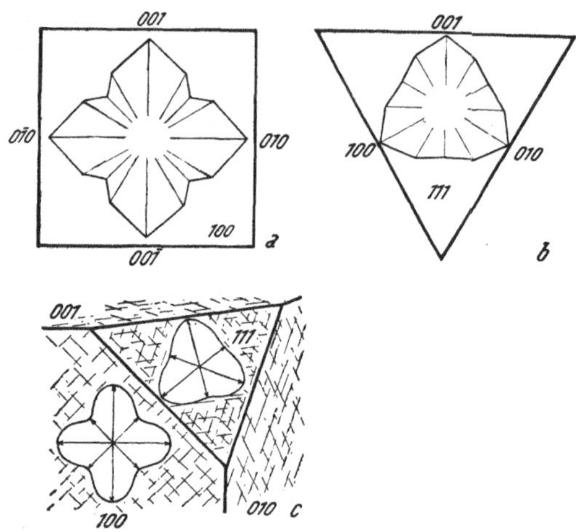

Abb. 151. Härtekurven am Flußspat (nach *Exner*). a) Würfelfläche, b) Oktaederfläche, c) Übersicht an der Würfelecke.

von vier gleichwertigen Spaltebenen durchsetzt, von denen je zwei in der gleichen Spur, mit gleicher, aber entgegengesetzt gerichteter Neigung die Fläche schneiden und darum (nach 2.) nur wie eine senkrecht einfallende

Abb. 152. Härteunterschiede und Spaltbarkeit (nach *Niggli*). Spaltebene geneigt zur Kristallfläche.

Spaltebene wirken. Da diese Doppelspuren der Spaltebenen in der Flächendiagonale verlaufen, müssen auch die Minima in diesen Diagonalen liegen.

In den Oktaederflächen kreuzen sich bei beiden Mineralen drei Spaltrichtungen, die aber alle *schräg* zur (111) liegen und auch nicht paarweise gemeinsame Schnittlinien zeigen. Demnach erscheint hier im allgemeinen Richtung und Gegenrichtung *ungleich* und darum auch *verschieden hart.* Immer ist das eine Härtemaximum in der Richtung, die über den stumpfen Einfallswinkel hinweggeht, während die Gegenrichtung ein Härteminimum aufweist. Die Dodekaederflächen am Steinsalz sind gleichfalls von drei Spaltebenen durchsetzt, doch haben zwei davon eine gleiche Spur und entgegengesetzten Neigungssinn, gelten also nur als eine senkrecht einfallende Spaltebene. Die dritte Spaltfläche ist senkrecht zu (110). Das Ergebnis ist also so, als lägen nur zwei senkrecht einfallende, allerdings aber ungleiche Spaltflächen vor, demgemäß sind die Minima ungleich und die Maxima nähern sich dem größeren Minimum.

In allen von *Exner* gemessenen Fällen scheint sich demnach bezüglich des Einflusses der Spaltbarkeit auf die Härteanisotropie *Huyghens'* Fischschuppentheorie (vgl. S. 173), bzw. das Verhalten eines schief gehaltenen Buchschnittes zum Ritzversuch zu bestätigen (Abb. 152). Zweifel an der Allgemeingültigkeit der von *Exner* hinsichtlich des Zusammenhanges zwischen Spaltbarkeit und Härteanisotropie aufgestellten Thesen tauchten erst bei umfassenderen Schleifversuchen auf (vgl. S. 214).

In einer anderen Form stellt *G. Cesaro* [38] die von *Exner* gefundene Härteanisotropie dar. Er verwendet dazu die „*Inverse der Härtekurven*", d. h. er trägt in den einzelnen untersuchten Richtungen die reziproken Werte zu den *Exner*schen Messungen auf. Dadurch erhält man z. B. für die (100) des Stein-

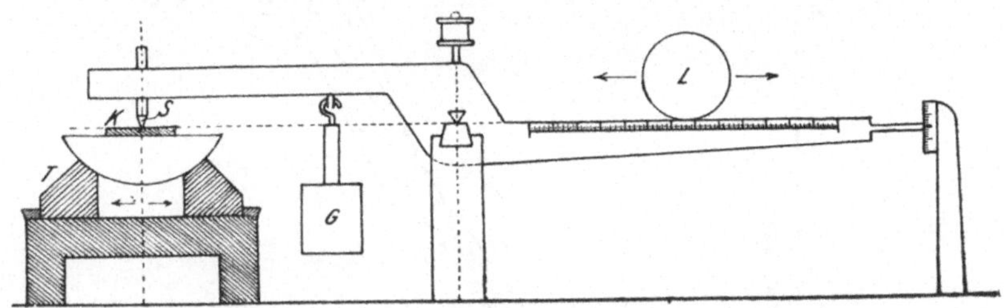

Abb. 153. *Martens'* Ritzhärteprüfer, schematisch. S = ritzende Spitze, K = Kristall, T = Kristallträger und -schlitten, L = Laufrolle, G = Gewicht (nach *Späth*).

salzes ein diagonal gestelltes Quadrat, für das Dodekaeder (110) einen Rhombus mit 120°, dessen kurze Diagonale zu der langen Diagonale der Fläche parallel steht, und für das Oktaeder ein Sechseck mit drei kurzen und drei langen Seiten, von denen letztere den Ecken der (111)-Fläche zugekehrt sind. Ähnliche Formen, aber in verwendeter Lage, zeigen die „Inversen" bei Flußspat. Auf der (110) der Zinkblende erscheint die Inverse als ein regelmäßiges Sechseck, dessen eine Seite parallel der kurzen Diagonale liegt.

Bei dem Kalkspat erhält man, bezogen auf die Messungen von *Grailich* und *Pekarek* auf der Basis (0001) drei Kreisbögen, die in den Ecken eines gleichseitigen Dreieckes zusammenstoßen und deren Zentren in den gegenüberliegenden Ecken liegen. Auf (10$\bar{1}$1) sind es zwei elliptische Bogen, die in der langen Diagonale zusammenstoßen. Die Halbachsen des gegen die Polecke gekehrten Ellipsenbogen sind 1,219 und 0,665 mit dem Zentrum 0,177 abwärts der Flächenmitte in der kurzen Diagonale. Der untere Bogen hat die Halbachsen 0,659 und 0,330 und sein Zentrum fast im Mittelpunkt der Fläche.

Die Tatsache, daß es außerordentlich schwer ist, den Schwellenwert zu bestimmen, bei dem der Kratzer gerade noch erkannt werden kann, ließ nach anderen, leichter überprüfbaren Kriterien für die Festlegung der Härtezahl (Belastung der ritzenden Spitze) suchen. Darum ging *A. Martens* [138] darauf aus, die Beziehungen zu bestimmen, die zwischen der Belastung der ritzenden Spitze (mit 90° Öffnungswinkel) und der *Breite* der Ritzfurche bestehen. Er nimmt als *Härtezahl jene Belastung in g, die zur Erzeugung eines Ritzgrabens von 10 μ Breite erforderlich ist.*

Um diese Belastung leicht zu finden, werden Ritzfurchen mit verschiedenen Belastungen ausgeführt und dann durch Interpolation jene Belastung ermittelt, die einen Kratzer mit 10 μ Breite ergäbe.

Das hierzu verwendete Instrument ist in seiner Grundlage schematisch in Abb. 153 dargestellt und unterscheidet sich von den bis dahin üblichen Sklerometerformen nur durch die Art, in der das Druckgewicht verwendet und gemessen wird. Dazu dient eine Laufrolle, die längs einer Skala läuft und durch das Hauptgewicht und den Träger der kegelförmigen Diamantspitze an der

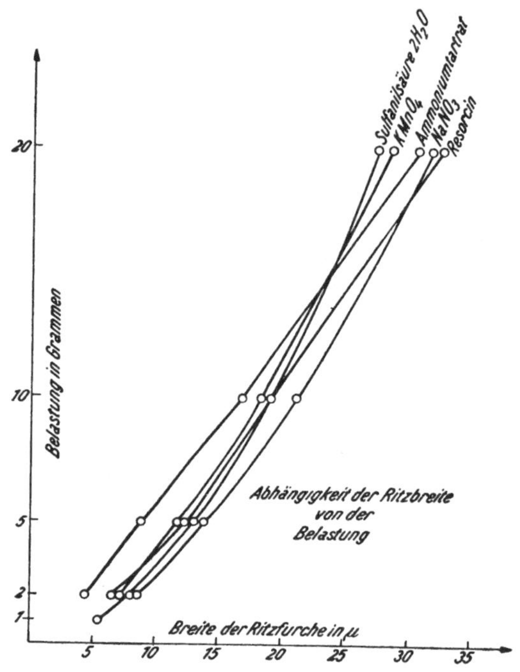

Abb. 154. (Auszugsweise nach *Reis* und *Zimmermann*.)

anderen Seite des Stativs im Gleichgewicht gehalten wird, wenn die Marke des Laufgewichtes auf dem Skalenende steht. In diesem Falle ist also die Belastung der Spitze gleich Null. Die Laufrolle und die zugehörige Skala sind so eingerichtet, daß ein Skalenteil der Belastung von 1 g entspricht. Die Ritzbreite muß mit möglichster Genauigkeit mikroskopisch gemessen werden.

Wenn man statt der Bestimmung des Gewichtes zur Erzeugung eines Ritzes von 10 μ Breite mit *konstanter* Belastung arbeitet, ist nach *E. Meyer* [140] die *Breite der Ritzfurche verkehrt proportional der Quadratwurzel aus der Belastung*. Die Aufstellung dieser Beziehung entspricht aber nicht ganz den Tatsachen, denn in der überwiegenden Zahl der Fälle wächst die Ritzbreite *rascher* als die Quadratwurzel der Belastung. Da die Beziehungen zwischen Belastung und Ritzbreite nicht für alle Stoffe nach dem gleichen mathematischen Gesetz verlaufen, kann es geschehen, daß sich die Ritzhärtekurven zweier Stoffe gegenseitig überschneiden, d. h. daß bei geringerer Belastung der eine, bei höherer Belastung der andere die größere Ritzbreite zeigt, also scheinbar weicher ist

(Abb. 154). Aus der Abbildung ist zu erkennen, daß bei 20 g Belastung Sulfanilsäure 2 H_2O am härtesten, $KMnO_4$ weicher und Ammoniumtartrat noch weicher ist (größere Ritzbreite), während bei 10 g Belastung die Reihenfolge nach abnehmender Härte *genau umgekehrt* ist. Die Beziehungen zwischen Belastung und Breite der Ritzfurche sind demnach nicht einfache, mathematisch-physikalische und unabhängig von dem untersuchten Stoff, sondern erfahren durch diesen eine besondere *„individuelle“ Beeinflussung.* Daher läßt sich genau genommen, ganz abgesehen von der Härteanisotropie der Kristalle, die Härte eines Stoffes überhaupt nicht durch eine einzelne Kennzahl ausdrücken. Es entspricht nur dem Bedürfnis nach einfachen Arbeitsmethoden in der Praxis, wenn willkürlich die zur Erzielung einer Ritzbreite von 10 μ nötige Belastung als Härtezahl verwendet wird.

Die von *Martens* angegebene und ausgearbeitete Methode zur Ritzhärteprüfung hat sich in der Praxis als so gut verwendbar erwiesen, daß seither die *Martens*sche Sklerometerform (mit einigen kleinen Abänderungen und Zusätzen) fast ausschließlich zu Messungszwecken herangezogen wird.

V. Pöschl [190] wendete die hauptsächlich für Metalluntersuchungen benützte Methode von *Martens* auf Kristalle an und studierte insbesondere die „Splitterung“ in der Nähe der Ritzfurche (vgl. hierzu *O. Mügge*s Versuche, S. 188, 189). Da er die Härte hauptsächlich als Widerstand der *Oberflächen*schichten gegen Abtrennung von Teilchen ansieht, bemüht er sich, mit möglichst wenig belasteter Diamantspitze zu arbeiten und mikroskopisch die Breite der so erhaltenen Ritzfurchen zu messen. *Pöschl* unterscheidet bei der Entstehung der Ritzfurchen möglichst scharf zwei Anteile: 1. die eigentliche *Ritzhärte* und 2. den *„Komplex der Spaltrisse“ (Splitterung).* Die deutliche Härteanisotropie in so vielen Fällen, allen voran am Kalkspat, wird nicht als ein Härtephänomen angesehen, sondern nur als Auswirkung der nach verschiedenen Richtungen verschiedenen Form und Ausmaß der Splitterung, so daß er zu dem durch die Tatsachen in keiner Weise belegten Ergebnis kommt: „Die Härte auf einer Kristallfläche ist nach allen Richtungen gleich groß.“ Da die angegebene Fehlerbreite etwa 2 μ, also 10% (!) der Messungsgrößen beträgt, ist es wohl durchaus unangebracht, daraus so weitgehende, von den Tatsachen abweichende Schlüsse zu ziehen.

Es wird betont, daß die „Breite“ der Ritzfurche nicht allein durch den Kratzer an sich bedingt sei, sondern sehr wesentlich von der Größe der Splitterungszone abhänge. Dabei wird diese Splitterung ausschließlich auf Spalterscheinungen zurückgeführt, ohne der Möglichkeit einer Gleitung als Translation oder einfache Schiebung zu gedenken. Es wird auch in dem Schulbeispiel der vektoriellen Härteverschiedenheit, nämlich in der kurzen Diagonale des Spaltrhomboeders am Kalkspat, gar nicht einmal der Versuch gemacht, diese Erscheinung nachzuprüfen und zu deuten. Die Unzulänglichkeit der *Pöschl*schen Ergebnisse läßt leicht die Schwierigkeiten erkennen, die auch mit der Verwendung des *Martens*schen Ritzhärteprüfers verbunden sind, wenn es gilt, das Problem der Härteanisotropie der Kristalle messend zu verfolgen. Die weiten Fehlergrenzen in *Pöschl*s Messungen wirkten sich auch bei der Nachprüfung der *Mohs*schen Härtestufen sehr unliebsam aus und lassen die von ihm, wenigstens für eine Belastung von 20 g gefundene Vertauschung der Härtestufen von Flußspat und Apatit durchaus nicht als einwandfrei bewiesen und zwingend erscheinen (vgl. aber auch S. 248, *Holmquist* zur gleichen Frage).

Die vielen Mißerfolge und Unstimmigkeiten bei der Ritzhärteprüfung an Kristallen machen es verständlich, daß erst nach langer Pause wieder ein Versuch unternommen wurde, die Ritzhärte zahlenmäßig zu bestimmen. In einer sehr umfangreichen Untersuchung an 170 meist organischen Stoffen brachten *Reis* und *Zimmermann* [197] den Nachweis, daß die von *Pöschl* geleugnete Härteanisotropie an Kristallen tatsächlich besteht und mit der *Martens*schen Methode auch ermittelt werden kann. Die beiden Forscher verwendeten eine geringe Abänderung des *Martens*schen Härteprüfers, die es gestattete, auch feinere Härteabstufungen der Beobachtung noch zugänglich zu machen. Im übrigen blieb aber die *Martens*-Methode voll in Geltung.

Ganz besondere Sorgfalt wurde auf die Ausmessung der Ritzbreite verwendet. Bei kleineren Belastungen war die Splitterungszone sehr gering, sie wächst aber rasch und stärker als die Steigerung der Belastung. Je nach der Richtung ändert sich die Splitterungszone ziemlich stark und bestätigt durchaus die Beobachtungen *Mügges* bei Ritz-versuchen (vgl. S. 189). Bei zackigem Furchenrand muß die *mittlere* Breite bestimmt werden. Bei Splitterungsrissen parallel dem Ritzversuch hilft oft eine gang geringfügige Abänderung der Richtung, um zur wahren Ritzbreite zu gelangen.

Es wurden Strichserien zu je drei Strichen mit jeweils abgeänderter Belastung für jede neue Serie ausgeführt und durch Interpolation dann jene Belastung bestimmt, die für eine Ritzfurchenbreite von 10 μ nötig ist. Dieses nötige Auflagegewicht gilt dann als Maß für die Härte.

Als Untersuchungsmaterial wurden entsprechend gezüchtete Kristalle verwendet, oder, wo eine Züchtung größerer Kristalle nicht gelang, Pastillen, die ohne fremdes Bindemittel durch Zusammenpressen aus pulverisierten oder geschmolzenen Stoffen hergestellt wurden. Durch Versuche an verschiedenen (organischen) Stoffen wurde festgestellt, daß die Härte mit dem Preßdruck (5000 bis 12.000 kg/cm²) ansteigt und dann konstant bleibt, wenn die Pastille „homogen" wurde, also die Dichte und Härte des entsprechenden Kristalles erreichte. Wenn die Einzelkristalle des betreffenden Stoffes ausgesprochene Vektoreigenschaften zeigen, liegt die Ritzhärte der Pastille unterhalb des Mittels aller gemessenen Kristallhärten, also dem kleinsten Härtevektor näher als dem größten. Niemals zeigte die Pastille einen größeren Wert der Ritzhärte als der Kristall.

Für das Problem der Härteanisotropie sind allerdings Beobachtungen an vielkristallinem Material weiter von keiner Bedeutung, besitzen aber für den Techniker Interesse.

Immer wieder wurden die Minerale der *Mohs*schen Härteskala auf ihr Härteverhalten mit der Ritzmethode geprüft. Eine solche, von *G. Boky* [21] vorgenommene Überprüfung ergab nur neuerlich die großen Schwierigkeiten, die einer wirklich *genauen* Messung entgegenstehen. Nicht nur, daß die einzelnen Prüfungsmethoden sehr verschiedene Ergebnisse liefern, ist auch bei Verwendung der gleichen

Methode und sogar des gleichen Apparates das Zahlenmaterial verschiedener Beobachter durchaus ungleich (vgl. dazu *Exners* Feststellungen, S. 194). Schon die verschiedenen Formen der Diamantspitze nehmen einen großen Einfluß, ebenso aber auch die Frage um die Bildungsbedingungen des untersuchten Kristalles, denn die Härte ändert sich, je nachdem der Kristall frei oder unter Druck entstand. Es wäre dringend zu wünschen, daß zu jeder Härtezahl eines Stoffes nicht nur Fläche und Richtung, sondern auch genauestens die Methode der Untersuchung mit allen ihren Besonderheiten angegeben werden.

Eine „*Mikrohärte*" versuchen *H. C. Hodge* und *H. McKay* [88] dadurch zu messen, daß eine belastete Diamantspitze auf dem zu untersuchenden Material einen „Mikroritz" erzeugt, dessen Breite mikroskopisch ausgemessen wird. Als Mikrohärte wird dann das 10.000fache des reziproken Quadrates der in μ gemessenen Ritzbreite bezeichnet, entspricht also durchaus der sonstigen Art, in der die *Martens*-Methode zur Anwendung kommt. Für die *Mohs*schen Härtestufen erhalten die Forscher die Mikrohärten: Talk (Durchschnitt auf der Spaltfläche) 1,1, (normal zu ihr) 20 bis 21,5; Gips (010, 110) $\sim$ 10 bis 13, (111) $\sim$ 30; Kalkspat (10$\bar{1}$1 und 10$\bar{1}$0) 125 bis 135; Flußspat (111) $\sim$ 143; Apatit (0001) 517, (10$\bar{1}$1) 408; Orthoklas (001) 975; Quarz (10$\bar{1}$1 und 10$\bar{1}$0) 2700; Topas (hk0) 3420; Saphir (11$\bar{2}$0) $\sim$ 5300.

2. **Die Hobelmethode.** Die durchaus unbefriedigenden und widersprechenden Befunde, die aus der Ritzhärteprüfung gewonnen wurden, ließen *F. Pfaff* [*186*] eine andere Prüfungsart vorschlagen und durchproben, die man am besten als „Hobelmethode" bezeichnen kann. Statt der Stahl- oder Diamant*spitze* wird ein entsprechende meißelförmige *Schneide* verwendet und die Kristallplatte bei konstantem Druck unter dieser 100- bis 1000mal weggezogen. Mit Hilfe eines Kurbelrades wird in verstellbarem Ausmaß für eine hin- und hergehende Bewegung des Schlittens gesorgt. Durch einen geeignet angebrachten Fühlhebel, der von dem Träger der drückenden Schneide zu dem Kurbelrad führt, kann die Schneide bei dem Rücklauf des Schlittens auch abgehoben und dadurch die hobelnde Wirkung nur auf *eine*, (vektorielle), einseitige Richtung beschränkt werden.

Nach einer bestimmten Zahl von Hin- und Hergängen (10 bis 50) der 1 mm breiten Diamantschneide wird der Diamant um 0,1 mm seitlich verschoben. Dadurch läßt sich ein ganzes Feld der untersuchten Fläche (meist 20 mm lang und 5 mm breit, also 100 mm²) gleichmäßig schürfend bearbeiten. Diese Abtragung erfolgt im allgemeinen recht gleichmäßig und wird nur in Einzelfällen durch das Abblättern nach vorzüglichen Spaltflächen gestört und damit gefälscht.

Annahme: Die Härte zweier Flächen verhält sich verkehrt zu dem Volumen, das bei gleicher Belastung und gleicher Zahl der Hin- und Hergänge der Diamantschneide auf gleich großer Fläche abgehobelt wird. Das Volumen ist durch den Quotienten aus Gewichtsverlust durch spezifisches Gewicht leicht zu bestimmen.

Wenn nicht vorzügliche Spaltflächen vorliegen, muß die Fläche vorher sorgfältig geschliffen werden.

Die im Titel der Arbeit angekündigte Messung der „absoluten" Härte von Mineralen ist damit allerdings auch nicht gegeben, da keine Beziehung auf ein Absolutmaß des physikalischen Maßsystems gegeben ist.

F. Pfaff nahm zum Vergleich die Härte des dichten Talkes = 1 an und erhielt dann für die Minerale der Härteskala folgende Härtezahlen (siehe Tab. 16 und 17).

Es lassen sich also mit der Hobelmethode vektorielle Härteunterschiede ganz gut verfolgen. Auffallend ist der viel schroffere Unterschied in der Größe der Maxima und Minima als bei der Ritzmethode. Auch die Lage der Extremwerte ist zum Teil verschieden von jener der Ritzhärte. Auf der Spaltfläche des Kalkspates findet z. B. *Pfaff* das absolute Minimum in der kurzen Diagonale gegen die Polecke zu, während sonst (*Franz* und *Exner*) die Richtung parallel einer Rhomboederkante gegen aufwärts als kleinstes Minimum beobachtet wurde. Das größte Maximum ermittelte *Pfaff* längs der Rhomboederkante abwärts, eine Richtung, die sonst einem Minimum entspricht. Wie weit hier die Beobachtungen durch die abweichende Art der Bearbeitung bedingt und abgeändert sind, läßt sich nicht überblicken.

Ähnliche Untersuchungen am Gips ergaben sogar Verschiedenheiten beiderseits der Symmetrieebene in streng symmetrischen, also kristallographisch gleichen Richtungen. Es ist nicht zu erkennen, ob hier grobe Messungsfehler vorliegen, oder ob der plastisch leicht beeinflußbare Gips durch eine vorhergehende, mechanische Behandlung kristallographisch schwer gestört war. Jedenfalls müßten solche Meßversuche auf eine viel breitere Grundlage gestellt werden.

3. Die Bohrmethode. Da *F. Pfaff* auch mit der Hobelmethode keine besser befriedigenden Ergebnisse der Härteprüfung an Kristallen zu gewinnen vermochte, arbeitete er noch eine zweite Methode aus, die bewußt auf die Feststellung einer Härteanisotropie in verschiedenen Richtungen der gleichen Kristallfläche verzichtet und nur die *mittlere Flächenhärte* zu bestimmen versucht. *Pfaff* konstruierte darum ein „*Mesosklerometer*" [187]. Eine horizontal befestigte Kristallplatte wird mittels Kurbel und Zahnrad um die senkrechte Achse des belasteten Trägers einer Diamantschneide gedreht und diese dadurch in die Kristallfläche eingebohrt. Die Tiefe des Eindringens wird an einem, mit dem Träger in Verbindung stehenden Fühlhebel abgelesen.

Annahme: Die Härte einer Fläche ist proportional der Zahl der Umdrehungen, die nötig sind, um aus der Fläche ein Loch von bestimmter Tiefe auszubohren.

Die auf diese Weise gewonnenen Härtezahlen zeigen weniger schroffe Unterschiede als jene nach der Hobelmethode gewonnenen.

Neben den Mineralen der *Mohs*schen Härteskala prüfte *Pfaff* auf diese Weise noch zahlreiche andere Minerale.

Tab. 16. *Pfaffs Messungen an Mineralen der Härteskala.*

Gips (010) $\Big\{$ // Faserbruch 1
$\phantom{Gips (010) \Big\{}$ // 100 1,3

Kalkspat (0001) 1,01
 (10$\bar{1}$1) $\Big\{$ // langer Diagonale .. 2,7
$\phantom{Kalkspat (10\bar{1}1) \Big\{}$ // kurzer Diagonale . 5,0
 (10$\bar{1}$0) $\Big\{$ horizontal 11,2
$\phantom{Kalkspat (10\bar{1}0) \Big\{}$ vertikal 64,0

Flußspat (100) $\Big\{$ // [100—111]......... 6,7
$\phantom{Flußspat (100) \Big\{}$ // Würfelkante 33,6
 (111) 9,8

Apatit (0001) // Zwischenachse 8,8
 (10$\bar{1}$0) $\Big\{$ horizontal............. 11,4
$\phantom{Apatit (10\bar{1}0) \Big\{}$ vertikal............... 80,0

Adular (001) $\Big\{$ // y 91,4
$\phantom{Adular (001) \Big\{}$ // x 182,8
 (010) $\Big\{$ // z..................... 98,4
$\phantom{Adular (010) \Big\{}$ // x 213,0

Quarz (0001)........................ 266,—
 (10$\bar{1}$0)........................ 536,—

Als Beispiele für eine genauere, vektorielle Untersuchung dienen die Zahlen für Kalkspat.

Tab. 17. *Ergebnisse der Schürfhärtebestimmungen am Kalkspat nach Pfaff.*

(1011)
Parallel der kurzen Diagonale, abwärts .. 27,5
„   „   „   „   aufwärts .. 0,65
„   „ langen   „   3,2
„   „ Rhomboederkante, abwärts . 34,3
„   „   „   , aufwärts . 1,3

(0001)
Höhenlinie im Dreieck gegen die Ecke .. 4,—
„   „   „   „   „ Seite .. 0,5
Parallel einer Dreieckseite 0,7
15° zur Höhenlinie gegen die Ecke 2,8
15° „   „   „   „ Seite 0,9

(10$\bar{1}$0)
Parallel z, abwärts .... 22,—
„ z, aufwärts.................... 45,8
„   Spaltrichtung, abwärts 36,6
„   „   , aufwärts......... 50,—
„ x-Achse.................... 61,—

Tab. 18. *Bohrhärtebestimmungen einiger Minerale nach Pfaff.*

Ammoniumalaun .(100) 4, (111) 5	Magnetit	(111) 22
Eisenalaun .....(100) 5, (111) 6,9	Dolomit .....(0001) 23, (10$\bar{1}$1)	33
Kalialaun ....(100) 5, 7, (111) 7,—	Manganspat ..(0001) 25, (10$\bar{1}$1)	43
Baryt................... (001) 5,7	Aragonit ....(010) 30,5, (001)	55
Cerussit............... (001) 8,6	Eisenspat ....(0001) 32, (10$\bar{1}$1)	53
Witherit 9	Pyrit .... (100)	58
Cölestin............... (001) 10,2	Augit.................. (100)	77
Zinkblende .... (110) 12	Hornblende .... (110)	82
Anhydrit auf den drei	Labrador .... (001)	100
Spaltebenen 13,7, 17,7, 20	Cyanit .... (110)	162
Strontianit 14,6		

Bei weicheren Mineralen bewirkt die größere Zähigkeit, daß ein zu großer Wert gefunden wird. Beim Bleiglanz z. B. geht das Bohren langsamer und erfordert mehr Umdrehungen als bei der Zinkblende, obwohl diese bestimmt *härter* ist als Bleiglanz.

Auch diese Methode wurde wesentlich verfeinert, ohne aber damit der Lösung des Härteproblems näherzurücken. Von *T. A. Jaggar jr.* [94] stammt die Angabe eines Instrumentes, das so eingerichtet ist, daß es auch Härteuntersuchungen an den Mineralkörnern von Dünnschliffen gestattet (*„Mikrosklerometer"*). Zu diesem Zweck ist das Instrument mit einem Mikroskop in Verbindung und hat eigene Einrichtungen, um die Anzahl der Drehungen der Diamantspitze und die Ausmessung der erreichten Tiefe des Bohrloches genauestens zu bestimmen. Wird die Diamantspitze exzentrisch gestellt, dann kann statt des Bohrloches ein Ring ausgeschliffen werden, was unter Umständen vorteilhafter ist.

Bei *Gips* und *Kalkspat* ergab der Ringversuch eine etwas elliptische Gestalt. Die anfänglichen Änderungen im Widerstand drängen den Diamant aus seiner normalen Kreisbahn. Beim Kalkspat nimmt die Ellipse eine etwas schiefe Lage zu den beiden Diagonalen der Spaltfläche ein. *Jaggar* führt das auf die Härteverschiedenheit in der kurzen Diagonale der Spaltfläche je nach der Richtung zurück.

Normalmäßig wird mit 10 g Spitzenbelastung und 6 bis 7 Umdrehungen in der Sekunde gearbeitet und als Normaltiefe des Bohrloches 10 μ verwendet. Wie bei *Pfaff* gibt dann die Anzahl der Drehungen, die nötig ist, um die Tiefe von 10 μ zu erreichen, ein Maß für die Härte.

Die Stufen der Härteskala ergaben folgende Härtezahlen (die eingeklammerten Werte beziehen sich auf eine Härte von Korund = 1000). Gips (010) 8,3 (0,04), Kalkspat (10$\bar{1}$1) 50 (0,26), Flußspat (111) 143 (0,75), Apatit (0001) 233 (1,23), Orthoklas (001) 4665 (25), Quarz (0001) 7648 (40), Topas (001) 28.867 (152), Korund (1011) 188.808 (1000).

4. Die Schleifhärte. Schon in der Hobelmethode liegt der Versuch vor, die Abnutzung des untersuchten Kristalles mittels einer einzelnen Spitze durch einen wirksameren Angriff zu ersetzen. Es lag bei der vielfachen Nötigung, bei kristallographischen Untersuchungen Flächen an Kristallen anzuschleifen oder wenigstens durch Schleifen zu glätten, nahe, den Widerstand des Kristalles gegen das Abschleifen als Härtemaß zu verwenden.

Die Messung der „Schleifhärte" wurde zuerst durch *A. Rosiwal* [212] den Forderungen des Härteproblems dienstbar gemacht. Es wurde den ersten diesbezüglichen Versuchen das *F. Toula*sche Prinzip der Härtebestimmung zugrunde gelegt, *eine bestimmte, gewogene Menge des Schleifmittels mit dem zu untersuchenden Kristall bis zur Unwirksamkeit zu zerreiben.* Da *Rosiwal* mit der gleichen Methode auch Gesteine auf ihre Härte untersuchen wollte, diese aber, als zusammengesetzt aus verschiedenen Mineralen, die Einhaltung des *Toula-*

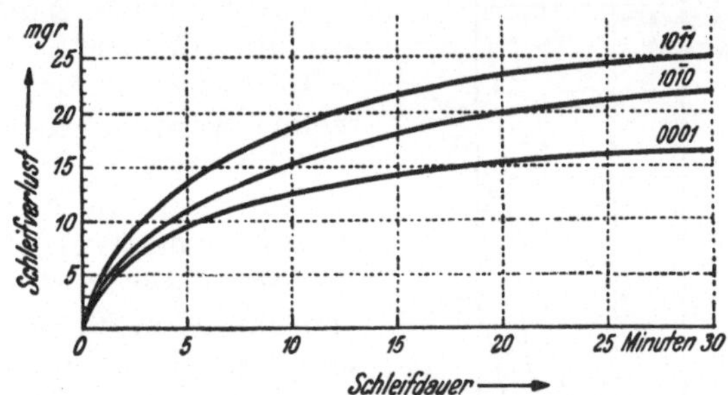

Abb. 155. Schleifverlust in Abhängigkeit von der Schleifdauer auf verschiedenen Flächen des Quarzes (nach *Erni-Niggli*).

schen Grundgedankens von vornherein ausschlossen, wurde eine für alle Versuche in gleicher Weise gültige *Abschliffzeit von 8 Minuten* (rund 500 Sekunden) festgelegt und alle Messungen auf diese Zeit bezogen.

Das Verschleifen bis zur Unwirksamkeit des Schleifmittels erfordert natürlich eine längere und bei verschiedenen Mineralen verschieden lange Zeit. Für die Abschliffe an Quarzplatten lassen sich die Verhältnisse sehr schön an der Abb. 155 (nach *Niggli-Erni*) ablesen. Man erkennt, daß sich die Schleifverluste asymptotisch einem Grenzwert nähern, d. h., daß nach einer gewissen Zeit überhaupt keine weiteren Gewichts- (Abschliff-) Verluste eintreten.

Es ist auch notwendig, die gewonnenen Versuchswerte auch auf die gleiche Anschlifffläche (4 cm²) zu reduzieren und zum besseren Vergleich die Härte eines bestimmten Minerales willkürlich mit 1000 (oder 100) zu bezeichnen und darauf die anderen Härtewerte zu beziehen. *Rosiwal* schlug vor, die Durchschnittshärte des *Korundes* beim Abschleifen mit 1000 anzusetzen. Die Tatsache, daß aber Korund wegen seiner Teilbarkeit ziemlich deutliche Härteunterschiede auf verschiedenen Flächen aufweist, macht eine Mittelwertangabe ziemlich schwierig. *Rosiwal* zog es daher später vor, die *Quarzhärte* = 100 zu setzen (genau entspricht die Basishärte des Quarzes 105,5⁰/₀₀ der Korundhärte) und die Härte von Mineralen und Gesteinen in „*Quarz-*

prozenten" anzugeben, denn der Quarz zeigt nur sehr geringe Härte-unterschiede auf verschiedenen Flächen, ist also zur Bestimmung einer Standard-Mittelzahl viel geeigneter als Korund (vgl. [214], wo die Entwicklung der Methode zusammenfassend dargestellt ist).

Nach *Rosiwals* Schleifmethode ist die Härte einer Kristallfläche bei Verwendung des gleichen Schleifmittels in gegebener Menge, bei einer Schleifdauer von 8 Minuten und bei Reduktion auf 4 cm² Schleif-fläche *verkehrt proportional dem durch den Abschliff erzielten Volumsverlust* (Quotient aus Gewichtsverlust und spezifischem Gewicht des Stoffes). $H_1 : H_2 = = V_2 : V_1$. Diese Zahl kann dann auf die Härtezahl für Korund = = 1000 (oder Quarz = 100) umgerechnet werden (vgl. Tab. 19).

Gleichfalls gegen das Ende des 19. Jahrhunderts brachten *Jannetaz* und *Goldberg* [95] unter dem Namen „*Usometer"* eine Schleif-anordnung in Vorschlag, wonach vier auf ihre Härte zu untersuchende Platten durch senkrechten Belastungsdruck auf eine rotierende Schleifscheibe aufgepreßt werden. Durch das gleichzeitige Schleifen von mindestens zwei Platten verschiedener Stoffe erhält man das *Verhältnis der Härte beider Minerale,* indem man die durch den Gewichtsverlust gegebene Menge des abgeschliffenen Volumens des Materials bestimmt.

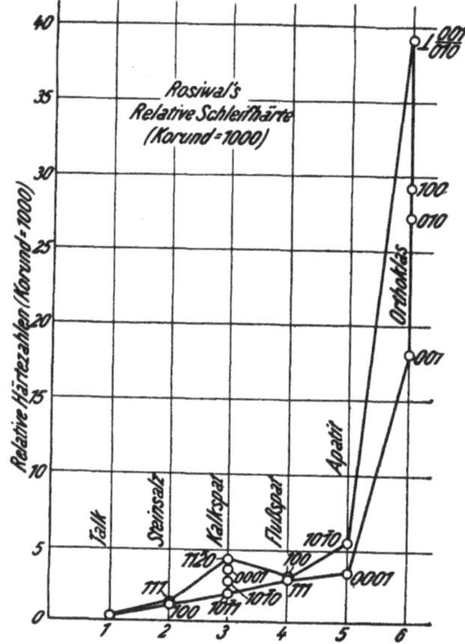

Abb. 156. Die relative Schleifhärte an Mineralen der *Mohs*schen Härteskala (nach *Rosiwal*).

Bei amorphen Körpern (Gläsern) ist das Verfahren sehr einfach. An Kristallen macht sich aber die Härteanisotropie dadurch bemerkbar, daß es nicht mehr gleichgültig ist, wie die Versuchsplatten gegenüber der Schleif-scheibe, d. h. gegenüber der Richtung der Schleifbewegung orientiert sind. Will man die *Fläch*enhärte bestimmen, dann muß die Platte in verschiedenen Richtungen aufgesetzt und abgeschliffen werden, um einen brauchbaren Mittel-wert zu erhalten.

Setzt man für *Quarz* die „Abnutzung" in Platten senkrecht zur z-Achse = 1, so ist sie parallel der z-Achse 1,09 bis 1,19 und auf einer Pyramidenfläche 1,26 bis 1,32. Im Vergleich zu dem *Appert*schen optischen Glas ist dann die Härte des Quarzes, die im verkehrten Verhältnis zur Abnutzung steht, in Platten ⊥ z 3,12, in solchen // z 2,48. Es wurden auch Zahlen für die Abnutzung (nicht Härte!) des *Barytes* angegeben. Wird hier die Abnutzung in Platten // 100 als Einheit angenommen, dann geben Platten // (010) 1,06, solche // (110) 1,30 und solche // (001) den Wert 2. Es zeigt sich also auch hier die Ebene der besten Spaltbarkeit als die *weichste* (größte Abnutzung).

Tab. 19. *Relative und absolute Schleifhärte der Minerale der Mohsschen Härte-skala nach A. Rosiwal (im Auszug)*[1] *(Abb. 156).*

Mineral	Untersuchte Fläche, Mittelwert	Abschliff durch 100 mg Korund $V = mm^3$	Relative Härte		Absolute Härte in m . kg/cm³
			f. Korund = = 1000 (V = = 1·16 mm³)	Quarz-prozente	
Korund:					
Edelkorund	Mittelwert	0,623	1860	1765	80.600
Gem. Korund	„	1,70	683	647	31.900
Mittelwert	—	1 16	**1000**	949	**45.000**
Topas	110	9,1	127,5	121	6.280
	001	12,7	91,4	86,6	4.550
Quarz	0001	10,98	105,5	**100**	5.250
	10$\bar{1}$0	12,75	91,—	86,3	4.535
	10$\bar{1}$1	15,0	77,4	73,4	3.890
Orthoklas	⊥ 001/010	29,6	39,2	37,2	2.000
	100	39,7	29,2	27,7	1.503
	010	42,8	27,1	25,7	1.395
	001	64,1	18,1	17,2	947
Apatit	10$\bar{1}$0	212,—	5,48	5,19	322
	0001	333	3,48	3,30	224
Flußspat	100	363	3,20	3,05	210
	111	389	3,01	2,83	198
Kalkspat	11$\bar{2}$0	285	4,07	3,86	254
	10$\bar{1}$0	401	2,90	2,74	194
	0001	320	3,63	3,44	231
	01$\bar{1}$2	323	3,59	3,41	229
	10$\bar{1}$1	576	2,02	1,91	147,3
	Mittelwert	350	3,05	2,90	202
	Aggregat	331	3,51	3,32	224
Steinsalz	111	814	1,42	1,35	109
	100	933	1,24	1,18	96,3
Gips (1½)	⊥ z-Achse	1820	0,64	0,61	58,5
	010	3120	0,37	0,36	41,9
	Alabaster	3000	0,39	0,37	42,8
Talk	dicht	1862	0,62	0,59	51,5
	Steatit	2340	0,50	0,47	49,6

[1] Bezüglich der Schleifhärtebestimmungen im *absoluten Maß* nach *Rosi-wal*, vgl. S. 247.

Eine etwas andere Art der *Schleifhärten-Vergleichung* bei Kristallen schlug *P. J. Holmquist* vor [*89, 90*]). Es wird zu diesem Zweck eine Platte des zu untersuchenden Kristalles auf einer Platte eines anderen Kristalles (am besten von einer benachbarten Härtestufe) mit Carborundum geschliffen und der *Gewichtsverlust beider Platten*, des Kristalles und der damit verglichenen Platte, festgestellt. Nach *Holmquist* ist die *Härte = Abnutzungswiderstand durch den reziproken Quotienten der Volumsverluste beider Platten gegeben.*

Als Vergleichsplatte wurde meist eine Basisplatte von Quarz benützt und deren Abnutzungswiderstand gleich 1000 gesetzt. Wird eine gleich orientierte Quarzplatte damit verschliffen, so ergibt sich an beiden Platten die *gleiche* Abnutzung. Der Widerstand von Prismenflächen des Quarzes ist geringer und noch kleiner jener von Rhomboederflächen, ganz übereinstimmend mit den Versuchsergebnissen bei *Jannetaz* und *Goldberg* bzw. von *Rosiwal*.

Aus diesen Tatsachen zieht *H. Schumann* [*230*] bemerkenswerte Schlußfolgerungen für die Deutung der Gestalt der Quarzkörner in Sanden. In Bezug auf den Widerstand des Quarzes gegen das Abschleifen ist zu erwarten, daß aus einer Quarzkugel eine Art Drehellipsoid, gestreckt nach der z-Achse, entsteht, wobei in der Gegend der Rhomboederflächen Abflachungen auftreten müßten. Quarz müßte also in der Richtung der $(10\bar{1}1)$ am stärksten abgescheuert („abgeflacht") werden. In Streupräparaten muß demnach die Häufigkeit der Auflagerungsfläche der Quarzkörner der Reihe: $(10\bar{1}1)$, $(10\bar{1}0)$, (0001) entsprechen, d. h. die Flächen, deren Normalen mit der z-Achse größere Winkel einschließen, müssen häufiger auftreten als die (0001), was sich durchaus bewahrheitet.

Auch bei dieser Art der Schleifhärtenbestimmung macht sich eine Härteverschiedenheit nach verschiedenen Richtungen in der gleichen Fläche bemerkbar. Die „Flächenhärte" kann darum nur als Durchschnittszahl aus der Abnutzung nach verschiedenen Richtungen ermittelt werden.

Die Überprüfung der Schleifhärten für die Härteskala nach der Methode *Holmquists* ergab eine Vertauschung der Stellungen von Topas und Quarz. Bei *Topas* war der Abnutzungswiderstand auf (001) 633, auf (110) senkrecht gegen die Basisfläche 813, für *Quarz* war dagegen (0001) mit 1000, $(10\bar{1}0)$ mit 900 und $(10\bar{1}1)$ mit 840 zu bewerten. Eine annehmbare Erklärung für diese merkwürdige Umstellung konnte von *Holmquist* nicht gegeben werden. Vielleicht wird hier der Unterschied im Verhalten gut spaltbarer und schlecht spaltbarer Kristalle besonders deutlich. Quarz ist praktisch nicht spaltbar, Topas dagegen sehr gut. Ersterer erscheint darum zähe, letzterer besonders spröde, was sich in erhöhten Schleifverlusten durch Ausbrechen von Spaltblättchen bemerkbar machen kann. Nach *Rosiwal* verhalten sich beide Minerale in der Schleifhärte fast gleich, keinesfalls ist aber dort eine Umstellung angedeutet (vgl. Tab. 19).

Eine sehr interessante Versuchsreihe führte *Holmquist* an *Feldspaten* [*90*] aus, wobei wieder die Basishärte des Quarzes (als Vergleichsmaterial) mit 1000 angenommen wurde. Das gemeinsame Ver-

schleifen mit Quarz ergab folgende Zahlen für die relative Schleifhärte der Feldspate.

Tab. 20. *Schleifhärte der Feldspate nach Holmquist.*

	Fundort	(001)	(010)	⟂001/010
Adular	?	193	380	433
Mikroklin	Ytterby	206	374	454
Sanidin	Drachenfels	219	265	388
Natronorthoklas	Fredriksvärn	355	431	521
Albit.................	Rischuna	251	380	614
Albit 5% An	Gellivara	—	304	513
Albit 10% An	Tammela, Finnl.	219	338	466
Oligoklas 20% An	Bamle	234	275	450
Oligoklas 36% An	Tvedestrand	224	279	458
Labrador 50% An	Soggendal	213	264	455
Labrador 50% An	?	232	285	486
Labrador 60% An	Kiew	270	302	535
Anorthit	Mijakijima, Jap.	225	276	367

Auch hier ist durchgehend die beste Spaltfläche auch am weichsten.
Bei den Plagioklasen ist auffällig, daß die Härte auf (001) nur in engen
Grenzen schwankt, etwas größer sind die Verschiedenheiten bei der
(010)-Fläche und besonders stark in Schnitten senkrecht zur x-Achse.
Daraus wird der Schluß gezogen, daß der Bau der (001)-Ebenen in
allen Plagioklasen ziemlich gleich bleibt, dagegen verhältnismäßig
starke Änderungen in der Richtung der pseudo-tetragonalen x-Achse
erfährt.

Holmquist unterscheidet darum die „*Eigenhärte*" einer Substanz
von der „*Strukturhärte*", die ihrerseits stark durch Einschlüsse,
Sprünge, Aufblätterung usw. beeinflußbar ist. Die Eigenhärte wird als
eine Funktion der „*Kompaktheit*" angesehen, die (als „Atomkonzen-
tration") dem Produkt aus der Dichte und der Atomzahl im Molekül
dividiert durch das Molekulargewicht, gleichgesetzt wird. Die Richtungsabhängigkeit der Härte ist nun nach *Holmquist* nicht so sehr
durch die Eigenhärte als durch die Anordnung der Atome oder Atomgruppen bedingt.

Eine weitere beachtenswerte Tatsache ist die unzweifelhafte Härteverminderung bei den *Mittel*gliedern der Plagioklas-Mischungsreihe. In diesem
Mischungsbereich scheinen die Bauunterschiede der beiden Endglieder einander
besonders zu stören und damit eine Lockerung der Struktur zu bedingen. Nur
die Angaben für Anorthit fallen stark aus der Reihe. Es wäre zu vermuten, daß
es sich dabei um Anorthit-Einsprenglinge aus basaltischen Laven handelt,
wie sie auch sonst mehrfach aus Japan vorliegen, und daß sie als „Hoch-
temperatur-Plagioklase" eigentlich mit den übrigen untersuchten (Tieftempe-
ratur-)Plagioklasen nicht unmittelbar vergleichbar sind.[1] Daß die Hoch-
temperatur-Modifikation eine geringere Kompaktheit, d. h. „Eigenhärte" nach
Holmquist besitzen könnte, wäre ziemlich leicht einzusehen.

[1] *Alex. Köhler* erbrachte den Nachweis, daß es je nach der Wärmevergan-

Wie bei allen bisher geschilderten Härtebestimmungsmethoden ist auch nach der Schleifmethode die jeweilige beste *Spaltfläche* immer die *weichste* Fläche am Kristall. Es besteht nun eine sehr bezeichnende Ausnahme von dieser Regel, nämlich die *Oktaederfläche des Diamants*. Nach den vielfachen Erfahrungen in Diamantschleifereien und den Arbeiten von *W. F. Eppler* und *H. Rose* [57] bzw. *H. Bergheimer* [14] ist gerade die Oktaederfläche des Diamants die *härteste* und *läßt sich* praktisch überhaupt *nicht schleifen*.

Das zeigt sich sehr deutlich beim „Rondieren" eines „*4-Punkt-Steines*", d. h. wenn man zunächst aus dem Rohstein einen Doppelkegel schleift, dessen Achse der Würfelnormalen [001] entspricht. An einem um diese Achse rotierenden Kristall *bleiben* beim Rondieren von den Spaltflächen (111), ($\bar{1}$11), (1$\bar{1}$1), ($\overline{11}$1) *kreisrunde Stellen mit den Resten der natürlichen Flächenriefung*. Die Würfelflächen <001> lassen sich von allen Flächen des Diamants am leichtesten anschleifen und verbrauchen dabei wenig Diamantbort.

Eine Tafelfläche nach <111> (*„3-Punkt-Stein"*) läßt sich *nur angenähert* anlegen, indem *Vizinalflächen* zu <111> angeschliffen werden. Dabei ist ein viel größerer Verbrauch des kostbaren Schleifpulvers nötig. Auch die verschiedenen Schleifrichtungen innerhalb der gleichen Fläche verhalten sich dabei stark verschieden.

Bei einem „*2-Punkt-Stein*" (Tafel $\perp$ [110]) hält sich die Härte und der Materialverbrauch zwischen jenen der Oktaeder- und Würfelflächen.

Eine beliebige Fläche muß auf die rotierende Schleifscheibe immer so aufgesetzt werden, daß bei einer Projektion des kristallographischen Achsenkreuzes auf die anzuschleifende Fläche die *längste* dieser Projektionen in die Schleifrichtung fällt. Es ist dann noch durch geeignete Versuche festzustellen, ob der Kristall in dieser oder in der Gegenrichtung zu schleifen ist, was nach *Eppler* mit der tetraedrisch-hemiedrischen Gitterstruktur des Diamants zusammenhängt.

Dieses ganz abweichende Verhalten des härtesten bekannten Kristalles beim Schleifen beweist unzweideutig, daß die Härte eine durchaus komplexe Erscheinung ist. Um eine Verletzung der Oberflächenschichten zu erreichen, müssen mindestens zwei Bedingungen erfüllt werden: 1. die Spitze eines fremden Körpers muß in die zu untersuchende Fläche *eindringen*, 2. die eingedrungene Spitze muß bei allen dynamischen Härtebestimmungsmethoden noch ritzend, schürfend, schleifend über die Fläche hingeführt werden, d. h. *Verschiebungen der Oberflächenteilchen* erzeugen. Bezüglich der theoretischen Deutung dieser Anteile des Härteproblems siehe S. 250, 251.

Die letzten Schleifhärtenversuche galten der Aufgabe, diese Methode auch der Bestimmung der *Richtungsabhängigkeit* der Schleif-

---

genheit zweierlei optische Orientierungen der Plagioklase gibt und daß die Plagioklase der Ergußgesteine sich darin wesentlich von den Feldspaten der Tiefengesteine oder der kristallinen Schiefer unterscheiden (Verschiedenheit der Hoch- und Tieftemperatur-Optik!) (Min. u. petr. Mitt. **53** (1941), 24 und 159).

härte dienstbar *zu machen* [*290* bis *294*]. Dazu werden die zu untersuchenden Kristallflächen durch konstanten Gewichtsdruck senkrecht gegen eine horizontal rotierende Schleifscheibe gepreßt. Um bestimmte Richtungen in den Flächen einhalten zu können, werden die Kristalle auf einen quadratischen Stempel aufgekittet, der in einer Führungshülse verschiebbar eingefügt ist. Die Führungshülse selbst ist mit einem horizontalen Teilkreis versehen, der es erlaubt, verschiedene Azimute des Schleifens einzustellen. Die zu prüfende Fläche wird mit einer kristallographisch gut orientierten Richtung (Kante), parallel einer Seite des Stempels, auf diesem befestigt. Dadurch läßt sich jede Richtung in der Fläche einstellen und festhalten. Durch einen geeigneten Träger wird der so vorgerichtete Kristall über dem Randteil der rotierenden Schleifscheibe befestigt und gegen die Scheibe gedrückt. Die Schleifspuren sind allerdings schwach bogenförmig, bestreichen also einen gewissen Winkelbereich (Abb. 157).

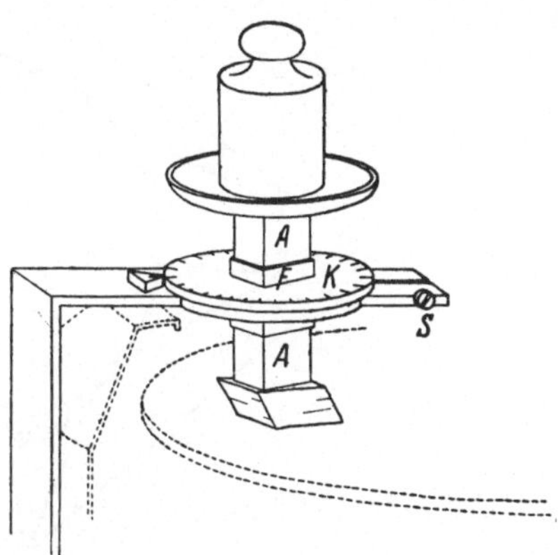

Abb. 157. Apparat zur Einstellung bestimmter Schleifrichtungen in einer Kristallfläche. (Der Schnitt durch den Schleifscheibenmantel und die Scheibe selbst sind gestrichelt gezeichnet.)

Je näher dem Schleifscheibenrand der Kristall aufgesetzt wird und je größer der Halbmesser der Schleifscheibe ist, desto gestreckter werden die Schleifspurenbogen. Wenn der wirksame Radius der Scheibe etwa 7,5 cm beträgt, ergibt sich bei der normalen Breite der Präparate von etwa 2 cm ein Bogen (und damit ein Tangentenwinkel = Winkel der äußersten Schleifspuren) von etwa 15^0.

In diesem Winkelbereich kann nur ein mittlerer Richtungshärtewert bestimmt werden. Da aber nach allen bisherigen Erfahrungen die Härtekurven niemals Unstetigkeitsstellen aufweisen, genügt es zur Bestimmung solcher Kurven, 24 Richtungen innerhalb einer vollen Umdrehung durchzumessen (vgl. dazu auch die Ritzhärtemessungen von *F. Exner,* die in gleichen Winkelabständen erfolgten). Durch gleichmäßige Zuführung einer bestimmten Menge eines geeigneten Schleifsandes, dessen Zustrom durch Zuspritzen von Wasser geregelt wird, werden je nach der Versuchsrichtung verschiedene Gewichts- (Volums-) Mengen abgeschliffen, die durch Wägungen sorgfältigst festzustellen sind. *Als Härtemaß gilt das Reziproke zu den erzielten Volumsabschliffen.*

Um das unnötige „Reißen" von Kristallstückchen zu vermeiden, darf nur ein Schleifmaterial verwendet werden, das in seiner Härte nicht allzusehr von jener des Kristalles abweicht. Für die mittleren Härtestufen benützt man zweckmäßig seit *Rosiwal* und *Holmquist* gleichmäßigen Quarzsand.

Da man mit bestimmt *zugewogenen* Mengen von Schleifpulver arbeitet, ist
es nicht gleichgültig, welche Flächengröße damit geschliffen werden soll. Auch
hier gelten *Rosiwals* Erfahrungen, wonach die Fläche nicht über 4 cm², aber
auch nicht unter 2 cm² halten soll. Um dann die gemessenen Gewichts-(Volums-)
Verluste gleichmäßig verwerten zu können, ist es zweckmäßig, diese zuerst
auf 1 cm² Flächengröße zu reduzieren („reduzierte Gewichtsverluste").

Bei der Derbheit der Beanspruchung ist es nötig, die Abschliffmengen in
der Höhe von einigen Kubikzentimetern zu halten, da sonst die unvermeidlichen
Messungsfehler allzusehr ins Gewicht fallen. Näheres vgl. (*290*).

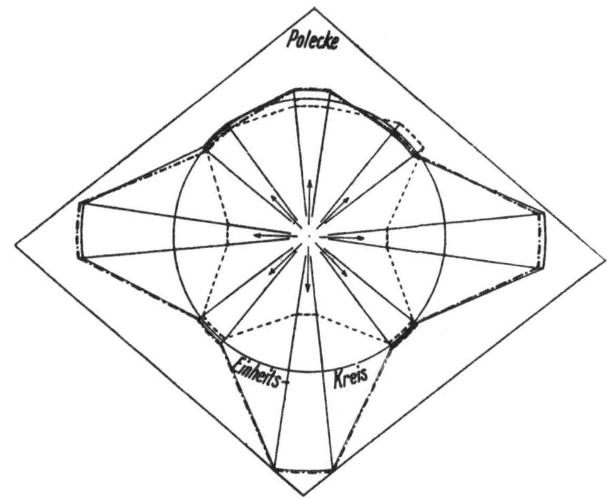

Abb. 158 a. Schleifhärteunterschiede in den Spaltflächen von Kalkspat.
- - - - - Kurve der für 1 cm² „reduzierten Gewichtsverluste",
————— Kurve der „relativen Härte",
—·——·— nach der Symmetrie ausgeglichene Mittelwertskurve der
relativen Härte.

Da die Messungen in den einzelnen Richtungen mehrfach wiederholt werden
müssen, um brauchbare Mittelwerte gewinnen zu können, ist der Materialverbrauch bei derartigen Untersuchungen sehr bedeutend, was um so mehr ins
Gewicht fällt, als nur allerbestes, fehlerfreies Material zu solchen Messungen
verwendet werden darf, sollen sich nicht schwere Fehler einschleichen.

Die so gewonnenen Härtezahlen sind natürlich nur *Vergleichswerte*, also „*relative Schleifhärten*".

Solange man nur Härten des gleichen Kristalles miteinander vergleicht, genügt es, die erzielten Gewichtsverluste miteinander ins Verhältnis zu setzen. Anders aber wird es, wenn es gilt, die Härteunterschiede *verschiedener* Probekörper miteinander in Beziehung zu
bringen.

Nach *Rosiwal* ist die *Schleifhärte* = 1/Vol.Verlust. Dieser ist
aber = Reduzierter Gewichtsverlust/Dichte. Wenn nun die „relative
Härte" = 1/Reduzierter Gewichtsverlust gesetzt wurde, ergibt sich für
den Volumsverlust = 1/Relative Härte × Dichte. Demnach ist die vergleichbare „*wahre Schleifhärte*" = *Relative Härte × Dichte*.

Natürlich handelt es sich auch hier um keine Absolutwerte, denn die gewonnenen Zahlen sind von den Versuchsbedingungen (Schleifmaterial nach Art und Menge, Geschwindigkeit der Zufuhr von Sand und Wasser, Tourenzahl der Schleifscheibe, Belastungsgewicht usw.) in hervorragendem Maße abhängig (vgl. [290]).

Die nach dieser Methode erzielten Messungsergebnisse bestätigen beim *Kalkspat* auf der Spaltfläche die auch aus den Ritzversuchen bekannte Richtungsabhängigkeit der Härte (Abb. 158 a). Die Härtefigur ist monosymmetrisch.

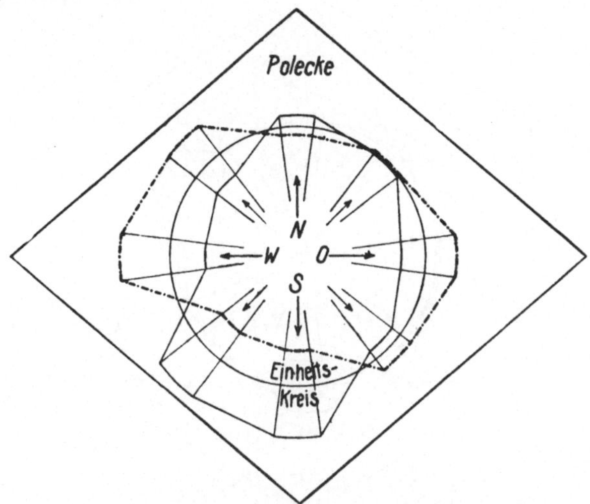

Abb. 158 b. Schleifhärteunterschiede in den Spaltflächen von Dolomit.
——— Kurve der „reduzierten Gewichtsverluste“,
——————— Kurve der „relativen Härte“.

Tab. 21. *Relative Härte auf den Spaltflächen von Kalkspat und Dolomit.*

Mineral	Richtung	N	NO	O	SO	S	SW	W	NW
Kalkspat ($10\bar{1}1$)	Reduz. Gew. Verl. f. 1 cm² in Gramm	0,942	1,049	0,576	0,986	0,580	0,982	0,598	0,983
	Relative Härte	1,061	0,954	1,735	1,013	1,724	1,018	1,672	1,016
Dolomit ($10\bar{1}1$)	Reduz. Gew. Verl.	1,074	0,988	0,808	0,914	1,392	1,358	0,720	0,791
	Relative Härte	0,931	1,012	1,238	1,094	0,719	0.736	1,389	1,266

Die von *Exner* festgestellten Beziehungen zur Spaltbarkeit finden sich beim Kalkspat im Schleifhärteverhalten wieder. Das kleinste Minimum liegt ungefähr parallel der Rhomboederkante gegen aufwärts, das kleinste Maximum befindet sich in der kurzen Diagonale gegen die Polecke zu.

Es war naheliegend, anzunehmen, daß der ganz gleichartig gebaute *Dolomit* mit der gleichen Spaltbarkeit auch eine gleichartige Härteanisotropie zeigen werde. Ein Blick auf die Tab. 21 bzw. Abb. 158 b beweist aber die völlige Ungültigkeit dieser Schlußfolgerung.

Als auffälligste Tatsache gilt wohl die Erscheinung, daß die Härteverschiedenheit in der kurzen Diagonale der Spaltfläche *sich gegenüber jener beim Kalkspat genau umkehrt!* Wenn auch die Unterschiede in Richtung und Gegenrichtung nicht so groß sind wie beim

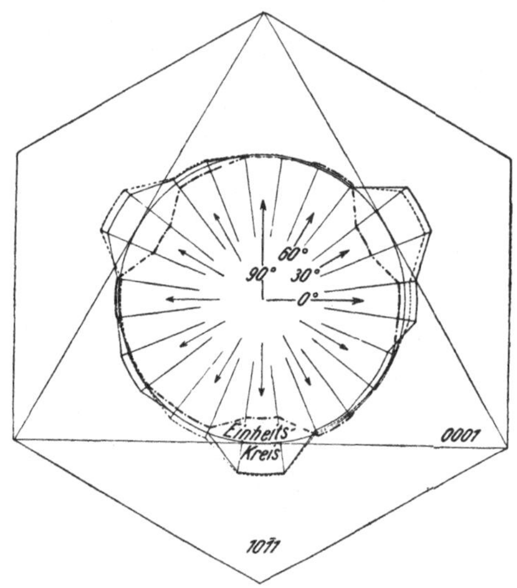

Abb. 159. Schleifhärtenverteilung auf der Basisfläche des Dolomits. ———— Reduzierte Gewichtsverluste, - - - - - trimetrisch ausgeglichene reduzierte Gewichtsverluste, — - — - — trimetrisch ausgeglichene relative Härte.

Kalkspat, sind sie doch ganz unverkennbar und lassen sich auch durch Freihand-Ritzversuche bestätigen.

Die zweite Merkwürdigkeit ist der *völlige Mangel an Symmetrie* in der Härtekurve, was besonders bei Vergleich der Richtungen SO und SW deutlich wird. Auch die ausgesprochene Lappenfigur des Kalkspates findet sich hier nicht einmal andeutungsweise wieder.

Mit diesen Messungsergebnissen ist klar bewiesen, daß die Beziehung zur Spaltbarkeit zwecks Deutung der Härteanisotropie *in keiner Weise als ausreichend, ja vielleicht nicht einmal als hauptsächlich maßgebend* angesehen werden darf (vgl. S. 197). Das Härteproblem erweist sich als viel komplizierter und weniger durchsichtig als man bisher anzunehmen sich berechtigt glaubte. Es ist aber sehr bezeichnend, daß die *Mindersymmetrie* des Dolomits im Verhältnis zum Kalkspat so deutlich zum Ausdruck kommt.

Da der Dolomit der trigonal-rhomboedrischen, der Kalkspat der trigonalskalenoedrischen Symmetrieklasse angehört, ist die Spaltfläche bei dem ersteren asymmetrisch, bei letzterem dagegen monosymmetrisch. Das Schleifhärteverhalten gibt diese Symmetrieverschiedenheit genau wieder.

Es besteht eine bemerkenswerte Analogie zum Ätzverhalten beider Minerale. Auch die *Lage* der Ätzfiguren (monosymmetrische bzw. asymmetrische Dreiecke) ist bei den beiden Mineralen entgegengesetzt, genau wie die Lage des kleinsten Maximums der Schleifhärte. Ätzung und Schleifhärte beweisen in *gleicher* Weise die große innere Verschiedenheit des Kristallbaues trotz Gleichartigkeit der Spaltbarkeit und der Kristallwinkel.

Die Messungen in der Basisfläche ergaben einen *trimetrischen* Charakter der Härtekurve; es ist nur eine dreizählige Achse zu erkennen, aber keine Symmetrieebene. Im allgemeinen sind aber die Härteunterschiede in der Basisfläche nicht sehr bedeutend (Abb. 159).

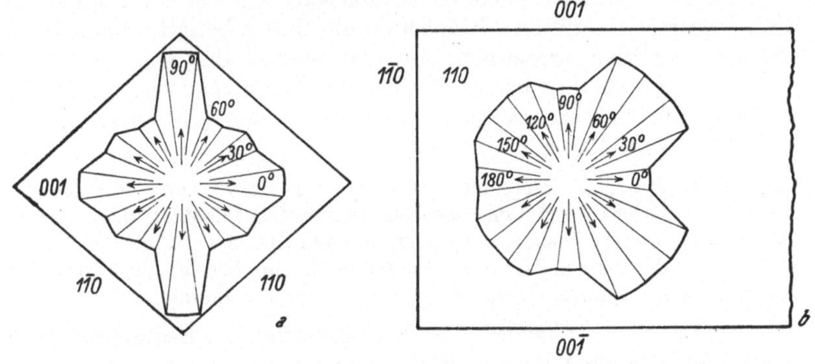

Abb. 160. Schleifhärtenverteilung bei dem Baryt. a) Basisfläche, b) Prismenfläche.

Besonders merkwürdig ist aber die Tatsache, daß die Bildung von Mittelwerten aus den Messungen an der Spaltfläche und an der Basisfläche für erstere den Wert 1,049, für die Basis aber den Wert 0,928 ergibt. Die Regel, daß die Spaltfläche die *weichste* Fläche an einem Kristall ist, wird also nicht nur beim Diamant durchbrochen, sondern auch durch die Messungen am Dolomit, wenigstens soweit es sich um die *Schleif*härte handelt.

In ähnlicher Weise wurden auch Schleifhärteversuche am *Baryt* vorgenommen (vgl. dazu die Tab. 22). Auch in diesem Falle bestätigten die Versuche an der Prismen- und Basisfläche, beides vollkommene Spaltebenen, die Symmetrieabhängigkeit der Schleifhärte. Auf der (001)-Fläche ergab sich eine *disymmetrische* Härteverteilung (Abb. 160 a), auf der (110) eine *monosymmetrische* (Abb. 160 b), wobei die Spur der (001) auf der Prismenfläche Härteminima umfaßt, die *ungleich* sind, je nachdem, ob man die Richtung vom stumpfen zum spitzen Prismenwinkel wählt oder umgekehrt.

Interessanterweise stimmen die Zahlen für die Richtungen 30° in der Basis und 0° in der Prismenfläche praktisch völlig überein. Räumlich gesehen ist es die gleiche Richtung, denn die Kante [001—110] verläuft innerhalb des 30°-Sektors der Basisfläche, ist also in roher Annäherung parallel zu (110).

Tab. 22. *Mittelwerte der relativen Schleifhärte am Baryt.*

	0°	30°	60°	90°	120°	150°	180°
(001)	0,403	0,317	0,266	0,502	0,266	0,317	0,403
(110)	0,319	0,499	0,495	0,335	0,393	0,389	0,456

Wie die Messungen unzweideutig zeigen, ist auch hier, entgegen den sonstigen Erfahrungen, die Schleifhärte in der Richtung *zum stumpfen Prismenkantenwinkel* größer als in der Gegenrichtung, ähnlich dem Verhalten des Dolomits.

Auch hier sind die Zahlenunterschiede groß genug, daß sie weit außerhalb der Messungsfehler liegen, also nicht der Unvollkommenheit und Derbheit des ganzen Verfahrens zugeschoben werden können.

Was dagegen die mittlere *Flächen*-Schleifhärte betrifft, die sich aus den Messungszahlen errechnen läßt, ist, genau der sonst zu beobachtenden Regel entsprechend, die Flächenhärte der besseren Spaltfläche (001) mit 0,345 unstreitig kleiner als jene der schlechteren Spaltfläche (110) mit 0,412.

Verglichen mit den Usometermessungen am Baryt von *Jannetaz* und *Goldberg* (vgl. S. 206) zeigt sich eine bemerkenswerte Gleichartigkeit der Ergebnisse. Nach diesen beiden Forschern ist das Härteverhältnis 001 : 110 = = 0,65 : 1, nach den obigen Messungen = 0,828 : 1, eine bei der Verschiedenheit der angewendeten Apparate beachtenswerte Übereinstimmung.

Wie schon S. 212 bemerkt wurde, gestattet die Bestimmung der „wahren Schleifhärte“ durch Einbeziehung der Dichte des untersuchten Kristalles auch einen Vergleich der Härte *verschiedener Stoffe*, vorausgesetzt, daß die übrigen Versuchsbedingungen (Schleifmittel nach Art und Menge, Tourenzahl der Schleifscheibe, Schleifdruck usw.) ungeändert bleiben. Als Beispiel für eine derartige Vergleichsmöglichkeit sind in Tab. 23 die entsprechenden Werte der wahren Schleifhärte für Kalkspat, Dolomit und Baryt zusammengestellt.

Tab. 23. *Die wahren Schleifhärten von Kalkspat, Dolomit und Baryt.*

Kalkspat		Dolomit $s = 2{,}95$				Baryt $s = 4{,}47$			
Spaltfl. $s = 2{,}72$		Spaltrhomboëd.		Basis		Spaltprisma		Basis	
Richt.	Schleifh.	Richt.	Schleifh.	Richt.	Schleifh.	Richt.	Schleifh.	Richt.	Schleifh.
N	2,886	N	2,746	0°	2,841	0°	0,949	0°	1,201
NO	2,679	NO	2,985	30°	2,413	30°	1,486	30°	0,945
O	4,635	O	3,652	60°	2,985	60°	1,475	60°	0,794
SO	2,755	SO	3,227	90°	2,938	90°	1,000	90°	1,494
S	4,689	S	2,121			120°	1,172		
		SW	2,171	trimetrisch		150°	1,158	disymmetr.	
monosymmetr.		W	4,098	wiederholt		180°	1,360	nach 0°—180°	
nach N—S		NW	3,735					und 90°—270°	
						monosymmetr.			
						nach 0°—180°			

Da bei Baryt wegen des durch seine Sprödigkeit bedingten raschen Abschliffes nur mit zwei Drittel der Schleifsandmenge gearbeitet wurde, die bei Kalkspat und Dolomit zur Verwendung kam, war die Verschiedenheit der Versuchsbedingungen vorerst auszugleichen. Wäre die bei Kalkspat benutzte Menge des Schleifmittels zur Anwendung gekommen, dann wäre der Abschliff $^3/_2$ der tatsächlich erzielten Menge und, da Härte und Volumsverlust zueinander reziprok sind, bedeutet das, daß zum genauen Vergleich der Härte der drei Minerale bei Baryt die relative Schleifhärte außer mit der Dichte auch noch mit zwei Drittel zu multiplizieren ist. Und diese auf die gleichen Bedingungen umgerechneten Werte sind in der Tabelle angeführt.

Der Vergleich der angegebenen Zahlenwerte läßt unzweideutig erkennen, daß die Schleifbeanspruchung wesentlich anders verläuft als der Ritzversuch. Haben schon die Versuche von *Pöschl* und *Holmquist* sichtbar werden lassen, daß sich bei den Schleifmessungen die Reihung nach der Härte wesentlich von jener bei Ritzversuchen unterscheiden kann, so werden diese Unstimmigkeiten gegenüber der Ritzhärte hier noch unterstrichen. Nach *Mohs* ist die Ritzhärte bei Kalkspat (Skalenmineral!) = 3, Baryt 3 bis 3,5 und Dolomit 3,5 bis 4. Die Schleifhärtemessungen ergeben aber für Kalkspat und Dolomit fast die gleiche Härte, für Baryt dagegen eine sehr *wesentlich geringere* Härte! Trotz sorgfältigster Materialauswahl und schärfster Auslese der Messungsreihen sind die Unterschiede weit größer als die immerhin nicht geringen Fehlergrenzen der angewendeten Methode. Hier kommt unzweideutig der bedeutende Einfluß der Sprödigkeit zur Geltung, wogegen sich der Kalkspat ziemlich, wenn auch nicht vorwiegend, plastisch verhält (vgl. auch S. 226). Bei allen Schleifhärteversuchen erscheinen die spröden Stoffe viel „weicher" als dies nach der Ritzhärte zu erwarten wäre. Vgl. dazu *Holmquists* und *Rosiwals* Erfahrungen bei dem Vergleich der Schleifhärten von Topas und Quarz (S. 208).

Das Polierproblem. Im Anschluß an die Schleifhärteversuche und ihre merkwürdigen Verschiedenheiten gegenüber der Ritzhärte sei hier auf Untersuchungen besonders aufmerksam gemacht, die eine Klärung des *Polierproblems* beabsichtigen. Bis noch vor kurzem war man der Ansicht, bei dem Polieren von Flächen handle es sich bloß um ein Schleifen mit so feinen Schleifmitteln, daß die beim Abschliff erzielten Schleifspuren (Kratzer und Ausbrüche) schon unterhalb der Sichtbarkeitsgrenze liegen. Erst 1901 kam *Rayleigh* auf Grund sorgfältiger Wägungen zu der Anschauung, daß bei der Politur nicht nur ein Abtragen von Hervorragungen erfolge, sondern auch ein *Verlagern* von Oberflächenteilchen, eine Art *Verschmieren der Oberfläche ohne Ablösung* der Teilchen. Es wurde das Verhalten der Oberflächenschicht einer Flüssigkeit zum Vergleich herangezogen. Seither hat *Beilby* dieser Erscheinung sein besonderes Studium gewidmet und *G. J. Finch* [62] konnte durch Elektroneninterferenzen den in der Polierschicht auftretenden Besonderheiten der Struktur mit Erfolg nachspüren.

Die praktische Erfahrung hatte schon lange gelehrt, daß ein Polieren *ohne* jedes Poliermittel, nur auf harter, glatter Scheibe, möglich ist. Schon daraus ergibt sich, daß es sich dabei im wesentlichen *nicht* um einen verfeinerten Schleifvorgang handeln kann. Das Verschmieren der Oberfläche ist nicht nur bei metallischen, zähen Stoffen zu beobachten, sondern auch an sprödem Material metallischer (Sb, As) und nichtmetallischer Art (Glas, Quarz ...).

Das Verlagern und Verschmieren von Oberflächenteilen konnte durch mehrere Versuche sehr deutlich gemacht werden. So wurden z. B. frische Spaltflächen von Kalkspat mit Schleifspuren versehen und dann sorgfältigst poliert. Eine nachfolgende leichte Ätzung ließ aber *alle Kratzer wieder sichtbar werden*, ein Beweis, daß diese Unebenheiten beim Polieren *nicht* zum Verschwinden gebracht worden waren. Dabei verhalten sich hinsichtlich der Polierschicht verschiedene Flächen des Kalkspates sehr verschieden. Bei den Versuchen wurden hochpolierte Spaltflächen und Flächen anderer Lage von *Nikol*schen Prismen verwendet. War die polierte Oberfläche eine Spaltfläche oder nur wenig zu dieser geneigt, so erwies sich die Polierschicht als kristallin, und zwar in *Ein*kristallorientierung, parallel dem darunterliegenden Kristall. Polierte Kalkspatflächen anderer Lage zeigten dagegen einen geringeren Grad von Kristallinität in der Polierschicht und die Basis erwies sich in der *Beilby*-Schicht als völlig amorph. In solchen Fällen wurden statt des diskreten Interferenzmusters in zunehmendem oder ausschließlichem Maße die diffusen Ringe eines Bandendiagramms erhalten. Durch Erhitzung konnten auch die amorphen Polierschichten in den Zustand eines orientierten Einkristalles überführt werden (Rekristallisation). Das Zeitmaß der Rekristallisation ist für die verschiedenen Flächen ungleich. An der Spaltfläche tritt sie sofort ein, bei anderen Flächen erst allmählich und auf der Basis außerordentlich langsam. — Das Polieren ist mit einer durchaus ungeordneten Fließbewegung der obersten Schichten verbunden. Sehr interessant ist die Beobachtung, daß Löcher feiner Gasblasen auf einer Kupferoberfläche nach dem Polieren mit einer dünnen, durchsichtigen Metallhaut überzogen waren.

Nach *Finch* finden sich unter den Mineralen bezüglich des Verhaltens der Polierschicht zwei wesentlich verschiedene Typen. 1. Beim Polieren erweisen sich die behandelten Flächen infolge Rekristallisation, die vom Hauptkristall nach außen geht, als kristallin (Quarz, Saphir, Granat Chrysoberyll, Epidot, Olivin, Titanit ...), 2. die Polierschicht verhält sich amorph (Beryll, Zirkon, Turmalin, Zinnstein, Eisenglanz ...). Bei einzelnen Beryllen, aber auch bei Cordierit, Mondstein u. a. findet man Elektroneninterferenzen, bei denen ein ausgesprochenes Interferenzmuster durch die diffusen Ringe hindurchscheint. Es muß also die *Beilby*-Schicht außerordentlich dünn sein, oder die Rekristallisation geht nur sehr langsam vonstatten. Derartige Minerale bilden also eine Art Bindeglied zwischen den vorgenannten beiden Typen. Möglicherweise gehört auch Spinell dazu. Der Diamant nimmt auch hier eine Sonderstellung ein, insofern als bei ihm überhaupt kein „Fließen der Oberflächenschicht" nachweisbar ist.

Die Tatsache einer so tiefgreifenden Strukturänderung der Oberflächenschichten durch das Polieren läßt die vielen Unstimmigkeiten bei den Ritzhärteversuchen am Kalkspat, wie auch die grundlegenden

Unterschiede zwischen Ritz- und Schleifhärte in einem neuen Licht erscheinen. Die Ritzhärte scheint durch das Polierverfahren sehr wesentlich beeinflußbar und der Verfälschung zugänglich. Bei künftigen messenden Ritzversuchen wird man jedenfalls auf diese Möglichkeiten ein erhöhtes Augenmerk richten müssen.

5. Die Schneidehärte. Ein ganz interessanter Versuch, neben dem Schleifverfahren auch das Steinschneiden in den Dienst des Härteproblems zu stellen, stammt von *Duch-Bernelin* [46]. Die Hauptteile der verwendeten Apparatur sind schematisch in Abb. 161 dargestellt. Ein endloser Draht wird durch einen Elektromotor über zwei Führungsrollen geleitet und durch geeignete Spannungseinrichtungen (Rollen und Spanngewichte) für eine straffe Spannung des Metalldrahtes gesorgt. Die eine Führungsrolle ist mit Einrichtungen ver-

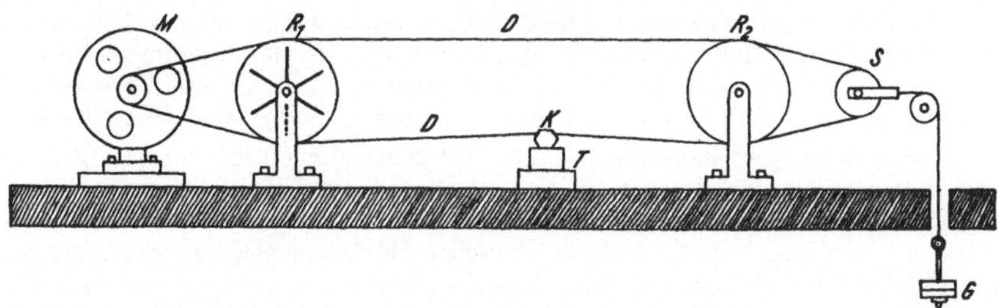

Abb. 161. Anlage des Apparates für die Schneidhärtebestimmung (nach *Duch-Bernelin*). M = Elektromotor, R_1 = Führungsrolle mit Einrichtung zur Geschwindigkeitsprüfung, R_2 = Führungsrolle, S = Rolle zur Spannungsregelung, G = Spanngewicht, D = Metalldraht, K = Kristall, T = Kristallträger.

sehen, um die Geschwindigkeit der Drahtbewegung zu überprüfen. Der mit einem Gemenge von Öl und Karborundum behaftete Draht (die Einrichtungen zum ständigen Bestreichen sind in der Skizze weggelassen) wird durch seine Spannung unter konstantem Druck über einen Kristall geführt und schneidet allmählich in diesen ein. Als Maß für die Härte wird die Abschliffmenge (richtiger Einschneidegröße) verwendet, die in bestimmter Zeit unter sonst gleichen Bedingungen (Spannung, Geschwindigkeit...) erzielt wird, bzw. die Schneidedauer je Flächeneinheit des untersuchten, geschnittenen Kristalles.

Versuche am Quarz ergaben die Brauchbarkeit der Methode auch hinsichtlich Fragen der Härteanisotropie (Laufrichtung des Drahtes, bezogen auf die Kristallorientierung). Eine weitergehende Verwendung dieser Methode wurde nicht bekanntgegeben.

6. Die Drehradhärte. Anknüpfend an die Hobelversuche von *Pfaff* (vgl. S. 201) wurde von *E. Müller* [176] eine Methode der Härtemessung beschrieben, die sich eines „*Rotationssklerometers*" bedient. Die zu untersuchende Kristallplatte wird von oben her unter konstantem Druck gegen ein schnell rotierendes Metallrädchen gepreßt und in dieser dadurch eine Furche ausgearbeitet. Der Kristallträger besitzt Einrichtungen, um in der Kristallfläche beliebige Richtungen einstellen zu können. Nach Herstellung mehrerer Furchen wird der Gewichtsverlust gemessen, und *Müller* gibt die Definition: „Die relative Härte ist die Zahl, die umgekehrt proportional ist dem aus einem Kristall von einer begrenzenden Fläche aus durch ein schnell rotierendes Metallrädchen ausgearbeiteten Volumen."

Als besondere Vorteile dieser Methode werden angegeben: 1. Sehr genaue Wägungsmöglichkeiten, 2. größere Unabhängigkeit von der Oberflächenbeschaffenheit als bei anderen Methoden, 3. geringe Abweichungen der Einzelbeobachtungen in der gleichen Richtung, 4. es können *verschiedene Rädchen* verwendet werden. Wenn nämlich das Rädchen nur wenig härter ist als die untersuchte Fläche, kommen *Härteunterschiede innerhalb der Fläche* viel deutlicher zum Vorschein.

Es sind demnach vor der Hauptmessung immer noch einige Vorversuche nötig, aus denen festzustellen ist: 1. das günstigste Material des Rädchens, 2. die Form des *Radrandes*, 3. die günstigste Größe der Belastung, 4. Umdrehungsgeschwindigkeit, 5. Zahl der auszuarbeitenden Furchen.

Die Form des Radrandes ist besonders wichtig. Wird die Kristallfläche von Spaltebenen durchsetzt und prüft man die Härte parallel den Spaltspuren, dann ist die Gefahr des Ausspringens besonders groß, falls man ein Rädchen mit *scharfem* Rand verwendet. Diese Gefahr verschwindet aber sofort, wenn die Schneide des Rädchens einen Winkel bildet, der sich der Neigung der Spaltfläche annähert. Bei der Spaltfläche des Kalkspates z. B. ist die Verwendung eines Rädchens mit 30⁰ Schneidenwinkel besonders günstig, denn dann ist eine der beiden Seiten der Radschneide unter 15⁰ gegen die (10$\bar{1}$1)-Normale geneigt und fällt somit in die Richtung der durchsetzenden Spaltebene.

Müllers mit dieser Arbeitsweise ausgeführte Messungen weichen allerdings stark von den Ergebnissen anderer Forscher ab, wobei nicht zu erkennen ist, wie weit hier die Methode an sich schuld ist, denn die Hauptmessungen wurden am Kalkspat vorgenommen, ein Mineral, das trotz allen Bemühungen bis heute noch in seinem wahren Härteverhalten nicht vollständig geklärt ist. Am ehesten schließen *Müllers* Ergebnisse an die Angaben von *Exner* an, weichen aber besonders stark von *Pfaffs* Meßergebnissen ab und stehen auch mit den wieder anders verlaufenden Resultaten von *Grailich-Pekarek* im Widerspruch.

Auch diese Methode fand keine weitere Verwendung.

7. Die Pendelhärte. Als eine Art Übergang von den dynamischen zu den statischen Härtemeßmethoden kann die Bestimmung der Pendelhärte angesehen werden. Nach *E. G. Herbert* [84] stützt sich eine bogenförmige, mit der Außenseite der Krümmung nach aufwärts gekehrten Schwinge auf einen radialen, an dem freien Ende mit einer Kugel von 1 mm Durchmesser abgeschlossenen Stift und drückt mit ihrem ganzen Gewicht von rund 4 kg das kugelige Stiftende auf die darunter liegende Kristallplatte. Der Schwerpunkt des ganzen Systems liegt ganz nahe unterhalb der Kugelspitze. Das Ganze wirkt als Pendel, das, aus seiner Ruhelage herausgedreht, wieder in diese zurückschwingt. Durch diese Pendelbewegung wird auf die Unterlage nicht nur ein senkrechter Druck ausgeübt, sondern ein großer Teil der Kugeloberfläche rollt dabei in einer Art Furche auf dem Kristall hin und her. Je weicher nun ein Körper ist, desto tiefer dringt zunächst die belastete Kugelspitze in dessen Oberfläche ein und desto größer ist die damit und mit dem Abrollen bei der Pendelbewegung verbundene Reibung, die *Dämpfung der Schwingungen*. Der ursprünglich dem Pendel erteilte Ausschlag wird dadurch immer kleiner und die *Geschwindigkeit, mit der das Pendel durch die*

Schwingungsdämpfung zur Ruhe kommt, stellt ein Maß für die Härte des untersuchten Körpers dar.

In Abb. 162 ist die Nachzeichnung eines Photogramms gegeben, das den Verlauf der Schwingungsdämpfung durch ein selbstschreibendes Pendelsklerometer nach *Schubnikow* [226] darstellt. Durch den Einbau einer Linse in den Pendelkörper (vgl. Abb. 166) wird ein Lichtstrahl auf eine langsam vorüberziehende photographische Platte gelenkt und damit dessen Bewegung aufge-

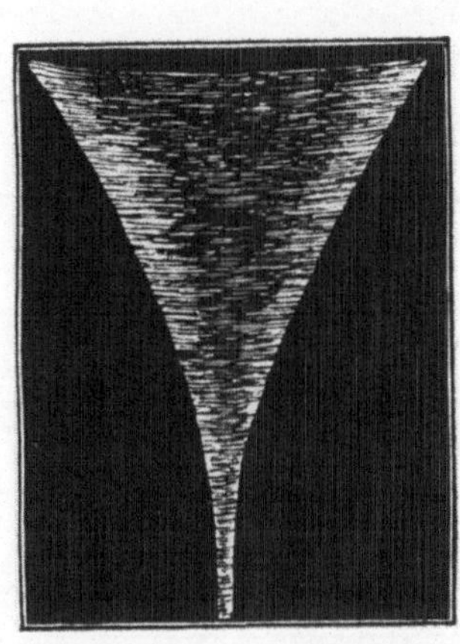

Abb. 162. Pendelhärtephotogramm von Steinsalz (Nachzeichnung nach *Schubnikow*).

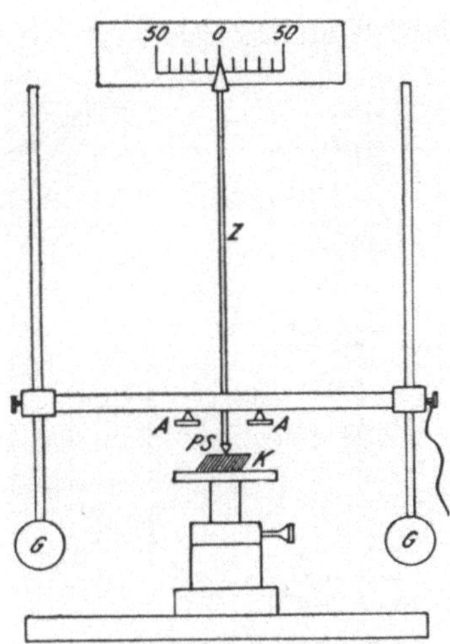

Abb. 163. Pendelsklerometer nach *Kusnetzow-Lawrentzewa*.

nommen. Die Größe der Schwingungsamplitude a nach einer bestimmten Zeit t steht mit der Ausgangsamplitude a_0 und gewissen, vom Material abhängigen Konstanten b und c in der Beziehung:

$$a = a_0 \cdot e^{-c\,(b+t)^2}.$$

Die dadurch gegebene *lineare* Abhängigkeit zwischen $\ln a$ und $(b+t)^2$ hat sich durch Versuche am Steinsalz bestens bestätigt.

Der ganze Dämpfungsvorgang hängt damit zusammen, daß bei jeder Verformung eines Körpers zwischen der vorübergehenden *elastischen* und der bleibenden *plastischen* Deformation unterschieden werden muß. Die Pendelspitze oder -schneide dringt nicht nur durch den lastenden Druck in den Körper ein und erzeugt damit eine Verformung, sondern bei spröden Körpern (und das sind fast alle Kristalle) tritt noch eine mehr oder minder deutliche Pulverbildung ein, also eine recht tiefgreifende Veränderung der Oberflächenschichten. Je größer nun der Energieanteil ist, der auf eine derartige, *bleibende* Verformung verbraucht wird, desto rascher klingt die ursprünglich angesetzte Energie ab, desto schneller kommt das Pendel zur Ruhe, bzw. desto größer ist die Dämpfung (vgl. S. 223, 224 und 255).

Die Art, in der dieses Abklingen zahlenmäßig festgehalten wird, kann sehr verschieden sein, und *Herbert* unterscheidet hierbei vier Möglichkeiten: 1. „Zeithärte." Es wird mit einer Stoppuhr die Zeit bestimmt, die zur Ausführung

von zehn Halbschwingungen (also fünf vollen Hin- und Herbewegungen)
benötigt wird (in Sekunden).

2. *„Winkelhärte."* Das Pendel wird möglichst weit aus der Ruhelage gebracht (bis zum Skalenende) und dann losgelassen. Je härter ein Stoff ist,
desto weniger Energie wird beim Zurückschwingen für eine plastische Verformung verbraucht und desto weiter schwingt das Pendel nach der anderen
Seite aus. Jener Skalenstrich, bis zu dem das Pendel bei dem ersten Aus-
schlagen zurückschwingt, ist dann das Maß der „Winkelhärte".

3. *„Bearbeitungshärte."* Durch das vielfach wiederholte Hin- und Herrollen
des Pendels erleidet der Werkstoff eine Kalthärtung. Die Rollbewegung wird

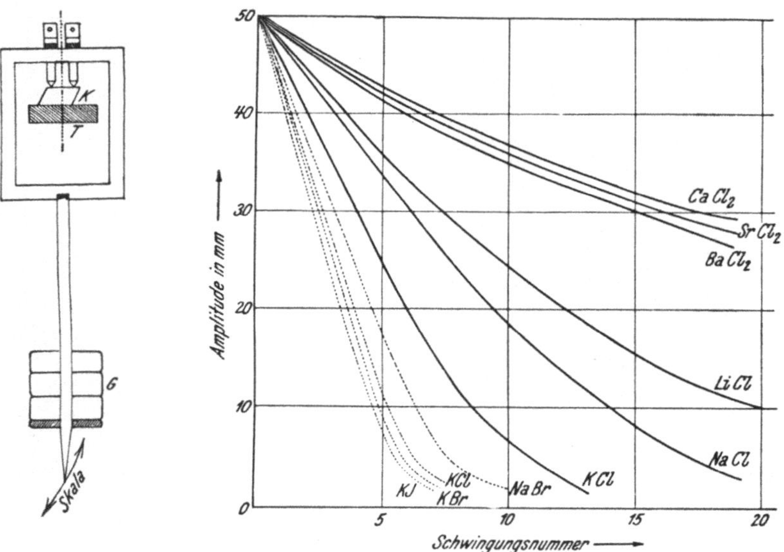

Abb. 164. Doppelspitz-Pendel-
sklerometer nach *Kusnetzow-
Rehbinder.*   K = Kristall,
T = Träger, *G* = Gewicht.

Abb. 165. Zunahme der Pendelhärte mit abnehmenden Ionen-
abständen und zunehmenden Ionenladungen (nach *Kusnetzow-
Lawrentzewa*). ———— Aus der Schmelze gezogene, ... aus
Lösungen gezüchtete Kristalle.

so lange fortgesetzt, bis infolge der Kaltwalzung der zunächst stark zunehmende Rückausschlag allmählich einen bleibenden Wert annimmt. Hier
wird eigentlich nicht die „Härte" des Werkstoffes selbst beobachtet, sondern
der Einfluß des Auswalzens auf die Schwingung.

4. *„Dämpfungshärte."* Messung der Abnahme des Schwingungsausschlages
nach Zeit bzw. Anzahl der Schwingungen. *Herbert* setzt als Maß für die erzielte Dämpfung den Logarithmus der Schwingungsamplitude nach zehn
Schwingungen fest.

Von allen vorgeschlagenen Ausnützungsmöglichkeiten für die
Bestimmung der Härte eines Körpers ist die unmittelbare Festlegung
des Gesetzes des Abklingens der Pendelschwingungen kristallographisch am meisten erfolgversprechend. Bei kristallographischen
Fragen wurde bisher nur die „Dämpfungshärte" näher untersucht
und ausgewertet. Das bedang weitgehende Abänderungen in der Form

des Pendelsklerometers, wie sie besonders von russischen Forschern verwendet wurden. In Abb. 163 ist schematisch der Apparat dargestellt, wie ihn *Kusnetzow* und *Lawrentzewa* [123] beschrieben.

Die ursprüngliche Pendelspitze (*PS*) wurde sehr bald durch eine *Schneide* von 90° Öffnungswinkel und 1 mm Länge ersetzt. Die beiderseitigen Pendelgewichte *G* sind verstellbar und gestatten eine weitgehende Verschiebung des Schwerpunktes des ganzen Systems. Durch seitlichen Fadenzug wird das Pendel in Schwingung versetzt, mit *A* arretiert...
Eine weitere Abänderung erfuhr das Pendelsklerometer durch *Rehbinder* [196] (Abb. 164), das nach dem Prinzip des Doppelspitzpendels eingerichtet ist und daher eine ganz bestimmte Schwingungsebene besitzt, der gegenüber der Kristall in verschiedener Weise *orientiert* werden kann. Auch *Balyi* [5] verwendet ein ähnliches Instrument, nur daß hier ein längerer 90°-Pendelkeil in der Mitte auf etwa 1 mm ausgefeilt ist, so daß ein Doppelkeilpendel entsteht.

Meist wird als Maß für die Härte die Größe der Amplitude des Pendels bei einer bestimmten Schwingungszahl (z. B. nach 10 vollen Pendelschwingungen) angenommen. Ein mathematisch-physikalisch viel ansprechenderer Vorschlag stammt von *Rehbinder* [196], der als „Härte" den reziproken Wert der relativen Anfangsabnahme der Amplitude *A* annimmt. Das heißt, die Härte *H* ist graphisch die Subtangente der Kurve der Pendelausschläge *A* nach der Zeit τ im Anfangspunkt der

Tab. 24. *Pendelhärte einiger Minerale und Metalle* (Auswahl nach *Rehbinder*).

Mineral	Härte	Druck
Graphit ⊥ 0001	550—510	374 g
// 0001	150	,,
Gips (010)		
// lang. Diagonale..............	250	
⊥ ,, ,, ...	430	
// Kante (*z*?)..............	285	
Witherit ⎱⎰ Spaltstücke	612	
Baryt ⎰⎱ // Kante	680—750	1000 g
Kalkspat (10$\bar{1}$1), ⊥ Kante.........	960	
Flußspat (Mittelwert)	1270	
Granat	1690	
Quarz // Kante	1800	
Blei	52,5	
Wismut	67,5	
Kadmium.....................	112,5	
Aluminium....................	150	
Silber	245	500 g
Kupfer	255	
Antimon	306	
Platin	310	
Arsen.......................	451	

Kurve ($\tau = 0$). $H = - A_0 : \dfrac{d\,A}{d\,\tau_0}$ und $A = A_0 \cdot e^{\frac{-\tau}{H}}$ (vgl. Abb. 186).

Die Schwingungsdauer $T = \pi \sqrt{\dfrac{i^2}{g\,(e + z)}}$, wobei e gleich ist der Pendellänge, i dem Trägheitsradius des Pendels und z gleich der jeweiligen Verformung des Werkstoffes. Als physisches Pendel betrachtet ist $T = 2\,\pi \sqrt{\dfrac{i^2 + e^2}{g \cdot e}}$ (*Späth* [248]). Wird mit einer Pendelkugel (statt Spitze) gearbeitet, dann rollt diese in einer Furche, einer Höhlung, die einen konstanten Krümmungsradius besitzt.

Die Abb. 165 und 166 geben Beispiele für das Aussehen solcher Pendelausschlagkurven in ihrer Abhängigkeit von der Zeit, bzw. der Schwingungsnummer. Je flacher die Kurve, je geringer also die Dämpfung, desto härter ist das betreffende Material. Dabei ergeben sich merkwürdige Beziehungen der Härte zu den Ionenabständen und Ionenladungen. *Die Härte nimmt zu mit abnehmenden Ionenabständen und zunehmender Ionenladung.* Daher ist LiCl mit $d = 2{,}57$ Å härter als NaCl mit $d = 2{,}81$ Å oder gar KCl mit $d = 3{,}4$ Å. Bezüglich der Zunahme der Härte bei Ersatz der einwertigen Ionen durch zweiwertige siehe die Kurven für $CaCl_2$, $SrCl_2$ und $BaCl_2$. Eine besonders interessante Feststellung betrifft den Einfluß der Bildungsart der untersuchten Kristalle.

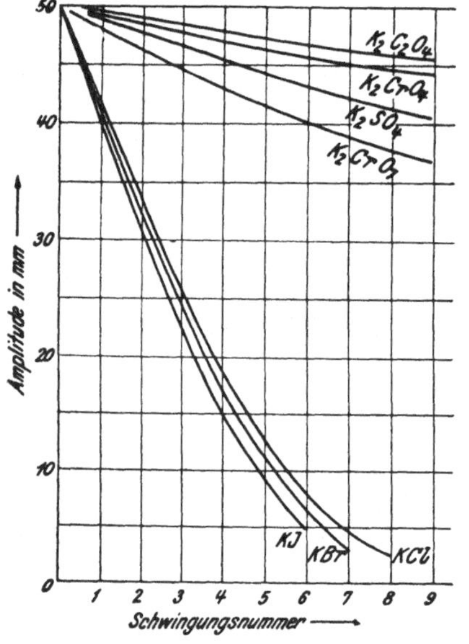

Abb. 166. Abklingen der Amplituden des Pendelsklerometers bei verschiedenen Salzen mit dem gleichen Kation (nach *Kusnetzow-Lawrentzewa*).

Die in Abb. 165 punktiert eingetragenen Kurven beziehen sich auf Kristalle, die aus der *Lösung* gezogen wurden, während die ausgezogenen Kurven Kristallen zugehören, die aus der Schmelze gewonnen wurden. An KCl ist deutlich zu erkennen, daß *die aus Lösungen gezogenen Kristalle weicher sind.*

Während der vorstehende Vergleich Verbindungen mit gleichem Anion und wechselnden Kationen betrifft, zeigt die Abb. 166 die Pendelhärtebeziehungen bei Verbindungen, die das gleiche Kation und verschiedene Anionen enthalten. Auch hier ist eine sehr auffallende Härtezunahme bei höherwertigen Anionen.

Die Verwendung einer Schneide, Doppelspitze oder eines Doppelkeiles gestattet auch die Prüfung der Pendelhärte in verschiedenen Richtungen der als Unterlage des Pendels dienenden Kristallplatte und damit die Bestimmung der Härteanisotropie, wenigstens soweit nicht Unterschiede in Richtung und Gegenrichtung in Frage kommen, sondern diese bloß tensorieller Natur sind. Als Beispiel diene das Verhalten der Spaltfläche von Gips (nach *Kusnetzow*) (Abb. 167). Ein Vergleich mit Abb. 142 mit den *Exner*schen Ritzhärteergebnissen für die gleiche Fläche zeigt bemerkenswerte Ähnlichkeiten. Nur die Richtung (3) erscheint bei *Kusnetzow* als absolutes Maximum, während sie bei *Exner* dem größeren Minimum entspricht. Es wäre von Interesse, das Verhalten der Pendelhärte und Ritzhärte in der gleichen Fläche auf breiterer Grundlage näher zu untersuchen.

8. **Die Kugel-, Kegel- und Pyramiden-Druckhärten.** Wie schon S. 177 erwähnt wurde, fehlte es nicht an Versuchen, dem undurch-

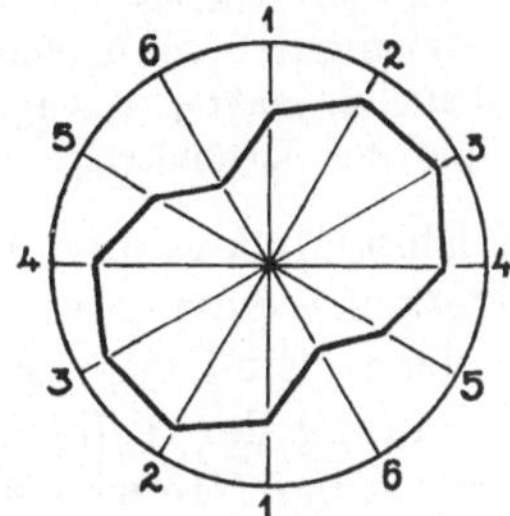

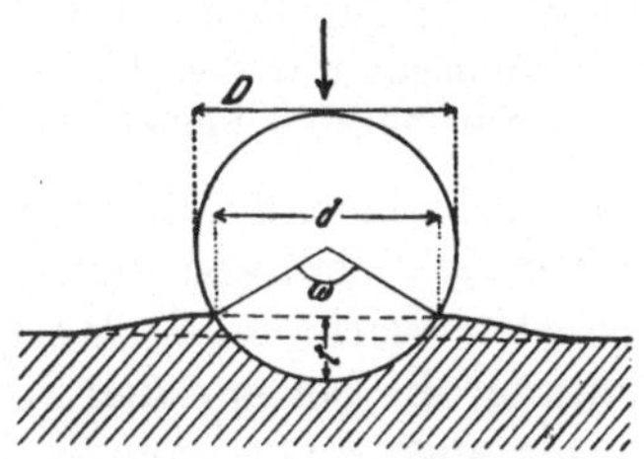

Abb. 167. Richtungsabhängigkeit der Pendelhärte auf der (010)-Fläche des Gipses (nach *Kusnetzow-Lawrentzewa*).

Abb. 168. Kugeldruckhärte nach *Hertz-Auerbach*.

sichtigen Problem der Härte von einer ganz anderen, physikalisch einwandfreien und überblickbaren Seite her beizukommen. Dem entsprach auch die dort schon zitierte Definition der Härte durch *Hertz* [86], die sich bewußt auf die *Eindringungshärte* beschränkt und dabei dem elastischen Verhalten (Überschreitung der kennzeichnenden Elastizitätsgrenze) den maßgebenden Anteil zuschreibt. Darnach ist die Härte durch den mittleren Druck gegeben, der eine bleibende Veränderung (Sprungbildung oder Einbuchtung ohne Rißbildung) hervorruft.

Bei dem Bestreben, ein *absolutes* Härtemaß zu gewinnen, verwendet *Hertz* zunächst zwei Kugeln, oder eine Kugel und eine ebene Platte des *gleichen* Stoffes die aufeinander gepreßt werden. Bald kam man davon ab und benützte Stahlkugeln, die auf ebene Flächen des zu untersuchenden Körpers aufgepreßt werden. Insbesondere *F. Auerbach* [1 bis 4] baute den *Hertz*schen Grundgedanken weiter aus und fand, daß die *Hertz*sche Härtezahl bei Berührung einer Kugel mit einer Ebene der dritten Wurzel des Krümmungshalbmessers proportional, d. h. vom Krümmungsradius abhängig ist. Nach *Auerbach* [1] ist die theoretische Härte $H = \frac{6}{\pi} \sqrt[3]{P \cdot q^2}$, wobei $P =$ Grenzdruck im Augenblick der Deformation in kg/mm² und $q = p : d^3$ ($p =$ ausgeübter Druck in kg, $d =$ Durchmesser der Druckfläche).

Auerbach gibt für die *absolute Härte* = Eindringungsfestigkeit für eine Ebene und Kugel mit dem Halbmesser 1 in kg/mm² bei einigen Stoffen folgende Zahlen an: Diamant 2500, Korund 1150, Jenaer Glas 266, Aluminium 253, Gold 97, Kupfer 95, Silber 91, Gips 14, Blei 10, Talk 5.

Außerdem gibt er für die Minerale der Härteskala die Werte (eingeklammert sind die relativen Werte für Korund = 1000): Korund (0001) 1150 kg/mm² (1000), Topas (001) 525 (456), Beryll (0001) 588 (511) (also härter als Topas), Quarz (0001) 308 (268), Adular (001) 253 (225), Apatit (0001) 237 (206), Flußspat (111) 110 (95,6), Kalkspat (10$\bar{1}$1) 92 (80), Steinsalz (100) 20 (17,4), Gips (010) 14 (12,2), Talk ungefähr 5 (4,4). Sehr interessant sind seine Beobachtungen am Apatit. Die Trennung der Teilchen erfolgt so allmählich und sanft, daß der Anfang des Trennungsprozesses oft weder sichtbar noch hörbar wird. Bei der Entlastung sah man, während der Druckkreis zusammenschrumpfte (!), den bisher von ihm verdeckten Sprungkreis auftreten. Der kritische Moment war also längst überschritten, denn im *richtigen* Augenblick muß der Sprungkreis immer etwas größer sein als der Druckkreis.

Da *Hertz* bewußt die Beziehungen zur Elastizitätsgrenze festzulegen versucht, müssen sich spröde und plastische Körper durchaus verschieden verhalten. „Härte" ist dann jene Eindringungsbeanspruchung, die bei spröden Körpern eine Trennung der Teile herbeiführt, bei plastischen dagegen eine stetige Anpassung (*Auerbach* [2]). Während bei *spröden* Körpern $q = p : d^3$ eine *Konstante* darstellt, ist das bei *plastischen* Körpern *nicht* der Fall, sondern der Wert q nimmt ständig ab, d. h. die Druckfläche wächst schneller als nach dem Gesetz zu erwarten wäre, das bei spröden Körpern bis nahe an die Sprungbildung gültig ist.

Die bei spröden Körpern auftretende Sprungbildung weicht bei Kristallen von der Kreisform oft stark ab und verrät deutliche Beziehungen zur Symmetrie der gedrückten Fläche („*orientierte Sprünge*"). Aber auch die bleibenden Eindrücke zeigen oft bezeichnende Verzerrungen (vgl. S. 229).

Interessanterweise gibt es zwischen den beiden Typen: spröde Kristalle mit orientierten Sprüngen und plastische Kristalle mit bleibender Verformung auch Übergänge. So nimmt z. B. der Kalkspat eine solche Mittelstellung ein, insofern als bei ihm unter wachsendem Druck *allmählich sich ausbreitende*, orientierte Sprünge entstehen.

a) *Kugeldruckhärte (Brinell-Härte)*. Für die Zwecke der Praxis schlug *A. Brinell* [29] vor, nicht die Elastizitätsgrenze (Bruchgrenze) zu messen, sondern *die bleibende Eindrucksfläche (O), die durch eine bestimmte, feste Belastung erzeugt wird*, also $H = \dfrac{P}{O}$. Als Druckkörper wird eine Kugel aus hartem Stahl verwendet mit dem Durchmesser D (in Millimeter). Der Durchmesser des entstandenen Eindruckes ist d und die zugehörige Eindrucks-(Kalotten-) Tiefe $= t$. Dann gilt auch $H = P : \left[\dfrac{\pi}{2} \cdot D\left(D - \sqrt{D^2 - d^2}\right)^2\right] =$

$= P : \pi \cdot D \cdot t$, oder $H = P : \left[\dfrac{\pi}{2} \cdot D^2\left(1 - \cos\dfrac{\omega}{2}\right)\right]$ (Abb. 168).

Zur Bestimmung der Kalottenfläche ist eine sehr genaue, mikroskopische Bestimmung des Durchmessers d nötig. Wegen der komplizierten Abhängigkeit der Größe O bzw. d vom angewendeten Druck wurden für die Praxis bestimmte Versuchsbedingungen vereinbart. Die gleiche Kugel gibt bei höherer Last und die gleiche Belastung bei kleinerer Kugel die „größere" Härte. Daher sind bestimmte Werte für D und die Prüflast P vorgeschrieben, je nachdem ob harte, mittelharte oder weiche Werkstoffe zu untersuchen sind. Die Versuche sind auf einer glatten, ebenen Fläche auszuführen und die Belastung ist während 15 Sek. gleichmäßig und *stoßfrei* zu steigern, sodann 30 Sek. auf ihrem Endwert zu belassen. Die gemessene Härte wird dann in folgender Form angeführt: $H_{5/250/30} = $ x kg/mm² — das bedeutet die Härte H, gemessen unter Verwendung einer Kugel von 5 mm Durchmesser bei 250 kg Belastung und einer Belastungsdauer von 30 Sek. Für die üblichen Regelversuche mit einer Kugel von 10 mm Durchmesser, 3000 kg Belastung und 30 Sek. Prüfdauer gilt das Zeichen H_n (*Normal*-Härte).

Das Material, das durch den Kugeldruck verdrängt wird, erscheint als Wallbildung wieder. Gleichzeitig erfährt die drückende Kugel eine Abplattung, die aber mangels jeder Möglichkeit, diese zu überprüfen, nicht in Rechnung gesetzt werden kann und nach dem Aufhören des Druckes in der Kugel wieder elastisch zurückgeht.

Da die Bestimmung der Kalotte (O) umständlich ist, schlug *E. Meyer* [*140*] vor, die *Fläche des Eindruckkreises* zu verwenden. Die „*Meyer*-Härte" $p_\mathrm{m} = P : \pi \cdot \dfrac{d^2}{4}$ kg/mm² $=$ „*mittlere Pressung*". Bei P besteht die Beziehung $P = a \cdot d^\mathrm{n}$, wobei n ein von der Kugel unabhängiger Werkstoffkennwert ist, a ist dagegen von D abhängig. a und n sind nicht für den ganzen Druckbereich gleich, sondern werden mit P kleiner. n strebt für $P = 0$ dem Wert 2 zu.

Gewöhnlich wird mit konstanter Prüflast gearbeitet. Dabei ändert sich d und t, woraus die Härte zu bestimmen ist. Man kann aber nach *Martens* umgekehrt auch t (= Tiefe) konstant halten und die Prüflast entsprechend ändern.

Besonders wichtig ist die *genaue* Feststellung des Eindruckdurchmessers, mindestens auf 0,01 mm genau. Sehr wichtig ist dabei die Beleuchtung, damit der Rand möglichst scharf erscheint, sonst sind bedeutende Fehler zu befürchten, wodurch sich starke Unterschiede in der Bestimmung der Härtezahlen ergeben.

T. Matsumura [*139*] beschreibt ein „*Katasameter*", bei dem eine Diamantkugel von 4 mm Durchmesser in den Körper eingepreßt wird. Es wird das zur Erreichung eines konstanten Eindruckes nötige Gewicht gemessen. Für die einzelnen Kristalle gilt dann: $P = aH + bH^2$, wobei a und b Konstante sind, die aus zwei Messungen P_1 und P_2 bzw. H_1 und H_2 bestimmt werden können. Dünne Platten müssen auf einer Stahlunterlage liegen. Bis zu 1 mm Dicke ist kein Einfluß auf die Unterlage wahrzunehmen.

Eine interessante Vereinigung der Ritzhärteprüfung mit dem Verfahren der Kugeldruckhärte stammt von *E. G. Herbert* [*85*], der eine rotierende Kugel an Stelle der ritzenden Spitze unter bestimmtem Druck über den Prüfkörper führt.

Sehr störend wirkt der Umstand, daß die Kalotten und Wallbildungen bei zunehmender Eindrucktiefe einander *nicht ähnlich* sind. Die gleiche

Kugel gibt bei verschiedener Tiefe t verschiedene Eindrucksformen bzw. sind bei gleichbleibender Eindruckstiefe die Kalotten von Kugeln mit verschiedenen Durchmessern durchaus unähnlich (Abb. 169).

b) *Kegeldruckhärte.* Diesem Übelstand half *P. Ludwik* [129] durch Einführung der *Kegeldruckmethode* ab. Bei diesem Verfahren sind die Eindrücke einander *geometrisch ähnlich* (Abb. 170), d. h. die Messung ist von der Prüflast unabhängig, denn P und d stehen in einem *konstanten* Verhältnis. Auch die Wallbildungen sind

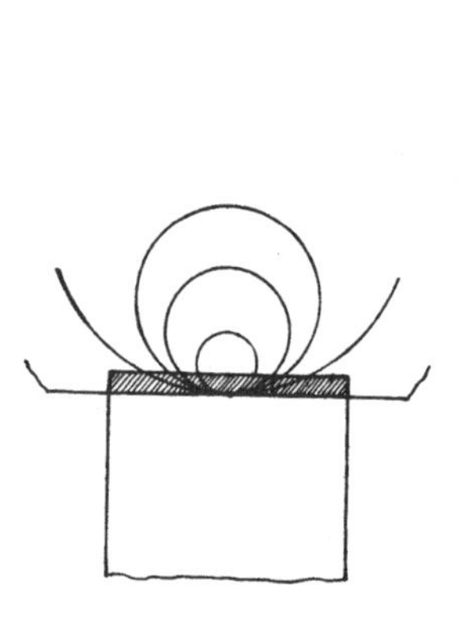

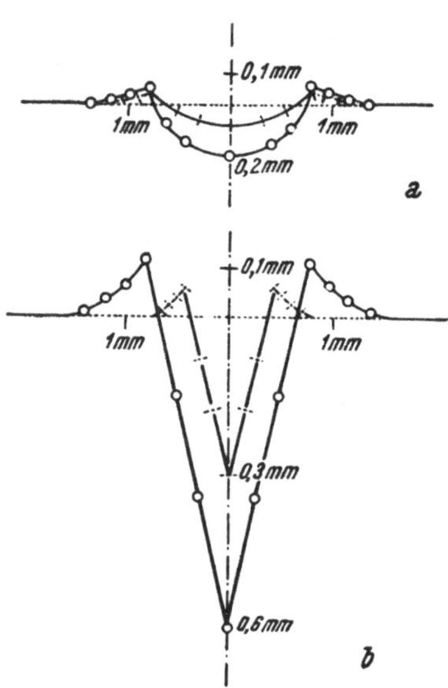

Abb. 169. Unähnlichkeit der Eindruckskalotten verschiedener Kugeln bei gleicher Eindrucktiefe, bzw. Übergang vom Kugeldruck zum Stempeldruck (ebene Druckfläche) (nach *Späth*).

Abb. 170. Druckhärtenbestimmungen mit verschiedener Belastung (20 kg und 80 kg), Vertikalmaßstab stark überhöht (nach *Tammann-Müller*). a) Kugeldruckhärte, keine Ähnlichkeit der Eindrücke u. der Wallbildungen, b) Kegeldruckhärte, Eindruck und Wallbildung bei verschiedenen Belastungen ähnlich.

durchaus ähnlich. Zunächst bezog *Ludwik* die Drucklast wie bei dem Kugeldruckverfahren auf die gedrückte Fläche, d. h. auf die Mantelfläche des Kegelteiles, der in den Körper eingedrückt ist. $H = P : F$ in kg/mm². Die Bestimmung der Eindrucktiefe ist sehr schwierig, wird aber wesentlich erleichtert durch Verwendung von 90°-Kegeln, da bei diesen die Tiefe gleich dem Eindrucksradius wird $\left(t = \dfrac{d}{2}\right)$. Man erhält dann $H = P : \left[\left(\dfrac{d}{2}\right)^2 \pi \cdot \sqrt{2}\right] = 0{,}225\ P : t^2$. *Ludwik* wählte später die Beziehung: $H = P : \left(\pi \cdot \dfrac{d^2}{4}\right)$, also zum Eindruckkreis, nicht zur Mantelfläche, ganz ähnlich wie der Übergang von der *Brinell*härte zur *Meyer*härte.

Die Ausmessung von t bzw. d wird dadurch erschwert, daß die Wallbildung die Größe dieser Werte fälscht. Daher wird vielfach die

Kegeldruckmethode „*mit Vorlast*" angewendet. Bei dem *Vorlastverfahren* wird der Unterschied der Eindrucktiefen des Eindringkörpers (dessen Form dabei gänzlich gleichgültig ist), zwischen zwei Laststufen, der Vorlast und der Hauptlast, bestimmt.

Bei weicheren oder mittelharten Körpern werden Stahlkugeln bzw. -kegel verwendet. Harte Körper werden mit einem Diamantkegel behandelt, der meist 120° Öffnungswinkel besitzt, wobei man an der Spitze einen Abrundungsradius von 0,2 mm verwendet.

Rein praktischen Zwecken dient die *Rockwell*härte, bei der einfach *die Härte der Eindrucktiefe t proportional gesetzt wird* (konstante Belastung). Gegenüber der *Brinell*härte mit der komplizierten Ausmessung liegt hier der Vorteil darin, daß eine einzige Ausmessung (*t*) den Kennwert für das betreffende Material darstellt. Diese rein praktische Methode ist für die Behandlung des Härteproblems unzureichend.

Wenn auch bei 90°-Kegeln die Tiefenmessung durch Ausmessung des Eindruckkreises ersetzt werden kann, ist doch diese Ausmessung überaus empfindlich und gibt leicht Gelegenheit zu Fehlbestimmungen. Sehr häufig zeigt sich der Eindruckkreis verzerrt, so daß die Unsicherheit in der Messung noch beträchtlich gesteigert wird.

c) *Pyramidendruckhärte.* Um dieser Schwierigkeit auszuweichen und gleichzeitig die Vorteile des Kegeldruckverfahrens zu verwerten, wird in steigendem Maße das *Pyramiden-Druckverfahren* („*Pyramidenhärte*" nach *Vickers*, „*Vickers*härte") angewendet. Die Pyramide erzeugt auch beim härtesten Werkstoff ganz scharf umrissene Eindrücke, die, wie bei Verwendung eines Kegels, einander immer ähnlich bleiben.

Man verwendet Diamantpyramiden mit 136° bis 140° Öffnungswinkel und läßt diese 30 Sek. einwirken. Die Ausmessung der Diagonalenlänge E kann sehr genau erfolgen (auf 0,001 mm). Dann ist $H_p = P : O = 1{,}854\ P : E^2$. Auch die *Vickers*härte ist, wie die Kegelhärte, unabhängig von der angewendeten Prüflast. Bis zu 300 kg/mm² stimmt die *Vickers*härte recht gut mit der *Brinell*härte überein.

Obwohl die Pressungsverfahren bewußt ohne Rücksichtnahme auf das Anisotropieproblem der Härte ausgearbeitet wurden, zeigen sich doch auch bei ihrer Anwendung deutliche Einflüsse der Richtungsabhängigkeit der Härte. Am leichtesten lassen sich damit die Härteunterschiede auf *verschiedenen Flächen* des gleichen Kristalles feststellen. *J. Czochralski* und *S. Brunne* [*40*] stellten diesbezügliche Versuche an Zink-Einkristallen an und fanden ein Maximum der *Brinell*härte auf (10$\overline{1}$0) mit 36,9 kg/mm² und ein Minimum auf (0001) mit 25,2 kg/mm². Die Versuche wurden an zylindrischen oder kugelig geschliffenen Einkristallen vorgenommen. Der *Brinellhärtekörper* hat demnach für Zinkkristalle ungefähr die Form einer Tomate.

Die für die Kristalle so bezeichnende Härteanisotropie macht sich bei allen Druckverfahren aber vor allem in *Verzerrungen des Eindruckumrisses* bemerkbar. Es läßt sich demnach die quantitative Härtemessung auch nach dieser Seite hin wenigstens qualitativ ergän-

zen. Auffallend ist die oft sehr deutliche, genaue Beziehung zur
Flächensymmetrie.

F. Rinne und *W. Riezler* [*207*] berichten über das Aussehen des
Kegeleindruckes auf der Würfelfläche eines natürlichen Steinsalz-
kristalles (Abb. 171). Statt des Kreises erscheint ein Quadrat mit
stark gerundeten Ecken, die Seiten parallel den Würfelkanten. In den
Richtungen der Diagonalen [110] sind vier Aufwölbungsbereiche, dazwischen (nach 100) Depressionsbezirke (Mulden). In der Umgebung
des Eindrucktrichters ist zwischen gekreuzten Polarisatoren ein deutlich doppelbrechendes Spannungsfeld zu erkennen. Die Symmetrie der
Verzerrung entspricht genau der Flächensymmetrie des Würfels.

Ähnliche Beobachtungen machte *A. Portevin* [*194*] an grobkörnigem Kupfer, wenn die *Brinell*härte am Einzelkorn gemessen wurde. Bei Kupfer mit

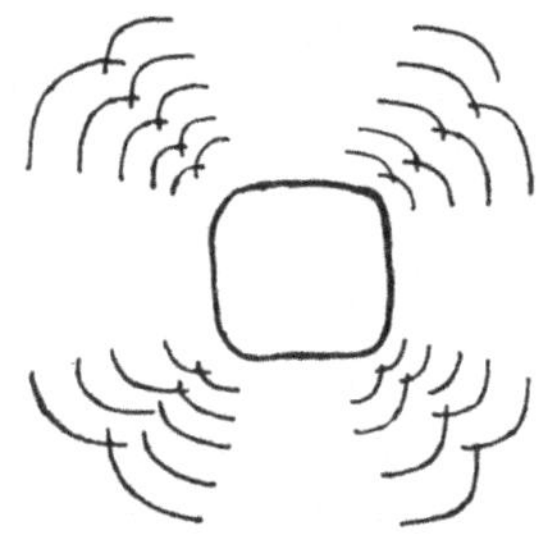

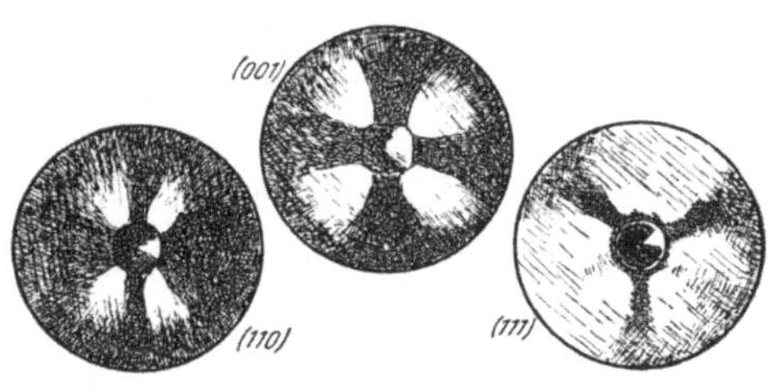

<table>
<tr><td>Abb. 171. Kugeleindruck und Wall-
bildungen auf der Würfelfläche des
Steinsalzes (nach Rinne-Riezler).</td><td>Abb. 172. Kegeleindrücke auf verschiedenen Flächen von
Kupfer-Einkristallen bei Zimmertemperatur (Nachzeich-
nung nach Engl-Heidtkamp).</td></tr>
</table>

0,5% Vanadium besaß der zu einem stark gerundeten Quadrat verzerrte Ein-
druckskreis zwei kleinere Durchmesser mit 3,35 mm und zwei größere, in den
Diagonalen liegende mit 3,69 mm. Bei Cu mit 2,16% Al war der längere Durchmesser etwa um ein Zehntel größer als der kürzere. Mehrere Eindrücke am
gleichen Korn sind einander vollkommen ähnlich und genau parallel orientiert.

Sehr schön sind die Versuche, die *Engl* und *Heidtkamp* [*53*] an Kupfer-
kristallen anstellten. Um die Art und Verteilung der Aufwölbungen rund um
den Eindrucktrichter sichtbar zu machen, wurde die angerauhte Oberfläche
nach dem Eindruck abgeschliffen. Die Aufwölbungen erscheinen dann als
glatte Sektoren (mit Schleifspuren) Abb. 172), deren Aussehen und Verteilung wieder streng der Flächensymmetrie entspricht. Auf (100) ist der Eindruck quadratisch verzerrt und von den Diagonalen gehen vier helle Sektoren
aus. Die Verteilung ist tetrasymmetrisch. Auf der (110) erscheint der Eindrucktrichter elliptisch verzogen. Auch hier gehen vier helle Sektoren aus, die aber
disymmetrisch angeordnet sind. Entsprechend der Symmetrie der (111)-Fläche
ist das Bild der Sektorenverteilung streng trisymmetrisch. Hier ist auch der
kristallographisch bedingte Unterschied in Richtung und Gegenrichtung
deutlich.

Besonders aufschlußreich sind die Verzerrungen bei *Pyramiden-
Härteversuchen* nach *Vickers*. In Abb. 173 und 174 ist das Aussehen

der *Vickers*-Eindrücke wiedergegeben, wie sie von *Schulz* und *Hane-mann* [229] an Antimonkristallen mit ihrer rhomboedrischen Symmetrie beobachtet wurden. Die „Fließlinien" (Gleitspuren in den verschiedenen Flächen) zusammen mit dem Aussehen der Verzerrungen

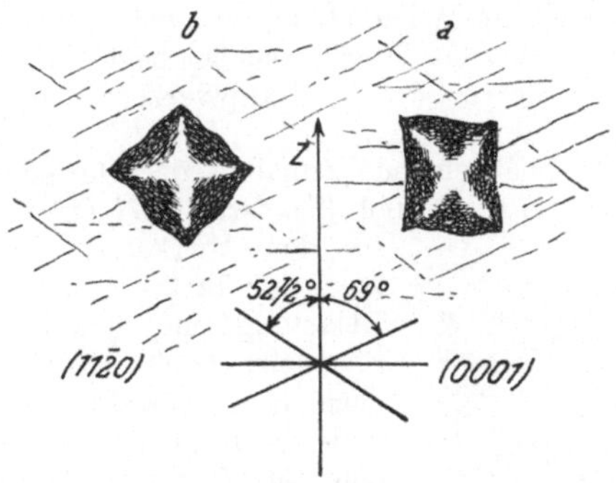

Abb. 173. *Vickers*-Eindrücke auf einer (11$\bar{2}$0)-Fläche eines Antimonkristalles (nach *Schulz-Hanemann*, Nachzeichnung), mit Andeutung der Fließlinien. a) Eine Pyramidenseite // *z*, b) eine Diagonale // *z*.

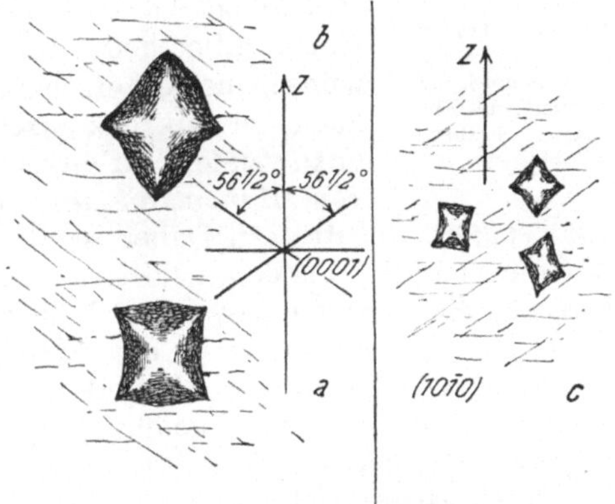

Abb. 174. *Vickers*-Eindrücke auf einer (10$\bar{1}$0)-Fläche eines Antimonkristalles (nach *Schulz-Hanemann*, Nachzeichnung) mit Andeutung der Fließlinien. a) Eine Pyramidenseite // *z*, b) eine Diagonale // *z*, c) in verschiedenen Lagen gegenüber *z*.

lassen vermuten, daß hauptsächlich die Ebene der zweitbesten Spaltbarkeit, die Fläche (01$\bar{1}$2), als Gleitfläche dient.

Sehr auffallend sind die Verzerrungen der *Vickers*figuren in der (10$\bar{1}$0)-Fläche, etwas weniger, aber doch unverkennbar in der (11$\bar{2}$0)-Fläche. In beiden Fällen wurden die Pyramidenseiten (in *a*) oder die Diagonalen (in *b*) parallel, bzw. senkrecht zur *z*-Achse gerichtet. Besonders im Falle *a* ist die Beziehung zur Symmetrie überaus lehrreich. Die (11$\bar{2}$0)-Fläche steht auf einer zweizähligen Achse senkrecht, nicht aber auf einer Symmetrieebene, demzufolge ist auch die Verzerrung ausgesprochen dimetrisch (vgl. den geschwungenen Rand oben und unten an der Eindruckfigur). Dagegen ist die (10$\bar{1}$0)-Fläche symmetrisch nach der Vertikalen und diese Symmetrie zeigt auch der Eindruck. Bei asymmetrischer Lage des *Vickers*quadrates gegen die *z*-Achse ist auch die Verzerrung völlig asymmetrisch (Abb. 174 c).

Von den angenommenen (01$\bar{1}$2)-Gleitflächen schneiden zwei das Prisma (10$\bar{1}$0) unter 56^1/$_2$^{0} gegen die *z*, bei (11$\bar{2}$0) je zwei unter Winkeln von 69^0 4′ und 52^0 35′. Die Risse nach der Basis sind bei beiden Prismen zu erkennen. Aus der Abbildung geht hervor, daß die Hauptverzerrungen in den Richtungen *senkrecht* zu den Gleitlinien liegen.

Die gelegentlich zu beobachtende Zunahme der Härteziffer mit abnehmender Belastung wird von *Bischof* und *Wenderott* [17] auf die beim Eindringen in den Werkstoff auftretende Reibung zurückgeführt. Rasche oder wiederholte Belastung mit jeweiligem Ablösen des Stempels, auch Erschütterungen vermindern die Härtezahl. Bei der *Vickers*pyramide beobachtet man bei der Entlastung eine *Rückfederung*. Wird die Reibung völlig ausgeschaltet, dann scheint der Härtewert mit sinkender Belastung abzunehmen.

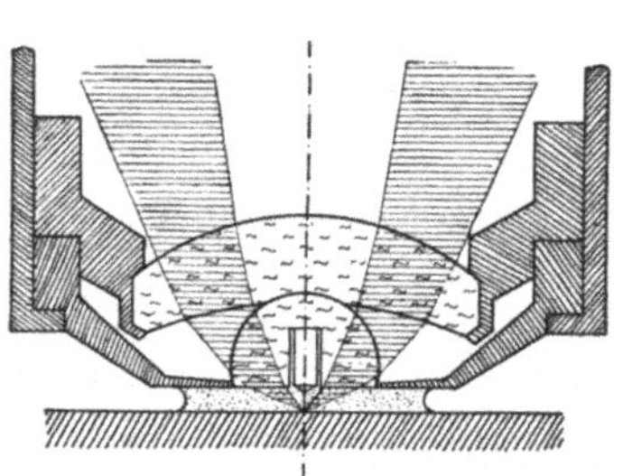

Abb. 175. Vorderteil des Objektives des „*Mikrohärteprüfers*“ von *Hanemann* mit der Diamantspitze (nach *Bernhardt*), als Immersionsobjektiv konstruiert, mit Eintragung des verwendbaren Strahlenbereiches.

Die ausgezeichneten Erfahrungen, die man bei Anwendung der Pyramiden-Härteprüfmethode gewann, ließen es wünschenswert erscheinen, die Methode auch bei mikroskopischen Präparaten anzuwenden. Zu diesem Zwecke wurde von *Hanemann und Bernhardt* [80] ein „*Zeiß-Mikrohärteprüfer*“ konstruiert. Dabei ist die Objektiv-Frontlinse entweder als Ganzes als Pyramide geschliffen und muß bei monochromatischem Licht in einer genau passenden Immersion verwendet werden, oder es ist eine Diamantspitze in den Mittelteil der Frontlinse eingebaut und der übrigbleibende Ringteil der Frontlinse für den Strahlengang zur Beobachtung ausgenützt (Abb. 175). Es ist also möglich, mit dem gleichen Objektiv die nötigen Eindrücke zu erzeugen und diese auch zu beobachten.

Besonders scharf läßt sich die Länge der Diagonale messen, wodurch die Bestimmungen bedeutend genauer werden als bei den Kugel- und Kegeldruckverfahren mit ihren „kreis“-förmigen Eindrücken. Bei dem Mikroverfahren kann man auch das *Einzel*korn einstellen und dadurch bessere Einblicke in die Beziehungen zum Kristallbau gewinnen.

Es muß aber aufmerksam gemacht werden, daß ein Vergleich der ermittelten Mikrohärte mit Zahlen der *Makro*härteprüfung nur mit besonderer Vorsicht vorgenommen werden kann.

9. Die Schlaghärte. Läßt man in einem Führungsrohr einen „Hammer“ mit bestimmtem Gewicht (P), in dessen unteres Ende eine Stahlkugel eingebaut ist, aus einer gegebenen Fallhöhe (F) auf den Prüfkörper frei herabfallen, dann entsteht in diesem ein Eindruck vom Volumen V. Aus diesen meßbaren Werten ist nach *R. Martel* die „*Schlaghärte*“ durch die Beziehung gegeben:

$$H_{\text{Martel}} = P.F : V \text{ in kg/mm}^2.$$

10. Die Rückprallhärte. Bei dem Auffallen eines Hammers auf einen festen Körper wird nicht nur ein Eindruck erzielt, sondern das Fallgewicht wird im Rückstoß auch zurückgeschleudert. Bei der *Rücksprunghärte* wird die *Rücksprunghöhe* im Verhältnis zur Ausgangshöhe als Maß der Härte verwendet. Wenn h_0 die Fallhöhe und h die Rücksprunghöhe bedeuten, dann ist die verbrauchte Energie $= (h_0 - h)$ und die Dämpfung $\psi = \dfrac{h_0 - h}{h} = \dfrac{h_0}{h} - 1$. Die aus dem Rücksprungversuch abgeleitete Meßgröße ist also durch das Verhältnis von verbrauchter Energie zu der elastisch zurückgewonnenen Energie gegeben. Die Härte erscheint dann als reziproker Wert der Dämpfung: $H = 1/\psi = h$: $: (h_0 - h)$. Ersichtlich mißt man hiebei eigentlich nicht die Härte, sondern die *Elastizität* des Prüfkörpers.

Als Beispiele mögen einige Angaben von Rücksprunghöhen einzelner Minerale dienen. Die Fallhöhe betrug 500 mm. (Auszug aus der Tab. 6 von *Späth.*) Serpentin 365,9, Feldspat 334,2, Korund 331,8, Topas 321,3, Flußspat 319,5, Kalkspat 280,5 (Marmor 199,7), Kupfer 58,0, Aluminium 35,0. Darnach wären Serpentin und Feldspat härter als Korund, Flußspat und Topas fast gleich hart. Man erkennt deutlich, daß diese Art der Härtebestimmung dem mineralogischen Härteproblem in keiner Weise gerecht wird.

Die Rücksprunghöhe wird häufig durch einen Schleppzeiger angezeigt *(Shoregerät)*. *J. Czochralski (40)* maß auch nach diesem Verfahren die Zink-Einkristalle durch und erhielt in der Richtung //z [senkrecht zu (0001)] 5,5 Einheiten, wogegen die Rückprallhärte ⊥ z 25,8 (!) Einheiten betrug.

11. Die mechanische Korrosionshärte. Die Verwendung eines Sandstrahlgebläses zur Prüfung der „Härte" mineralischer Werkstoffe, wie sie von *Gary* [70] angegeben wurde, ist wohl weniger mit der Schleifhärte als mit der Rücksprunghärte in Vergleich zu setzen. Von *Eppler* [55, 56] wurden an Achaten, Quarz und anderen Mineralen diesbezügliche Versuche unternommen, die zu sehr interessanten Ergebnissen bezüglich der „*relativen, mechanischen Korrosionshärte*" führten.

Die Härteunterschiede der verschiedenen Flächen kommen dabei recht gut zum Ausdruck, nur ist die Verteilung vielfach anders als dies bei den sonstigen Härteprüfverfahren zu beobachten ist. Nach *Eppler* ist

$$\text{Relative mechanische Korrosionshärte} = \frac{\text{Dichte}}{\text{Gewichtsabnahme in g je 1 cm}^2 \text{ Angriffsfläche}}.$$

Bei Quarz sind die Härteunterschiede, je nachdem die Angriffsrichtung parallel oder senkrecht zur z-Achse erfolgt, sehr gering und schwankend, dagegen auffallend groß bei Achat, bezogen auf die Faserrichtung (vgl. Abb. 182). Setzt man die Korrosionshärte des Bergkristalles mit 100 fest, dann ist im Mittel die Härte bei Achaten, wenn die Angriffsrichtung parallel der Faser verläuft, 700, wenn sie senkrecht zur Faserrichtung steht, 360. Bezüglich der starken Herabminderung der Härte durch Tempern vgl. S. 240.

Sehr interessant ist die Überprüfung der Minerale der Härteskala nach diesem Verfahren.

Tab. 25. *Vergleich der Ritz-, Schleif- und Korrosionshärte bei Mineralen der Härteskala (bezogen auf Quarz = 100) (nach Eppler).*

Mineral	Mohs	Rosiwal	Eppler	Mineral	Mohs	Rosiwal	Eppler
Talk	1	0,03	6,2	Quarz	7	100	100
Gips	2	1,04	6,2	Topas	8	146 Mittel	81
Kalkspat ...	3	3,75	10,1			$\left(\perp\ 001\right.$	71
Fluorit	4	4,17	9,9			$\left.// \ 001\right)$	91
Apatit	5	5,42	5,0	Korund	9	833 Mittel	594
Orthoklas ..	6	31,– Mittel	46,0			$\left(\perp\ z\right.$	500
		$\left(\sim\ \perp\ x\ 50\right.$				$// \ z$	688
		$\left.\sim\ // \ x\ 42\right)$		Diamant ...	10	117.000	109.000

Ein korrodierender Angriff auf die Kristalloberfläche kann nicht nur durch Körper erfolgen, die härter sind als das Probematerial (Sandstrahlgebläse), sondern auch durch Stoffe, die wesentlich weicher sind (Flüssigkeiten). Man spricht dann allerdings von „Erosion".

A. Reis und *L. Zimmermann* [197] versuchten nun, diesen Angriff erodierender Flüssigkeiten (Quecksilber) zur Härtemessung von Kristallen auszunützen. Die in ihrer Arbeit ausführlich beschriebene Methode hatte nur bei ganz weichen Mineralen (bis zur Härtestufe $1^1/_2$) einen Erfolg. Auch da war eine gut reproduzierbare, wirklich „messende" quantitative Bestimmung kaum durchführbar. Es soll also nur der Vollständigkeit halber auf diese ganz abseits liegende Methode hingewiesen werden.

12. Die piezoelektrische Härtebestimmung. Nur der Vollständigkeit wegen sei erwähnt, daß von *E. Franke* [65] der Vorschlag gemacht wurde, die piezoelektrische Aufladung von Quarzkristallen zur vergleichsmäßigen Härtebestimmung auszunützen. Als Vergleichsmaß wird die Rücksprunghöhe der auf den Probekörper auffallenden Stahlkugel benützt. Nun wird *unter* den zu untersuchenden Kristall ein Piezoquarz gelegt und die elektrische Aufladung des Quarzkristalles bestimmt, die durch den Kugelaufschlag auf den Probekörper erzielt wurde. Die Größe der Aufladung dient als Härtemaß. — Diese Methode ist wohl für das kristallphysikalische Härteproblem ungeeignet und hat auch keine weitere Anwendung gefunden.

13. Die Temperaturabhängigkeit der Härtemessungen nach verschiedenen Methoden. Unter Anwendung der einfachsten Mittel, Erzeugung von Ritzfurchen oder Drucklöchern, wurden bei Einkristallen von Zink, Wismut, Antimon und Eisen durch *Tammann* und *W. Müller* [259] Versuche bei höheren Temperaturen angestellt, die eine Zunahme der Verformbarkeit, d. h. Abnahme der Härte und Spaltbarkeit deutlich machten. Mit wachsender Temperatur können neue Gleitsysteme in Kraft treten. Das stimmt mit der alten, technischen Erfahrung, daß Verformungen bei höheren Temperaturen, wie beim Schmieden, Recken, Walzen, viel weniger Kraft in Anspruch nehmen und Rißbildungen weniger zu fürchten sind als bei der Kaltverformung.

Ausführlichere Messungen wurden nach dem Kugeldruckverfahren („*Brinell*härte") von *W. Schischokin* [217] im elektrischen Ofen durchgeführt. Wie aus Abb. 176 zu ersehen ist, sinkt ganz allgemein die Kugeldruckhärte mit steigender Temperatur. Die Temperaturabhängigkeit ist gegeben durch die Beziehung: $H = \varkappa \cdot e^{-\alpha t}$, wobei $\varkappa$ und α vom Werkstoff abhängige Konstanten sind. $\alpha = \textit{Temperaturkoeffizient der Härte}$ und läßt sich aus zwei Messungen bei den Temperaturen

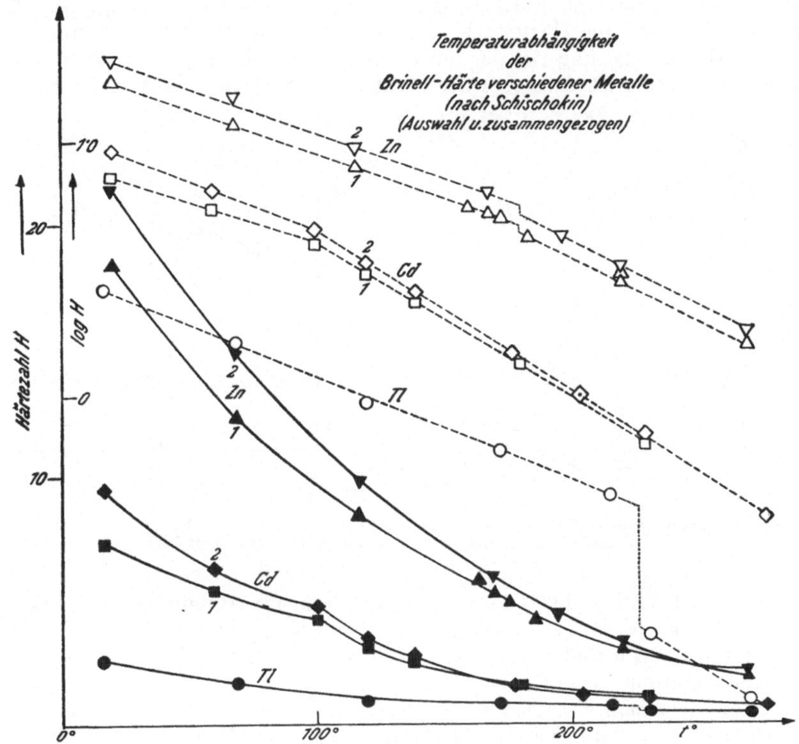

Abb. 176. Änderung der *Brinell*härte einzelner Metalle mit der Temperatur (nach *Schischokin*, umgezeichnet und zusammengezogen). Ausgezogene Kurven und ausgefüllte Zeichen = Härtezahlen aus den Messungswerten, gestrichelte Kurven und leere Zeichen = logarithmische Ableitung der Härtekurven; △ = Zink, □ = Kadmium, ○ = Thallium; 1, 2 = zweierlei Reinheitsgrade.

t_1 und t_2 bestimmen. $\alpha = \dfrac{\log H_2 - \log H_1}{t_2 - t_1}$. Das α ist sehr empfindlich gegen Verunreinigungen des Probekörpers und ist bei den reinsten Metallen am kleinsten. Die Abb. 176 läßt erkennen, daß die logarithmische Ableitung der Härtekurven mit der Temperaturänderung in *linearer* Beziehung steht. Besonders schön zeigen sich sprunghafte Härteänderungen (Knick in der logarithmischen Ableitung) bei den Umwandlungstemperaturen (z. B. bei Thallium zwischen 215° bis 231°, oder bei Zink zwischen 175° bis 185°, dessen Umwandlungstemperatur mit 170° bestimmt wurde. Das bedeutet eine sprunghafte Änderung des Temperaturkoeffizienten bei Änderung der Modifikation. So gilt für Thallium bei der Tiefmodifikation $\alpha_T = 0{,}0042$ und für die Hochmodifikation $\alpha_H = 0{,}0067$.

Dieser besonders in der logarithmischen Ableitung gleichmäßige Verlauf der Kurve der Härteabnahme mit steigender Temperatur erfährt durch eine vorangegangene Kaltbearbeitung eine wesentliche Änderung.

Da, wie schon vielfach erwähnt, durch Kaltbearbeitung von Metallen deren Festigkeit und damit deren Härte ganz bedeutend zunehmen kann, stellt sich der Normalverlauf der Härtekurve erst ein, wenn durch die Erhitzung diese anomale Härtesteigerung wieder rückgängig gemacht ist. Die dazu nötige Temperatur ist je nach dem geprüften Material verschieden. Abb. 177 gibt nach

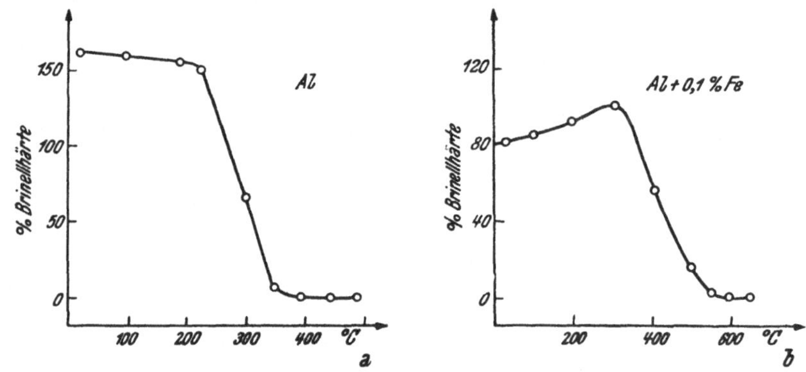

Abb. 177. Temperaturabhängigkeit der *Brinell*härte bei kaltbearbeitetem Aluminium (nach *Tammann-Neubert*). a) Reines Al, b) Al mit 0,1% Fe-Gehalt.

Tammann und *Neubert* [260] in den Härtekurven des Aluminiums ein Beispiel für den Einfluß vorangegangener Kaltbearbeitung. Gleichzeitig zeigt der Vergleich der Kurven *a* und *b*, daß auch geringe Zusätze fremder Stoffe eine weitere Komplikation in der Temperaturabhängigkeit der Härte bedingen. In Abb. 177 b sieht man zunächst ein weiteres Ansteigen der Härte des durch die Kaltbearbeitung schon verfestigten Aluminiums. Der folgende Abfall auf die Härte des weichen Zustandes erfolgt weniger steil und gegenüber dem reinen Metall erst bei höheren Temperaturen.

Auch die Kegeldruckhärte zeigt eine gleichartige Abhängigkeit von der Temperatur. Eine sehr eingehende Beleuchtung dieser Frage geben *Rinne* und *Riezler* [207], die mit einem Stahlkegel, Öffnungswinkel 90°, Kegeldruckversuche am Steinsalz anstellten. Wenn das Material plastisch ist, dann bildet die Eindruck-*Geschwindigkeit* einen wesentlichen Faktor, d. h. die Eindruckgröße ist nicht nur vom Preßgewicht, sondern auch von der *Preßdauer* (t) bei konstanter Temperatur abhängig. Die Eindruck*tiefe* wächst beständig trotz konstantem Druck (vgl. auch *Rinne, Hofmann* [206]).

Ist nach *Ludwik* $H = P : r^2 \pi \ \text{kg/mm}^2$, dann besteht nach *Rinne* die Beziehung $r = k_1 + k_2 \log t$. Bei verschiedenen Temperaturen ist nun die Konstante k_2 von der absoluten Temperatur T abhängig:

$k_2 = c_1 . e^{b\,T}$, wobei c und b temperaturbedingte Faktoren sind. Aus allem ergibt sich dann die Schlußbeziehung: $r = \sqrt{\dfrac{1}{\pi}} . P . (c_1 + c_2\,T + c_3 . e^{b\,T} . \log a . t)$. Es müssen also zur vollständigen Darstellung der Versuchsergebnisse fünf Konstante (a, b, c_1, c_2, c_3) be-

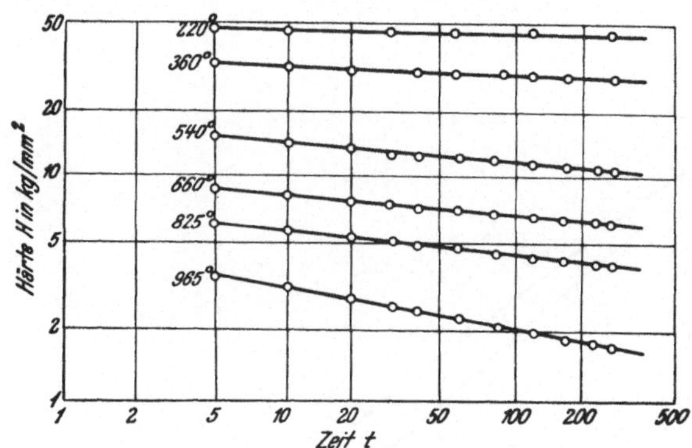

Abb. 178. Härtezahl H als Funktion der Zeit für polykristallines Kupfer bei verschiedenen Temperaturen (nach *Engl-Heidtkamp*).

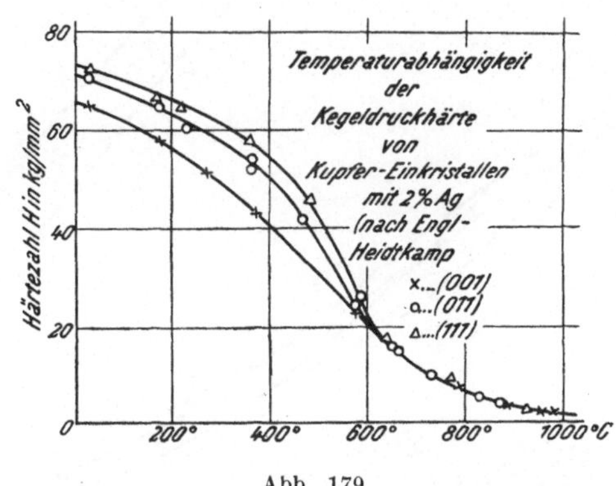

Abb. 179.

stimmt werden und damit ist die „Kegeldruckhärte = Plastizität des Materiales" für den *gesamten* Temperaturbereich und für beliebige Preßdauer gekennzeichnet.

Für Steinsalz wurden die folgenden Konstanten bestimmt: $a = 1,8$, $b = 5,13 . 10^{-3}$, $c_1 = 3,1 . 10^{-4}$, $c_2 = 1,0 . 10^{-6}$, $c_3 = 5,5 . 10^{-6}$. c_1 entspricht einem Druck von 100 kg/mm².

Ähnliche Untersuchungen führten *J. Engl* und *G. Heidtkamp* [53] an polykristallinem Elektrolytkupfer aus. In Abb. 178 ist die Abhängigkeit der Kegeldruckhärte von den Temperaturen und der Preßdauer graphisch dargestellt. Die den Härte-Zeit-Kurven beigesetzten Zahlen beziehen sich auf die Beobachtungstemperatur. Die Versuche wurden in einem elektrischen Ofen mit Beobachtungsrohr und Benützung einer Vorlast (vgl. S. 229) durchgeführt. Für eine Preßdauert $t > 0{,}5$ Minuten gilt für die Härte die Beziehung: $H = H_1 \cdot t^{-n}$, wobei H_1 die Härtezahl nach 1 Minute Belastung bedeutet, und n eine Materialkonstante ist. Als bestimmend für die Zeit- und Temperaturabhängigkeit der Härtezahlen bei Kupfer werden bezeichnet: 1. Gleitung nach (111), 2. Verfestigung infolge

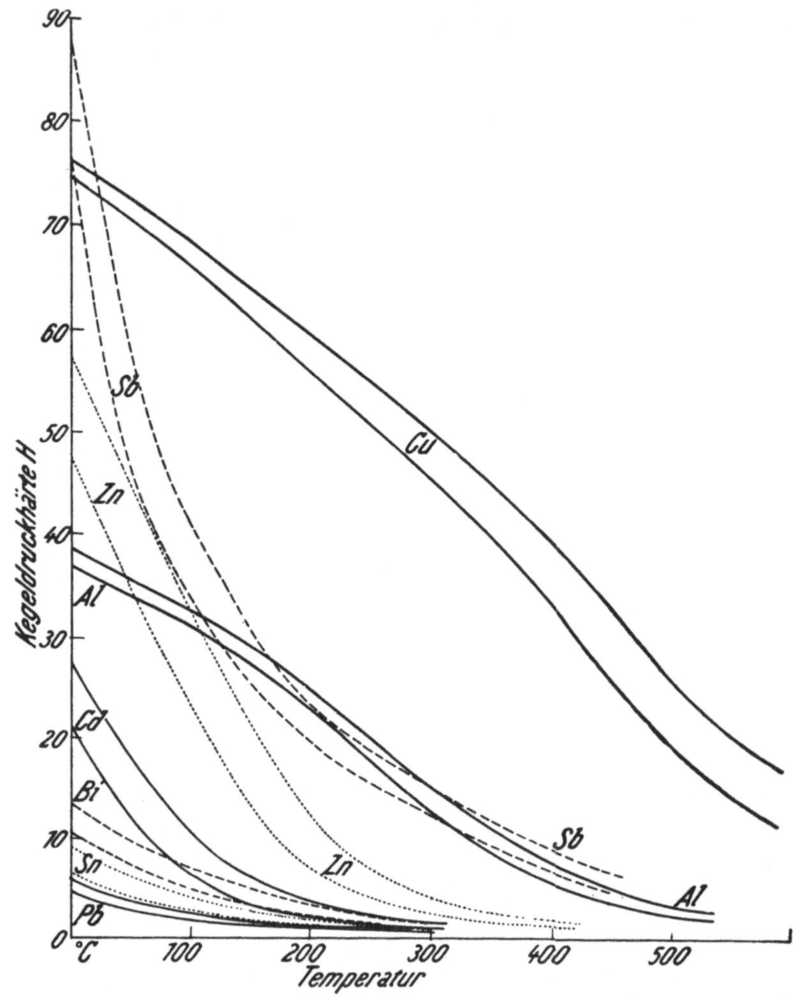

Abb. 180. Temperaturabhängigkeit der Kegeldruckhärte verschiedener Metalle (nach *P. Ludwik*). Die oberen Kurven für 15 Sek., die unteren für 300 Sek. Versuchsdauer.

Verformung, 3. Kristallerholung, 4. Rekristallisation. Bei Temperaturen von 850⁰ C an zeigt sich rund um den Eindruck ein polykristalliner Gürtel auch bei Einkristallen.

Die gleichartige Untersuchung von Kupfer-*Ein*kristallen gab für die drei Hauptflächen deutlich verschiedene Härtezahlen und demgemäß drei Temperaturabhängigkeitskurven, die aber knapp über 600⁰ C zu einer einzigen Kurve zusammenfließen (Abb. 179). Die (in der Abbildung nicht eingetragene) entsprechende Kurve für polykristallines Kupfer bleibt etwas unter der Kurve für die Würfelfläche. Polykristallines Kupfer ist also etwas weicher als Einkristalle.

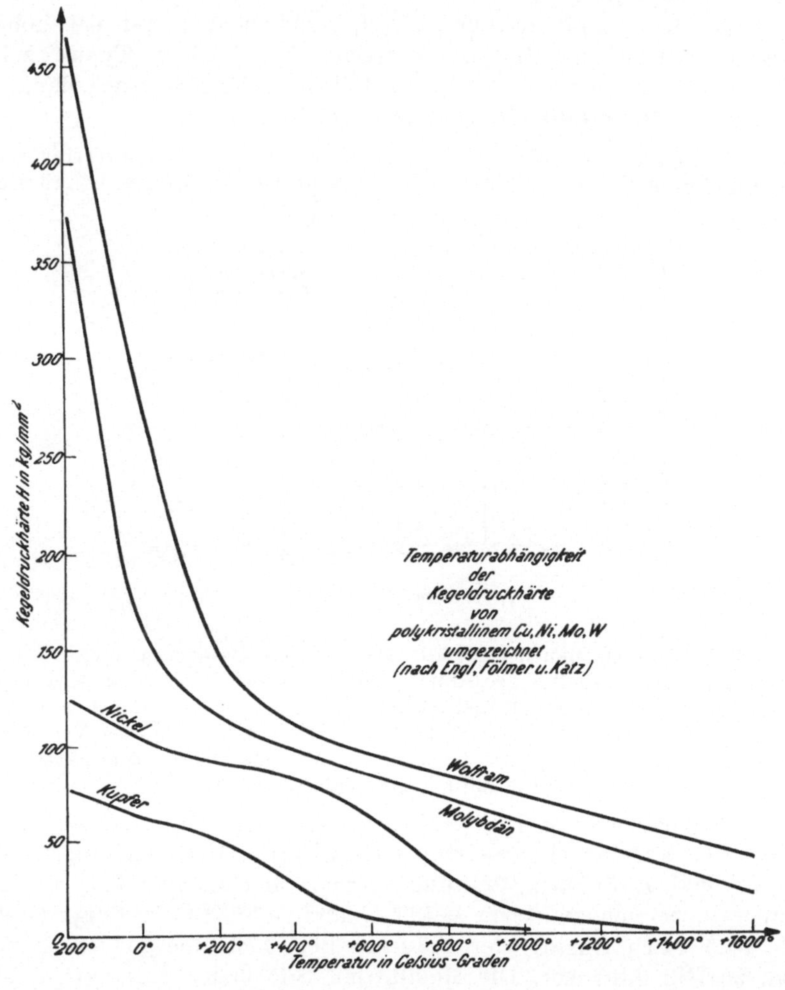

Abb. 181.

In etwas anderer Art bringt *P. Ludwik* [*130*] die Beeinflussung der Temperaturabhängigkeit der Kegeldruckhärte einzelner Metalle von der Versuchsdauer zum Ausdruck. Er führte zwei Versuchsreihen durch, die eine, wo die Höchstbelastung mit 15 Sekunden, die andere, wo diese mit 300 Sekunden konstant gehalten wurde. *Ludwik* will damit den Einfluß der Formänderungsgeschwindigkeit auf die Größe der „*inneren Reibung*" feststellen (Abb. 180). Immer erweisen sich bei *längerer* Versuchsdauer die Metalle „*weicher*" als bei kurzen Versuchen.

Die Härte nimmt ganz allgemein mit steigender Temperatur ab, doch erfolgt die Art dieser Abnahme hauptsächlich nach zwei Typen. In dem einen Fall (Cu, Al ...) verlaufen die Härtekurven schwach S-förmig, im Anfang sanfter Abfall, dann steiler und bei hohen Temperaturen wieder flacher werdend. Der andere Typus zeigt dagegen zu Beginn einen steilen Abfall, der ziemlich rasch dann in einen flacheren Verlauf übergeht (Sb, Zn, Cd ...).

Dieser Umstand und die Tatsache, daß das *Maß* der Härteverringerung überhaupt bei den verschiedenen Stoffen verschieden ist, bringen es mit sich

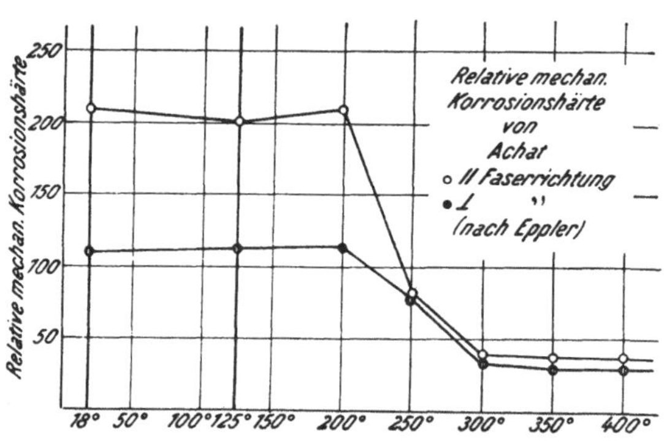

Abb. 182.

daß sich die Kurven mancher Metalle überkreuzen. Besonders interessant ist diesbezüglich das Verhalten des Aluminiums. Nahe dem 0-Punkt ist Al weicher als Zn und Sb, zwischen 100° und 200° C durchkreuzt es aber die Kurven von beiden Metallen. wird also härter als diese. Für Zn bleibt dieses Verhältnis weiterhin bestehen, für Sb tritt dagegen bei 300° eine weitere Durchkreuzung ein, so daß sich das Härteverhältnis abermals umkehrt.

Die Unterscheidung zweier Typen der Temperaturabhängigkeitskurven der Kegeldruckhärte wurde auch durch Untersuchungen von *J. Engl* und *J. Fölmer* [52] und *J. Engl* und *J. Katz* [54] in dem Temperaturbereich zwischen —190° C und +1800° C bestätigt (siehe Abb. 181). Nach Ansicht der Forscher liegt hier eine gewisse Beziehung zur Struktur vor. Die Metalle mit S-förmiger Kurve (Cu, Ni) haben ein flächenzentriertes Raumgitter, jene mit einfacher Krümmung und steilem Anfangsabfall dagegen ein raumzentriertes Gitter. Nach *Sauerwald* ist letzterer Typus auch bei dem raumzentrierten (!) α-Eisen zu beobachten.

Bezüglich des Ausmaßes der Härteverminderung (Härtezahlen in kg/mm²) seien noch folgende Zahlen angegeben (in Klammer jeweils die zugehörige Temperatur): Kupfer 76,4 (— 191,5° C), 1,8 (+ 1005°); Nickel 124 (— 191,5°), 3,0 (+ 1288°); und Molybdän 373 (— 189,5°), 12,6 (+ 1857°); Wolfram 465

(-189^0), 30,8 ($+1815^0$). Die Versuche wurden an polykristallinem Material ausgeführt.

Auch die Untersuchungen auf relative, mechanische Korrosionshärte, wie sie *Eppler* [55] am Achat durchführte, ergaben eine starke Temperaturabhängigkeit der Härtezahl. Die bei Zimmertemperatur gemessenen Anfangswerte der Korrosionshärte erfahren bei Temperung zwischen 200^0 und 300^0 C einen steilen Abfall, bei gleichzeitigem Verschwinden der ursprünglich so ausgeprägten Härteanisotropie. Dabei sinkt die Achathärte auf jene des Quarzes herab (Abb. 182).

Bei 18^0 ist die Korrosionshärte des Achates parallel der Faserrichtung 218, senkrecht dazu 108 (Messungswerte! Vgl. dazu die auf die Quarzhärte 100 bezogenen Werte S. 234). Bei 300^0 C sind die Zahlen: $//F$ *38* und $\perp F$ *35* (in Quarzprozenten 123 und 103).

14. Abhängigkeit der Härte von der Einbettungsflüssigkeit. Eine alte Werkerfahrung besagt, daß man z. B. Glas mit Vorteil in Petroleum schleifen oder bohren soll. Bei Metallen dagegen, z. B. beim Eisen, sind wässerige Seifenlösungen bei solchen Arbeiten vorteilhaft. Daraus ergibt sich ein wesentlicher Einfluß der Schleif- oder Bohr-*Flüssigkeit*. Es ist merkwürdig, daß erst in allerjüngster Zeit eingehendere, sachliche Untersuchungen über die Art und die Gründe für diese Einflußnahme der Einbettungsflüssigkeit auf die Härte des behandelten Werkstoffes vorgenommen wurden.

Besonders aufschlußreiche Versuche praktischer und theoretischer Natur stammen von *W. v. Engelhardt* [*50, 51*], der sich besonders mit der Beeinflussung der *Schleifhärte am Quarz* beschäftigte, was auch rein praktisch für die Arbeit in Quarzgesteinen von außerordentlicher Bedeutung ist.

Unter einem Schleifdruck von 1 kg/cm² wurde der Quarz mit einer abgewogenen Menge Karborundum auf Stahlscheiben durch zehn Minuten verschliffen, wobei ständig die Schleifflüssigkeit zutropfte. Die Zulaufgeschwindigkeit hat bei verschiedenen Flüssigkeiten verschiedene optimale Werte hinsichtlich der Einflußnahme. Für Wasser oder Oktanol z. B. liegt das Zulaufoptimum bei 0,4 cm³/min, für Benzol dagegen bei 0,9 cm³/min.

Die Abschliffleistung ist dem angewendeten Druck linear proportional. bezogen auf die gleiche Schleiffläche.

Setzt man die Härte der Basisfläche des Quarzes in Wasser mit 100 fest, dann sind die entsprechenden relativen Härtezahlen bei Abschliffen in verschiedenen Einbettungsflüssigkeiten wie folgt gegeben:

Die *relative* Härte $H' = \dfrac{H \cdot 100}{H \,(\text{Quarz im Wasser})}$. Die *gemessene* Härte

$H = \dfrac{1}{V} = \dfrac{s \cdot F}{A'}$ wobei V das Abschliffvolumen, s das spez. Gewicht, F die Schleiffläche in cm² und A' die Abschliffmengen in g bei 1 kg/cm² Druck bedeuten.

Tab. 26. *Schleifhärte des Quarzes* (0001) *in reinen Flüssigkeiten* (nach *W. v. Engelhardt*).

	H'		H'		H'
Hexan	109	Aceton	95	n-Amylacetat	77
Benzol	103	Methylformiat	95	n-Buttersäure	73
Tetrachlor-		Methanol	87	Isopentanol	71
kohlenstoff	100	Äthanol	87	n-Butanol	67
Wasser	100	Essigsäure	83	n-Pentanol	63
Nitrobenzol	95	n-Butylacetat	77	sek. Oktanol	59

Die Härteunterschiede sind bedeutend. Im Hexan ist Quarz 1,85mal härter als in Oktanol. So bedeutende Unterschiede wurden bei keinem anderen Mineral beobachtet. Auch das relative Verhalten gegen Wasser und die beiden extremen Flüssigkeiten ist bei verschiedenen Stoffen durchaus verschieden, so daß sich noch keine durchgreifende Regel erkennen läßt. Man kann nur vermuten, daß hier das Kristallgitter einen besonderen Einfluß nimmt.

Tab. 27. *Schleifhärten einiger Minerale in Benzol* (B), *Wasser* (W) *und Oktanol* (O) (nach *W. v. Engelhardt*).

	Volumsverlust (V) in cm³			$H = 1/V$			H' in Quarzprozenten			nach *Holmquist*
	B	W	O	B	W	O	B	W	O	W
Quarz 0001 .	0,107	0,110	0,185	9,34	9,09	5,40	103	100	59	100
Adular $\perp$ MP	0,190	0,210	0,240	5,26	4,76	4,16	58	52	47	49
Turmalin 0001	0,163	0,181	0,161	6,13	5,52	6,21	68	61	68	—
Topas 001 ..	0,199	0,210	0,199	5,01	4,76	5,01	55	52	55	63
Rutil 001 ...	0,0805	0,105	0,105	12,4	9,52	9,52	137	105	105	—

Je nach der Schleifflüssigkeit verschiebt sich die Reihenfolge sehr bedeutend:
In *Benzol:* Rutil > Quarz > Turmalin > Adular > Topas.
In *Wasser:* Rutil > Quarz > Turmalin > Adular = Topas.
In *Oktanol:* Rutil > Turmalin > Quarz > Topas > Adular.

Die eingehenden Schleifversuche am Quarz ergaben, daß sich dieser in Flüssigkeiten mit elektrisch symmetrischen, also *unpolaren* Molekülen, wie Hexan oder Benzol, *härter* verhält als in Wasser. Dagegen ist Quarz in Flüssigkeiten mit unsymmetrisch gebauten, also polaren Molekülen (Dipolen), wie Alkohol, Fettsäuren usw. *weicher* als im Wasser, das übrigens selbst zu den Dipolflüssigkeiten gehört.

Sehr wesentlich ist dabei die größere oder geringere Fähigkeit der Dipolflüssigkeiten größere Assoziate zu bilden. Je mehr solche Assoziate auftreten, desto weniger härtevermindernd wirkt die Flüssigkeit.

Durch den Schleifvorgang entstehen neue Bruchflächen mit unabgesättigten Ionen. Diese erzeugen ein nach außen rasch abfallendes elektrisches Feld (Grenzflächenfeld). Der Energieinhalt dieses Feldes wird besonders stark herabgesetzt, wenn in dieses Moleküle polaren Charakters (Dipole) gebracht werden, die mit den Gitterbausteinen in elektrische Wechselwirkung treten können. Je wirksamer dieser Angriff der Flüssigkeit auf den festen Körper in der Grenzfläche ist, desto leichter gelingt die Auflockerung und Zerstörung des festen Körpers, d. h. desto leichter erfolgt das Abschleifen und desto geringer ist die „Härte".

Bei dem steilen Abfall des an der Quarzoberfläche bestehenden elektrischen Feldes sind *einzelne* Dipolmoleküle, die ganz nahe an die Oberfläche herankommen können, viel wirksamer als größere Assoziate, deren Dipole inmitten großer, räumlicher Gebilde sitzen. Daraus erklärt sich die geringe Härteverminderung (Herabsetzung

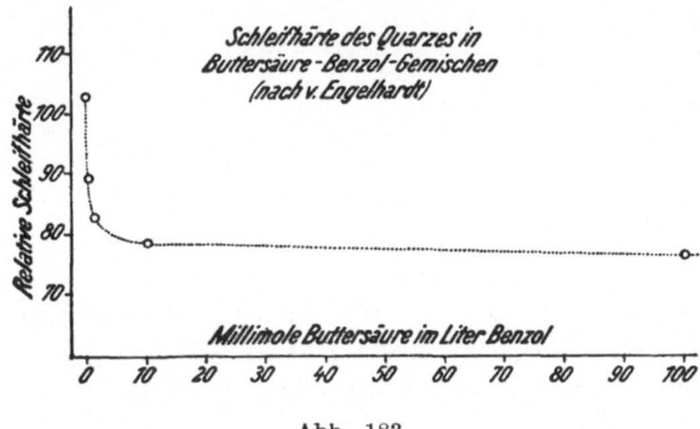

Abb. 183.

der Grenzflächenenergie) bei Dipolflüssigkeiten, die leicht größere Assoziate bilden, wie z. B. das Wasser.

Sehr interessant sind nun Versuche mit *Lösungen* nach zwei Typen: 1. Gemisch polarer und unpolarer Molekülarten, 2. Gemisch mehrerer polarer Molekülarten. Als Beispiele dienen für 1. *benzolische* Lösungen (z. B. von Buttersäure) und für 2. *wässerige* Lösungen (gleichfalls von Buttersäure oder auch von NaCl). Erstere wirkt schon bei kleinen Zusätzen stark härtevermindernd, während die zweite Type erst in hohen Konzentrationen und da im allgemeinen in geringem Ausmaß die Härte unter jene im Wasser herabdrückt.

Für die erste Type zeigt Abb. 183 den Einfluß wachsender Mengen von Buttersäure in Benzol. Schon außerordentlich geringe Mengen des polaren Körpers im unpolaren Benzol bedingen eine ganz bedeutende Härteverminderung, tief unter die Härte im Wasser. Dann allerdings ändert sich die Härte kaum mehr auch bei stark wachsendem Gehalt an Buttersäure — oder einem anderen polaren Stoff.

Auch die bekannte geringe Schleifhärte des Quarzes in Petroleum geht auf die gleiche Ursache zurück, da im Petroleum in ganz kleinen Mengen auch noch polare Stoffe als Verunreinigung enthalten sind. Man läßt daher die Schneidemaschinen für Gesteine nicht mit Wasser, sondern mit Petroleum laufen. Eine Spur von Oktanol als Zusatz gäbe noch eine weitere Härteverminderung.

Ganz anders ist das Verhalten der zweiten Type (Abb. 184 und 185). Hier ist zunächst ein mehr oder weniger starker Anstieg der Härte bei Zusatz von Buttersäure oder eines anderen polaren Körpers zu erkennen. Die Schleif-

16*

härte durchläuft mit zunehmender Konzentration der Lösung ein Maximum und
fällt dann ab bis *unter* die Schleifhärte im Wasser. Diese Härteverminderung
ist allerdings erst bei relativ hohen Konzentrationen zu erzielen. Ähnlich,
wenn auch weniger ausgeprägt liegen die Verhältnisse bei Verwendung von
NaCl-Lösungen.

Dieses Verhalten erklärt sich aus der starken Wechselwirkung des gelösten Stoffes und des Wassers. Die gelösten Teilchen werden hydratisiert und
damit für Grenzflächenenergie des Quarzes unwirksam. Erst wenn nach Bil-

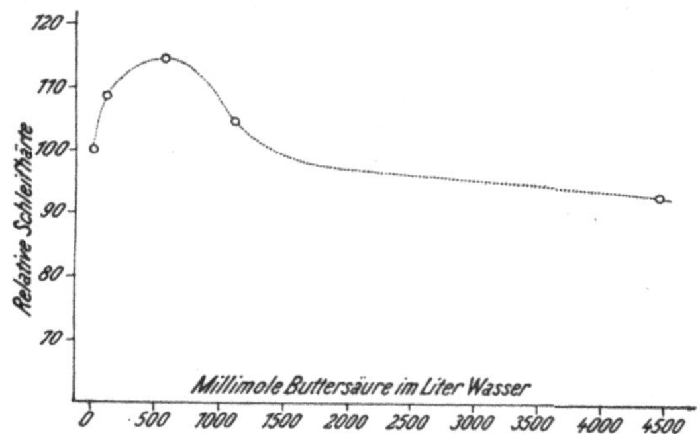

Abb. 184. Schleifhärte des Quarzes (0001) in Buttersäure-Wasser-Gemischen (nach *v. Engelhardt*).

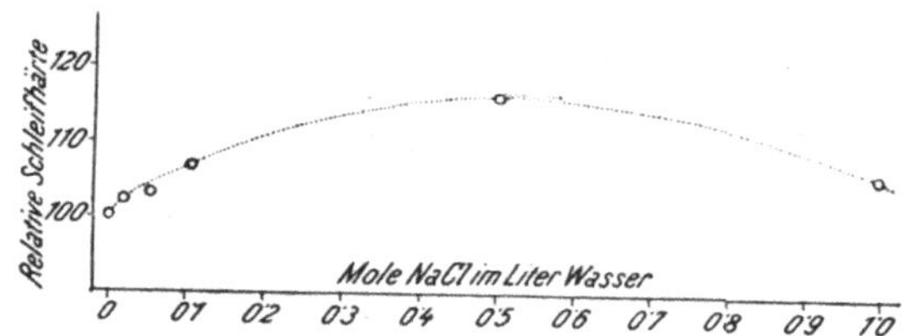

Abb. 185. Schleifhärte des Quarzes in NaCl-Lösungen (nach *v. Engelhardt*).

dung solcher Assoziate noch Ionen oder Dipole übrigbleiben, also erst bei
hohen Konzentrationen, tritt die härtemindernde Wirkung des polaren Stoffes
ein, d. h. erst dann verhält sich auch die wässerige Lösung ähnlich wie die
Type 1.

In einzelnen wässerigen Lösungen wird gleichwohl die Schleifhärte des
Quarzes beträchtlich herabgesetzt. Soll das Ionengitter des Quarzes zerstört
werden, dann muß die elektrische Anziehung zwischen den Ionen, die Gitter-
kohäsion, überwunden werden. Diese Arbeit ist geringer, wenn in der um-
gebenden Flüssigkeit gleich *Ersatz*möglichkeiten für die einzelnen, aus dem
Gitterverband herausgerissenen Ionen vorliegen, d. h. wenn die Lösungen
Ionen enthalten, die die O- und Si-Ionen des Quarzes diadoch zu vertreten vermögen. So kann O durch OH und F ersetzt werden, Si durch P, Al, B und Ge.

Besonders stark ist die Härteverminderung bei Verwendung wässeriger
Lösungen von organischen Stoffen mit großen, bzw. langen Molekülen. In
dieser Beziehung ist die *Sulfitlauge* ganz außerordentlich einflußreich. Dieses
Abfallprodukt der Zellstoffherstellung enthält den Ligningehalt des Holzes in

Form von Ligninsulfosäure, meist durch Ca zu ligninsulfosaurem Ca neutralisiert. Diese Verbindung hat sehr lange Moleküle mit polaren Gruppen. Man kann sie entweder eingedickt als „*Dicklauge*" verwenden, oder in Form der im Wasser sehr leicht löslichen *Trockenlauge*. Nach *W. v. Engelhardt* [51] gibt schon ein 10%iger Zusatz von Trockenlauge zum Wasser eine Härteverminderung auf 89 (gegenüber der Wasserhärte = 100), bei 50% auf 72,5, bei 80% auf 70. Die Verwendung von Sulfitlaugen wäre daher bei Bohr- und Schleifarbeiten in silikatischen Gesteinen besonders zu empfehlen.

Interessanterweise ergeben sich ganz gleichartige Verhältnisse bei der Bestimmung der *Pendelhärte* unter Mithilfe „grenzflächenaktiver Stoffe" durch *P. Rehbinder* [196]. Auch hier wird der Polarität der in Lösung an den Kristall herangebrachten Stoffe eine besondere Bedeutung zugeschrieben. Wenn der Kristall in Bezug auf das Flüssigkeitspaar: Wasser—Kohlenwasserstoff (z. B. Vaselinöl) *hydrophil* ist, d. h. mit Wasser besser benetzbar ist als durch die zweite Phase, dann wird der Polarisationsunterschied und damit die Adsorption

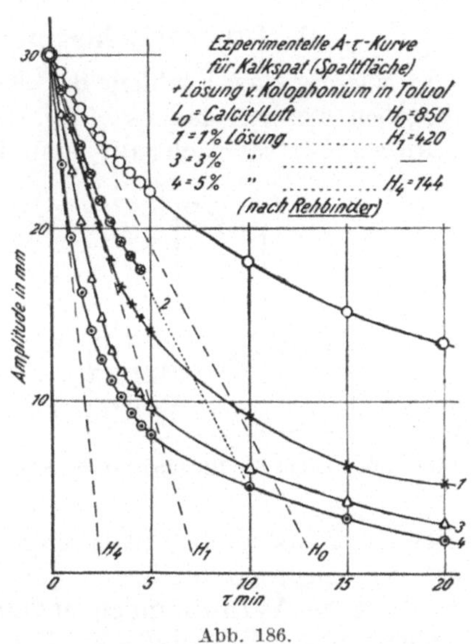

Abb. 186.

eines grenzflächenaktiven Stoffes, also auch die entsprechende Härteverminderung an der Grenzfläche: Kristall—Vaselinöl viel größer sein als bei der Beziehung: Kristall—Wasser (z. B. Kalkspat, Gips ...). Will man also die Härte eines hydrophilen Kristalles durch einen polaren, grenzflächenaktiven Stoff herabsetzen, dann muß dieser in Form einer Lösung in einer möglichst *unpolaren* Flüssigkeit an den Kristall herangebracht werden. In Abb. 186 wird das erhalten von Kalkspat gegen Toluol dargestellt, in dem in verschiedenem Maße Kolophonium gelöst wurde.

Während in Luft oder reinem Toluol die Härtezahl für die Pendelhärte der Spaltfläche am Kalkspat 850 ist, erhält man bei einer 5%igen Lösung von Kolophonium in Toluol nur mehr den Wert 144. Bezüglich der Ermittelung der Pendelhärtezahlen vgl. S. 222.

Im Gegensatz dazu werden bei *hydrophoben* Kristallen (Graphit, Metalle, einige sulfidische Erze ...) polare Stoffe aus wässerigen Lösungen viel stärker adsorbiert als aus Lösungen mit weniger polaren Flüssigkeiten. In diesem Fall muß also der Härteherabsetzer in *wässeriger* Lösung an den Kristall herangebracht werden.

Graphit bleibt in einer Lösung von Oleinsäure in Vaselinöl, die bei Gips, Kalkspat usw. eine fünf- bis zehnfache Härteverminderung veranlaßt, in seiner Härte überhaupt unverändert, wird dagegen sehr stark beeinflußt, wenn Fettsäuren, Heptyl- und Valeriansäuren in wässeriger Lösung verwendet werden.

Es ergeben sich also auch hier die gleichen technischen Folgerungen hinsichtlich einer möglichen Herabsetzung der Härte eines Werkstoffes, wie bei *Engelhardt*s Schleifhärteuntersuchungen in grenzflächenaktiven Lösungen.

III. Theoretisches und Deutungsversuche.

So wichtig das Problem der Kristallhärte an sich ist, muß doch zugegeben werden, daß es eine „Härte schlechthin" nicht gibt. Jeder Härtewert bezieht sich auf eine bestimmte Verformungsgröße und

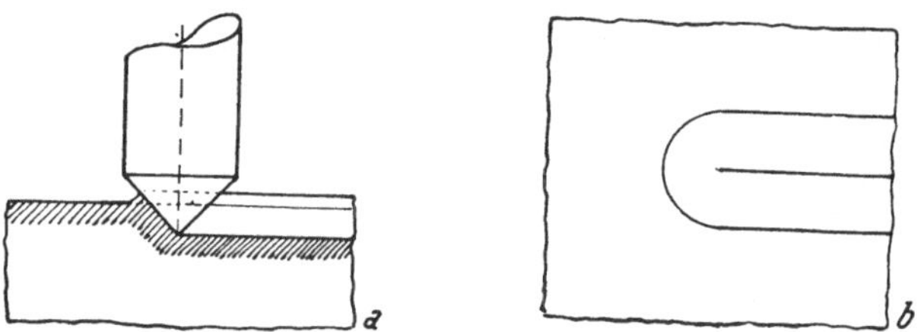

Abb. 187. Gestalt der Ritzfurche (nach *Späth* und *Meyer*). a) Längsschnitt, b) Grundriß.

es ist durchaus müßig, nach engeren Beziehungen zwischen diesen, nach verschiedenen Methoden gewonnenen Kennwerten, die ja ganz verschiedenen Verformungen entsprechen, zu suchen (*Späth* [248]). Allgemeingültige, theoretische Erörterungen sind deshalb bezüglich der *zahlenmäßigen* Festlegung von Härtewerten gar nicht durchführbar und die folgenden Darlegungen bezwecken bloß eine genauere Festlegung der mathematisch-physikalischen Grundlagen für die einzelnen Untersuchungsmethoden.

Gleichwohl sind es zwei Fragen, die bei jeder Form der Härtebestimmung immer wieder auftauchen und darum einer allgemeinen Besprechung zugänglich sind: 1. Die Bestimmung der *absoluten Härte* und 2. die Aufstellung einer für alle Härteprüfungen gültigen und dabei physikalisch einwandfreien „*Definition des Begriffes der Kristallhärte*".

1. **Die „absolute Härte" und das Verhalten spröder und plastischer Stoffe.** Während für die technischen Verfahren (Pressungshärte, Pendelhärte ...) von vornherein schon auf das absolute Maßsystem Bezug genommen wurde, ist das bei den Abnützungsmethoden (Ritz-, Schleifhärte usw.) erst ziemlich spät versucht worden.

a) *Die absolute Härte.* Nach *W. Ehrenberg* [49] läßt sich „ebenso, wie die *Druck*härte als Last je Einheit der Ruhefläche definierbar ist, auch die *Ritz*härte als Last je Einheit der *Gleitfläche* ausdrücken". Als Gleitfläche wird dabei jener Teil der Ruhefläche bezeichnet, dessen Flächennormale eine Komponente in der Gleitrichtung besitzt. Das ist

bei kugel- oder kegelförmigen Ritzkörpern gerade die Hälfte (Abb. 187).
An Stelle des Eindruckdurchmessers d tritt die *Ritzbreite* b. Wählt
man eine Kegelspitze mit dem Öffnungswinkel γ und der Belastung P,

dann gilt für die *Ritzhärte* $H_\mathrm{R} = \dfrac{P}{^1/_2\,(b/2)^2\,\pi/\sin\,(\gamma/2)} = \dfrac{8\,P\,.\,\sin\,(\gamma/2)}{b^2\,\pi}$

und für die *Druckhärte* $H_\mathrm{D} = \dfrac{P}{(d/2)^2\,\pi/\sin\,(\gamma/2)} = \dfrac{4\,P\,.\,\sin\,(\gamma/2)}{d^2\,\pi}$.

Werden Spitzen mit eckigem Querschnitt benützt, dann gehört zur Berech-
nung der „Gleitfläche" außer der Ritzbreite noch der Winkel zwischen der
Kante und der Gleitrichtung. Bei Verwendung einer gleichseitig dreieckigen
Pyramide beträgt die Gleitfläche beim Gleiten in der Flächenrichtung ein
Drittel, beim Gleiten in der Kantenrichtung zwei Drittel der Ruhefläche.

Bei Benützung einer Kegel- oder Dreikantspitze stimmen Ritz- und Druck-
härten überein. Wird dagegen eine Kugel (8 mm) verwendet, dann ist nur bei
weicheren Metallen Übereinstimmung, bei *harten Metallen* ist dagegen die Ritzhärte doppelt so groß und für *amorphe* Körper (z. B. Glas) beträgt die Ritzhärte ein Vielfaches der Druckhärte. *Ehrenberg* sieht den Grund dafür in der
Tatsache, daß beim Ritzen ein Losreißen der Gefügebausteine erfolgt, was um
so schwieriger gelingt, je einheitlicher ein Werkstoff gebaut, je deutlicher
isotrop er ist.

Einen sehr interessanten Versuch unternahm *Rosiwal* [214], die
absolute Scheifhärte in Meterkilogramm zu bestimmen. Die *Schleifarbeit* ist gegeben durch Kraft (P) mal Weg (s). Der Schleifweg
läßt sich für den einzelnen Experimentator aus der Kreisspur auf
der Schleifplatte mit hinreichender Genauigkeit bestimmen und ist
natürlich von Person zu Person verschieden, aber für die Einzel-
person außerordentlich konstant. In gleicher Weise kommt noch die
Tourenzahl für die Minute in Frage, so daß man mit 1 bis 2⁰/₀ Genauigkeit den Schleifweg in acht Minuten (konstante Schleifdauer)
ermitteln kann.

Für die Kraftmessung kommt in Betracht, daß die Horizontal-
kraft P, die den Reibungswiderstand überwindet, durch den Normaldruck N und den Reibungskoeffizienten f gegeben ist $(P = N\,.\,f)$.
Dabei ist $f = \text{tang}\,\varrho$, wenn mit ϱ der *Reibungswinkel* für die *gleitende
Bewegung* bezeichnet wird.

Der Normaldruck N läßt sich leicht ermitteln, wenn die Schleifplatte
während des Versuches auf einer gut austarierten Dezimalwaage liegt. Auch
hier gibt das Mittel aus möglichst zahlreichen Wägungen ein hinreichend
genaues Maß für die Größe des Normaldruckes, der natürlich wieder eine dem
Experimentator eigentümliche besondere Größe ist.

In dem Reibungswinkel liegt nun diejenige Größe, die von der
untersuchten *Mineralart bzw. Fläche und Richtung* abhängig ist. Der
Reibungswinkel im Ruhezustand (f_R), wie auch der in gleichmäßiger
Abwärtsbewegung hervortretende Gleitwinkel in Bewegung (f_B)
wurde durch allmähliches Schiefstellen der nassen, mit der Be-
schickung versehenen Schleifscheibe auf $^1/_{10}$-Grade genau gemessen.
Für die Schleifarbeit kommt der Wert f_B in Betracht, der mit ge-

nügender Genauigkeit durch: $f_B = 0{,}553 \cdot f_R$ gegeben ist (Mittel aus zahlreichen Messungen).

Es ist klar, daß in dieser Größe eine Funktion der Kristallhärte vorliegt. Bei harten Mineralen ist dieser Wert klein und wächst mit abnehmender Härte (Korund: $f_B = 0{,}21$, Abschliffmenge in 8 Minuten etwa $5\,mm^3$, dagegen Talk: $f_B = 0{,}45$, Abschliffmenge $1860\,mm^3$).

Die absolute Schleifarbeit ist dann gegeben durch $S = P \cdot s = s \cdot N \cdot f_B$, und damit definiert *Rosiwal das absolute Härtemaß als die Größe der Schleifarbeit, gemessen in Meterkilogramm, die der Abschliff von 1 Kubikzentimeter des Probekörpers erfordert* (vgl. dazu die letzte Spalte in der Tab. 19, S. 207).

Es wurde auch versucht, aus der Schleifhärte ein *Maß für die Oberflächenenergie* (U) der einzelnen zum Abschliff kommenden Flächen abzuleiten. *W. Kusnetzow* und *N. A. Bessenow* [121] untersuchten daraufhin die Hauptflächen des Steinsalzes hinsichtlich der notwendigen Schleifarbeit und fanden für $U_{100} : U_{110} : U_{111} = 1 : 1{,}46 : 1{,}76$ in befriedigender Übereinstimmung mit dem theoretisch errechneten Verhältnis $1 : \sqrt{2} : \sqrt{3}$.

b) *Spröde und plastische Körper, Härteverhalten. Kusnetzow* [120] stellte auch fest, daß die Härte *spröder* Körper, nach der Ritzmethode oder jener von *Hertz-Auerbach* bestimmt, mit ihrer Oberflächenenergie identisch ist. Dagegen ist die Härte *plastischer* Körper, gemessen nach den verschiedenen Pressungsmethoden, dem Arbeitsbetrag je Einheit des eingedrückten Volumens für den Grenzfall, daß die Eindrucktiefe unendlich klein ist, gleichzusetzen.

Der Unterschied im Härteverhalten *spröder* und *plastischer* Körper wird immer wieder besonders betont. Die Zähigkeit spielt hier eine bedeutende Rolle. So ist längst bekannt, daß sich gleich harte Stoffe um so leichter bohren, schleifen, hobeln lassen, je spröder sie sind (*Ludwik* [131]) (vgl. auch das Verhalten von Baryt und Kalkspat hinsichtlich Ritz- und Schleifhärte, S. 216).

Das grundlegende, wichtige *Verhältnis* zwischen Eindruckwiderstand (*Eindringungshärte*) und tangentialer *Scherfestigkeit*, wie es bei allen Abnützungsverfahren zu beobachten ist, erfährt je nach der angewendeten Methode bedeutende Verschiebungen. Darin scheint der wesentliche Grund für die großen Unterschiede in den Härtebestimmungen nach verschiedenen Methoden zu liegen.

So bietet z. B. der Flußspat dem Eindringen einer sehr harten Spitze einen gleich großen, wenn nicht größeren Widerstand als der Apatit, die nächst höhere Stufe der Härteskala. Dagegen ist das Ritzen, also eine tangentiale Beanspruchung, dank der durch die Spaltbarkeit bedingten Oberflächensprödigkeit beim Flußspat unzweideutig leichter möglich als beim Apatit. Dieser zeigt aber das feinere Ritzpulver, also eine bessere Zerteilungsmöglichkeit. Daher erscheint je nach der Untersuchungsmethode bald der Apatit, bald der Flußspat als das härtere Mineral, und *Holmquist* [91] schlägt deshalb vor, beide Härtestufen zusammenzuziehen.

Bei *spröden* Mineralen führt die Überschreitung der Elastizitätsgrenze für die Eindringungshärte zu scharfen, orientierten Sprüngen im Kristall, wodurch das Gittergefüge zerrissen und damit das Absplittern von Gitterteilen erleichtert wird. Damit ließe sich der auffallend rasche Schleifverbrauch spröder Kristalle erklären (z. B. Baryt im Verhältnis zum Kalkspat).

Während beim *Schleifen* durch die flächige Ausbreitung der angreifenden Schleifmasse sozusagen die ganze Gitterebene parallel der

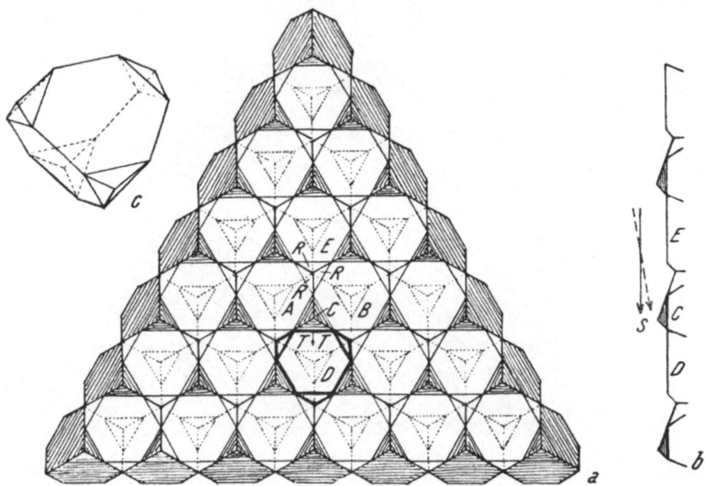

Abb. 188. Oktaederebene des Diamanten, aufgebaut aus „Fundamentalbereichen" (nach *Bergheimer*). a) Flächenansicht, b) Aufriß in der Ebene *E C D*, c) „Fundamentalbereich" des Kohlenstoffatoms (nach *Föppl*).

untersuchten Fläche in breiter Front weitergeschoben wird, wie Kartenblätter aufeinander gleiten, also im wesentlichen durch die Scherfestigkeit bestimmt wird, hat das *Ritzen* nicht nur den Gleitwiderstand gegen die darunterliegende Gitterebene zu überwinden, sondern auch noch jene Widerstände, die die seitlich in der Gitterebene wirkenden Kohäsionskräfte einer Änderung der Punktlagen entgegensetzen. Hier spielt also die Eindringungshärte eine ausschlaggebende Rolle. Bei dem Ritzen handelt es sich, um bei dem obigen Bilde zu bleiben, nicht darum, an einem Paket Kartenblätter das oberste Blatt zu verschieben, sondern in dieses einen Riß, eine Furche einzugraben.

Selbstverständlich muß sich jede Kohäsionsänderung, also auch die Spaltbarkeit, zahlenmäßig in der Härteanisotropie eines Kristalles auswirken. Die *verschiedene* Einflußnahme von Eindringungshärte und Scherfestigkeit je nach der angewendeten Methode (Ritz- oder Schleifverfahren) bedingt es aber, daß eine einfache, *eindeutige* Bezugnahme auf die Spaltbarkeitsverhältnisse *nicht* möglich ist (vgl. S. 214).

Wie man sich die Verschiedenheit der Eindringungshärte und der
Scherfestigkeit auf verschiedenen Flächen des gleichen Kristalles erklären kann, dafür liefert *Bergheimer* [14] in seiner Studie über die
Schleifhärte des Diamanten ein aufschlußreiches Beispiel. Wenn man
entsprechend der wohlbekannten Gitterstruktur des Diamanten den
jedem einzelnen Kohlenstoffatom zukommenden Wirkungsraum
(„Fundamentalbereich" nach *Föppl* [63], vgl. auch [273]) konstruiert, so ergibt sich eine Tetraederform mit abgestumpften Ecken
(Abb. 188 c), aus denen sich dann die ganze Struktur lückenlos auf-

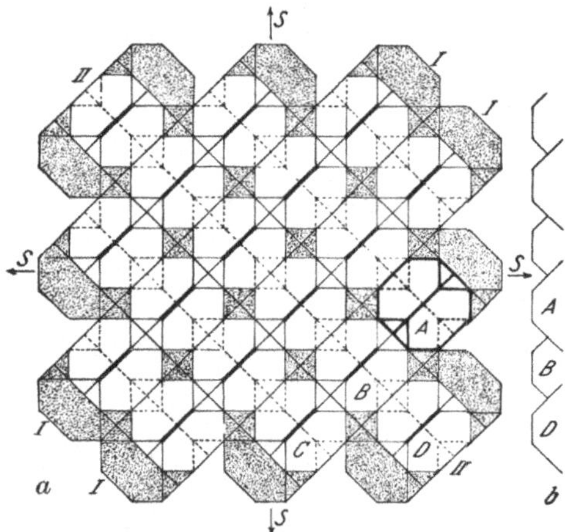

Abb. 189. Würfelebene des Diamanten, aufgebaut aus „Fundamentalbereichen" (nach *Bergheimer*).
a) Flächenansicht, b) Aufriß in der Ebene *A D*. (Einblick in die darunterliegende Schicht punktiert.)

bauen läßt. Abb. 188 a gibt die Ansicht einer aus solchen „Bausteinen"
aufgebauten Oktaederfläche. Wie sich aus dem Profil (Abb. 188 b)
ergibt, ist an einer solchen Bausteinschicht kaum eine Angriffsmög-
lichkeit für irgend einen fremden Körper. Die Erhabenheiten und Vertiefungen sind klein und so flach, daß ein Losbrechen eines Funda-
mentalbereiches kaum denkbar ist. Anders liegen die Verhältnisse auf
der Würfelfläche (Abb. 189), wo durch die Fundamentalbereiche diagonal verlaufende Rinnen gebildet werden, die ziemlich tief einschnei-
den (vgl. Abb. 189 b).

Der Schleifvorgang ist dann nach *Bergheimer* folgender: Eine ideal gebaute
Oktaederfläche gäbe überhaupt keine Möglichkeit, einen Baustein herauszu-
reißen. Liegen Baufehler vor — und das ist bei dem Realkristall sicher der
Fall —, dann wird ein Angriff durch Schleifen möglich. Fehlen z. B. die Bausteine *A, B, C*, dann liegt der Fundamentalbereich *D* mit einer Kante (*T*) frei
(Abb. 188 a) und kann hier *unterfahren und herausgehoben* werden. Diese Angriffsrichtung ist wenig zu (111) geneigt, aber nicht parallel zu ihr. In jeder
anderen Richtung „rutscht" das Schleifmittel ab. Es ist auch verständlich, daß
die alte Schleiferregel, auf der Oktaederfläche müsse von der Mitte aus senkrecht gegen die Kante geschliffen werden und nicht umgekehrt, zu Recht besteht,

denn ein wirksames „Unterfahren" (siehe den Baustein *D*) ist nur bei dieser Schleifrichtung möglich.

Bei der Würfelfläche böten die diagonalen Rinnen reichlich Gelegenheit zum Ausbrechen der Fundamentalbereiche, doch ist diese Rinnenbildung in jeder Schicht immer nur in *einer* Richtung entwickelt. In der unmittelbar darunterliegenden Schicht laufen die diagonalen Rinnen genau senkrecht dazu. Der gleichmäßige Wechsel in den Ausbrechmöglichkeiten führt dazu, daß die günstigste Schleifrichtung in der „Resultierenden", also parallel der Würfelkante liegt (Abb. 189).

In diesem einzelnen Fall des Gitterbaues aus lauter *gleichen* Bausteinen läßt sich die je nach der Fläche grundsätzliche Verschiedenheit des notwendigen Arbeitsaufwandes beim Schleifen *rein aus der geometrischen Bausteinanordnung* erfolgreich deuten. Leider liegt kein gleich sorgfältig untersuchtes Beispiel einer Verbindung vor. Immerhin ist hiemit ein erfolgversprechender Weg zur theoretischen Lösung des Härteproblems aus der Struktur heraus gewiesen.

Derartige Deutungsversuche haben bei *spröden* Kristallen eine große Wahrscheinlichkeit für sich, dagegen lassen sie das Verhalten *plastischer* Kristalle im Dunkeln,

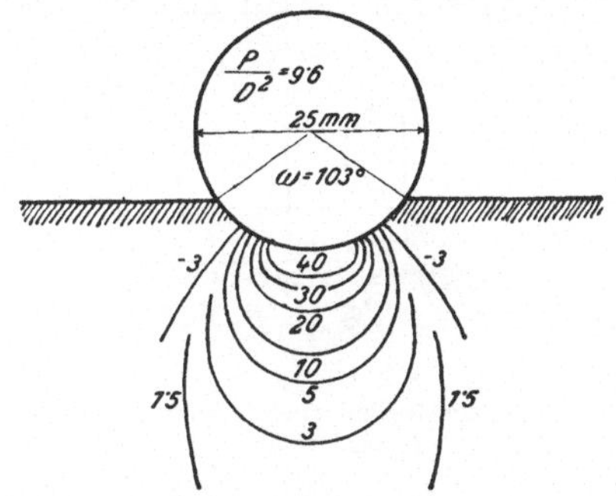

Abb. 190. Verhältnismäßige Verformung unter einer Kugel bei Kupfer (nach *Späth* und *O'Neill*).

ist es doch trotz allen Bemühungen noch immer nicht gelungen, mit zwingender Sicherheit die Plastizität, die Gleitfähigkeit aus dem Gitterbau allein zu erklären (vgl. dazu S. 157).

Die Plastizität wirkt sich auch sonst störend bei verschiedenen Härtebestimmungsarten aus, z. B. bei den Kugel- und Kegeldruckmethoden. Da es sich um Gleitungsvorgänge handelt, die mit mehr oder weniger Geschwindigkeit vor sich gehen, kommt zu dem Verhältnis zwischen Druck und spezifischer Flächenbeanspruchung noch die *Dauer* der Einwirkung, wodurch das ganze Problem überaus verwickelt und unübersichtlich wird. Bezüglich experimenteller Beziehungen zur Preßdauer vgl. die Angaben S. 236 ff.

Die Vorgänge beim Eindruck einer Kugel oder eines Kegels (Spitze) sind durchaus komplexer Natur und derzeit noch nicht durch eine allgemeine Formel zu erfassen. Beim *Kugeldruckverfahren* ist die Verteilung der Beanspruchung und Verformung über den Prüfquerschnitt sehr ungleichmäßig. *Meyer* versuchte einen Einblick in die dabei herrschenden Verhältnisse dadurch zu gewinnen, daß er eine Anzahl dünner Kupferblättchen übereinanderschichtete und das ganze Paket durch eine Kugel belastete. Die sorgfältige Messung der Dicke der einzelnen Blättchen nach dem Versuche gestattete dann gültige

Schlüsse über die Verformungsverhältnisse. *O'Neill* [181] gab dann auf Grund der *Meyer*schen Messungen die in Abb. 190 wiedergegebene graphische Darstellung.

Die Punkte gleicher Zusammendrückung sind zu Druckkurven vereinigt. Man erkennt, daß bei Kupfer die Druckwirkung sehr tief reicht, entsprechend einer mit wachsendem Druck sehr schnell auftretenden, bleibenden Verformung. Natürlich gilt diese Darstellung mit ihren Zahlenangaben nur für den Werkstoff Kupfer und ist bei jedem anderen Stoff wesentlich anders entwickelt. Jedenfalls ist die Verteilung der Verformung unter der Prüffläche außerordentlich starken Schwankungen unterworfen. Es ist klar, daß auf diese Weise für den Werkstoff *kein Einzelwert* zu gewinnen ist.

Liegt ein Stoff vor, der sich nach Überschreiten der Fließgrenze bis zum Bruch plastisch verhält und wird eine Kugel in diesen Körper eingedrückt,

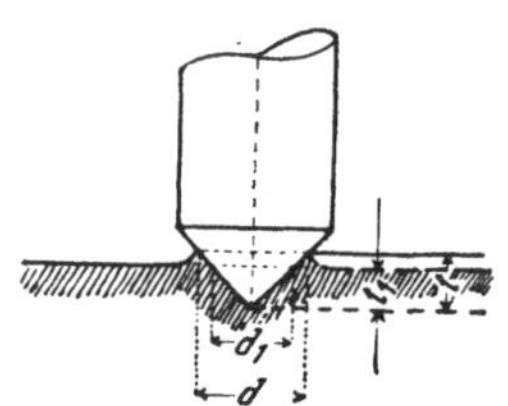

Abb. 191. Kegeldruckversuch mit Wulstbildung (nach *Späth*).

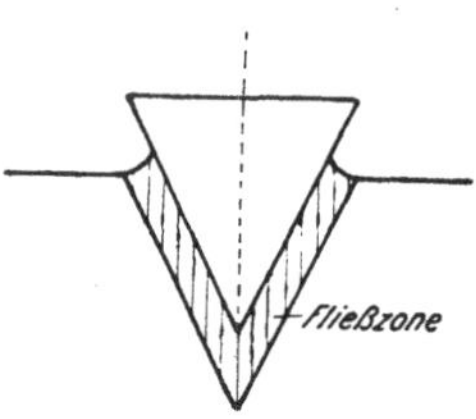

Abb. 192. Fließzone um den Druckkegel (nach *Späth*).

dann wird die Fließgrenze zuerst unter dem Kugelmittelpunkt überschritten. Die Belastung steigt also hier nicht weiter an. Wenn man sich die Prüfzone in einzelne Elementarsäulen zerlegt denkt, so ist damit die mittlere Säule schon plastisch verformt und liefert also einen gleichbleibenden Beitrag zur Gesamtlast. Die anschließenden „Säulen" sind noch rein elastisch verformt und können daher eine weitere wachsende Spannung aufnehmen. Dann wird mit wachsender Gesamtlast auch in den benachbarten Säulen die Fließgrenze überschritten und der Vorgang breitet sich allmählich von der Mitte her immer weiter aus. Die einzelnen radial benachbarten Elementarsäulen werden also *nacheinander* mit wachsendem Druck vom Fließen erfaßt. Erst wenn alle Säulen zum Fließen gebracht sind, bleibt der Belastungsdruck gleich, d. h. erst von einer bestimmten, außen aufgebrachten Gesamtlast an wird die spezifische Beanspruchung mit wachsender Verformung nicht mehr ansteigen. „Kalthärtung" ist also nicht die Ursache der Härtezunahme, sondern eine Folge der Spannungsverteilung.

Wesentlich günstiger liegen die Verhältnisse bei dem *Kegeldruckverfahren.* Auch hier ist die Wulstbildung das Zeichen für das Vorhandensein und das Ausmaß der Fließzone. Wie Abb. 191 erkennen läßt, entsprechen die gemessenen Werte des Eindruckdurchmessers (d) und der Eindrucktiefe (t) nicht den Verhältnissen im unverformten Teil der gedrückten Fläche. Dazu würde ein d_1 und ein t_1 gehören, die sich aber schwer richtig ermitteln lassen. Darin liegt auch der Hauptgrund, weshalb gerade bei diesem Verfahren vielfach mit „Vorlast" gearbeitet wird (vgl. S. 229).

Aus Abb. 192 ist zu entnehmen, daß unterhalb des Eindruckkegels eine stark verformte Zone entsteht („Fließzone"), die sich zwischen den eindringenden Körper und den *elastisch, nicht* bleibend verformten Stoff einschaltet. Die Druckfläche ist also eigentlich gar nicht durch den Eindruckkegel gegeben, sondern durch die Grenzfläche zwischen dem schon plastisch und dem nur elastisch verformten Teil des Stoffes. Es ist auch deutlich ersichtlich, daß alle „Elementarsäulen" hier *zugleich* oder fast zugleich unter gleichen Druck gesetzt werden, d. h. daß für *alle* diese die Fließgrenze ungefähr *gleichzeitig* überschritten wird. Verformung und Spannung, plastisches und elastisches Verhalten sind an allen Stellen des Eindruckes ungefähr gleichmäßig verteilt. Man erkennt, daß die übliche Kegeldruckhärte eigentlich auf eine größere Fläche zu beziehen wäre. Die so gewonnenen Eindruckhärten geben viel zu große Werte für die Fließspannung bzw. die Bruchgrenze.

2. **Die Definition des Härtebegriffes.** Wie schon mehrfach betont, war das Ringen um eine physikalisch einwandfreie Definition des Begriffes der Kristallhärte bisher von keinem nennenswerten Erfolg begleitet. Um so beachtenswerter sind die Ausführungen von *W. Späth* [248, 249], die dieser Frage gewidmet werden. Er bringt überzeugend zum Ausdruck, daß „als Maß für das Widerstandsvermögen eines Werkstoffes gegenüber einer äußeren Einwirkung *das Verhältnis von Beanspruchung und erzeugter Verformung* in Frage kommt.

Demmach ist: Härte $= \dfrac{\text{spezifische Flächenbeanspruchung}}{\text{bleibende Verformung}}$. Die Angabe der spezifischen Beanspruchung in der Fläche allein kann hiezu nicht genügen". Es ist also statt der Fläche des Ritzes oder Eindruckes das *Volumen* der Verformung in Rechnung zu setzen.

Da bei bestimmten Abmessungen der zur Härteprüfung verwendeten Spitze oder Kugelfläche die Größe der Prüffläche, die Eindrucktiefe und das Maß der bleibenden Verformung in einer geometrisch einfachen Beziehung zueinander stehen, ist mit Angabe *einer* dieser Größen schon alles Notwendige gegeben, um daraus die Größe der Verformung und damit die Härte eindeutig zu bestimmen.

Dieses oben angegebene Verhältnis hat die Dimensionen kg/mm^3 und wird von *Späth* als „*neue Härte*" ($\mathfrak{H}$) bezeichnet. Im gleichen Zusammenhang wird auch der Begriff der „*Weiche*" (W) eingeführt, der sich mathematisch einfach als *reziprok* zur Härtezahl darstellt.

Bei der *Ritzhärteprüfung* ist die Eindringtiefe außerordentlich klein. Aber auch hier gilt der obige Ansatz und darum ist die Ritzhärte $\mathfrak{H} = P/b^2 \cdot t$ (kg/mm^3) ($b =$ Ritzbreite, $t =$ Ritztiefe). Da die Ritztiefe kaum meßbar ist, wird man sie zu der Ritzbreite in Beziehung bringen. Ist (bei entsprechender Form der Spitze) b und t ungefähr gleich, dann ist $\mathfrak{H} = P/t^3$ und die „*Weiche*" $W = t^3/P$.

Ist nach *Meyer* [140] die spezifische Flächenbeanspruchung („*Meyer*härte") gegeben durch $p_m = P/\pi \cdot (d/2)^2$, so kommt hier nur die Hälfte in Betracht, also $p_m = 8\,P/\pi \cdot d^2$ (vgl. S. 247 und Abb. 187).

Bei der *Kugeldruckmethode* („*Brinellhärte*“) ist dann die „*neue Kugeldruckhärte*“ $\mathfrak{H} = H/t =$ (vgl. S. 226) $= P/\pi \cdot Dt^2 = P\big/\dfrac{\pi}{4}\, D\,\big(D -$

$- \sqrt{D^2 - d^2}\,\big)^2$ kg/mm³. Wenn statt der *Brinell*härte mit ihrer Bezugnahme auf die *Kalotten*oberfläche die *Meyer*härte mit Bezugnahme auf den *Eindruckkreis* genommen wird, ergibt sich: $\mathfrak{H} = p_m/t =$

$= P/\pi \cdot \left(\dfrac{d}{2}\right)^2 \cdot t = 8\, P/\pi \cdot d^2\,\big(D - \sqrt{D^2 - d^2}\,\big)^2$ kg/mm³.

Damit ist auch der Ausdruck für die „*Weiche*“ gegeben. Es sind einfach alle $\mathfrak{H}$-Werte reziprok zu nehmen.

Bezogen auf die *Brinell*- oder *Meyer*zahl ist die *Weiche* zur Tiefe t in einem *linearen* Verhältnis, d. h. die *Härte* umgekehrt linear proportional der Eindrucktiefe. Die tatsächliche Ausrechnung ergibt aber eine kleine Abweichung von dieser streng linearen Beziehung. Das rührt davon her, daß die auftretende Wulstbildung in der Formel nicht berücksichtigt erscheint, ganz besonders aber daher, daß bei stärkeren Prüflasten die Prüfkugel selbst *abgeplattet* wird, wodurch das geometrische Verhältnis zwischen d und t gestört wird.

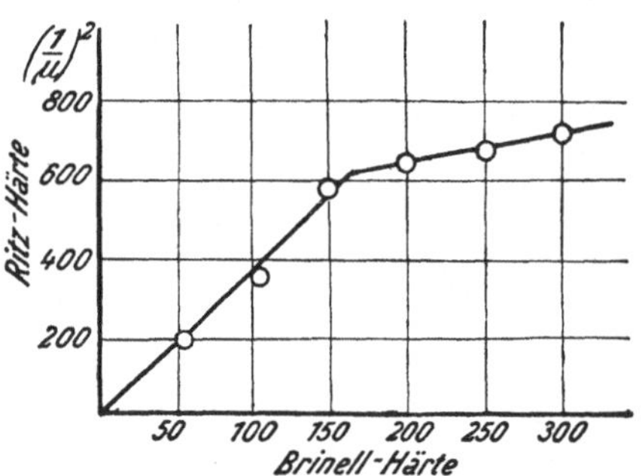

Abb. 193. Beziehungen zwischen Ritz- und Druckhärte (nach *Späth*).

In ganz der gleichen Weise ist auch die „*neue Kegeldruckhärte*“ gegeben durch $\mathfrak{H} = H/t =$ = (für einen Kegel mit 90° Öffnungswinkel) $= 0{,}225\, P/t^3$ (vgl. S. 228).

Interessant ist ein Vergleich der *Ritzhärte* und der *Kegeldruckhärte*, wenn beide auf die gleichen Dimensionen gebracht werden. Man pflegt die Ritzhärte zur einfachen Ritzbreite in Beziehung zu setzen, also $\mathfrak{H}$ proportional $1/\mu$. Will man sie aber mit der Kegeldruckhärte, die auf eine Fläche bezogen wird, vergleichen, dann muß sie dem Wert $(1/\mu)^2$ proportional gesetzt werden. Bei Verwendung *dieser* Größe zur Kennzeichnung der Ritzhärte zeigt sich nun *eine streng lineare Beziehung zwischen Ritz- und Kegeldruckhärte*, solange es sich um verhältnismäßig weiche Körper handelt. Dann erfolgt aber ein scharfer Knick in der Kurve und diese geht bei harten Körpern viel flacher weiter (Abb. 193) (*Späth* [*246*]). Bei geringen Härten sinkt nämlich die Kegelspitze ziemlich tief ein, die wirksame Spitze kann also wirklich als Kegel in Rechnung gestellt werden. Bei sehr harten Körpern kommt aber nur die äußerste Spitze des Kegels in den Körper — und diese ist nie ein Punkt, sondern eine gekrümmte Fläche mit sehr kleinem Krümmungsradius, also eine sehr kleine *Kugel*fläche. Daher gelten für diesen Teil der Kurve die Gesetze, die aus dem *Kugel*druck folgen.

Späth (besonders [*246*]) betont die Bedeutung des Begriffes der „*Dämpfung*" für die Fragen der Härtebestimmung. Der Verlauf der Härte läßt sich grundsätzlich aus dynamischen Dämpfungsmessungen ermitteln, nur werden bei den verschiedenen Härteprüfverfahren sehr verschiedene Anteile der inneren Dämpfung erfaßt. Bei allen Eindrucksverfahren mit Messung des Eindruckes nach Entlastung wird die *bleibende Verformung* gemessen, d. h. es wird die *plastische* Dämpfung bestimmt. Bei dem Rücksprungverfahren wird dagegen die *gesamte* Dämpfung ermittelt, da beim Stoß sowohl die elastische, wie auch die plastische Dämpfung in Frage kommen.

3. Die Härte in ihren Beziehungen zum periodischen System der Elemente.

Wie schon aus Abb. 143 bzw. Tab. 13 hervorgeht, nimmt die Härte mit zunehmendem Atomgewicht bzw. Atomvolumen (Atom- und Ionenradius) ab. Ebenso ist dort auch unverkennbar die gleiche Periodizität der Zahlenwerte zu ersehen, wie sie für das „periodische" System der Elemente grundlegend und kennzeichnend ist. Mit diesen Beziehungen beschäftigt sich eine besonders aufschlußreiche Untersuchung von *V. M. Goldschmidt* [*73*]. Ausgehend von dem Grundgesetz der Kristallchemie, wonach der Bau eines Kristalles durch Mengenverhältnis, Größenverhältnis und Polarisationseigenschaften seiner Bausteine (Deformierbarkeit) bedingt ist, wird *die Härte eines Kristalles als notwendige Folge der Bindungsfähigkeit zwischen seinen Kristallbausteinen* definiert. Als Bausteine sind dabei Atome bzw. Ionen und Atomgruppen zu bezeichnen.

Aus Ritzhärtebestimmungen an sehr vielen Kristallen bekannter Struktur konnten gewisse allgemeine Gesetzmäßigkeiten abgeleitet werden, die *Goldschmidt* in folgender Weise zusammenfaßt:

1. Bei den Alkalihalogeniden zeigt sich (abgesehen von einigen nicht ganz sicher festgestellten und sehr unbedeutenden Abweichungen) die Härte um so größer, je kleiner der Abstand der Bausteine voneinander ist. Für Verbindungen der Erdalkalien mit NaCl-Struktur gilt das gleiche.

Tab. 28. *Bausteinabstand und Härte bei den Erdalkalimetallverbindungen* (nach *V. M. Goldschmidt*).

		Mg	Ca	Sr	Ba
O	Abstand A — X	2,10 Å	2,40 Å	2,57 Å	2,77 Å
	Härte	6,5	4,5	3,5	3,3
S	Abstand A — X	2,59 Å	2,84 Å	3,00 Å	3,18 Å
	Härte	4,5—5	4	~3,3	~3
Se	Abstand A — X	2,74 Å	2,96 Å	3,12 Å	3,31 Å
	Härte	3,5	3,2	~2,9	~2,7
Te	Abstand A — X	} Inkomm.	3,17 Å	3,32 Å	3,49 Å
	Härte		2,9	~2,8	2,6

Auch die systematische Untersuchung anderer Kristallarten einfacher Strukturtypen führt zu dem gleichen Ergebnis. Es kann also das allgemeine Gesetz aufgestellt werden: *Bei Kristallen gleichen Baues und Partikeln analoger Ladung nimmt die Härte mit zunehmendem Partikelabstand ab.*

2. Nimmt die Valenz der Kristallbausteine zu, so steigt unter sonst gleichen Umständen (gleiche Struktur und ähnlicher Bausteinabstand) die Härte. So gilt z. B.:

Tab. 29. *Zusammenhang zwischen Härte und Valenz* (nach *Goldschmidt*).

	Cu Br	Zn Se	Ga As	Ge Ge
Bausteinabstand	2,46 Å	2,45 Å	2,44 Å	2,43 Å
Härte	2,4	3—4	4,2	6

Handelt es sich um komplexe Partikel, dann erweist sich unter sonst gleichen Umständen die Härte als unabhängig von der Anzahl der Ladungseinheiten innerhalb des Komplexes. Z. B. haben $LiKBeF_4$ und $LiKSO_4$ *beide* die Härte 3,2, obwohl die Anzahl der Ladungseinheiten *innerhalb* des Komplexes wesentlich verschieden ist.

Die Härte ändert sich aber, wenn die Anzahl der Bindungseinheiten *zwischen* den komplexen Bausteinen und dessen Nachbarn geändert wird. So hat z. B. Li_2BeF_4 die Härte unter 3,8, dagegen Zn_2SiO_4 die Härte 5,5, *obwohl die erste Verbindung* die kleinere Gitterkonstante besitzt, demnach die härtere sein sollte.

3. Bleibt Abstand und Valenz der Bausteine (Bausteingruppen) ungeändert, so wirkt der Ersatz von Partikeln verschiedenartigen inneren Baues auf die Härte gewöhnlich nur wenig ein. Wenn sich bei solchen Substitutionen überhaupt Härteunterschiede beobachten lassen, dann erfolgen sie in dem Sinn, daß Bausteine mit dem Ionenbau der Edelgase eine größere Härte besitzen als solche, denen diese Bauart nicht zukommt.

4. Die Härteänderung durch Valenzvermehrung kann mittels Vergrößerung des Bausteinabstandes wieder kompensiert werden. Diese zur Kompensation notwendige Vergrößerung des Partikelabstandes, ausgedrückt in Prozenten des ursprünglichen Abstandes, beträgt z. B. bei dem Übergang von 1wertigen Bausteinen zu 2wertigen für die Steinsalzstruktur etwa 24 bis 37%, für die Zinkblendestruktur mehr als 20%.

5. Schließlich stellt *Goldschmidt* noch fest, daß bei gleichem Bausteinabstand und gleicher Bausteinvalenz jene Struktur die härtere ist, die die größere Koordinationszahl aufweist.

Auch *W. D. Kusnetzow* [119] stellt die Gegenläufigkeit von Ionenradius und Härteziffer fest, und zwar sowohl bei Metallen der dichtesten kubischen Kugelpackung, wie bei Cu, Ag, Au, als auch bei Metallen mit dichtester hexagonaler Packung (Be, Mg, Zn, Cd). Das Volumen des abgeschliffenen Materials je Einheit der angewendeten Schleifarbeit steigt bei den Sprödmetallen As, Sb,

Bi mit zunehmendem Ionenradius, die Härte sinkt also ganz entsprechend der allgemeinen Regel. Mg, Zn, Cd verhalten sich aber bezüglich des Abschliffvolumens bzw. der Härte ganz entgegengesetzt. Dieses gänzlich abweichende Verhalten wird von *Kusnetzow* damit zu erklären versucht, daß die aufgewendete Arbeit nicht nur zum Abschleifen, sondern bei den *plastischen* Elementen Mg, Zn auch zur weitgehenden Verformung verbraucht wird.

Interessant sind auch Untersuchungen über die Beeinflussung der Härte durch Fremdzusätze. *Frye jr.* und *Hume-Rothery* [69] führten Härtebestimmungen nach der *Meyer*schen Kugeldruckmethode an Silber durch, das mit Kadmium, Indium, Zinn, Antimon, Zink, Aluminium, Magnesium und Gold bis zu 5% legiert war. Die *Meyer*-Endhärte erwies sich *proportional dem Quadrat der Gitterstörung*, hervorgerufen durch *Fremdatome derselben Reihe* des periodischen Systems. Atome aus verschiedenen Reihen des periodischen Systems, die in fester Lösung dem Silber beigefügt waren, ergaben keine so einfache Beziehung. Auch zeigte sich kein klarer Zusammenhang mit der Konzentration der gelösten Fremdbestandteile.

Aus den bisher noch sehr bescheidenen Versuchen, den Beziehungen zwischen der Stellung der Elemente im periodischen System und der bei ihnen und ihren Verbindungen festgestellten Härte nachzuspüren, ist nur klar zu ersehen, daß diese Beziehungen recht enge sind. wenn sie auch derzeit sich noch nicht in einfache Formeln fassen lassen.

Bei allen derartigen Untersuchungen und Überlegungen handelt es sich wohl in erster Linie um eine Deutung der Verschiedenartigkeit des als *Eindringungshärte* zu bezeichnenden Anteiles der Ritzhärte. Daß diese außer von der *Dichte der Bausteinanordnung* (vgl. etwa Diamant-Graphit) noch von der *Bausteingröße* abhängt, ist insofern verständlich, als rein elektrostatisch die Anziehung zweier Bausteine von der Entfernung der Schwerpunkte der Massen und Ladungen abhängt und um so schwächer wird, je mehr dieser Abstand wächst. Das ist aber zwangsläufig bei zunehmender Größe des Wirkungsbereiches der Atome bzw. Ionen zu erwarten und kommt auch in der tatsächlichen Verteilung der Elemente auf die Härtestufen deutlich zum Ausdruck [295].

D. Schlag- und Druckfiguren.

I. Allgemeines und Kristallographisches.

Nur als eine Art Anhang zu den vorbehandelten Fragen der Festigkeitserscheinungen an Kristallen soll hier noch über die sogenannten Schlag- und Druckfiguren kurz berichtet werden. Es handelt sich dabei um kein neues Problem im Bereich der Kristallfestigkeit, sondern um mannigfaltigste Kombinationen von Erscheinungen der Spaltbarkeit, Translation, einfacher Schiebung und Härte. Das Ineinandergreifen aller dieser Faktoren ist so eng und so verschiedenartig, daß eine gesonderte Behandlung der Schlag- und Druckfiguren auf einer Einzelgrundlage nicht möglich ist.

Schon eine genaue Umschreibung des Begriffes der Schlag- und Druckfiguren bereitet Schwierigkeiten, da die beiden Ausdrücke nicht immer in der gleichen Weise gebraucht werden.

Sowohl die Schlag- wie die Druckfiguren setzen sich aus orientierten Rissen, Sprüngen und verschiedenartigen, kristallographisch bedingten Krümmungen und sonstigen Verformungen zusammen. Schon die weite Verbreitung mehr oder weniger starker Biegungen im Bereich der Schlag- und Druckfiguren deutet darauf hin, daß insbesondere *Gleitvorgänge* in stärkstem Maße an der Ausbildung der Figuren beteiligt sind. Dagegen ist es eine auffällige Tatsache, daß die Spaltbarkeit hiebei eine recht geringe Rolle spielt.

So ist es besonders bemerkenswert, daß z. B. beim Steinsalz die auftretenden Risse der Schlagfigur nach den Diagonalen der Würfelflächen, also nach (110) orientiert sind und *nicht* nach der so vollkommenen Würfelspaltung, wie man erwarten sollte.

Die *Schlagfiguren* gelingen am besten, wenn man eine sehr spitze Stahlnadel auf die zu untersuchende Kristallfläche aufsetzt und durch einen leichten Hammerschlag einzutreiben versucht. Die Stärke dieses Schlages muß übrigens in verschiedenen Fällen im weitesten Ausmaß abgewandelt werden.

Zahlreiche, besonders ältere Versuche wurden nicht mit sehr spitzen Nadeln, sondern mit einem sogenannten „Körner" ausgeführt (*Reusch*). Das Wesentliche ist nicht sosehr die Form der „Nadel", sondern der *Schlag*, der plötzliche Angriff auf die Kristallplatte. Auch können verschiedenartige „Stempel" benützt werden, die man mit Schlägen auf die Kristallfläche aufsetzt. Dabei zeigt sich, daß die Form der angewendeten „Spitze" (Stempel) nicht ohne Einfluß auf das Aussehen der Schlagfigur bleibt, ohne allerdings grundsätzliche Verschiedenheiten zu veranlassen.

In richtiger weiterer Folgerung gehört zur Herstellung der Schlagfiguren dann auch die von *Schubnikow* [*225, 227*] angegebene Methode, wonach überhaupt keine Spitze verwendet, sondern eine kleine Stahlkugel von wenigen Millimetern Durchmesser aus bestimmter Höhe auf die Kristallfläche fallengelassen wird und durch diesen „Schlag" die Schlagfigur erzeugt.

Die *Druckfigur* entsteht am leichtesten, wenn man unter ständigem Druck einen Metallstift mit abgerundeter Spitze, oder auch eine kleine Stahlkugel auf die zu untersuchende Fläche des Kristalles aufpreßt. Die angewendeten Drucke können in sehr weiten Grenzen schwanken, von wenigen Kilogrammen bis zu mehreren Zentnern und sogar Tonnen.

Bei Benützung von Stahlkügelchen verwendet man gerne Hebelpressen und läßt die Kristallfläche längere Zeit (auch tagelang!) unter der Druckwirkung.

In beiden Fällen ist die Dicke der Platte bzw. die Art der Unterlage nicht gleichgültig. Im allgemeinen werden dünnere Platten bevorzugt, doch dürfen sie wieder nicht so dünn sein, daß sie bei dem

Versuch zerbrechen. Die Unterlage darf nicht zu hart sein, aber auch nicht zu nachgiebig. In vielen Fällen bewährt sich eine Unterlage aus Hartholz.

Nach den Erfahrungen, die bei der Spaltbarkeit gewonnen wurden, war zu erwarten, daß sich bei *Schlag-* und *Druck*figuren, die ebenso wie die entsprechenden Spaltarten durch eine *Momentan-* bzw. *Dauer*kraft hervorgerufen werden, tiefgreifende Unterschiede einstellen. Das Gegenteil ist der Fall. Es sind geradezu seltene Ausnahmen, wenn Schlag- und Druckfiguren einmal an dem gleichen Kristall verschieden ausfallen. Bisher konnte eine solche Verschiedenheit nur bei Kristallen beobachtet werden, die ausgesprochene Schichtgitter besitzen. Im übrigen sind bis auf nebensächliche Kleinigkeiten die Schlag- und Druckfiguren genau gleich. Bisher ist noch kein zwingender Grund für diese Tatsache erkennbar geworden.

Wenn auch in der Praxis die Schlagfiguren viel häufiger erzeugt werden, sind doch im allgemeinen die Druckfiguren gleichmäßiger, besser reproduzierbar und darum verläßlicher, wenn auch schwieriger herzustellen als die Schlagfiguren. Auch stellen sich bei den Druckfiguren leichter Gleitzwillingsbildungen ein (vgl. S. 75).

Eine bisher nicht gelöste Schwierigkeit liegt darin, daß Schlag- und Druckfiguren in der üblichen Art nur bei weichen oder mittelharten Kristallen erzeugt werden können. Schon beim Quarz sind besondere Arbeitsweisen nötig und Kristalle, härter als Quarz, ließen sich in dieser Weise noch nicht untersuchen.

Abhängigkeit von der Kristallsymmetrie. Diese beherrscht die Erscheinungsformen der Schlag- und Druckfiguren, so unübersichtlich sie sonst sind, ja sie können vielfach dazu benützt werden, an unregelmäßig begrenzten Kristallflächen die kristallographische Orientierung festzustellen.

Im folgenden sollen einige besonders bezeichnende und gut untersuchte Beispiele für diese Tatsache, nach Kristallsystemen geordnet, besprochen werden.

Kubisches System. Die weitaus größte Zahl gut untersuchter Minerale bezüglich der Schlag- und Druckfiguren gehört dem höchstsymmetrischen Kristallsystem an und da ist wieder das *Steinsalz* das ältestbekannte, klassische Beispiel [*296*]. Hier ist die Erscheinung doppelt auffällig dadurch, daß sie mit einer ausgeprägten Spannungsdoppelbrechung verbunden ist, die bei den Schlagfiguren fast völlig erhalten bleibt, bei den Druckfiguren aber nach längerer Zeit ($^1/_2$ Jahr und mehr) merklich wieder zurückgeht.

Die übergroße Empfindlichkeit des Steinsalzes gegen Druck und Spannung bietet eine gute Sicherung bei der Auswahl einwandfreier Probestücke. Man darf nur solche Stücke verwenden, die von vornherein keine Spur einer Spannungsdoppelbrechung besitzen.

Auf der *Würfelfläche* zeigt die *Schlagfigur* diagonal verlaufende Risse entsprechend den Richtungen der zur Würfelfläche senkrechten

Dodekaederflächen. Die zwischen den Diagonalrissen liegenden Flächenteile sind leicht aufgewölbt, da bei tieferem Eintreiben der Nadel auch die schräg zur Würfelfläche verlaufenden Dodekaederebenen aufreißen und sich aufblättern. Es sind typische Translationsstreifen parallel den Würfelkanten zwischen den Rissen der Schlagfiguren zu beobachten (Abb. 194).

In den gleichen Diagonalrichtungen laufen, nach außen allmählich abnehmend, Streifen mit anomaler Doppelbrechung, wobei die Schwingungsrichtung des rascheren Strahles (α') der Rißrichtung entspricht. Die dazwischen liegenden, dreieckigen Felder haben eine sehr schwache Doppelbrechung mit der langsameren Schwingungsrichtung γ' in radialer Richtung.

Bei stärkerem Eintreiben der Nadel entstehen kurze, kleine Risse nach den Spaltebenen und ein weiterer Versuch, die Nadel noch tiefer

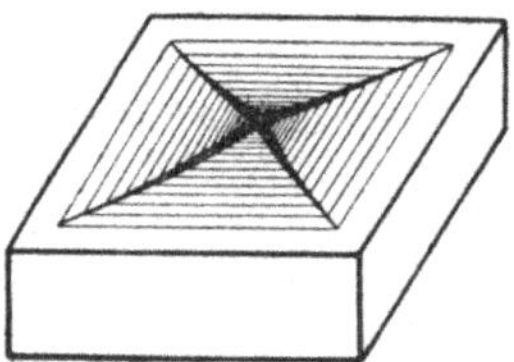

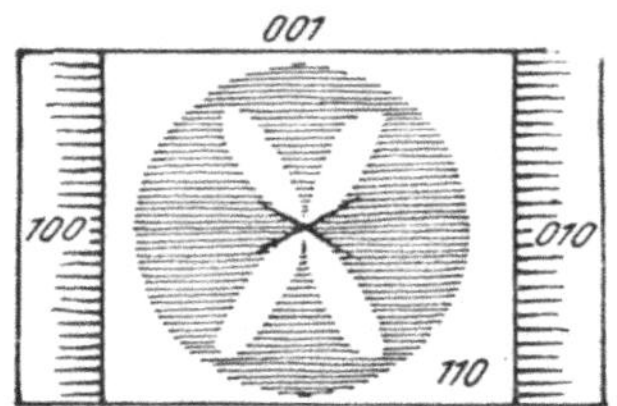

Abb. 194. Schlagfigur auf (001) an Steinsalz
(nach *Niggli*).

Abb. 195. Schlagfigur und Doppelbrechungsstreifen auf der (110)-Fläche des Steinsalzes.

zu treiben, läßt das Probestück nach den *Spaltflächen* <100>, *niemals* nach <110> zerfallen.

Die *Druckfigur* zeigt in dickeren Platten eine kleine, völlig glatte und sprunglose Druckmulde. Bei verstärktem Druck (oder dünneren Platten) stellen sich vom Kreisrand der Druckmulde nach außen (*nie* nach innen!) wieder die diagonalen Risse wie bei den Schlagfiguren ein. Auch hier sind kleine Risse nach <100> nur sehr selten zu sehen. Ist der Druck zu groß oder die Platte zu dünn, dann zerbricht diese immer *nur* nach den Würfelspaltflächen, wie bei den Schlagfiguren.

Eine Aufwölbung des Druckmuldenrandes wurde nicht beobachtet, wohl aber sehr flache Rinnenbildungen parallel den Würfelkanten mit nur wenigen Minuten Winkelneigung der beiden Rinnenseiten. Es handelt sich um rasch nach außen abnehmende, äußerst flache Aufwölbungen, deren Scheitellinien parallel den Diagonalen verlaufen.

Das optische Verhalten war genau wie jenes bei den Schlagfiguren.

Auf künstlich angeschliffenen *Rhombendodekaederflächen* war die *Schlagfigur* sehr unschön. Es sind nur kurze, gegen die Kante von (001) etwa unter 35° geneigte Risse, angenähert den Flächen (101) und (011) entsprechend. Niemals waren Risse nach der auf (110) senkrecht stehenden (1$\bar{1}$0), wohl aber nach den schräg zu (110) laufenden

Würfelflächen (100) und (010). Diese erscheinen infolge Totalreflexion immer braunschwarz.

Die Spannungsoptik verrät sich in zwei doppelbrechenden, sich im Einstich kreuzenden Streifen, ungefähr senkrecht auf den Rissen der Schlagfigur, also 50⁰ bis 60⁰ gegen die (001)-Kante geneigt und mit α' in der Längsrichtung (Abb. 195).

Die *Druckfigur* zeigt immer nur eine einfache Druckmulde ohne jeden Riß. Das optische Verhalten entspricht jenem der Schlagfigur.

Die *Schlagfigur der Oktaederfläche* besteht aus 3 kurzen, schlecht ausgebildeten Rissen senkrecht gegen die Kanten der angrenzenden Würfelflächen, gemäß den Flächen (1$\bar{1}$0), (0$\bar{1}$1), ($\bar{1}$01), die auf (111) senkrecht stehen. Dazwischen Andeutungen eines Aufreißens nach den

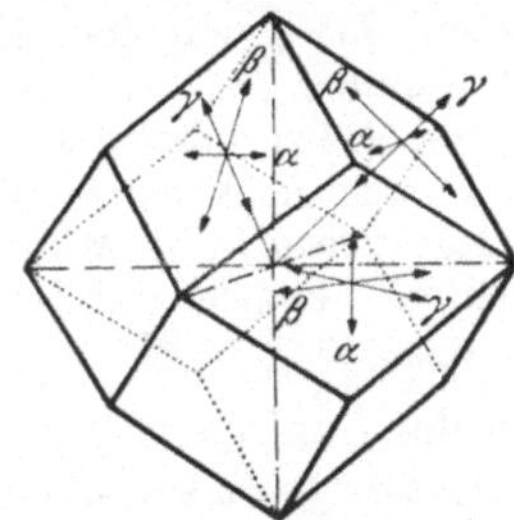

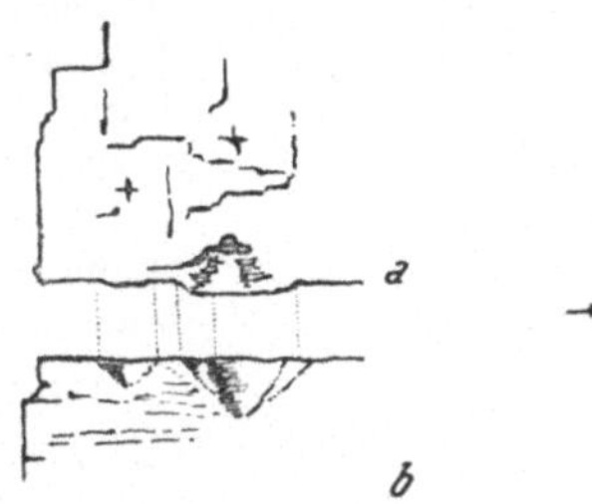

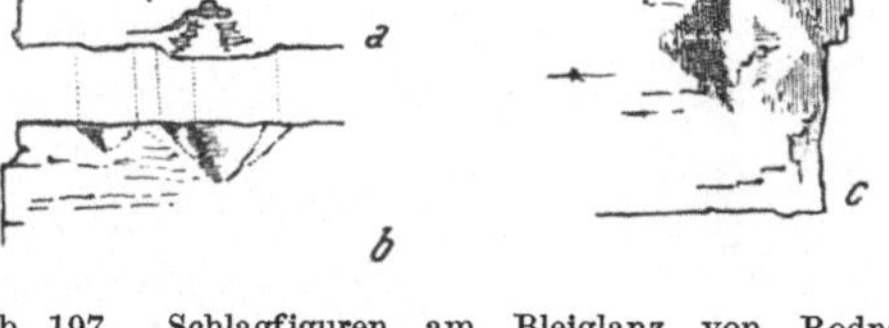

Abb. 196. Optische Orientierung der bei Schlag- und Druckfiguren des Steinsalzes auftretenden Doppelbrechung.

Abb. 197. Schlagfiguren am Bleiglanz von Rodna. a) Von oben, b) von der Seite, c) Druckpyramide auf der Gegenfläche.

ziemlich flach gegen (111) einfallenden Ebenen (110), (101), (011). Bei stärkerem Eintreiben erscheinen auch Risse nach den Würfelflächen, die dank ihrer Neigung ($54^{1}/_{2}$°) gegen die Oktaederfläche infolge Totalreflexion wieder braunschwarz erscheinen.

Die *Druckfigur* ist wieder nur eine glatte, sprunglose Mulde.

Optisch leuchten wieder gemäß den Richtungen der Sprünge kräftig doppelbrechende Bänder auf mit α' in der Längsrichtung entlang den Rissen der Schlagfigur. Nur schwach doppelbrechend, aber gleich orientiert sind die Gegenrichtungen, also in den zwischen den Rissen liegenden Feldern.

In allen Fällen erfolgt die Trennung zunächst nach den <110>-Flächen, erst bei stärkerer Beanspruchung nach <100>. Das zeigt gewisse Beziehungen zu den Erfahrungen bei der Schlagspaltung am Steinsalz, die ja auch nach <110> leichter erfolgt als nach <100> (vgl. S. 43, 45). Erst bei stärkerem Eintreiben der Spitze, wo sich in zunehmendem Maße ein radial wirkender Druck bemerkbar macht überwiegen dann die Bedingungen der Druckspaltung, wo die <100> bevorzugt erscheint. Die Dodekaederflächen beherrschen als die Translationsebenen des Steinsalzes durchaus das Aussehen und die Symmetrie der Schlag- und Druckfiguren, wogegen die Spaltebenen ganz zurücktreten.

Ziemlich schwierig ist die Deutung des optischen Verhaltens, das sich aber verstehen läßt, wenn man die in Abb. 196 angedeutete, optisch zweiachsige Orientierung für die einzelnen Dodekaederflächen annimmt. Darnach wäre in der Richtung der jeweiligen Flächennormale immer γ, in der langen Flächendiagonale β und in der kurzen α gelegen. Die optische Zweiachsigkeit paßt gut zu der Flächensymmetrie der Dodekaederfläche, da in bezug auf eine solche Fläche dem Kristall eine rhombische Symmetrie zukommt. Bezüglich der näheren Begründungen der angenommenen optischen Orientierung vgl. [296].

Der Vergleich mit *Sylvin* zeigt, daß die ganz gleichartig aussehenden Schlag- und Druckfiguren in ihren Rißbildungen weniger gut orientiert sind als beim Steinsalz. Die groben Unregelmäßigkeiten der < 110 >-(?)-Risse stehen vielleicht im Zusammenhang mit der Mindersymmetrie des Sylvins, doch läßt sich dafür kein sicheres Beweismaterial erbringen, weshalb auch *R. Brauns'* [24] Versuch, daraus die gyroedrische Mindersymmetrie abzuleiten, keinen Anklang fand.

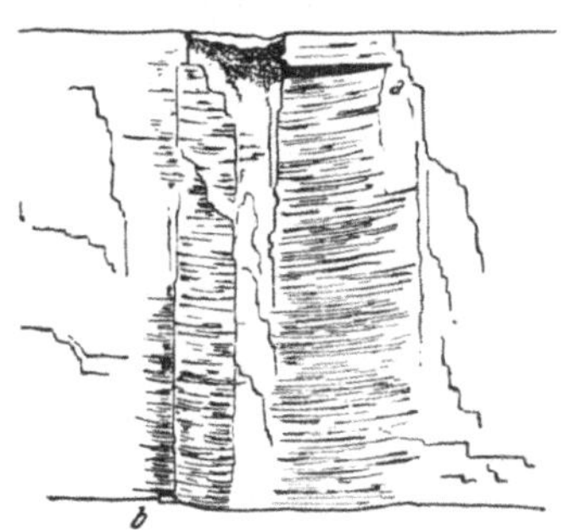

Abb. 198. Durchspaltung durch eine Schlagfigur am Bleiglanz, *a* und *b* Abrißstellen.

Gleichwie bei der Spaltbarkeit zeigt auch hier der *Bleiglanz* trotz seinem mit dem Steinsalz völlig gleichen Gitterbau in den Schlag- und Druckfiguren ein von diesem verschiedenes Verhalten. Das Fehlen jeder Spur einer <110>-Spaltung beim Bleiglanz läßt auch die für das Steinsalz so bezeichnenden <110>-Risse *niemals* auftreten. Die Verwendung feiner Nadeln für die Schlagfigur ergab gar keine oder nur sehr schwache Risse parallel den Würfelkanten. Bei Anwendung derberer Nadeln (Stricknadeln) oder bei tieferem Eintreiben ergaben sich die schon längst bekannten, buchtigen Ausweicherscheinungen (Abb. 197). Wird der Versuch nahe dem Rande der <100>-Fläche ausgeführt, dann sieht man, wie diese sich flach auswölbt und, von der Seite gesehen, eine Art trichteriger Auftreibung zeigt (Abb. 197a, b). Auch an dickeren Platten läßt sich bei entsprechend kräftiger Behandlung diese Verformung bis auf die Unterseite verfolgen, wo sie in Form sehr flacher, aber schon mit dem freien Auge gut erkennbarer vierseitiger Pyramiden zutage tritt. Die Umgrenzung dieser Pyramiden verläuft in den Richtungen der Diagonalen der Würfelflächen, die Pyramidenflächen selbst sind gerundet und wurden schon von *Mügge* [157] als Verbiegungen infolge Translation nach <110> gedeutet.

Wird die Schlagfigur genau im Einstich durchgespalten, was recht leicht gelingt, so erhält man immer das gleiche Bild (Abb. 198). Unmittelbar unter der Einstichstelle mit ihrem regellosen Trümmerwerk erscheint ein etwa der Dicke der Nadel entsprechender Kristallteil als Ganzes, wie ein Propf in einem

Flaschenhals, herausgedrückt. Zwischen diesem und den unberührten Teilen des Kristalles findet sich eine Zone aufgeblätterten Materiales, wobei die Blätter schwach gekrümmt sind, wie man an den feinen, gebogenen, untereinander parallelen Rissen erkennen kann. In der Abbildung ist sowohl am Anfang,

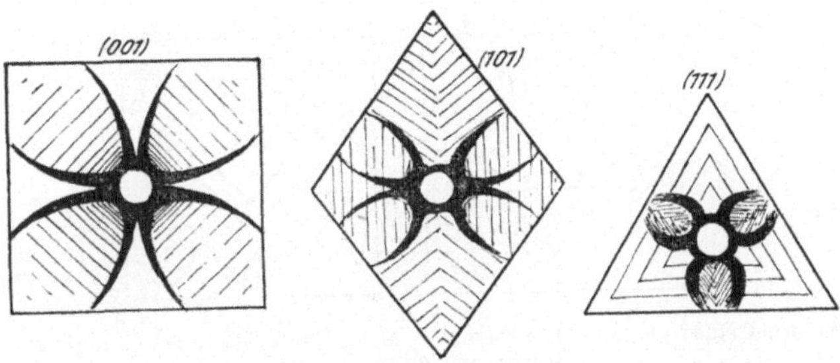

Abb. 199. Druckfiguren einer Kegelspitze auf den Hauptflächen von Elektrolyt-Kupferkristallen (nach *Tammann-Müller*).

wie am Ende dieser Zone das Abreißen und Verbiegen der Blätter durch je eine derbere Spalte, bei *a* und *b*, besonders gekennzeichnet.

In dem Verhalten beider Minerale wird der Einfluß, den die Sprödigkeit (Steinsalz) oder Geschmeidigkeit (Bleiglanz) bei sonst

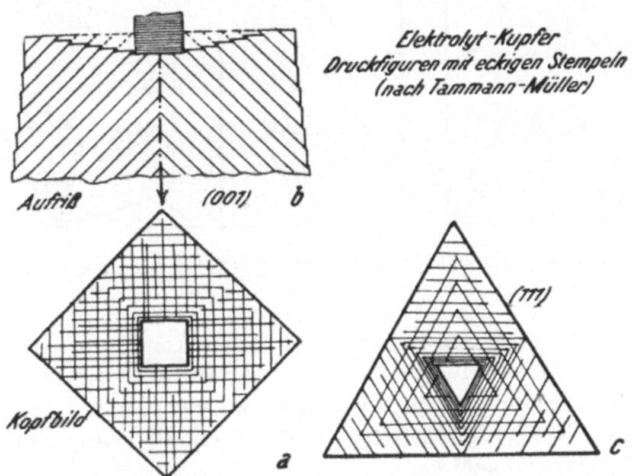

Abb. 200. Gleitlinien am Kupfer unter Anwendung eckiger Stempel. a) Eindruck auf der Würfelfläche, b) Aufriß zu a) mit stark übertriebenen Gleitschichten nach $<111>$, c) Eindruck eines dreieckigen Stempels auf der Oktaederfläche.

gleichem Gitterbau auf die Ausbildung von Schlag- und Druckfiguren nimmt, besonders deutlich.

Sehr aufschlußreiche Versuche von *G. Tammann* und *A. Müller* [258] an Einkristallen von Metallen ließen wieder die überragende Bedeutung der Gleitebenen für die Ausbildung der Schlag- und Druckfiguren erkennen.

An Kristallen von Elektrolyt-*Kupfer* zeigten sich neben den von der Einstichstelle einer Kegelspitze ausstrahlenden, gekrümmten, aber

streng der Flächensymmetrie gehorchenden Rissen eine mehr oder
minder feine Riefung in Richtungen, die den Spuren der *Oktaederebenen* als Gleitflächen entsprechen (Abb. 199). Noch deutlicher
werden diese Gleitebenen, wenn man geeignete. *eckige* Stempel in

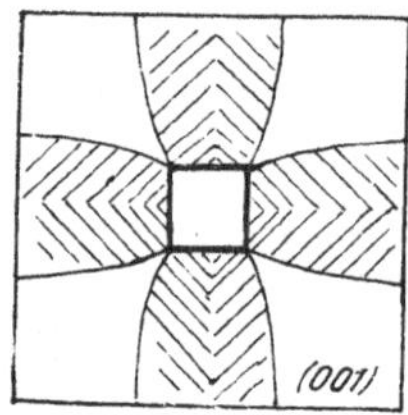
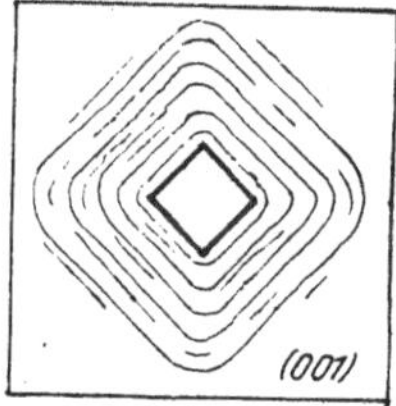

Abb. 201. Eindruck eines quadratischen Stempels auf der Würfelfläche des Eisens in zwei verschiedenen
Lagen (nach *Tammann-Müller*).

günstiger Stellung auf die Flächen aufpreßt und damit Druckfiguren
herstellt.

Abb. 200 b gibt in schematischer Weise die Wirkung des Einpressens eines
quadratischen Stempels auf die Würfelfläche wieder und läßt, stark ver-

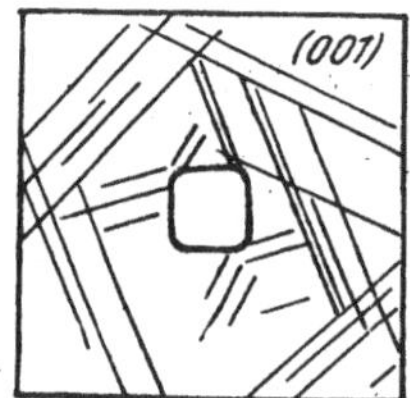
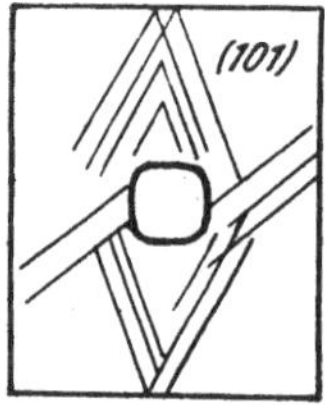

Abb. 202. Schlagfiguren auf den Hauptflächen von Eisen bei − 180° C (nach *Tammann-Müller*).

gröbert, die Gleitung nach den <111>-Flächen erkennen. Auf der Würfelfläche
selbst erscheint ein System feiner, diagonal verlaufender Riefungen (Abb. 200 a).

Auf der Oktaederfläche ist die Verwendung eines dreieckigen Stempels
günstig, um in der Druckfigur die Gleitung nach den Oktaederebenen deutlich
werden zu lassen (Abb. 200 c).

Ganz ähnliche Ergebnisse liefert das Einpressen quadratischer Stempel
auf der Würfelfläche von *Eisen*kristallen. Auch hier dienen die <111>-
Flächen als Gleitebenen. Interessant ist die Verschiedenheit im Aussehen der
Druckfiguren, je nachdem ob eine Stempelseite parallel oder diagonal zur
Würfelkante liegt (Abb. 201).

Die Verwendung einer Kegelspitze liefert auf der Würfelfläche
des *Eisens* eine fast quadratische Druckmulde mit gerundeten Ecken.
Von den vier Ecken gehen vier Wülste aus, auf denen sich Fließlinien
befinden. Ähnlich ist die Druckfigur mit einer Kegelspitze auf der
Dodekaederfläche. Auch hier ist die Druckmulde fast quadratisch.
Von den aus den Ecken ausstrahlenden vier Wülsten sind je zwei
hier einander stark genähert. Auf der <111> ist das Druckloch fast

genau kreisförmig, die Wülste mit den Fließlinien laufen auf die Ecken
der Fläche zu. Schlag- und Druckfiguren sind ganz gleich. Bei —180⁰ C
und kräftigem Hammerschlag beobachtet man außer den angegebenen
Wülsten und Fließlinien noch Risse nach der Spaltebene <100>.
Außerdem entstehen auf den drei Hauptebenen noch gerade Linien,
deren Verlauf aus Abb. 202 zu entnehmen ist (*G. Tamman* und *W.
Müller* [*259*]).

Auf der Würfelfläche entstehen drei lange und drei kürzere, geknickte
Linienscharen, auf der Dodekaederfläche drei, auf der Oktaederfläche sechs

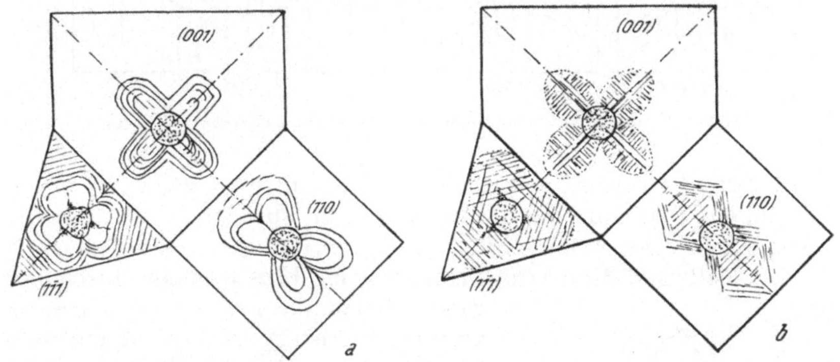

Abb. 203. Druckfiguren auf Eisen mit einer Nadel (nach *Tammann-Müller* und *Osmond-Cartaud*).
a) α-Eisen, b) γ-Eisen.

Scharen von Linien. Es handelt sich um die Spuren von Zwillingslamellen
nach <112> [oder <123>?] in der jeweils untersuchten Fläche.

Infolge der größeren Sprödigkeit bei tiefen Temperaturen sind diese Verhältnisse bei —180⁰ C viel deutlicher als bei Zimmertemperatur.

Sehr beachtenswert ist das verschiedene Aussehen der Schlag- und
Druckfiguren bei den verschiedenen Modifikationen des Eisens.

Bei dem raumzentrierten *α-Eisen* erfolgt die Gleitung auch nach
<111>-Ebenen und die Zwillingsbildung nach <112> (*Neumann*sche
Lamellen), aber neben den geraden Linien treten noch stark gekrümmte Gleitlinien auf, was beim Kupfer nie zu beobachten ist. Die
„einfache Schiebung" nach einer Ikositetraederebene ist eben nur
bei raumzentrierten Kristallen möglich, wie *Mügge* betonte. Dagegen
zeigt das flächenzentrierte *γ-Eisen* ganz wie das Kupfer durchwegs
gerade Gleitlinien, wobei auch wieder <111> als Gleitebene dient, ohne
Zwillingslamellen nach <112>. Abb. 203 gibt ein Bild von dem Aussehen der Schlag- und Druckfiguren auf den Hauptflächen nach
Osmond-Cartaud (Revue de metallurgie vol. 2 [1905] S. 811, zitiert
bei *Tammann, A. Müller*, [*258*]).

Trigonales System. In der schon zitierten Arbeit von *G. Tammann* [*259*] wurden auch andere Metall-Einkristalle auf ihre Druckfiguren bei verschiedenen Temperaturen untersucht. Die Abb. 204 zeigt
das Ergebnis solcher Versuche an Rhomboederflächen des *Wismut*

und *Antimon.* Man sieht Streifen parallel der Basis. Die Risse laufen entsprechend den schon vorhandenen Zwillingslamellen. Dazu kommen bei —180° C noch neue Zwillingslamellen unter 60° und 120° zu den schon bestehenden. Die Ränder der Risse klaffen und sind bei Wismut

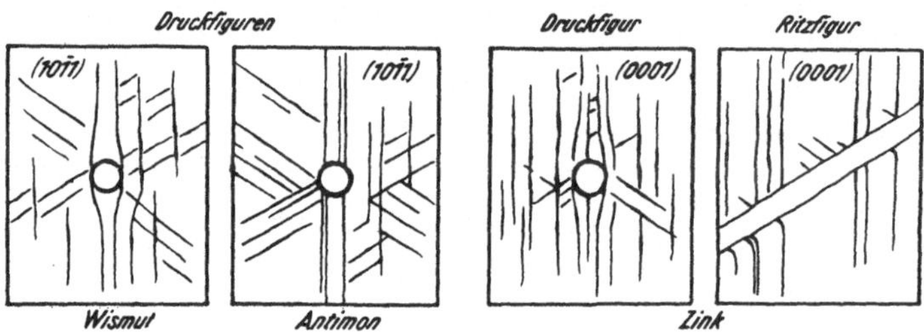

Abb. 204. Druckfiguren an Metallen bei 20° C (nach *Tammann-Müller*).

in der Nähe des Druckloches leicht gekrümmt. Fast ganz das gleiche Bild gibt das Antimon, nur ist es im ganzen spröder.

Das klassische Beispiel für Schlagfiguren ist außer dem Steinsalz der *Kalkspat.* Man erhält eine von der Einstichstelle durch zwei gegen die Polecke gekehrte Spaltrisse begrenzte, dreieckige Aufwölbung mit feiner Streifung quer über den Winkel zwischen den Spaltrissen. Es handelt sich um Spuren der Gleitebene (01$\bar{1}$2), Abb. 205.

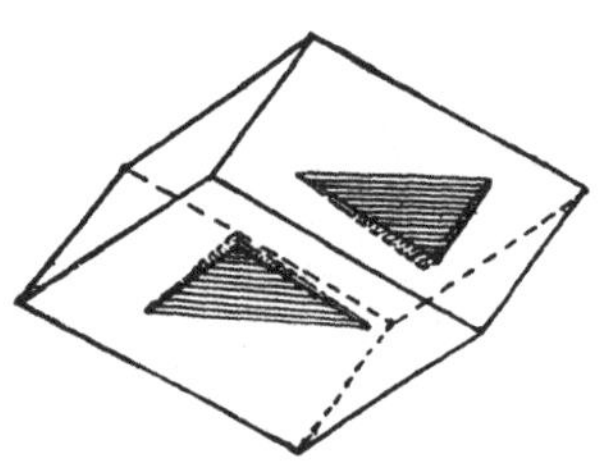

Abb. 205. Schlagfiguren auf den Rhomboederflächen des Kalkspates (schematisiert).

Denkt man sich nach *Mügge* [157] den Kalkspat aus äußerst feinen Lamellen nach dieser Fläche (also *nicht* in Zwillingsstellung!) aufgebaut, die sich um die lange Diagonale biegen lassen, so ist leicht einzusehen, daß ein senkrecht auf das Spaltrhomboeder aufgesetzter Metallstift in den Richtungen von und zur Polecke verschiedene Ausweichmöglichkeiten findet. Gegen die Polecke hin ist das Umbiegen viel leichter durchführbar als in der Gegenrichtung. Daher die Einseitigkeit der Schlagfigur.

Während bei der Schlagfigur auf (10$\bar{1}$1) die begrenzten Spaltrisse sich *nie* über die Einstichstelle gegen die Randecke fortsetzen, zeigt die bedeutend weniger schöne Druckfigur solche Fortsetzungen, allerdings immer nur in ganz kurzen Strahlen (Abb. 206 a).

Optisch ist wenig Aufschluß zu gewinnen. Die außerordentliche Spaltbarkeit zwingt zur Verwendung dickerer Platten und damit ist wieder die Doppelbrechung so hoch, daß nur das Weiß höherer Ordnung sichtbar wird. Immerhin sieht man in der Auslöschungsstellung der Rhomboederplatte, daß die Außenseite der die Schlag- und Druckfiguren begrenzenden Spaltrisse eine Aufhellung zeigt, ein Beweis, daß die optische Orientierung hier geändert wurde [296]. Wahrscheinlich entstehen bei dem Einstich der Schlagfigur nicht nur Schiebungen nach einer (in Auslöschung befindlichen) Polkante, sondern gleichzeitig nach allen drei Polkanten, wodurch die Aufhellung leicht erklärt ist.

Die Schlagfiguren der Endfläche sind nie von jener Regelmäßigkeit, wie das zumeist angegeben wird. Immer gehen durch den Einstich Spaltrisse. Die dadurch abgegrenzten Sektoren verhalten sich
meist ungleich; drei davon zeigen Querstreifungen, drei andere nicht
oder sehr schwach. Die gestreiften Sektoren sind jeweils gegen die
Ecken der Basisfläche gerichtet. Es sind das jene Sektoren, bei denen
die schräg einsetzenden Spaltflächen einander zugekehrt sind. Auch
hier dürfte es sich um Gleitlamellen handeln (Abb. 206 b).

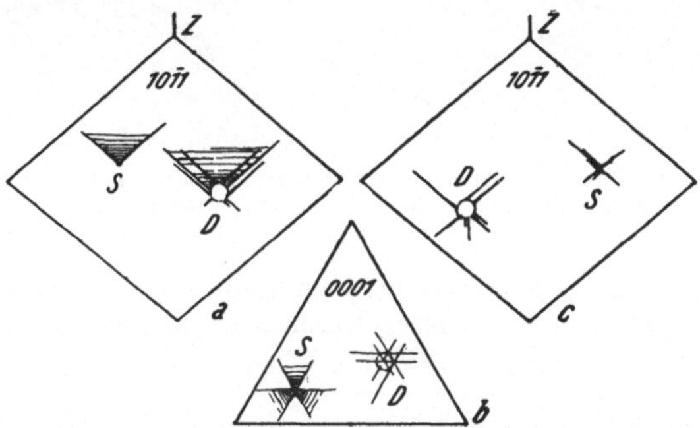

Abb. 206. S = Schlagfigur, D = Druckfigur. a) Auf der Rhomboederfläche, b) auf der Basis des
Kalkspates, c) auf der Rhomboederfläche des Dolomits.

Die Druckfigur zeigt keine Sektorenbildung, die Spaltrisse durchsetzen die Druckmulde.

Sehr bezeichnend ist die Ausbildung der Schlag- und Druckfiguren
beim *Dolomit*. Die auftretenden Risse nach den Spaltebenen sind nie
einseitig entwickelt, sondern den Pol- *und* Randecken zulaufend.
Gelegentlich sieht man auch kurze Risse, die der *kurzen* Diagonale
parallel laufen, niemals aber auch nur eine Spur einer Streifung
durch Gleitlamellen. Das stimmt völlig zu der Tatsache, daß die beim
Kalkspat so verbreitete Gleitzwillings-Lamellierung nach der langen
Diagonale der Spaltfläche beim Dolomit vollständig fehlt.

Auch bei *Eisenspat*, der nur sehr unschöne Schlag- und Druckfiguren
liefert, sind Gleitflächen und die entsprechenden Streifungen nicht zu beobachten, obwohl seine Symmetrie völlig mit der des Kalkspates übereinstimmt.

Hierher gehören auch die überaus interessanten Versuche, die
Schubnikow und *Zinserling* [227] am *Quarz* anstellten, wobei der
„Schlag" durch das Auffallen einer 5 mm messenden Stahlkugel aus
116 cm Höhe erzielt wurde. Abb. 207 a gibt das Aussehen der Schlagfigur auf der Basisfläche bzw. des senkrechten Schnittes durch
dieselbe wieder.

Im Aufriß ist erkennbar, daß dabei Risse entstehen, deren Neigung einer
Rhomboederfläche (10$\bar{1}$1) oder (1$\bar{1}$01) entspricht. Weitere Untersuchungen

ergaben, daß in Wirklichkeit die Risse der *schlechteren* Spaltbarkeit, also der $(1\bar{1}01)$ gemäß verlaufen.

Um das Aussehen der „Schlagfigur" genau bestimmen zu können, wurde knapp unter dem tiefstreichenden Riß die Platte parallel der (0001) (Ebene *a* in Abb. 207 a) durchgesägt und dann so lange geschliffen, bis sich auf ihr

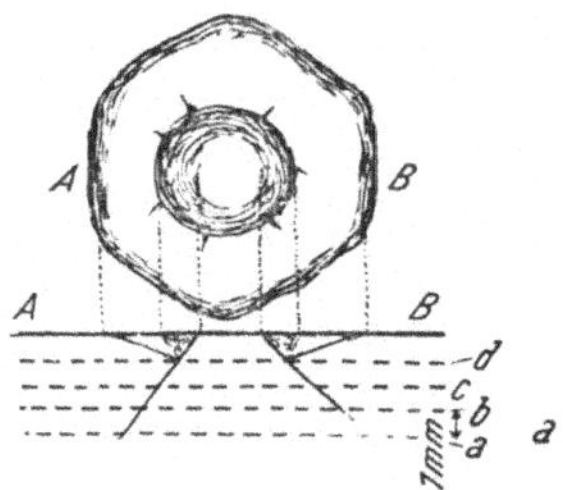
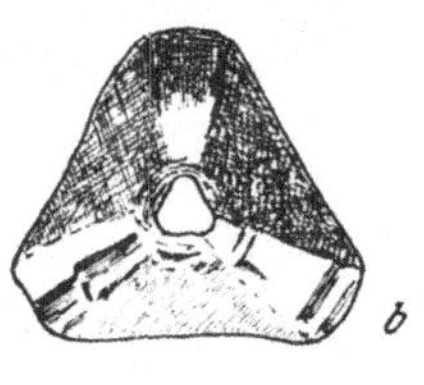

Abb. 207. Schlagfigur auf der (0001) des Quarzes (nach *Schubnikow-Zinserling*). a) Grund- und Aufriß, b) die aus der „Matrize" herausgedrückte Schlagfigur.

Risse zeigten und die ganze Schlagfigur dann mit einer Pinzette herausgedrückt werden konnte (Abb. 207 b). Dieses Figürchen hat das Aussehen einer dreiseitigen Pyramide mit etwas gerundeten Flächen nach dem $<1\bar{1}01>$-Rhomboeder.

Die übrig bleibende „Matrize" wurde nun von der Oberseite her wieder geschliffen und nach bestimmten Abschlifftiefen jeweils gemessen bzw. photographiert. So entstand die Bilderserie der Abb. 208. Die einzelnen Bilder entsprechen Schnitten in jeweils 1 mm Abstand.

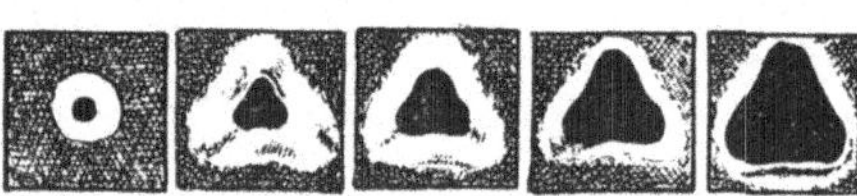

Abb. 208. Fünf Schnitte parallel (0001) durch die Schlagfigur auf der Basis des Quarzes (nach *Schubnikow-Zinserling*).

In dieser Art wurden die verschiedenen Flächen des Quarzes auf das Aussehen ihrer Schlag- und Druckfiguren hin untersucht.

In Abb. 209 ist das Aussehen und die Anordnung der Schlagfiguren auf den verschiedenen Flächen des Quarzes schematisch dargestellt.[1] In allen Fällen erhält man eine befriedigende Deutung der recht seltsam aussehenden Figuren, wenn man feststellt, daß die Seitenflächen der fallweise herausgedrückten, im allgemeinen pyramidenförmigen Schlagfigürchen durch die Flächen des Rhomboeders $<1\bar{1}01>$ gebildet werden.

---

[1] In der Originalarbeit ist offenbar ein Zeichenfehler unterlaufen, wonach die Figuren für $(1\bar{1}01)$ und $(10\bar{1}1)$ miteinander vertauscht sind. Das ergibt sich aus der Beschreibung im begleitenden Text und aus dem Vergleich mit den Originalabbildungen 24 bis 28 (= Abb. 210 dieses Buches).

Wie aus der Abb. 210 zu entnehmen ist, ergibt die jeweils untersuchte Fläche im Schnitt mit der <1101>-Fläche und kombiniert mit dem kreisförmigen Umriß der drückenden bzw. schlagenden Stahlkugel Formen, die durchaus mit den beobachteten Formen im Wesen übereinstimmen. Besonders der Unterschied zwischen den Schlagfiguren der beiden Rhomboeder, bzw. der Prismen erster und zweiter Art läßt sich durch die Bezugnahme auf das die Schlagfigürchen beherrschende Rhomboeder < 1101 > sehr leicht und überzeugend verständlich machen.

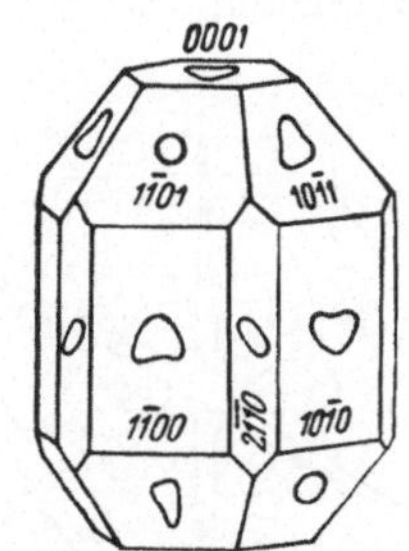

Abb. 209. Anordnung und Formen der Schlagfiguren auf verschiedenen Flächen des Quarzes (nach *Schubnikow-Zinserling*).

Die ganz ähnlich aussehenden Druckfiguren am Quarz, die sich nach *Schubnikow* am besten mit einer *Brinell*presse erzeugen lassen, zeigen insofern einen grundlegenden Unterschied, als bei ihnen und *nur* bei ihnen, nicht aber bei der Schlagfigur Zwillingsbildungen auftreten, deren Aussehen und Deutung schon S. 75 und 156 erörtert wurden, weshalb hier nur darauf verwiesen sein soll.

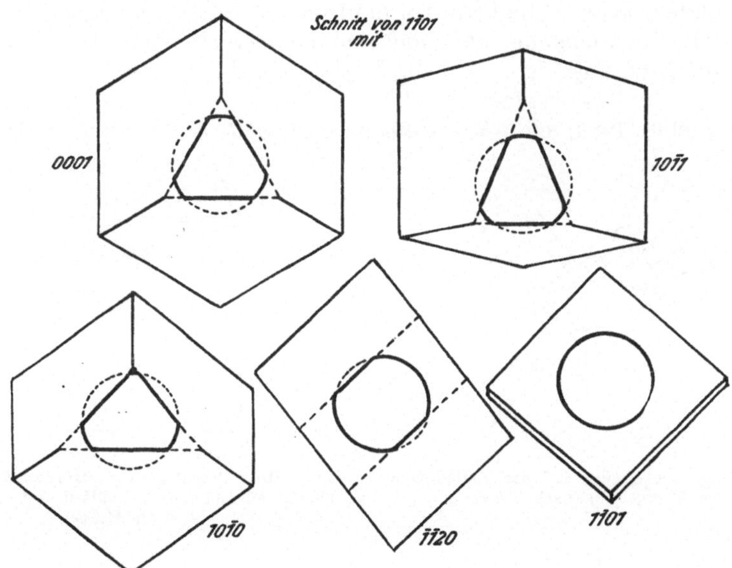

Abb. 210. Die Deutung der Formen der Schlagfiguren am Quarz (nach *Schubnikow-Zinserling*).

Hexagonales System. Genauer untersucht sind nur *Zink*-Einkristalle in der schon mehrfach genannten Arbeit von *Tammann*. Die Basisfläche zeigt als Schlagfigur einen sechsstrahligen Stern mit Translationsriefung quer zu den Radialrissen (Abb. 211). Bei —180° C bilden sich auf der Spaltebene (Basis), die in einer Richtung von Streifen durchzogen ist, vom Druckloch ausgehend Zwillingsstreifungen, die gegen die erste Streifung unter 60⁰ geneigt sind. Bei Zimmertemperatur ist die Erscheinung weniger deutlich, bei 100⁰ entstehen Zwillingsstreifen nur mehr selten und bei 200⁰ fehlen sie ganz.

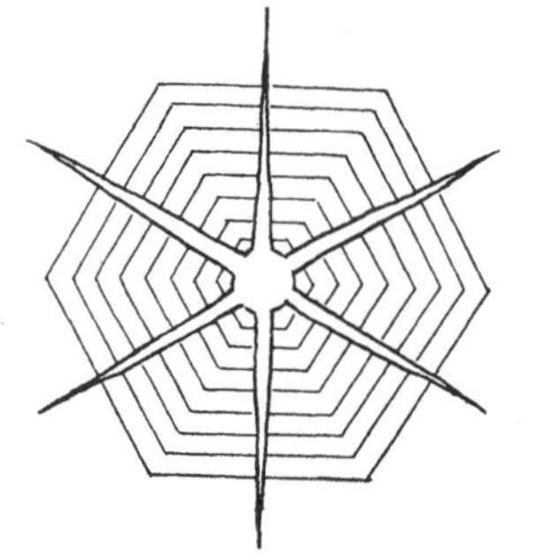

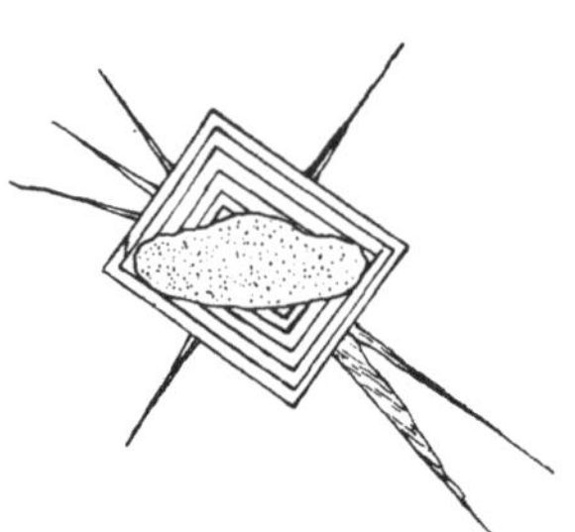

Abb. 211. Druckfigur auf der Basis von Zinkkristallen (nach *Tammann-Müller*).

Parallellaufende Ritzversuche ließen gleichfalls Zwillingslamellen unter 60⁰ zu der vorhandenen Streifung auf der Basis entstehen. Ist die Ritzfurche selbst unter etwa 60⁰ gegen die Streifung geneigt, dann bilden sich nur auf *einer* Seite des Ritzgrabens Zwillingsstreifen (vgl. Abb. 204).

Graphit gibt, in dünnen Tafeln am besten auf Glas, oder bei dickeren Platten auf Holz oder Papier, drei oder sechsstrahlige Schlagfiguren. Die Strahlen sind parallel Streifungen (scharfkantige „Rükken"), die ihrerseits der <1011> parallel laufen. Es handelt sich um Zwillingsbildungen nach einer sehr steilen Pyramidenfläche. Alle Strahlen sind gleichwertig. Die „Rücken" sind bei der Einstichstelle am höchsten und verflachen allmählich in radialer Richtung.

Tetragonales System. Auch hier sind nur sehr wenige genauer untersuchte Beispiele. Am *Phosgenit* erhielt *M. Taricco* [264] auf

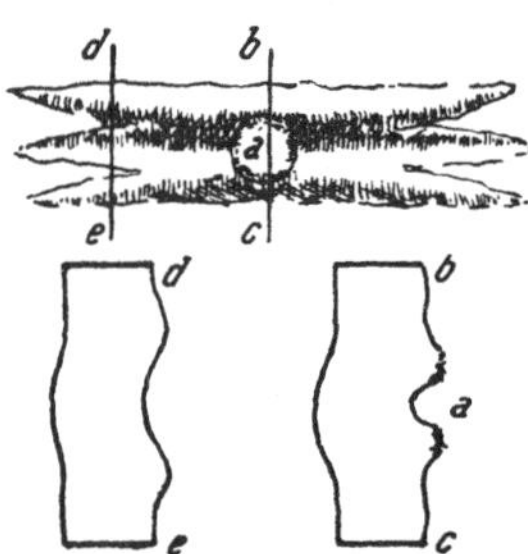

Abb. 212. Schlagfigur auf der (001)-Fläche des Phosgenites (nach *Taricco*).

Abb. 213. Druckfigur auf (010) des Antimonglanzes mit zwei Querschnitten nach *b c* und *d e* (nach *Mügge*).

der Spaltfläche (001) durch Fallenlassen einer belasteten Nadel oder durch Eindruck einer solchen mit der Hand Schlagfiguren mit den Hauptstrahlen parallel <110> und weitere Strahlen parallel <210> oder <310> (?). Außer der Schlagfigur bildeten sich noch Vertiefungen von rechteckigem oder quadratischem Umriß, deren Seiten der <110> parallel laufen (Abb. 212). (Ein gutes Lichtbild ist in *Hintzes* Handbuch der Mineralogie I 3450.) Der pyramidenförmigen, flachen Vertiefung der Oberseite entspricht auf der Unterseite einer 1 bis 2 mm dicken Platte eine vierseitige Erhöhung mit sehr flachen <*hhl*>-Ebenen, meist treppenartig entwickelt. Die Erscheinung erinnert sehr an die Verhältnisse beim Bleiglanz, wo auch durch die ganze Platte ein abgegrenzter Gitterbereich herausgeschoben wird.

Nach *Mügge* ist diese „*Taricco*-Figur" durch Einpressen eines gut abgerundeten Stiftes in die Basisplatte, die sich auf etwas nachgiebiger Unterlage befindet, zu erzielen. Im gesamten Bereich der *Taricco*-Figur findet sich anomale optische Zweiachsigkeit, ohne daß eine Beziehung zu den Translationsstreifen angebbar wäre.

Der *Apophyllit* zeigt auf der ausgezeichneten Spaltfläche (001) eine Schlagfigur mit Rissen parallel <100>, bzw. <*h0l*>. Die Druckfigur ist weniger deutlich.

Rhombisches System. Hier liegen ausgezeichnete Beobachtungen von *Mügge* [147] am Antimonit und Topas vor. Auf der vorzüglichen Spaltfläche (010) des *Antimonits* besteht die Schlagfigur aus einer Rinne parallel der Fältelungsachse x, die beiderseits von zwei gleichlaufenden, streifenförmigen Aufwölbungen begleitet ist (Abb. 213). Die Wirkung des Schlages reicht ersichtlich *in* der Richtung der Fältelungsachse viel weiter als senkrecht dazu. Offenkundig werden die Spannungen senkrecht zur x-Achse, also in der Translationsrichtung $t = z$, viel rascher ausgeglichen. Am besten eignen sich dazu Platten von 1 bis 2 mm Dicke.

Am *Topas* wurden Schlagfiguren auf (001) mit einer Diamantspitze versucht. Es zeigten sich zwei Strahlen in den Richtungen der x- und y-Achse, angenähert den Flächen (201) und (021) entsprechend. Daneben entstehen viel kräftigere Strahlen, die gegen die y-Achse unter 30° bis 60° geneigt sind und gut geradlinig verlaufen. Leider machte es die sehr bedeutende Schwankung in der Richtung dieser Strahlen unmöglich, eine kristallographische Orientierung der Risse vorzunehmen.

Monoklines System. Auf der Längsfläche (010) des *Gipses* sieht man bei Herstellung von Schlag- und den gleich aussehenden Druckfiguren in der Hauptsache dichte Scharen von Rissen parallel dem Faserbruch <$\bar{1}11$>. Seltener, aber immer sehr scharf sind kürzere Risse nach <100>, die fast immer offen klaffen im Gegensatz zu den erstgenannten Rissen. Ihr Aufreißen ist meist mit einem deutlichen Knacken verbunden. Die Risse biegen an ihren Enden in eine etwa 12° davon abweichende Richtung um, die nach *Mügge* [147] beiläufig der ($\bar{5}$09) entspricht. Es entstehen dadurch lang-S-förmig gekrümmte Risse der Schlag- und Druckfiguren (vgl. auch [296]).

Die Strahlen nach ($\bar{5}$09) entstehen in härteren Gipsplatten, wie etwa bei den Zwillingen von Montmartre weit vollkommener als in weichem, biegsamem Gips.

Bei dünneren Platten steht der Druckmulde, die rhomboidisch von Rissen nach dem Faserbruch und nach (100) umgrenzt ist, eine ganz flache Ausbuchtung auf der Gegenseite gegenüber.

Weitaus am eingehendsten sind die Schlag- und Druckfiguren auf den Spaltflächen der *Glimmerminerale* untersucht. Hier wurde zum ersten Male ein grundlegender Unterschied zwischen Schlag- und Druckfiguren beobachtet. Die wichtigsten Beobachtungen stammen von *G. Tschermak* [302], *M. Bauer* [7] und *O. Mügge* [157] (vgl. auch [296]).

Zur Herstellung der *Schlagfiguren* sind dickere Platten gut verwendbar, dagegen erhält man *Druckfiguren* in schöner Ausbildung nur an dünnen

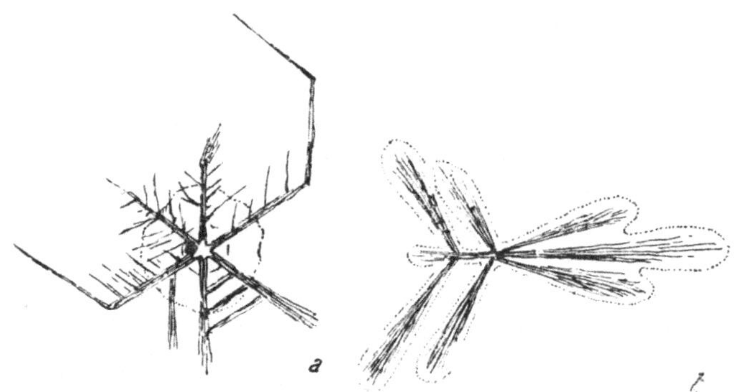

Abb. 214. a) Schlagfigur, b) Druckfigur am Glimmer (nach *Bauer*) (natürliche Größe 2 bis 4 mm).

Platten. Bei Verwendung dickerer Platten reißen auf der Unterseite Sprünge in den Richtungen der Schlagstrahlen auf, wodurch die Klarheit der Erscheinung stark beeinträchtigt wird.

Schlagfigur. Ein sechsstrahliger Stern, dessen einer Strahl streng parallel der Symmetrieebene verläuft; die beiden anderen Strahlen sind gegen diesen unter etwa 60° geneigt. Besonders der nach 010 verlaufende Hauptstrahl ist meist sehr scharf gezogen und bildet öfters eine klaffende Spalte. Die Strahlen sind häufig gefiedert, wobei die Fiederstrahlen immer parallel den anderen Strahlen verlaufen. Seltener beobachtet man eine, wieder parallel einem Strahl verlaufende Querverbindung der Strahlen oder ein entsprechendes Überspringen eines Strahles in der Richtung eines anderen (Knickung) (Abb. 214 a).

Rund um die Einstichstelle sieht man Aufblätterungen mit Interferenzfarben, die den Einstich ungefähr kreisförmig umgeben und deren äußere Begrenzung alle Haupt- und Nebenstrahlen durchschneidet. Eine optische Beeinflussung, die sich unbedingt in einer Änderung des Achsenwinkels beim Glimmer verraten müßte, konnte nie beobachtet werden [296]. Der „Hauptstrahl" liegt immer *senkrecht zur Achsenebene*, wodurch auch bei unregelmäßig umgrenzten Platten eine kristallographische Orientierung leicht durchführbar ist.

Druckfigur. Diese ist viel schwieriger in voller Reinheit herzustellen. Die Druckstrahlen bilden wieder einen sechsstrahligen, häufiger dreistrahligen Stern, dessen Strahlen aber viel weniger scharf entwickelt sind, sondern mehr büschelig verlaufen. Dabei ist deutlich zu erkennen, daß *ein Druckstrahl der Richtung der optischen Achsenebene parallel* läuft, die ganze *Druckfigur also gegen die Schlagfigur um 90° (30°) gedreht* erscheint. Auch hier ist im Bereich der Druckfigur eine leichte Aufblätterung zu beobachten, diese umzieht aber, worauf insbesonders *M. Bauer* [7] nachdrücklich hinwies,

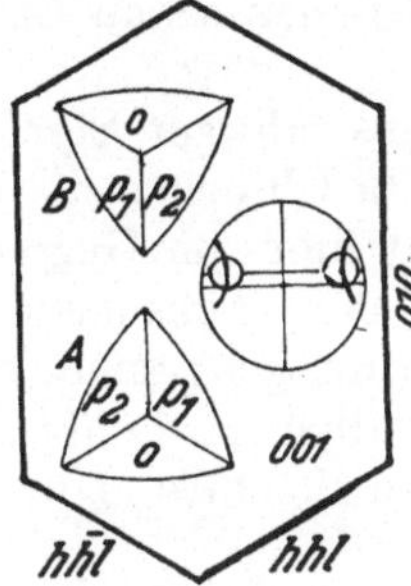
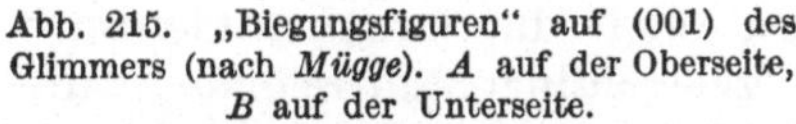
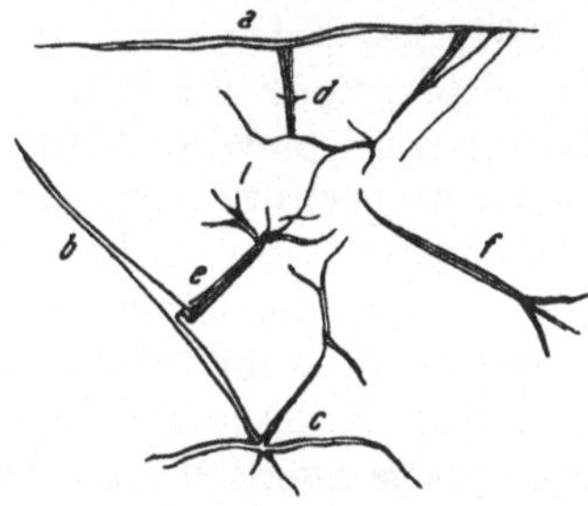

Abb. 215. „Biegungsfiguren" auf (001) des Glimmers (nach *Mügge*). *A* auf der Oberseite, *B* auf der Unterseite.

Abb. 216. Chlorit, Druckfigur: *a, b, c* = Risse der Schlagstrahlen, *d, e, f* = Druckstrahlen.

alle Druckstrahlen, auch in den letzten Ausläufern, wie ein Saum, ohne jemals einen der Druckstrahlen zu durchschneiden (Abb. 214b).

Wie schon lange bekannt, lassen sich Glimmerplatten parallel den Strahlen der Schlag- *und* Druckfigur leicht knicken und längs dieser Knickung abreißen. Es ist merkwürdig, daß dieses Abreißen parallel den Knicklinien der Druckstrahlen ebenso leicht, wenn nicht noch leichter erfolgt als nach den Richtungen der Schlagstrahlen. Da bei den Schlagstrahlen gelegentlich offene Spalten auftreten, die der Druckfigur fehlen, wäre eigentlich das Gegenteil zu erwarten gewesen [*296*].

O. Mügge [*157*] beschreibt auf der Spaltfläche des Glimmers noch eine *„Biegungsfigur"*, die man in 0,1 bis 0,2 mm dicken, ziemlich großen und auf etwas nachgiebiger Unterlage aufliegenden Blättchen dadurch erhält, daß man dieses in ziemlicher Entfernung vom Rand mit einem rund abgeschmolzenen Glasstäbchen vorsichtig drückt, so weit, daß *keine* Sprünge der Druckfigur entstehen. Es bildet sich aber eine dauernde Durchbiegung mit gewölbt dreiseitigem Umriß. Diese Mulde wird aus zwei Pyramidenflächen *p* und einem Querprisma *o* gebildet (Abb. 215 A). Auf der Unterseite sind die Gegenflächen entwickelt (Abb. 215 B). Diese Biegungsfigur gestattet in ihrer Lage die genaue Unterscheidung des spitzen und stumpfen Winkels β und ist darum ein ausgezeichnetes Hilfsmittel zur kristallographisch genauen Orientierung eines unregelmäßig begrenzten Glimmerblättchens.

Am besten erhält man die Biegungsfigur, wenn man an einem dickeren
Blättchen eine Druckfigur erzeugt und dann die obersten Lagen abspaltet. Das
zurückbleibende Präparat ist ohne alle Sprünge und vollkommen klar, also
liegt eine deutliche *Biegegleitung* (Translation) vor. Bei zu schnellem oder
starkem Druck entstehen die bekannten Druckfiguren.

Die Schlagfiguren entstehen durch Aufreißen des kleinen, dreiseitigen
Gewölbes der Biegungsfigur nach den Symmetrielinien der begrenzenden
Flächen.

Ganz ähnlich wie bei den Glimmermineralen zeigen auch die
*Chlorit*minerale auf der Spaltfläche deutlich eine *verschiedene*
Orientierung der Schlag- und Druckfiguren, wie das schon *G. Tscher-
mak* [304] beschrieb.

Die *Schlagfigur* erscheint wieder als sechsstrahliger Stern, wobei
ein Hauptstrahl parallel (010) läuft. Da bei den Chloriten die optische
Achsenebene ebenfalls parallel (010) liegt, ist hier, im Gegensatz zu
den Glimmern, ein Schlagstrahl parallel der Achsenebene. Die
Strahlen selbst sind unscharf, büschelig, schwach gekrümmt, also viel
weniger gut orientiert als beim Glimmer. Parallel den Schlagstrahlen
sind häufig Knickungen, denen entlang ein leichtes Durchreißen
der Spaltplatte möglich ist [296].

Die *Druckfigur* ist niemals ganz rein zu erhalten, wie das auch
schon *Tschermak* betonte; immer zeigt sich die Druckmulde auch
von Schlagstrahlen durchsetzt. Die gelegentlich auftretenden, unschönen, büscheligen Druckstrahlen sind gegenüber den Schlagstrahlen wie beim Glimmer um 90⁰ (30⁰) gedreht, wie sich leicht
aus ihrer Orientierung gegenüber der Achsenebene erkennen läßt.

Eine interessante Erscheinung ist in Abb. 216 skizziert [296]. An einer
Basisplatte war durch mehrfache Schlag- und Druckversuche ein dreieckiges
Feld mit den Schlagstrahlen *a*, *b*, *c* umgrenzt. Ein in der Mitte dieses Feldes
vorgenommener Druckversuch gab deutliche Druckstrahlen (*d*, *e*, *f*) senkrecht
zu den das Feld begrenzenden Schlagstrahlen. Besonders merkwürdig war
die Tatsache, daß an dem klaffenden Schlagriß *b* der Druckstrahl *e* deutlich
als eine *Einfaltung* zu erkennen war. Es ist genau das gleiche Verhalten, wie
man es an einem dreieckigen Blatt Papier beobachten kann, das auf der flachen
Hand liegt und in der Mitte mit dem Daumen eingedrückt wird. Dabei stellen
sich Einfaltungen senkrecht zu den Dreieckseiten ein.

Es lassen sich also, unter besonders günstigen Bedingungen, tatsächlich
Druckstrahlen erzielen, die zu den Schlagstrahlen senkrecht stehen. Auch nach
diesen Strahlen ist leicht eine Knickung und Trennung zu erreichen, die aber
gleichwohl gegenüber der Trennungsmöglichkeit nach den Schlagstrahlen viel
schwieriger durchzuführen ist, im scharfen Gegensatz zum Verhalten der
Glimmerminerale.

Interessant ist in diesem Zusammenhang das Verhalten des *Talkes*
[296]. Die außerordentlich große Nachgiebigkeit des Talkes gegen
jede mechanische Beanspruchung läßt es nahezu ausgeschlossen erscheinen, ein Spaltstück zu erhalten, das nicht schon von vornherein
mechanisch gestört ist. Die Versuche verlaufen daher nicht mit der
wünschenswerten Klarheit und Eindeutigkeit. Auch hier ist es zweck-

mäßig, die Orientierung der allfällig zu erzielenden Schlag- und Druckfiguren gegenüber der Achsenebene festzulegen, da eine andere, kristallographische Orientierung nicht möglich ist.

Die Strahlen der *Schlagfigur* „streuen" sehr stark, wenn man sie in ihrer Neigung gegen die Achsenebene (diese selbst mit 0^0 bis 180^0 angesetzt) einträgt. Bei einer großen Zahl von Eintragungen ergaben sich gleichwohl sechs gewisse, dichter mit Schlagstrahlen besetzten Sektoren. Die Häufungsstellen lagen um 40^0, 86^0, 155^0, 230^0, 272^0, 332^0. Man erkennt leicht, daß je zwei dieser Richtungen ungefähr um 180^0 voneinander abstehen, also zusammengehören. Besonders auffallend ist, daß die Stellen um 90^0 und 270^0 ziemlich stark als Häufungsstellen hervortreten, daß dagegen eine *Lücke* in den Richtungen 0^0 und 180^0 vorliegt, also gerade in der optischen Achsenebene. Das bedeutet, daß *ein Schlagstrahl senkrecht zur optischen Achsenebene* liegt, die ihrerseits der (100) parallel verläuft, nicht aber parallel zu ihr, wie das mehrfach in älteren Büchern (auch im *Hintze* II) angegeben wird. Die anderen Schlagstrahlen sind zu diesem unter 60^0 geneigt.

Bei der Druckfigur ergaben ganz gleichartige Eintragungen der Druckstrahlen gegenüber der Achsenebene Häufungsstellen bei 6^0, 68^0, 126^0, 182^0, 240^0, 314^0, d. h. hier ist die „Lücke" bei 90^0 und 270^0, dagegen ist die Nähe von 0^0 und 180^0 deutlich als Häufungsstelle gekennzeichnet. Die Druckstrahlen sind also gegenüber den Schlagstrahlen wieder um 90^0 (30^0) verdreht.

Es ist bezeichnend, daß *nur* bei diesen Mineralgruppen (Glimmer, Chlorit, Talk), die eine ausgezeichnete *Schichtgitter*struktur besitzen, ein deutlicher Orientierungsunterschied zwischen Schlag- und Druckfigur zu erkennen ist. Dabei ist in allen drei Familien jeweils ein *Schlagstrahl parallel, ein Druckstrahl senkrecht zur (010)-Fläche*. Leider sind solche Versuche nur an *großen* Platten mit einiger Aussicht auf Erfolg durchführbar und darum scheiterte jeder Versuch, auch andere Minerale mit gleichfalls ausgezeichneten Schichtgitterstrukturen, wie etwa Apophyllit, Serpentin, Kaolin usw. in der gleichen Art zu untersuchen.

Wenn auch ein gewisser Zusammenhang zwischen Schichtstruktur und Orientierungsverschiedenheit der Schlag- und Druckfiguren nicht ganz von der Hand zu weisen scheint, ist doch noch keine Möglichkeit zu erkennen, diesen Zusammenhang strukturmechanisch zu deuten.

Für das **trikline System** liegen keine genauer untersuchten Beispiele vor.

II. Ersatzmethoden.

Die Schwierigkeit der Erzeugung von normalen Schlag- und Druckfiguren bei *harten* Mineralen und die Notwendigkeit, hierzu ziemlich große Platten verwenden zu müssen, ließen schon frühzeitig nach Methoden suchen, die diese Schwierigkeiten zu umgehen gestatten. Es muß aber gleich vorweggenommen werden, daß keine der im folgenden skizzierten Ersatzmethoden die Erscheinung der Schlag- und Druckfiguren in ihrer Reinheit wiederzugeben vermag. Wohl aber werden damit neue Einblicke in die Kohäsionsverhältnisse einzelner Minerale gewonnen.

1. **Kontraktionsrisse.** Das Studium von Kontraktionsrissen, die durch „Abschrecken" erhitzten Materiales in Wasser erhalten werden, lieferte ganz merkwürdige Ergebnisse. Die von *J. Lehmann* [125] eingehend untersuchten Fälle lassen — wie die echten Schlag- und Druckfiguren — die Wirksamkeit der Spaltebenen als Trennungsflächen weit zurücktreten, ohne daß man aber imstande wäre, eine durchgreifende Regel hinsichtlich des Auftretens oder Fehlens von Spaltrissen im Zuge der Kontraktionsrißbildungen aufzustellen.

Bei *Zinkblende, Flußspat, Steinsalz, Quarz*... sind es tatsächlich die Spaltebenen, nach denen die Rißbildung erfolgte.

Bei einigen anderen Mineralen tritt aber ein merkwürdiger Wechsel in der Ausbildung der Risse je nach den Versuchsbedingungen ein. Besonders interessant ist dabei der *Kalkspat*. Wenn dieser vor dem Abschrecken nicht zu stark erhitzt wurde, bildet er muschelige Kontraktionsrisse nach $\langle 01\bar{1}2 \rangle$ und nur ganz wenige nach $\langle 10\bar{1}1 \rangle$. Erst nach starker Erhitzung entstehen beim Abschrecken vorwiegend Risse nach den Spaltflächen $\langle 10\bar{1}1 \rangle$. Ebenso merkwürdig ist das Verhalten des *Topases*, der in dünnen Platten (0,5 mm) ziemlich regelmäßige und ebene Risse nach (120) (!), *nicht* nach (110) zeigt, während dickere Platten nach der Spaltfläche (001) zerreißen. Auffällig ist auch, daß *Gips* zwar nach dem Faserbruch und dem muscheligen Bruch reißt, *nicht* aber nach der so ausgezeichneten Spaltfläche (010)! Auch beim *Baryt* bilden sich zwar Kontraktionsrisse nach der schlechteren Spaltfläche $\langle 110 \rangle$, nie aber nach (001).

Am *Albit* finden sich fast niemals Risse nach (001) oder (010), dagegen ziemlich reichlich und regelmäßig nach (110) und (1$\bar{1}$0). Ganz ähnlich verhält sich der *Orthoklas*. Der *Beryll* liefert beim Abschrecken Kontraktionsrisse nach $\langle 10\bar{1}0 \rangle$, der *Apophyllit* solche nach $\langle 100 \rangle$, obwohl gerade in letzterem Falle eine ausgezeichnete Spaltbarkeit nach der Basis vorliegt.

Dank dieser Unsicherheit in der Ausbildung und Verbreitung der Kontraktionsrisse hinsichtlich ihres Zusammenhanges mit der Kristallsymmetrie bieten diese Rißbildungen keinen ausreichenden Ersatz für den Mangel an Schlag- und Druckfiguren und wurden deshalb auch nicht weiter verfolgt.

2. **Funkendurchschläge.** Mehr Erfolg versprechend und dem Problem der Schlag- und Druckfiguren viel näherstehend sind Versuche, die Schlagfiguren durch Wirkung des *elektrischen Funkens* hervorzurufen. Hierüber liegt eine ältere Arbeit von *C. Marangoni* [134] vor. Dieser berichtet, es entstünden beim Durchschlagen einer Kristallplatte mit Hilfe des elektrischen Funkens immer geradlinige Bohrungen, die stets von ein bis vier gestreiften, seltener glatten Spaltflächen durchsetzt würden. Einige Minerale, wie z. B. Quarz, bereiteten

dabei große Schwierigkeiten, indem die Funkenbahn nicht durch den Kristall, sondern um diesen herumlaufe. Im allgemeinen gelinge die Durchlöcherung leichter unter Petroleum.

Im einzelnen gibt er an: Bei *Flußspat* in $<100>$ und $<111>$ nur Durchschläge nach den Oktaederkanten $[10\bar{1}]$ mit zwei, parallel $<111>$ verlaufenden, glatten, gestreiften oder gebogenen Spaltflächen, die durch die Bohrung gehen.

Beim Steinsalz sind drei Funkrichtungen: 1. $[001]$ (Würfelkante) mit zwei glatten Sprungflächen nach (100) und (010), manchmal auch nach (110) und $(1\bar{1}0)$, 2. $[011]$ (Oktaederkante) mit glatten Spaltflächen nach $<100>$ und $<110>$, 3. $[111]$ (Dodekaederkante) mit drei gestreiften, durch die Bohrung gehenden Flächen $<110>$.

Am *Kalkspat* werden vier Funkrichtungen angegeben: 1. Parallel den Polkanten von $<02\bar{2}1>$ mit zwei Sprungflächen parallel $<10\bar{1}1>$ und (stets gestreift) $<11\bar{2}0>$, 2. parallel den $<10\bar{1}1>$-Kanten mit zwei Spaltflächen, die den Funkkanal durchsetzen, 3. parallel der langen Diagonale von $10\bar{1}1$ mit zwei Flächen entsprechend einer $<10\bar{1}1>$ und einer $<\bar{1}012>$, 4. $[0001]$ mit drei Sprungflächen nach $(10\bar{1}0)$, $(01\bar{1}0)$, $(1\bar{1}00)$, die einen sechsstrahligen Stern bilden.

Bei *Gips* liegt ein Funkkanal parallel $[010]$ mit zwei Sprungflächen nach (100) und $(\bar{5}09)$ (vgl. die Schlagfigur S. 271). 2. $[9\bar{9}5]$ mit zwei gestreiften Sprungflächen nach $<110>$ und $<\bar{5}09>$. Die $[010]$ ist um so schwerer zu erreichen, je dicker die Platte ist.

Senkrecht zu (010) geschnittene, 6 mm dicke Platten wurden durch Entladungen in der Richtung der Symmetrieebene nicht gespalten, sondern der Funke lief um sie herum. Erst bei 4 mm Dicke teilt sich die Platte glatt nach (010) ohne Spur eines Funkkanals oder einer Streifung.

Diese Versuche, die Schlagfiguren durch den Durchschlag einer Hochspannungsfunkenstrecke zu ersetzen, haben durch spätere Versuche keine vollständige Bestätigung erfahren. Vor allem ist die Indizierung der Funkenbahnen durchaus nicht so sicher, wie das nach den Angaben *Marangonis* scheint. Die Bahn des Durchschlagfunkens ist durchaus nicht von jener Geradlinigkeit, wie das behauptet wurde, sondern ist ziemlich unregelmäßig, vielfach schlauchartig und ungleich weit und läßt keine allgemein sichere Beziehung zum Kristallbau erkennen, abgesehen von dem Aufreißen leicht ansprechender Spaltflächen (*Steinmetz* [252]). Nur bei den höchstsymmetrischen Kristallen laufen die Funkenbahnen nach einfachen, kristallographischen Richtungen, aber je niedriger die Symmetrie wird, desto unsicherer wird die kristallographische Orientierung der Bahnen.

Neuere Versuche dieser Art ließen in einzelnen Fällen erkennen, daß der Durchschlag des elektrischen Funkens nicht eine rein elektrische, sondern zum Teil eine mechanische Angelegenheit ist [296]. Wenn auch unmittelbar nach dem Durchschlag abgeschaltet wurde, entwickelte der wenn auch nur für einige Zehntelsekunden im Durchschlagskanal brennende Lichtbogen eine gewaltige Wärmemenge, derzufolge das Material des Durchschlagskanals verdampft. Dadurch entsteht aber ein bedeutender Dampfdruck und durch die stark ungleichmäßige Erwärmung und Wärmeausdehnung wird eine stark *mechanische* Beanspruchung des Kristalles wirksam. Die auftretenden Risse haben daher mehr mechanische als elektrische Bedeutung. Das wird noch unterstrichen, wenn Spitzenelektroden verwendet werden.

Trotzdem entspricht die (mechanische) Auswirkung des Durchschlages *nicht* der Schlagfigur. Das zeigt sich besonders deutlich beim *Steinsalz*, wo die Schlagstrahlen nach <110> verlaufen, während

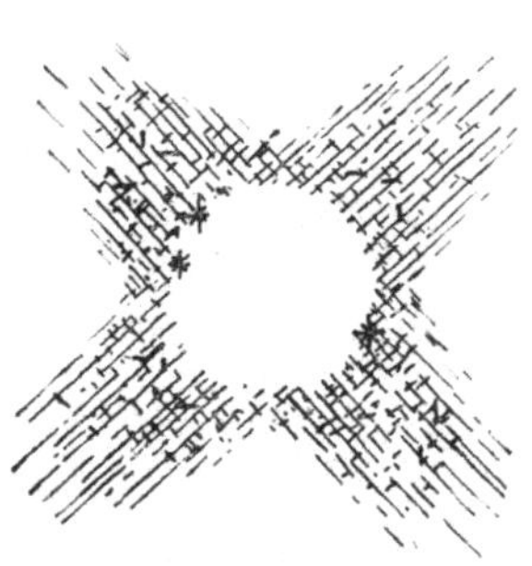

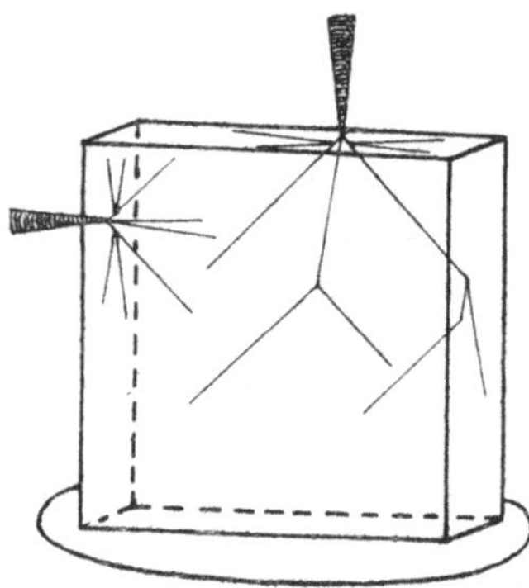

Abb. 217. Steinsalz, orientierte Risse auf der Würfelfläche *ohne* elektrischen Durchschlag.　　　**Abb. 218. Glimmfunkenbahnen im Steinsalz (nach *Steinmetz*).**

die Strahlen der Funkenbahn ausschließlich den Spaltflächen <100> angehören. Nur ganz selten zeigen sich kurze Diagonalrisse. Im allgemeinen verläuft auch der Durchschlagskanal *nicht* senkrecht zur untersuchten Würfelfläche, sondern innerhalb einer der zur Durchschlagsfläche senkrechten, anderen Würfelflächen etwas schräg, wenn auch ziemlich steil. Doppelbrechungserscheinungen waren nicht zu beobachten.

Die etwas schräg verlaufenden, schlauchartigen Bahnen zeigten keine gerade Erstreckung, wodurch eine kristallographische Orientierung unmöglich wurde. An den von der Funkenbahn ausgehenden, aufgerissenen Spaltflächen sieht man unmittelbar am Kanal selbst eine Ablösung sehr feiner Spaltblätter in verschiedenen Höhen, wie man das etwa beim Spalten eines Pappendeckels an den Papierschichten beobachten kann. Erst in einiger Entfernung vom Durchschlagskanal stellt sich die vollkommen glatte Spaltbarkeit ein.

Wenn kein Durchschlag erfolgt, zeigen sich an der Stelle, wo die Spitzenelektrode aufsaß, im Gegensatz zu den Durchschlagsversuchen, *diagonal* verlaufende, breite und sehr lockere Bänder, die aus zartesten, durchgängigen Sprüngen, durch kurze Quersprünge verbunden, bestehen. Nur ganz vereinzelt sind sehr kurze Risse nach den Würfelflächen zu sehen. Die Sprünge sind immer linienartig, nie flächig entwickelt, sehr zittrig, stellenweise mit knötchenartigen Anschwellungen, als wären sie mit unsicherer Hand gezogen. Die kurzen (100)-Risse sind immer streng geradlinig (Abb 217).

Bei *Gips* ergab der elektrische Durchschlag Rißfiguren, die auch hinsichtlich der S-förmigen Krümmung sehr stark an die Schlagfiguren erinnern. Die Funkenbahn steht aber sehr oft schief zur (010), der Einstich erscheint vielfach elliptisch umgrenzt, doch ebenso oft auch kreisförmig. Die Achse des schiefen Kreiszylinders, als der der Durchschlagskanal meist erscheint, liegt gelegentlich parallel der an die (010) angrenzenden Prismenfläche (110) oder ($\bar{1}$10), manchmal aber auch in der Ebene ($\bar{1}$11). Eine eindeutige Beziehung zum Kristallbau ist nicht zu erkennen.

*Glimmer*platten ergeben bei Verwendung von *Spitzen*elektroden die typische *Schlag*figur mit dem Hauptstrahl parallel (010). Verwendet man dagegen *flächige* Elektroden, beobachtet man also in möglichst „homogenem" Feld, dann erhält man die ebenso typische *Druck*figur mit dem Hauptstrahl senkrecht zu (010).

*Chlorit*platten zeigen nur die schon beschriebene *Schlag*figur. Andeutungen von Druckstrahlen waren nur ganz selten zu beobachten.

Bei *Talk* liefert die Spaltfläche ganz im Gegensatz zu den unschönen Schlagfiguren reizende Durchschlagsfiguren, die aus einem scharf sechsstrahligen Stern bestehen. Die Strahlen des Sternes entsprechen der *Druck*figur, denn ein Hauptstrahl verläuft senkrecht zu (010). Oft sind die sechs Strahlen durch feine Parallelsprünge miteinander verbunden, noch öfter sieht man einen sechseckigen Stern, der durch zwei, verkehrt aufeinandergelegte, gleichseitige Dreiecke gebildet wird.

Die Hoffnung, durch elektrische Durchschläge eine Erweiterung der Versuche über Schlagfiguren zu erlangen, erscheint gleichwohl nicht erfüllt. Wenn auch die Durchschlagsfiguren zwischen Spitzenelektroden zumeist den sonst beobachteten Schlagfiguren entsprechen, gilt das doch nicht allgemein. Bei Talk z. B. entspricht sie der Druckfigur, bei Steinsalz treten Risse nach $<$100$>$ und nicht nach $<$110$>$ auf.

3. **Glimmfunkenbahnen.** Außer dem vollendeten elektrischen Durchschlag wurden auch die Glimmfunkenbahnen herangezogen, um die Kohäsionsverhältnisse der Kristalle damit zu untersuchen. *F. Kreft* und *H. Steinmetz* [117] veröffentlichten diesbezüglich sehr interessante Beobachtungen.

Vor Erreichung der zum Durchschlag nötigen Spannung bildet sich die Erscheinung des *Glimmfunkens* aus. Von gewissen Stellen der zumeist verwendeten Spitzenelektroden treten in das Kristallinnere leuchtende Funkenströme ein.

Die Glimmfunkenbahnen sind im allgemeinen kristallographisch viel genauer orientiert und zeigen eine viel deutlichere Beziehung zum Kristallbau als die Funkenbahnen beim Durchschlag. Der Glimmfunke bleibt im Kristall „eingesperrt", d. h. bei Annäherung an eine Seitenfläche wird diese *nicht* durchbohrt, sondern die Glimmfunkenbahn kehrt vor dem Erreichen der Seitenfläche in einer symmetrisch gelegenen Richtung um.

Sehr lehrreich sind da die Beobachtungen, die *Steinmetz* [252] am Steinsalz anstellte. Auf die eine, plattenförmig gebildete Elektrode wurde der Kristall aufgesetzt, die andere Elektrode war als Spitze ausgebildet. Wie die Abb. 218 sichtbar macht, laufen die Hauptbahnen des Glimmfunkens in vier Ästen nach den Richtungen [101], [0$\bar{1}$1], [101], [011,] also nach den Kanten des Oktaeders. Aber auch unmittelbar unter der Spitzenelektrode, in etwa 0,1 bis 0,2 mm Entfernung entstehen Glimmfunkenkanäle in den Richtungen [110] und [1$\bar{1}$0]. Diese Hauptkanäle sind vielfach verästelt, und zwar *stets* in den Richtungen der Oktaederkanten. Andere Verästelungen wurden *nie* beobachtet.

Bei Verwendung von *Gabelelektroden* (zwei nahe beisammen liegende Spitzenelektroden) bleibt der Raum zwischen den beiden Spitzen nahezu vollständig frei von Verästelungen. Alle Äste gehen gegen außen.

Der physikalisch sehr verwickelte Glimmfunkenvorgang beruht in erster Linie auf einem kristallographisch orientierten Leitvermögen, wohl in Richtungen besonders leicht beweglicher Elektronen. Dazu kommen noch thermische Vorgänge (Schmelzen, Verdampfen), denen zufolge die Glimmfunken orientierte Schmelzkanäle in den Kristall einbohren, die sich dann als bleibende Spuren nachträglich beobachten lassen. Die Unregelmäßigkeit des Schmelzvorganges läßt nicht immer gerade, sondern auch geschlängelte Kanäle entstehen.

Wenn auch nach *A. v. Hippels Untersuchungen* [87] die „*Funkhärte*" weitgehend mit der Ritzhärte parallel verläuft, gibt es doch sehr gewichtige Ausnahmen, wie z. B. *Schwefel*, der ausgesprochen *funkenhart* ist. Hier wird nie ein Eindringen des Funkens in das Innere des Kristalles, also eine Kanalbildung beobachtet, sondern der Funkeneffekt ist auf eine *Oberflächenfurchung* beschränkt. In gleicher Weise verhalten sich, vom Feldspat angefangen, die auch durch besondere Ritzhärte ausgezeichneten Minerale.

Wie weit unter Umständen sich die Kristallsymmetrie in den Glimmfunkenbahnen spiegeln kann, zeigen die schon erwähnten Untersuchungen von *Kreft-Steinmetz*. Sie wurden meist in der Weise durchgeführt, daß der Kristall auf eine plattenförmige Zuleitungselektrode aufgelegt wurde, während dem gegenüberliegenden Pol die Gestalt einer Spitze gegeben wurde. Der Glimmfunke schreitet dabei stets von der Spitze aus gegen die Platte vor.

Aus der Fülle der dort niedergelegten Beobachtungen sei nur der Fall des *Rohrzuckers* mit seiner monoklin-sphenoidischen Symmetrie näher beschrieben.

Liegt die Spitzenelektrode auf (010), so bilden sich zwei Hauptkanäle, die zur (010) etwa unter 20° geneigt sind. Von diesen gehen zahlreiche Verzweigungen aus, die, praktisch genommen, in einer zur Prismenzone senkrechten Ebene liegend, zu je zweien vom Haupt-

strahl ausgehend und untereinander etwa 105⁰ einschließen. In der
Abb. 219, die die Projektion der Glimmfunkenbahnen auf die (100)-
Ebene darstellt, erscheinen sie als horizontale Striche, wobei die
Projektionen beider symmetrischer Bahnen zusammenfallen. Von
ihnen zweigen wieder kleinere Kanäle parallel den Hauptkanälen ab.
Die seltenen Abzweigungen von den Hauptkanälen nach außen, also
zur (010) *zurück*, zeigen immer die Richtungen der Hauptkanäle von
(0$\bar{1}$0)!.

Setzt man die Spitzenelektrode auf (0$\bar{1}$0), dann bilden sich wieder
zwei Hauptkanäle, die aber zur (0$\bar{1}$0) unter etwa 51,5⁰ geneigt sind.

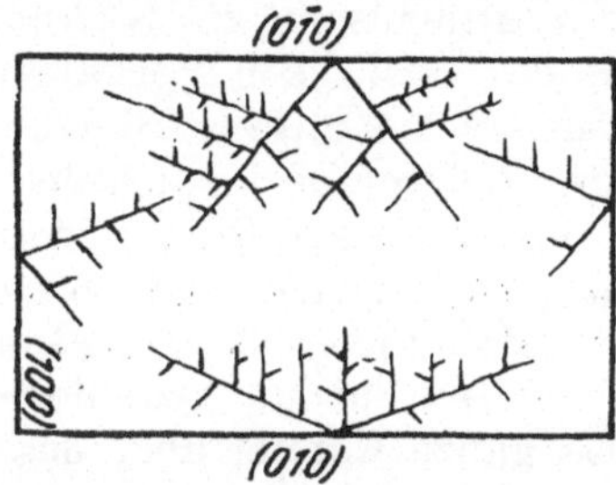

Abb. 219. Glimmfunkenbahnen im Rohrzucker (nach *Kreft-Steinmetz*); Projektion auf die (100)-Fläche.

Die von diesen Hauptkanälen in das Innere abzweigenden Seiten-
äste sind zu dem Hauptsystem ebenfalls parallel. An sie sind rück-
läufige Kanäle parallel den von der Gegenseite (010) ausgehenden
Hauptästen angesetzt. Die nach außen gehenden, rückläufigen, zahlreichen Äste verlaufen ebenfalls parallel dem Hauptsystem von (010).
Von diesen gehen (ausschließlich rückläufig) wieder die in einer
Horizontalebene liegenden Gabeln mit 105⁰ Öffnungswinkel.

Sowohl bei (010), wie bei (010) liegen die Hauptkanäle nicht in
der (100), sondern in einer Ebene, die dazu etwa 10⁰ geneigt ist
(angenähert [15.0.2]).

Die gesamte Glimmfunkenbahn-Anordnung steht in ausgezeich-
netem Einklang mit der monoklin-sphenoidischen Symmetrie des
Kristalles. Insbesonders kommt die Polarität der zweizähligen Deckachse darin vorzüglich zum Ausdruck. *Steinmetz* vergleicht die einseitige Ausbildung der in der Horizontalebene liegenden Kanäle mit
einer Ventilwirkung, die das Strömen von Elektrizität nur in einer
Richtung zuläßt.

Nachwort.

Wer immer den Versuch unternimmt, ein größeres Kapitel aus
einem naturwissenschaftlichen Gebiet zusammenfassend darzustellen,
macht die Erfahrung, daß neben der geringen Zahl von gelösten Problemen eine immer mehr zunehmende Menge offener Fragen besteht,

so daß trotz den Bemühungen so vieler Forscher der Schwierigkeiten
und Rätsel immer mehr statt weniger werden. Auch in dem vorliegenden Falle drängen sich die vielen ungelösten Probleme und
lassen erkennen, wie weit wir noch von einem klaren Verständnis
der aufgeworfenen Fragen entfernt sind. Gleichwohl mag es von
einigem Nutzen sein, einen Überblick über den derzeitigen Stand der
Frage um die Festigkeitserscheinungen der Kristalle zu geben, gerade
um deutlich ersichtlich zu machen, wo und wie viele offene, kaum
noch ganz erfaßte Probleme der eingehenden Untersuchung und
Lösung harren.

Eigentlich wäre es naheliegend gewesen, das *Gesamtgebiet der
Kohäsionserscheinungen* gemeinsam zu behandeln und nicht bloß
jenen Teil, der jenseits des elastischen Verhaltens der Kristalle liegt,
wie eben die Festigkeitserscheinungen. Hierfür lag als besonderer
Grund der Umstand vor, daß gerade hinsichtlich des elastischen Verhaltens der Kristalle im weitesten Sinne zwar eine scharfsinnige
Theorie von *W. Voigt* [*306*] vorliegt und ebenso einige ausgezeichnete und grundlegende Messungen dazu, daß aber darüber hinaus
kristallographisch-physikalisch nichts grundlegend Neues veröffentlicht wurde und so das ganze Kapitel über das elastische Verhalten
der Kristalle von dieser Seite kaum eine auch nur halbwegs zurei-
chende Bearbeitung erfahren hat. Das ist zwar wegen der theoretischen und praktischen Schwierigkeiten sehr verständlich, aber
im Hinblick auf die Festigkeitserscheinungen, die doch daran anschließen und von der Elastizitätslehre untermauert sein sollen, überaus bedauerlich.

Ebenso betrüblich ist es, daß, ganz wenige und sehr einfache Fälle
ausgenommen, der Siegeslauf der Strukturforschung in der Behandlung der Festigkeitserscheinungen noch immer nicht den erhofften
und so notwendigen mitreißenden Erfolg fand. Schon die einfache
Tatsache, daß alle bisherigen Strukturerschließungen uns noch immer
kein Mittel in die Hand gaben, den Unterschied zwischen *spröde* und
plastisch aus der Natur und Gruppierung der Bausteine zu erklären,
beleuchtet grell die überaus großen Schwierigkeiten, die sich der
erfolgreichen Verwendung der Strukturlehre in Fragen der Kristallfestigkeit entgegenstellen. In den vorhergehenden Blättern konnte zwar
an vielen Stellen von vielversprechenden Ansätzen zu einer solchen
strukturtheoretischen Durchdringung des Festigkeitsproblems der
Kristalle berichtet werden, gleichzeitig ist aber nicht zu verkennen,
daß von einer einheitlichen, allumfassenden Auswertung der Struktur-
forschungen für unsere Frage derzeit noch keine Rede sein kann.

Aber vielleicht ist gerade die Aufdeckung aller dieser offenen
Fragen, ist der zunächst noch schüchterne Versuch, das Festigkeits-
problem mit den Fragen um den Feinbau der Kristalle in ursächliche
Beziehung zu bringen, ein Anreiz mehr, diesen Aufgaben eine erhöhte
Aufmerksamkeit zuzuwenden und nicht nur vom praktisch-techni-
schen, sondern auch vom theoretisch-kristallphysikalischen Stand-

punkt aus dem schwierigen Problem an den Leib zu rücken. So wenig
die reine Theorie und abstrakte Hypothese für sich allein eine Berechtigung hat, so wenig ist anderseits die Betonung des *nur*-prak-
tischen Standpunktes mit Ausschaltung jedes theoretischen Deutungsversuches begründet und berechtigt. Nur das einträchtige Zusammenwirken praktischer und theoretischer Forschung kann diesem schwierigen, aber reizvollen Problem gerecht werden. Dazu einige Anregungen zu geben, war und bleibt der Zweck der vorliegenden Darstellung.

Literaturverzeichnis.

Andrade, siehe *Da Andrade.*

1. *Auerbach, F.:* Absolute Härtemessung. Wiedem. Ann. **43**, 61 (1891).
2. — Über Härtemessung, insbesonders an plastischen Körpern. Wiedem. Ann. **45**, 262 (1892).
3. — Plastizität und Sprödigkeit. Wiedem. Ann. **45**, 277 (1892).
4. — Die Härteskala im absoluten Maße. Wiedem. Ann. **58**, 357 (1896).
   Bailey, siehe *Ridgway.*
   Ballard, siehe bei *Ridgway.*
5. *Balyi, K.:* Über die mit dem Pendelsklerometer verbundenen Fragen. Földtani Közlöny [Geol. Mitt.] **68**, 59 (1938).
   — Untersuchungen mit dem Pendelsklerometer. Földtani Közlöny [Geol. Mitt.] **68**, 221 (1938).
6. *Barnes, R. B.:* Einfluß des Wassers auf die Plastizität des Steinsalzes. Naturwiss. **21**, 193 (1933).
7. *Bauer, M.:* Untersuchungen über den Glimmer und verwandte Mineralien. Pogg. Ann. **138**, 337 (1869).
   — Über einige physikalische Verhältnisse des Glimmers. Z. dtsch. geol. Ges. **26**, 137 (1874).
8. — Beitrag zur Kenntnis des krystallographischen Verhaltens des Cyanits. Z. dtsch. geol. Ges. **30**, 283 (1878).
9. — Die Krystallform des Cyanits. Z. dtsch. geol. Ges. **31**, 244 (1879).
10. — Beiträge zur Mineralogie, 2. Reihe. Neues Jb. Mineral., Geol. Paläont., Teil I **1882**, 132.
11. *Baumhauer, K.:* Über künstliche Kalkspatzwillinge nach $-^1/_2$ R. Z. Kristallogr. **3**, 588 (1879).
12. *Bausch, K.:* Untersuchung der Schiebegleitung von Zinneinkristallen. Z. Physik **93**, 479 (1935).
13. *Becker, R., E. Orowan:* Über sprunghafte Dehnung von Zinkkristallen. Z. Physik **79**, 566 (1932).
14. *Bergheimer, H.:* Die Schleifhärte des Diamanten und seine Struktur. Neues Jb. Mineral., Geol. Paläont., Beil.-Bd. Abt. A **74**, 316 (1938).
15. *Bernhardt, E. O.:* Der Zeiss-Mikrohärteprüfer; seine optischen Systeme. Zeiss-Nachr. 3. Folge, 280 **1940.**
16. — Über die Mikrohärte der festen Stoffe im Grenzbereich des *Kick*schen Ähnlichkeitssatzes. Z. Metallkunde **33**, 135 (1941).
    —, siehe auch *Hanemann.*
    Bessenow, siehe *Kusnetzow.*
17. *Bischof, W., B. Wenderott:* Anwendung und Grenzen der Mikrohärteprüfung. Arch. Eisenhüttenwes. **15**, 497 (1942).
18. *Blank, F.:* Über die Kohäsionsgrenzen des Steinsalzkristalls. Z. Physik **61**, 727 (1930).

19. *Boas, W., E. Schmid:* Über die Temperaturabhängigkeit der Kristallplastizität. III. Aluminium. Z. Physik **71**, 703 (1931).
20. — — Zur Temperaturabhängigkeit der Kristallplastizität. Z. Physik **100**, 463 (1936).
21. *Boky, G.:* Bestimmung der Härte der Mineralien der *Mohs*schen Skala mit Hilfe des Sklerometers von *Martens* mit Diamantspitze. Mém. Soc. russ. Minéral. **61**, 282 (1932).
22. *Bollenrath:* Härte und Härteprüfung. Handwörterbuch der Naturwissenschaften, 2. Aufl. Jena: Fischer. 1934.
23. *Born, M.:* Vom mechanischen Äther zur elektrischen Materie. Naturwiss. **7**, H. 9 (1919).
24. *Brauns, R.:* Ein Beitrag zur Kenntnis der Strukturflächen des Sylvin. Neues Jb. Mineral., Geol. Paläont., Teil I **1886**, 224.
25. *Bravais, A.:* Mémoire sur les systèmes formés par des points. Paris. 1848.
— Etudes cristallographiques. Paris. 1866.
26. *Breithaupt, A.:* Vollständiges Handbuch der Mineralogie. Dresden-Leipzig. 1836.
27. *Březina, A.:* Künstliche Kalkspatzwillinge. Verh. geol. Reichsanst. Wien **1880**, 45.
28. *Brilliantow, N., V. Startzow:* On plastic deformation V (russ.). Žurn. exper. theor. fiziki **9**, 592 (1939).
29. *Brinell, J. A.:* Mémoire sur les épreuves à bille en acier. II. Congr. int. des méthodes d'essai des matériaux de construction, Paris, 1900.
Brunne, siehe *Czochralski.*
30. *Buckley, H.:* On a cleavage induced by impurity. Z. Kristallogr., Mineral., Petrogr., Abt. A **88**, 122 (1934).
31. *Buerger, M. J.:* The plastic deformation of ore minerals. A preliminary investigation: Galena, Sphalerite, Chalcopyrite, Pyrrhotite and Pyrit. Amer. Mineralogist **13**, 1, 35 (1928).
32. — The lineage structure of crystals. Z. Kristallogr., Mineral., Petrogr., Abt. A **89**, 195 (1934).
33. *Burgers, W. G., P. C. Louwerse:* Über den Zusammenhang zwischen Deformationsvorgang und Rekristallisationstextur bei Aluminium (Rekristallisation von Aluminium-Einkristallen, III). Z. Physik **67**, 605 (1931).
34. —, *J. J. A. Ploss van Amstel:* Zur Frage des Zusammenhanges zwischen Verfestigung und Rekristallisationsvermögen bei plastischer Deformation von Metallen (Rekristallisation von Aluminium-Einkristallen, IV). Z. Physik **81**, 43 (1933).
35. *Burgsmüller, W.:* Tieftemperatur-Zugfestigkeit synthetischer Steinsalzkristalle. Z. Physik **80**, 299 (1933).
36. — Einfluß von Fremdzusätzen auf die Tieftemperatur-Zugfestigkeit synthetischer Steinsalzkristalle. Z. Physik **83**, 317 (1933).
37. — Festigkeitsuntersuchungen an Steinsalzkristallen. I. Einfluß von Temperatur und eingebauten Fremdatomen. Z. Physik **103**, 633 (1936).
—, siehe auch *Steiner.*
38. *Cesàro, G.:* Sur les figures inverses de dureté de quelques corps cristallisant dans le système cubique et de la calcite. Ann. Soc. géol. Belgique, Mém. **15**, 204 (1888).
Chow, siehe *Tsien.*
39. *Classen-Neckludowa, M.:* Über die sprungartige Deformation. Z. Physik **55**, 555 (1929).

40. Czochralski, J., S. Brunne: Anisotropie der Härte von Zink-Einkristallen. Wiadomości Inst. Metalurg. Metaloznowstwa **3**, 180 (1936); Ref.: Physik. Ber. 18, 1386 (1937).

41. Da Andrade, E. N. C., L. C. Tsien: The glide of single crystals of sodium and potassium. Proc. Roy. Soc. [London], Ser. A **163**, 1 (1937).

42. Darwin, C. G.: The theory of X-ray reflexions, Part II. Philos. Mag. **27**, 675 (1914).

43. Dawidenko, N.: Zur Frage der sprungartigen Deformation. Z. Physik **61**, 46 (1930).

44. Dehlinger, U.: Zur Theorie der Wechselfestigkeit. Z. Physik **115**, 625 (1940).

45. —, A. Kochendörfer: Linienverbreiterung von verformten Metallen. Z. Kristallogr., Mineral., Petrogr., Abt. A **101**, 134 (1939).

46. Duch-Bernelin: Contribution à l'étude de la dureté des cristaux suivant les différentes directions de l'espace. Z. Kristallogr., Mineral., Petrogr., Abt. A **88**, 323 (1934).

47. Eckstein, H.: Zur Temperaturabhängigkeit der Plastizität. Z. Kristallogr., Mineral., Petrogr., Abt. A **92**, 253 (1935).

48. Edner, A.: Einfluß von Fremdzusätzen auf die Kohäsionsgrenzen und die ultramikroskopische Solbildung synthetischer Steinsalzkristalle. Z. Physik **73**, 623 (1932).

49. Ehrenberg, W.: Die Ritzhärte in c-g-s-Einheiten. Z. Metallkunde **33**, 22 (1941).
— Quantitative Beziehungen zwischen Ritzhärte und Druckhärte. Z. Metallkunde **33**, 23 (1941).
Elam, siehe *Taylor.*

50. Engelhardt, W. v.: Untersuchungen über die Schleifhärte des Quarzes und anderer fester Stoffe in verschiedenen Flüssigkeiten. Nachr. Ges. Wiss. Göttingen, math.-physik. Kl. H. 2, 7 **1942.**

51. — Versuche zur Verminderung der Bohrarbeit in harten Quarzgesteinen. Bohrtechn.-Ztg. **61**, 707 (1943).

52. Engl, J., J. Fölmer: Die Temperaturabhängigkeit der Kegeldruckhärte der Metalle II. Z. Physik **98**, 702 (1936).

53. —, G. Heidtkamp: Die Temperaturabhängigkeit der Kegeldruckhärte der Metalle I. Z. Physik **95**, 30 (1935).

54. —, J. Katz: Die Temperaturabhängigkeit der Kegeldruckhärte der Metalle III. Z. Physik **106**, (1937).

55. Eppler, W. F.: Über die relative Korrosionshärte des Achates und einiger anderer Mineralien. Zbl. Mineral., Geol., Paläont., Abt. A **1941**, 1.

56. — Über die relative mechanische Korrosionshärte des synthetischen Korundes und einiger anderer Mineralien. Zbl. Mineral., Geol., Paläont., Abt. A **1941**, 73.

57. —, H. Rose: Einige Beobachtungen am Diamant. Zbl. Mineral., Geol., Paläont., Abt. A **1925, 251.**

58. Ernst, E.: Kristallphysik (mechanische Eigenschaften). Handwörterbuch der Naturwissenschaften, 2. Aufl., Bd. V, S. 1240. Jena: Fischer. 1934.

59. Ewald, W., M. Polanyi: Plastizität und Festigkeit von Steinsalz unter Wasser. Z. Physik **28**, 29 (1924).

60. Ewing, I. A., W. Rosenhain: The crystalline structure of metals. Philos. Trans. Roy. Soc. London, Ser. A **193**, 353 (1900).

61. Exner, F.: Untersuchungen über die Härte an Krystallflächen. Preisschr. Akad. Wiss. Wien, math.-naturwiss. Kl. **1873**.

62. Finch, G. J.: The Beilby layer. Sci. Progr. **31**, 609 (1937).
— The nature of polish. Trans. Faraday Soc. **33**, 425 (1937).
Fölmer, siehe *Engl.*

63. Föppl, A.: Härteversuche. Mitt. mech. Lab. München **1897**, H. 25 u. 28.

64. Frank, K.: Neuere Vorlast-Härteprüfer für *Rockwell-, Brinell-* und *Vickers-*Versuche. Werkzeugmasch. **41**, 261 (1937).

65. Franke, E.: Bestimmung der Härte auf piezoelektrischem Wege. Z. Instrumentenkunde **56**, 134 (1936).

66. — Härteprüfung. Gmelins Handbuch der anorganischen Chemie, Teil C, Lief. 1. Berlin: Verlag Chemie. 1937.

67. Frankenheim, M. L.: De crystallorum cohaesione. Diss. inaug. Bratislaviae. 1829.

68. Franz, D. R.: Über die Härte der Mineralien und ein neues Verfahren, dieselbe zu messen. Pogg. Ann. **80**, 37 (1850).

69. Frye, J. H. jr., *W. Hume-Rothery:* The hardness of primary solid solutions with special reference to alloys of silver. Proc. Roy. Soc. [London], Ser. A **181**, 1 (1942).

70. Gary: Prüfung der Gesteine. Handbuch der Steinindustrie von *K. Weiss,* Bd. II. Berlin. 1918.

71. Georgieff, M., E. Schmid: Über die Festigkeit und Plastizität von Wismutkristallen. Z. Physik **36**, 759 (1926).

72. Goetze, M. v.: Schiebungen im Jordanit. Zbl. Mineral., Geol., Paläont., **1919**, 65.
Goldberg, siehe *Jannetaz.*

73. Goldschmidt, V. M.: Geochemische Verteilungsgesetze der Elemente. VIII. Untersuchungen über Bau und Eigenschaften von Kristallen. Skr. Norske Vid. Akad. I. Kl. **1926**, Nr. 8, 1.

74. Graf, L.: Zum Gefügeaufbau der Realkristalle: Die Ausbildung der Mosaikstruktur in gegossenem, plastisch deformiertem und rekristallisiertem Material. Z. Physik **121**, 73 (1943).

75. Grailich, J., F. Pekarek: Das Sklerometer, ein Apparat zur genaueren Messung der Härte der Kristalle. S.-B. Akad. Wiss. Wien, math.-naturw. Kl. **13**, 410 (1854).

76. Groth, P. v.: Physikalische Kristallographie, 3. Aufl. Leipzig: W. Engelmann. 1895.

77. Grühn, A.: Künstliche Zwillingsbildung des Magnetit. Neues Jb. Mineral., Geol. Paläont., Teil I **1918**, 99.

78. —, A. Johnsen: Künstliche Schiebung im Rutil. Zbl. Mineral., Geol., Paläont., **1917**, 366.

79. Gyulai, Z., D. Hartly: Elektrische Leitfähigkeit verformter Steinsalzkristalle. Z. Physik **51**, 378 (1928).

80. Hanemann, H., E. O. Bernhardt: Ein Mikrohärteprüfer. Z. Metallkunde **32**, 35 (1940).
—, siehe *Schulz.*
Hartly, siehe *Gyulai.*

81. Haüy: R. J.: Traité de mineralogie. Paris. 1801.

82. Heide, F.: Über Deformationen an Kristallen bei erhöhtem Druck und erhöhter Temperatur. Z. Kristallogr., **78**, 257 (1931).
Heidtkamp, siehe *Engl.*

83. *Hentze, E.:* Versuche über die ·Plastizität von Steinsalz in lösungsfähigem Medium bei niedrigem einseitigem Druck und niederen Wärmegraden. Z. Kali **15**, 49, 90, 129, 147 (1921).

84. *Herbert, E. G.:* The *Herbert* pendulum hardness tester. Engineering **135**, 686 (1923).

85. — A continous hardness tester. Engineering **144**, 495 (1937).

86. *Hertz, H.:* Gesammelte Werke, Bd. I. Leipzig. 1895.
Heyn, siehe *Martens.*

87. *Hippel, A. v.:* Der Mechanismus des „elektrischen" Durchschlages in festen Isolatoren. Z. Physik **67**, 707 (1931); **68**, 309 (1931); **75**, 145 (1933).
— Die Entwicklungsgeschichte des elektrischen Funkens und seiner Vorentladungen. Z. Physik **80**, 19 (1933).
— Elektrolyse, Dendritenwachstum und Durchschlag in den Alkalihalogenidkristallen. Z. Physik **98**, 580 (1934).

88. *Hodge, H. C., H. McKay:* The „microhardness" of minerals comprising the *Mohs*-Scala. Amer. Mineralogist **19**, 161 (1934).
Hofmann, siehe *Rinne.*

89. *Holmquist, P. J.:* Über den relativen Abnutzungswiderstand der Mineralien der Härteskala. Geol. Fören. Stockholm Förh. **33**, 231 (1911).

90. — Die Schleifhärte der Feldspate. Geol. Fören. Stockholm Förh. **36**, 401 (1914).

91. — Die Härtestufe 4—5. Geol. Fören. Stockholm. Förh. **38**, 501 (1916).
Hume-Rothery, siehe *Frye.*

92. *Humfrey, J. C. W.:* Effects of strain on the crystalline structur of lead Philos. Trans. Roy. Soc. London, Ser. A **200**, 225 (1903).

93. *Huyghens, C.:* Traité de la lumière. Leyden. 1690.

94. *Jaggar, T. A.* jr.: Ein Mikrosklerometer zur Härtebestimmung. Z. Kristallogr., **29**, 262 (1898).

95. *Jannetaz, P., M. Goldberg:* Härtebestimmung mit dem „Usometer". Assoc. franç. p. l'avance d. sc. Aug. 1895; Ref.: Z. Kristallogr., **28**, 103 (1897).

96. *Jenckel, E.:* Über die Festigkeit und die Streckgrenze dünner Stäbchen aus Steinsalz, Zinkeinkristall und Gläsern. Z. Elektrochem. **38**, 569 (1932).

97. *Joffé, A., M. W. Kirpitschewa, M. A. Lewitzky:* Deformation und Festigkeit der Kristalle. Z. Physik **22**, 286 (1924).

98. *Johnsen, A.:* Biegungen und Translationen. Neues Jb. Mineral., Geol. Paläont., Teil II **1902**, 133.

99. — Untersuchungen über Kristallzwillinge und deren Zusammenhang mit anderen Erscheinungen. Neues Jb. Mineral., Geol. Paläont., Beil.-Bd. **23**, 237 (1907).

100. — Sekundäre Zwillingslamellen im Zinnstein. Zbl. Mineral., Geol., Paläont., **1908**, 426.

101. — Die Struktureigenschaften der Kristalle. Fortschr. Mineral., Kristallogr. Petrogr. **3**, 93 (1913).

102. — Einfache Schiebung an Lithiumsulfat-Monohydrat. Neues Jb. Mineral., Geol. Paläont., Beil.-Bd. **39**, 500 (1914).

103. — Das Raumgitter des Kalkspates. Z. Kristallogr., **54**, 148 (1915).

104. — Künstliche Translationen am Bittersalz. Zbl. Mineral., Geol., Paläont., **1915**, 33.

105. — Die Deformation der Raumgitter durch Schiebung. Zbl. Mineral., Geol., Paläont., **1916**, 121.

106. — Die einfachsten Bahnen der Atome während der Schiebungen in Eisenglanz und Korund. Zbl. Mineral., Geol., Paläont., **1917**, 433.

107. — Kohäsion, Leitvermögen und Kristallstruktur. S.-B. Bayr. Akad. Wiss., math.-physik. Kl. **1917**, 75.

108. — Künstliche Schiebung im Titanit. Zbl. Mineral., Geol., Paläont., **1918**, 152.

109. — Künstliche Schiebungen und Translationen in Mineralien nach Untersuchungen von *K. Veit.* Zbl. Mineral., Geol., Paläont., **1918**, 265.
Katz, siehe *Engl.*

110. Kick, F.: Über die ziffermäßige Bestimmung der Härte und über den Fluß spröder Körper. Z. österr. Ing.- u. Architekten-Ver. **42**, 1 (1890). — Über Härtebestimmung. Z. österr. Ing.- u. Architekten-Ver. **43**, 60 (1891).
Kirpitschewa, siehe *Joffé.*

111. Kochendörfer, A.: Zur Dynamik der plastischen Verformung. Untersuchungen an Naphthalinkristallen. Z. Kristallogr., Mineral., Petrogr., Abt. A **97**, 263 (1937).

112. — Atomistische Grundlagen der Kristallplastizität. Z. Metallkunde **30**, 174 (1938).

113. — Theorie der Kristallplastizität. Z. Physik **108**, 244 (1938).

114. — Linienverbreiterung bei cosinusförmigen Gitterstörungen. Z. Kristallogr., Mineral., Petrogr., Abt. A **101**, 149 (1939).

115. — Plastische Eigenschaften von Kristallen und metallischen Werkstoffen. Berlin: Springer-Verlag. 1941.
—, siehe auch bei *Dehlinger* und bei *Zehender.*

116. Koechlin, R.: Mineralogisches Taschenbuch der Wiener Mineralogischen Gesellschaft, 2. Aufl. Wien: Springer-Verlag. 1928.

117. Kreft, F., H. Steinmetz: Glimmfunkenbahnen in Kristallen. Z. angew. Mineral. **1**, 144 (1939).
Kudrjawzewa, siehe *Kusnetzow.*

118. Kusnetzow, W. D.: Über die Spaltung von Steinsalzkristallen in Flächen rhombischer Dodekaeder und Oktaeder. Z. Physik **42**, 905 (1927).

119. — Mechanische Eigenschaften in Abhängigkeit von der Größe der Ionenradien (russ.). Žurn. fizic. chim. **6**, 813 (1935); Ref.: Neues Jb. Mineral., Geol. Paläont., Teil I **1937**, 255.

120. — Der gegenwärtige Stand des Problems der Härte (russ.). Bull. Acad. Sci. URSS, Sér. physique **1937**, 751; Ref.: Physik. Ber. **21**, 7 (1940).

121. —, *N. A. Bessenow:* Zur Frage nach dem Verhältnis von Oberflächenenergie verschiedener Flächen bei Steinsalzkristallen. Z. Physik **44**, 226 (1927).

122. —, *W. Kudrjawzewa:* Experimentelle Bestimmung der Oberflächenenergie von Steinsalzkristallen. Z. Physik **42**, 302 (1927).

123. —, *E. W. Lawrentzewa:* Über eine Schwingungsmethode zur Untersuchung der Kristallfestigkeit. Z. Kristallogr., **80**, 54 (1931).

124. —, *W. A. Sementzow:* Mechanische Eigenschaften an Steinsalzkristallen. Z. Kristallogr., **78**, 433 (1931).
Lawrentzewa, siehe *Kusnetzow.*

125. Lehmann, J.: Contractionsrisse an Krystallen. Z. Kristallogr., **11**, 608 (1886).

126. Leonhardt, J., R. Tiemeyer: Das Aufreihungsgesetz der Gitterblöcke im Mosaikkristall, untersucht am $NaNO_3$-Schmelzflußkristall. Z. Physik **102**, 781 (1936).
Lewitzky, siehe *Joffé.*

127. *Liebisch, T.:* Physikalische Krystallographie. Leipzig: Veit u. Co.1891.
Louwerse, siehe *Burgers.*

128. *Ludwik, P.:* Ein neues Verfahren zur Härtebestimmung von Materialien. Berlin. 1908.

129. — Die Kegelprobe, ein neues Verfahren zur Härtebestimmung. Berlin: Springer-Verlag. 1912.

130. — Über Änderung der inneren Reibung der Metalle mit der Temperatur. Z. physik. Chem., **91**, 232 (1916).

131. — Kohäsion, Härte und Zähigkeit. Z. Metallkunde **14**, 101 (1922).

132. *Mallard, E.:* Sur les clivages du quartz. Bull. Soc. min. Paris. **13**. 61 (1890).

133. *Manteuffel, I.:* Die Entwicklung des Asterismus in Steinsalzkristallen. Z. Physik **70**, 109 (1931).

134. *Marangoni, C.:* Esperienze sui cristalli per mezzo della scarica ellectrica. Rend. Acad. Lincei **3**, 136, 202 (1887); **4**, 124 (1888).

135. — Piani di incrinatura nei cristalli. Riv. Min. Ital. **2**, 49 (1888).

136. *Mark, H., M. Polanyi, E. Schmid:* Vorgänge bei der Dehnung von Zinkkristallen. Z. Physik **12**, 58 (1922).

137. — — Die Gitterstruktur, Gleitrichtungen und Gleitebenen des weißen Zinns. Z. Physik **18**, 75 (1923).

138. *Martens, A., E. Heyn:* Handbuch der Materialienkunde für den Maschinenbau, Bd. I. Berlin: Springer-Verlag. 1912.

139. *Matsumura, T.:* A new method of testing hardness. Mem. Coll Eng., Kyoto Imp. Univ. **7**, 159 (1933).
McKay, siehe *Hodge.*

140. *Meyer, E.:* Untersuchungen über Härteprüfungen und Härte. Z. Ver. dtsch Ing. **52**, 645, 740, 835 (1908).

141. *Milch, L.:* Über Zunahme der Plastizität bei Kristallen durch Erhöhung der Temperatur. I. Beobachtungen an Steinsalz. Neues Jb. Mineral., Geol. Paläont., Teil I **1909**, 60.

142. *Mohs, F.:* Grundriß der Mineralogie. Dresden. 1822—1824.
— Leichtfaßliche Anfangsgründe der Naturgeschichte des Mineralreichs. Wien. 1832.

143. *Moreau, G.:* Les déformations élastiques et plastiques des réseaux cristallins. Mém. sci. phys., Fascicul **35**, 1 (1937).

144. *Mügge, O.:* Beiträge zur Kenntnis der Strukturflächen des Kalkspates und über die Beziehungen derselben untereinander und zur Zwillingsbildung am Kalkspat und einigen anderen Mineralien. Neues Jb. Mineral., Geol. Paläont., Teil I **1883**, 32.

145. — Strukturflächen am Kalkspat. Neues Jb. Mineral., Geol. Paläont., Teil I **1883**, 81.

146. — Über künstliche Zwillingsbildung am Anhydrit. Neues Jb. Mineral., Geol. Paläont., Teil II **1883**, 258.

147. — Beiträge zur Kenntnis der Cohäsionsverhältnisse einiger Mineralien. Neues Jb. Mineral., Geol. Paläont., Teil I **1884**, 50.

148. — Bemerkungen über die Zwillingsbildung einiger Mineralien. Neues Jb. Mineral., Geol. Paläont., Teil I **1884**, 216.

149. — Über Zwillingsbildung des Antimons nach — $^1/_2$ R und 24 R. Neues Jb. Mineral., Geol. Paläont., Teil II **1884**, 40.

150. — Zur Kenntnis der Flächenveränderungen durch sekundäre Zwillingsbildung. II. Neues Jb. Mineral., Geol. Paläont., Teil I **1886**, 136.

151. — Über künstliche Zwillingsbildung durch Druck am Antimon, Wismut und Diopsid. Neues Jb. Mineral., Geol. Paläont., Teil I **1886**, 183.

152. — Über sekundäre Zwillingsbildung am Eisenglanz. Neues Jb. Mineral., Geol. Paläont., Teil II **1886**, 35.

153. — Über die Kristallform des Brombaryums $BaBr_2 \cdot 2\,H_2O$ und verwandter Salze und über Deformationen derselben. Neues Jb. Mineral., Geol. Paläont., Teil I **1889**, 145.

154. — Mineralogische Notizen. Neues Jb. Mineral., Geol. Paläont., Teil I **1889**, 231.

155. — Über durch Druck entstandene Zwillinge von Titanit nach den Kanten [110] und [110]. Neues Jb. Mineral., Geol. Paläont., Teil II **1889**, 98.

156. — Über die Plastizität der Eiskristalle. Neues Jb. Mineral., Geol. Paläont., Teil II **1895**, 211.

157. — Über Translationen und verwandte Erscheinungen in Kristallen. Neues Jb. Mineral., Geol. Paläont., Teil I **1898**, 71.

158. — Über neue Strukturflächen an den Kristallen der gediegenen Metalle. Neues Jb. Mineral., Geol. Paläont., Teil II **1899**, 55.

159. — Über die Struktur des grönländischen Inlandeises und ihre Bedeutung für die Theorie der Gletscherbewegung. Neues Jb. Mineral., Geol. Paläont., Teil II **1899**, 123.

160. — Über regelmäßige Verwachsungen von Arsen und Arsenblüte. Tschermaks Min.-petr. Mitt. **19**, 102 (1899).

161. — Weitere Versuche über die Translationsfähigkeit des Eises nebst Bemerkungen über die Bedeutung der Struktur des grönländischen Inlandeises. Neues Jb. Mineral., Geol. Paläont., Teil II **1900**, 80.

162. — Kristallographische Untersuchungen über die Umlagerungen und die Struktur einiger mimetischer Kristalle. Neues Jb. Mineral., Geol. Paläont., Beil.-Bd. **14**, 246 (1901).

163. — Zur Struktur der Rutilkristalle. Zbl. Mineral., Geol., Paläont., **1902**, 72.

164. — Über die Kristallform und Deformationen des Bischofit und der verwandten Chlorüre von Kobalt und Nickel. Neues Jb. Mineral., Geol. Paläont., Teil I **1906**, 91.

165. — Über Deformationen an den Krystallen des Kaliumchlorates $KClO_3$. Nachr. Ges. Wiss. Göttingen, math.-physik. Kl., Fachgr. VII **1910**, 23.

166. — Demonstrationsmodelle für einfache Schiebungen und für einseitige Biegung. Zbl. Mineral., Geol., Paläont., **1912**, 417.

167. — Bemerkungen zum *Wülfing*schen Demonstrationsmodell für einfache Schiebungen. Zbl. Mineral., Geol., Paläont., **1913**, 123.

168. — Über deformierte Kalkspäte aus dem Devon des Sauerlandes. Neues Jb. Mineral., Geol. Paläont., Teil I **1913**, 1.

169. — Über Translationen am Phosgenit und Bleiglanz. Neues Jb. Mineral., Geol. Paläont., Teil I **1914**, 43.

170. — Einfache Schiebungen am Hausmannit und dessen optische Eigenschaften. Zbl. Mineral., Geol., Paläont., **1916**, 73.

171. — Über die einfachen Schiebungen am Zinn und seine Zustandsänderung bei 161°. Zbl. Mineral., Geol., Paläont., **1917**, 233.

172. — Über Translationen am Schwefel, Periklas und Kupferkies und einfache Schiebungen am Bournonit, Pyrargyrit, Kupferglanz und Silberkupferglanz. Neues Jb. Mineral., Geol. Paläont., Teil I **1920**, 24.

292   Literaturverzeichnis.

173. — Struktur und einfache Schiebungen des Eisens. Z. anorg. allg. Chem. **121**, 68 (1922).

174. — Die Gleitfläche als Ursache gewisser Verzerrungen am Kalkspat. Z. Kristallogr., Mineral., Petrogr., **82**, 59 (1932).

175. —, *F. Heide:* Einfache Schiebungen am Anorthit. Neues Jb. Mineral., Geol. Paläont., Beil.-Bd. **64**, 163 (1931).

Müller, A., siehe *Tammann.*

176. Müller, E.: Über Härtebestimmung. Inaug.-Diss., Jena, 1906; Ref.: Z. Kristallogr., **46**, 310 (1909).

Müller, W., siehe *Tammann.*

177. Naumann, C. F.: Lehrbuch der Mineralogie. Berlin. 1828.

178. Niggli, P.: Geometrisches zur Theorie der Kristallschiebungen, Translationen und Zwillingsbildungen. Z. Kristallogr., **71**, 413 (1929).

179. — Lehrbuch der Mineralogie und Kristallchemie, 3. Aufl. Berlin: Gebrüder Borntraeger. 1941.

180. Obreimow, J. W., L. W. Schubnikow: Über eine optische Methode der Untersuchung von plastischen Deformationen in Steinsalz. Z. Physik **41**, 907 (1927).

181. O'Neill: The hardness of metals and its measurement. London: Chapman and Hall Ltd. 1934.

182. Orowan, E.: Die mechanischen Festigkeitseigenschaften und die Realstruktur der Kristalle. Z. Kristallogr., Mineral., Petrogr., Abt. A **89**, 327 (1934).

183. — Zur Kristallplastizität. I. Tieftemperaturplastizität und *Becker*sche Formel. II. Dynamische Auffassung der Kristallplastizität. III. Über den Mechanismus der Kristallplastizität. Z. Physik **89**, 605, 614, 634 (1934).

184. — Zur Temperaturabhängigkeit der Kristallplastizität. Z. Physik **102**, 112 (1936).

Orowan, siehe auch *Becker.*

Pekarek, siehe *Grailich.*

185. Petrenko, S. N., W. Ramberg, B. Wilson: Determination of the *Brinell* number of metals. J. Res. nat. Bur. Standards **17**, 59 (1936).

186. Pfaff, F.: Versuch, die absolute Härte der Mineralien zu bestimmen. S.-B. Akad. Wiss. München **1883**, 55.

— Untersuchungen über die absolute Härte des Kalkspates und Gypses und das Wesen der Härte. S.-B. Akad. Wiss. München **1883**, 372.

187. — Versuche, die mittlere Härte der Krystalle mittelst eines neuen Instrumentes, des Mesosklerometers, zu bestimmen. S.-B. physik.-med. Soc. Erlangen H. 15, 18 (**1883**).

— Das Mesosklerometer, ein Instrument zur Bestimmung der mittleren Härte der Kristallflächen. S.-B. Akad. Wiss. München **1884**, 255.

188. Piatti, L.: Über das plastische Grenzverhalten des unter Wasser beanspruchten natürlichen Steinsalzes. Z. Physik **77**, 401 (1932).

Ploss van Amstel, siehe *Burgers.*

189. Podaschewsky, M.: Über die Wirkung der plastischen Deformation auf den inneren Photoeffekt in Steinsalzkristallen. Z. Physik **56**, 362 (1929).

190. Pöschl, V.: Die Härte der festen Körper und ihre physikalisch-chemische Bedeutung. Dresden. 1909.

191. Polanyi, M.: Deformation von Einkristallen. Z. Kristallogr., **61**, 49 (1924).

192. — Über eine Art Gitterstörung, die einen Kristall plastisch machen könnte. Z. Physik **89**, 660 (1934).

193. —, *E. Schmid:* Zur Frage der Plastizität, Verformung bei tiefen Temperaturen. Naturwiss. **17**, 301 (1929).
Polanyi, siehe auch bei *Ewald* und bei *Mark*.

194. Portevin, A.: L'anisotropie mécanique des métaux et alliages à gros grains et l'essai à la bille. C. R. **160**, 344 (1915).

195. Przibram, K.: Über eine empirische Regel im Verhalten einiger plastischer Körper gegen Druck. S.-B. Akad. Wiss. Wien, math.-naturw. Kl. **141**, 63 (1932). *Ramberg*, siehe *Petrenko*.

196. Rehbinder, P.: Verminderung der Ritzhärte bei Adsorption grenzflächenaktiver Stoffe. Z. Physik **72**, 191 (1931).

197. Reis, A., L. Zimmermann: Untersuchung über die Härte fester Stoffe und ihre Beziehung zur chemischen Konstitution. Z. physik. Chem., **102**, 298 (1922).

198. Renninger, M.: Studien über die Röntgenreflexion an Steinsalz und den Realbau von Steinsalz. Z. Kristallogr., Mineral., Petrogr., Abt. A **89**, 344 (1934).

199. Reusch, E.: Über eine besondere Gattung von Durchgängen im Steinsalz und Kalkspat. Pogg. Ann. **132**, 441 (1867).

200. — Weitere Bemerkungen über die durch Druck im Kalkspat hervorgebrachten Erscheinungen. Pogg. Ann. **147**, 307 (1872).

201. Rexer, E.: Festigkeitseigenschaften bewässerter Steinsalzkristalle. II. Einfluß verschiedener Lösungsmittel und ihrer Lösungsformen. Z. Physik **72**, 613 (1931).

202. — Über die Kohäsion natürlicher Flußspatkristalle. Z. Kristallogr., Mineral., Petrogr., Abt. A **78**, 251 (1931).

203. Ridgway, R. R., A. H. Ballard, B. L. Bailey: Hardness values for electrochemical products. Trans. electrochem. Soc. **63**, 369 (1933).
Riezler, siehe *Rinne*.

204. Rinne, F.: Über das Fließen fester Stoffe, insbesonders der natürlichen Salze. Z. Kristallogr., **61**, 389 (1924).

205. — Zur Frage der natürlichen mechanischen Deformation von Steinsalzkristallen. Neues Jb. Mineral., Geol. Paläont., Beil.-Bd. Abt. A **64**, 171 (1931).

206. —, *W. Hofmann:* Untersuchungen über die Plastizität von Steinsalz und Sylvin unter Anwendung der Kegel- und Schneidendruckmethode. Z. Kristallogr., Mineral., Petrogr., Abt. A **83**, 56 (1932).

207. —, *W. Riezler:* Über die Plastizität von Steinsalz, Bromsilber und Jodsilber bei wachsenden Temperaturen. Z. Physik **63**, 752 (1930).

208. Ritzel, A.: Translation und anomale Doppelbrechung bei Steinsalz und Sylvin. Z. Kristallogr., **52**, 238 (1913).

209. — Die Translation der regulären Halogenide. Z. Kristallogr., **53**, 97 (1913).

210. Rose, G.: Über die im Kalkspat vorkommenden, hohlen Kanäle. Abh. preuß. Akad. Wiss. **1868**, 57. Berlin. 1869.
Rose, H., siehe *Eppler*.
Rosenhain, siehe *Ewing*.

211. Rosiwal, A.: Über eine neue Methode der Härtebestimmung durch Schleifen. Anz. Akad. Wiss. Wien, **1893**, Nr. 12.

212. — Neue Untersuchungsergebnisse über die Härte von Mineralien und Gesteinen. Verh. geol. Reichsanst. Wien **1896**, 474.

213. — Die Zermalmungsfestigkeit der Mineralien und Gesteine. Verh. geol. Reichsanst. Wien 1909, 306.

214. — Neuere Ergebnisse der Härtebestimmung von Mineralien und Gesteinen. Ein absolutes Maß für die Härte spröder Körper. Verh. geol. Reichsanst. Wien 1916, 117.
Salge, siehe *Tammann*.

215. *Sander*, *B.:* Gefügekunde der Gesteine. Wien: Springer-Verlag. 1930.
Sandland, siehe *Smith*.
Sauerwald, siehe *Sossinka*.

216. *Schiebold*, *E.:* Verwendung der *Laue*-Diagramme zur Bestimmung der Struktur des Kalkspates. Inaug.-Diss., Leipzig, 1919.

217. *Schischokin*, *W.:* Die Härte und der Fließdruck der Metalle bei verschiedenen Temperaturen. Z. anorg. allg. Chem. 189, 263 (1930).

218. *Schmid*, *E.:* Über Reißverfestigung und Reißerholung von Zinkkristallen. Z. Physik 32, 916 (1925).

219. —, *W. Boas:* Kristallplastizität. Berlin: Springer-Verlag. 1935.

220. —, *M. A. Valouch:* Über sprunghafte Translation von Zinkkristallen. Z. Physik 75, 531 (1932).

221. —, *O. Vaupel:* Festigkeit und Plastizität von Steinsalzkristallen. Z. Physik 56, 308 (1929).

222. —, *G. Wassermann:* Über die Festigkeit von Tellurkristallen. Z. Physik 46, 653 (1928).

223. — — Über die mechanische Zwillingsbildung von Zinkkristallen. Z. Physik 38, 370 (1928).
Schmid, *E.*, siehe auch bei *Boas*, bei *Georgieff*, bei *Mark* und bei *Polanyi*.
Schmidt, *B.*, siehe *Sossinka*.

224. *Schmidt*, *W.:* Tektonik und Verformungslehre. Berlin: Gebrüder Borntraeger. 1932.

225. *Schubnikow*, *A.:* Über Schlagfiguren des Quarzes. Z. Kristallogr., 74, 103 (1930).

226. — Selbstschreibendes Pendelsklerometer. Z. Kristallogr., Mineral., Petrogr., Abt. A 87, 499 (1934).

227. —, *K. Zinserling:* Über die Schlag- und Druckfiguren und über die mechanischen Quarzzwillinge. Z. Kristallogr., Mineral., Petrogr., Abt. A 83, 243 (1932).
Schubnikow, siehe auch bei *Obreimow* und bei *Zinserling*.

228. *Schütze*, *W.:* Über die Kohäsionsgrenzen synthetischer Kaliumhalogenidkristalle. Z. Physik 76, 135 (1932).
— Orientierungsabhängigkeit der Kohäsionsgrenzen synthetischer Kaliumchloridkristalle. Z. Physik 76, 151 (1932).

229. *Schulz*, *F.*, *H. Hanemann:* Die Bestimmung der Mikrohärte von Metallen. Z. Metallkunde 33, 124 (1941).

230. *Schumann*, *H.:* Zur Korngestalt der Quarze in Sanden. Chem. d. Erde 14, 131 (1941).

231. *Seebeck*, *A.:* Über Härteprüfung an Kristallen. Prüfungs-Programm des Berliner Realgymnasiums 1833.

232. *Seifert*, *H.:* Über Schiebungen am Bleiglanz. Zbl. Mineral., Geol., Paläont., Abt. A 1925, 343; Neues Jb. Mineral., Geol. Paläont., Beil.-Bd. Abt. A 57, 665 (1928).

233. — Festigkeit; Tab. 30 in *Landolt-Börnstein:* Physikalisch-chemische Tabellen, 5. Aufl., Erg.-Bd. I, 35. 1927.

234. *Seljakow, N. J.:* Mechanismus der Plastizität. Z. Kristallogr., Mineral., Petrogr., Abt. A **83**, 426 (1932).
— Der Plastizitätsmechanismus. Z. Physik **76**, 535 (1932).
Sementzow, siehe *Kusnetzow.*

235. *Smekal, A.:* Die molekulartheoretischen Grundlagen der Festigkeitseigenschaften des Werkstoffkornes. Z. Ver. dtsch. Ing. **72**, 667 (1928).

236. — Werkstoffkorn und Kristallgitter. Mitt. Staatl. techn. Versuchs-
amtes, 16. Jg., 1.—3. H. Wien: Springer-Verlag.

237. — Einfluß des Wassers auf die Plastizität des Steinsalzes. Naturwiss.
21, 268 (1933).

238. — Die strukturempfindlichen Eigenschaften der Kristalle. Handbuch
der Physik, Bd. XXIV/2, Kap. 5, S. 795. Berlin: Springer-Verlag. 1933.

239. — Zum Problem der Kristallfestigkeit. Z. Physik **83**, 313 (1933).

240. — Zur Theorie der Realkristalle. Z. Kristallogr., Mineral., Petrogr.,
Abt. A **89**, 386 (1934).

241. — Eine neue Translationsbedingung. Z. Physik **93**, 166 (1935).

242. — Bruchtheorie spröder Körper. Z. Physik **103**, 495 (1936).

243. — Über die Mosaikstruktur der Kristalle. Nova Acta Leopoldina **9**,
15. März (1940).

244. *Smith, R., G. Sandland:* Die Verwendung von Diamantpyramiden für
die Härteprüfung. J. Iron Steel Inst. **9**, 285 (1925).

245. *Sohncke, L.:* Über die Cohäsion des Steinsalzes in krystallographisch
verschiedenen Richtungen. Pogg. Ann. **137**, 177 (1869).

246. *Sossinka, H. G., B. Schmidt, F. Sauerwald:* Die Frage nach der gittermäßigen Bedingtheit der Gleitflächen in Kristallen. Z. Physik **85**,
761 (1933).

247. *Späth, W.:* Physik der mechanischen Werkstoffprüfung. Berlin:
Springer-Verlag. 1938.

248. — Physik und Technik der Härte und Weiche. Berlin: Springer-
Verlag. 1940.

249. — Plastizitätsmodul — Härte — Dämpfung. Z. Metallkunde **33**,
221 (1941).

250. *Sperling, G. F.:* Festigkeitseigenschaften bewässerter Steinsalzkristalle.
III. Orientierungsabhängigkeit der Zugfestigkeit trockener und be-
wässerter Steinsalzkristalle. Z. Physik **74**, 476 (1932).
Startzow, siehe *Brilliantow.*

251. *Steiner, K., W. Burgsmüller:* Messungen mit Hilfe von flüssigem Helium.
XXI. Zerreißfestigkeit von Steinsalz bei 4'2 abs. Z. Phys. **83**, 321 (1933).

252. *Steinmetz, H.:* Funkendurchschläge durch einige Alkalihalogenide.
Zbl. Mineral., Geol., Paläont., Ab. A **1932**, 139.
Steinmetz, siehe auch *Kreft.*

253. *Stepanow, A. W.:* Über den Mechanismus der plastischen Deformation.
Physik. Z. Sowjetunion **4**, 609 (1933).

254. — Two experiments on strength. Physik. Z. Sowjetunion **12**, 182
(1937).

255. — The effect of a groove on the strength of monocrystals of rock salt.
Physik. Z. Sowjetunion **12**, 191 (1937).

256. — Influence of a groove on the Strength of rock salt. II. Effect of
an inclined groove. Physik. Z. Sowjetunion **12**, 343 (1937).

257. *Straumanis, M.:* Über das Gleiten und Verfestigen von Zink-Einkristallen.
Z. Kristallogr., Mineral., Petrogr., Abt. A **83**, 29 (1932).
Tait, siehe *Thomson.*

258. *Tammann, G., A. Müller:* Über Verfahren zur Bestimmung der Orientierung der Kristalle in metallischen Konglomeraten. Z. Metallkunde 18, 69 (1926).
259. —, *W. Müller:* Zum Wachsen der Verformbarkeit und zum Abnehmen der Spaltbarkeit mit zunehmender Temperatur. Z. Metallkunde 27, 187 (1935).
260. —, *F. Neubert:* Die Erholung von der Kaltbearbeitung, beurteilt nach der Änderung der Härte und Auflösungsgeschwindigkeit. Z. anorg. allg. Chem. 207, 87 (1932).
261. —, *W. Salge:* Der Einfluß des Druckes auf die Reibung beim Gleiten längs der Gleitebenen von Kristallen. Neues Jb. Mineral., Geol. Paläont., Beil.-Bd. 57, 117 (1917).
262. —, *R. Tampke:* Bemerkungen über die Ritzhärte. Z. Metallkunde 28, 336 (1936).
263. *Taricco, M.:* Solide di scorrimento nella galena. Rend.Accad. Lincei, (5), 19, 508 (1910).
264. — Über die durch Schlag erhaltenen Gleitungserscheinungen am Phosgenit von Monteponi. Rend. Accad. naz. Lincei, (5), 19, 2. Sem., 278 (1910); Ref.: Z. Kristallogr., 52, 310 (1913).
265. *Taylor, G. J.:* The distortion of crystals of Aluminium under compression Part III. Measurements of stress. Proc. Roy. Soc. [London], Ser. A 116, 39 (1927).
266. — The mechanism of plastic deformation of crystals. I. Theoretical. Proc. Roy. Soc. [London], Ser. A 145, 362 (1934).
— The mechanism of plastic deformation of crystals. II. Comparison with observations. Proc. Roy. Soc. [London], Ser. A 145, 388 (1934).
267. — The strength of rock salt. Proc. Roy. Soc. [London], Ser. A 145, 405 (1934).
268. —, *C. F. Elam:* The distortion of an Aluminiumcrystal during a tensile test. Proc. Roy. Soc. [London], Ser. A 102, 643 (1923).
269. — — The plastic extension and fracture of Aluminium crystals. Proc. Roy. Soc. [London], Ser. A 108, 28 (1925).
270. *Terminasow, J. S.:* Röntgenographische Untersuchung der plastischen Deformation von Kristallen. Žurn. exp. theor. fiz. 9, 769 (1939).
271. *Tertsch, H.:* Spaltbarkeit und Struktur im trigonalen und hexagonalen System. Z. Kristallogr., 47, 55 (1909).
272. — Zur Frage der Spaltbarkeit. Tschermaks Min.-petr. Mitt. 35, 13 (1921).
273. — Folgerungen aus den Gitterstrukturen für TiO_2. Z. Kristallogr., 68, 293 (1923).
274. — Wachstumsfragen bei Kristallen. Z. anorg. allg. Chem. 136, 203 (1924).
275. — Bemerkungen zur Spaltbarkeit. Z. Kristallogr., 65, 712 (1927).
276. — Raumerfüllungsfragen. Neues Jb. Mineral., Geol. Paläont., Beil.-Bd. Abt. A 57, 63 (1927).
277. — Zur Raumerfüllung der Kristallgitter. Tschermaks Min.-petr. Mitt. 39, 1 (1928).
278a. — Die Spaltformen von Mineralen. Zbl. Mineral., Geol., Paläont., Abt. A 1929, 79.
278b. — Messende Spaltungsversuche an Mineralen. Anz. Akad. Wiss. Wien, 1931, Nr. 12.
279. — Einfache Kohäsionsversuche. I. Arbeitsmethode und Zugspaltungsversuche am Steinsalz. Z. Kristallogr., 74, 476 (1930).

280. — Einfache Kohäsionsversuche. II. Druck- und Schlagspaltungsversuche am Steinsalz. Z. Kristallogr., **78**, 53 (1931).

281. — Spaltungsmessungen an den Druckflächen des Steinsalzes und Folgerungen bezüglich des Spaltungsvorganges. Anz. Akad. Wiss. Wien, **1931**, Nr. 21.

282. — Einfache Kohäsionsversuche. III. Die (110-)Spaltung am Steinsalz. Z. Kristallogr., **81**, 264 (1932).

283. — Wie erfolgt der Spaltvorgang bei Kristallen? Z. Kristallogr., **81**, 275 (1932).

284. — Ergebnisse der Spaltungsmessungen am Bleiglanz. Anz. Akad. Wiss. Wien, **1932**, Nr. 20.

285. — Spaltbarkeitsmessungen an Mineralen. Forsch. u. Fortschr. **8**, 182 (1932).

286. — Einfache Kohäsionsversuche. IV. Messungen der Spaltbarkeit am Bleiglanz. Z. Kristallogr., Mineral., Petrogr., Abt. A **85**, 17 (1933).

287. — Ergebnisse der Spaltungsmessungen am Anhydrit. Anz. Akad. Wiss. Wien, **1933**, Nr. 21.

288. — Der derzeitige Stand des Spaltbarkeitsproblems. Zbl. Mineral., Geol., Paläont., Abt. A **1933**, 151.

289. — Einfache Kohäsionsversuche. V. Spaltungsmessungen am Anhydrit. Z. Kristallogr., Mineral., Petrogr., Abt. A **87**, 326 (1934).

290. — Über Schleifhärtenanisotropie. Z. Kristallogr., Mineral., Petrogr., Abt. A **89**, 541 (1934).
— Gerichtete Schleifhärtenversuche. Anz. Akad. Wiss. Wien, **1934**, 28. Juni.

291. — Schleifhärtenversuche am Dolomit. Z. Kristallogr., Mineral., Petrogr., Abt. A **92**, 39 (1935).
— Gerichtete Schleifhärtenversuche am Dolomit. Anz. Akad. Wiss. Wien, **1935**, 17. Oktober.

292. — Bemerkungen zur Frage der Verbreitung und zur Geometrie der Zwillingsbildungen. Z. Kristallogr., Mineral., Petrogr., Abt. A **94**, 461 (1936).

293. — Die Richtungsabhängigkeit der Schleifhärte an Kristallen. Forsch. u. Fortschr. **12**, 148 (1936).

294. — Schleifhärtenanisotropie am Baryt. Z. Kristallogr., Mineral., Petrogr., Abt. A **95**, 296 (1936).
— Schleifhärte des Baryt. Anz. Akad. Wiss. Wien, **1936**, 15. Oktober.

295. — Zur Frage der Verteilung der *Mohs*schen Ritzhärte im Mineralreich. Neues Jb. Mineral., Geol. Paläont., Beil.-Bd. Abt. A **73**, 375 (1938).

296. — Einige Versuche über Schlag- und Druckfiguren. Neues Jb. Mineral., Geol. Paläont., Beil.-Bd. Abt. A **76**, 291 (1940).

297. Theile, W.: Temperaturabhängigkeit der Plastizität und Zugfestigkeit von Steinsalzkristallen. Z. Physik **75**, 713 (1932).

298. Thomson, W., P. G. Tait: Treatise on Natural Philosophy, I (1), Art. 169. Cambridge. 1867. Deutsch von *H. Helmholtz* und *G. Wertheim:* Handbuch der theoretischen Physik Bd. I/1, S. 118. Braunschweig. 1871.
Tiemeyer, siehe *Leonhardt.*

299. Tokody, L.: Über die rhombendodekaedrische Translation am Steinsalz. Z. Kristallogr., **73**, 116 (1930).

300. Tresca: Sur le poinçonnage et sur la théorie mécanique de la déformation du corps solides. C. R. **70**, (1870).

301. *Tsien, L. C., Y. S. Chow:* The glide of single crystals of molybdenum.
     Proc. Roy. Soc. [London], Ser. A **163**, 19 (1937).
     Tsien, siehe auch *Da Andrade.*
302. *Tschermak, G.:* Die Glimmergruppe I. S.-B. Akad. Wiss. Wien, math.-
     naturwiss. Kl. **76** (1877), Juli-Heft.
303. — Über die Isomorphie der rhomboedrischen Carbonate und des
     Natriumsalpeters. Tschermaks Min.-petr. Mitt. **4**, 116 (1882).
304. — Die Chloritgruppe. S.-B. Akad. Wiss. Wien, math.-naturw. Kl. **99**,
     174 (1890); **100**, 29 (1891).
     Valouch, siehe *Schmid.*
     Vaupel, siehe *Schmid.*
305. *Veit, K.:* Künstliche Schiebungen und Translationen in Mineralien.
     Neues Jb. Mineral., Geol. Paläont., Beil.-Bd. **45**, 121 (1922).
306. *Voigt, W.:* Lehrbuch der Kristallphysik (mit Ausschluß der Kristall-
     optik). Leipzig u. Berlin: Teubner. 1910.
307. *Wallerant, F.:* Des macles secondaires et du polymorphisme. Bull.
     Soc. franç. Minéral. **27**, 169 (1904).
308. *Wassermann, G.:* Über die Zerreißfestigkeit und Spaltbarkeit von
     Wismut und Antimonkristallen. Z. Kristallogr., **75**, 369 (1930).
     Wassermann, siehe auch bei *Schmid, E.*
309. *Weißenberg, K.:* Zur Systematik und Theorie der Wachstums- und
     Deformationsstrukturen. Z. Kristallogr., **61**, 58 (1924).
310. *Wendenburg, K.:* Festigkeitseigenschaften bewässerter Salzkristalle.
     Zeitliche Nachwirkung der Ablösung mit verschiedenen Lösungsmitteln.
     Z. Physik **88**, 727 (1934).
     Wenderott, siehe *Bischof.*
311. *Werner, A.:* Von den äußerlichen Kennzeichen der Fossilien. Leipzig.
     1774.
312. *Wesley, Austin G.:* Hardness testing. Engineering **141**, 639 (1936).
     Wilson, siehe *Petrenko.*
313. *Wolff, H.:* Richtungsabhängigkeit des Translationsmechanismus von
     Steinsalzkristallen in höheren Temperaturen. Z. Physik **93**, 147 (1935).
314. *Wood, R. W.:* Interferenzerscheinungen von hoher Reinheit an Kristallen
     von Kaliumchlorat. Physik. Z. **10**, 916 (1909).
315. *Zehender, E., A. Kochendörfer:* Bestimmung der Mosaikstruktur unver-
     formter Metalle aus der Breite der Röntgenlinien. Physik. Z. **45**, 93
     (1944).
     Zimmermann, siehe *Reis.*
316. *Zinserling, K., A. Schubnikow:* Über die Plastizität des Quarzes. Z.
     Kristallogr., Mineral., Petrogr., Abt. A **85**, 454 (1933).
     Zinserling, siehe auch bei *Schubnikow.*
317. *Zwicky, F.:* On mosaic crystals. Proc. nat. Acad. Sci. USA **15**, 816 (1929).

Sachverzeichnis.

Manzsche Buchdruckerei, Wien IX.

Einführung in die Gefügekunde der geologischen Körper

Von Prof. Dr. **Bruno Sander,** Innsbruck

Erster Band:

Allgemeine Gefügekunde und Arbeiten im Bereich Handstück bis Profil

Mit 66 Abbildungen im Text. X, 215 Seiten. 1948.
S 90.—, sfr. 39.—, $ 9.—; geb. S 96.—, sfr. 42.—, $ 9.60

Zweiter Band:

Korngefügekunde der Gesteine

Erscheint im Winter 1949/50

Das Buch ist nicht eine Neuauflage der 1930 erschienenen „Gefügekunde der Gesteine", sondern gibt, außer der Einarbeitung der seit 1929 zugewachsenen Ergebnisse, eine Einführung in das Begriffswerkzeug und in die Arbeitsvorgänge der Gefügekunde.

Kristalle und Gesteine. Ein Lehrbuch der Kristallkunde und allgemeinen Mineralogie. Von Prof. Dr. **P. Eskola, Helsinki.** Mit 461 Abbildungen. VIII, 397 Seiten. 1946.

S 81.—, sfr. 48.—, $ 11.20; geb. S 87.—, sfr. 50.—, $ 11.60

Grundlagen der allgemeinen Mineralogie und Kristallchemie. Von Prof. Dr. F. Machatschki, Wien. Mit 151 Abbildungen. VII, 209 Seiten. 1946.   S 24.—, sfr. 12.—, $ 2.80

Das Bestimmen der Kristalle. Von Prof. Dr. A. Köhler, Wien.
Erscheint im Frühjahr 1949

Tschermaks Mineralogische und Petrographische Mitteilungen. III. Folge. Herausgegeben von **F. Machatschki,** Wien, und **H. Leitmeier,** Wien.

Im November 1948 erschien:

Band 1, Heft 2. Mit 21 Textabbildungen. 96 Seiten. (Ausgegeben im November 1948.)   S 42.—, sfr. 18.40, $ 4.20

Inhaltsverzeichnis: Haberlandt, H., Dem Andenken Emil Dittlers. — **Hauser, A.,** Gibt es ein Rannachkonglomerat? — **Haberlandt, H.,** Über die gesetzmäßige Differentiation von Spurenelementen in Mineralien. — **Heritsch, H.,** Über Artinit von Kraubath (Steiermark). — **Köhler, A.,** Zur Entstehung der Granite der Südböhmischen Masse. — **Zirkl, E. J.,** Epsomitkristalle aus dem Hallstätter Salzlager. — **Cornelius, H. P.,** Kristallisationsschieferung oder Abbildungskristalloblastese? **Literatur:** Neue Bücher. — **Nachrichten.**
